T0392272

Kompaktwissen Biologie

*Reihenherausgeber*
Olaf Fritsche, Ratekau, Deutschland

In mehreren Bänden, die sich jeweils auf ein Fach im Kanon der Lebenswissenschaften konzentrieren, bietet sie Studierenden das ideale Material für die Prüfungsvorbereitung und nach der Prüfung ein kompaktes Nachschlagewerk auf hohem Niveau. Kurz und prägnant präsentieren sie das gesamte notwendige Wissen auf wenig Raum – und decken zudem die Anforderungen des für Mediziner wichtigen Gegenstandskatalogs vollständig ab. Indem die Bände der Buchreihe Kompaktwissen den Inhalt ähnlich strukturieren, wie er in den Vorlesungen abgehandelt wird, erhalten sie die fachlichen Zusammenhänge, wodurch sie auch vorlesungsbegleitend genutzt werden können.

Olaf Fritsche

# Mikrobiologie

2. Auflage

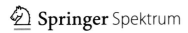

Olaf Fritsche
Ratekau, Deutschland

ISSN 2569-8648          ISSN 2569-8648   (electronic)
Kompaktwissen Biologie
ISBN 978-3-662-70470-7        ISBN 978-3-662-70471-4   (eBook)
https://doi.org/10.1007/978-3-662-70471-4

Die Deutsche Nationalbibliothek verzeichnet diese Publikation in der Deutschen Nationalbibliografie; detaillierte bibliografische Daten sind im Internet über https://portal.dnb.de abrufbar.

Planung/Lektorat: Sarah Koch
Springer Spektrum ist ein Imprint der eingetragenen Gesellschaft Springer-Verlag GmbH, DE und ist ein Teil von Springer Nature.
Die Anschrift der Gesellschaft ist: Heidelberger Platz 3, 14197 Berlin, Germany

# Vorwort zur Reihe Kompaktwissen

„So dünn? Und das soll ein Lehrbuch sein?", werden Sie sich vermutlich fragen, wenn Sie zum ersten Mal einen Band aus der Reihe **Kompaktwissen** in den Händen halten. Falls Sie die Reihe bereits kennen, haben Sie sicherlich schon bemerkt, dass jeder Band auf rund 300 Seiten die gleichen Informationen bereithält wie ein herkömmliches Lehrbuch von 1000 Seiten. Wie ist das möglich?

Das **Kompaktwissen** verzichtet auf die ausführlichen Erklärungen und zahlreichen Beispiele, mit denen andere Lehrbücher ihre Seiten füllen. Stattdessen setzt es ganz auf knappe und klare Darstellungen von Fakten, Zusammenhängen und Prinzipien – sowohl im Text als auch bei den Abbildungen. Die Bände sind gewissermaßen der Espresso unter den Lehrbüchern.

Damit eignen sie sich besonders …

… zur Nachbereitung der Lehrveranstaltungen an der Universität oder Hochschule. Das Wissen der Vorlesung oder des Seminars ist in den Büchern strukturiert aufgeführt und kann so schnell wiederholt werden.

… zur Vorbereitung auf Prüfungen. Die Bücher bieten den Lernstoff ohne Ballast und im richtigen Kontext an. Sie verschaffen damit einen Überblick und liefern das nötige Faktenwissen. Speziell für Mediziner wurde der Inhalt des Gegenstandskatalogs berücksichtigt und aufgenommen.

… zum Nachschlagen. Wenn Sie im Laufe des späteren Studiums oder nach dessen Abschluss Teile Ihres früheren Wissens vergessen haben, können Sie es mit wenig Zeitaufwand wieder auffrischen.

Jeder Band **Kompaktwissen** behandelt ein Thema aus dem Fächerkanon der Lebenswissenschaften, sodass die Reihe insgesamt auf wenig Raum das Wissen zur Biologie und ihren Schwesterwissenschaften, wie es zum Bachelor oder zum ersten Staatsexamen verlangt wird, zusammenfasst.

Die Autoren, der Herausgeber und der Verlag hoffen, Ihnen damit eine wertvolle Hilfe für das Studium und die Prüfungsvorbereitung an die Hand zu geben.

**Olaf Fritsche**
Ratekau, Deutschland
September 2024

# Einleitung

Der Inhalt des **Kompaktwissen**bandes *Mikrobiologie*
  Die Mikrobiologie befasst sich mit Organismen und Viren, die so klein sind, dass sie fast ausschließlich unter dem Mikroskop zu erkennen sind. Darunter fallen neben Bakterien als Prokaryoten und Viren auch Pilze, Pflanzen und Tiere – also eukaryotische Organismen, die im Rahmen des Studiums detailliert in anderen Veranstaltungen zur Mykologie, Botanik und Zoologie besprochen werden. Deshalb konzentrieren sich Vorlesungen, Seminare und Praktika zur Mikrobiologie in der Regel auf die Besonderheiten von Bakterien und Viren, für die es außerhalb der Mikrobiologie keine weiteren Veranstaltungen gibt. Der Band *Mikrobiologie* aus der Reihe **Kompaktwissen** setzt den gleichen Schwerpunkt. Nur dort, wo sich die mikrobiellen Vertreter der Eukaryoten aufgrund ihrer geringen Maße von ihren makroskopischen Verwandten unterscheiden oder wo ein Vergleich zwischen prokaryotischen und eukaryotischen Strukturen und Prozessen besonders aufschlussreich ist, geht das Buch auf die Verhältnisse bei Eukaryoten ein.
  Bei Themen, die auch zum Kanon von organismenübergreifenden Fächern wie Biochemie, Evolution, Genetik und Ökologie gehören, bietet das Buch – ähnlich wie die Veranstaltungen an den Universitäten und Hochschulen – einen allgemeinen Überblick sowie vertiefendes Wissen zu den Besonderheiten von Prokaryoten und Viren.

# Inhaltsverzeichnis

# Mikrobiologie als Wissenschaft

## Inhaltsverzeichnis

© Der/die Herausgeber bzw. der/die Autor(en), exklusiv lizenziert an Springer-Verlag GmbH, DE, ein Teil von Springer Nature 2024
O. Fritsche, *Mikrobiologie*, Kompaktwissen Biologie, https://doi.org/10.1007/978-3-662-70471-4_1

**1**

**Worum geht es?**
Die Mikrobiologie beschäftigt sich mit Organismen, deren Existenz erst mit der Erfindung des Lichtmikroskops nachgewiesen werden konnte. Trotz ihrer geringen Größe kommen Mikroorganismen in allen erdenklichen Lebensräumen vor und sind von fundamentaler Bedeutung für die Ökosysteme wie auch den menschlichen Körper.

## 1.1 Was ist ein Mikroorganismus?

Der **Begriff „Mikroorganismus"** oder „**Mikrobe**" ist nicht exakt definiert und umfasst Lebewesen aus weit entfernten systematischen Gruppen. Eine Art kann aus unterschiedlichen Überlegungen als Mikroorganismus angesehen werden:
- Aus historischen Gründen. Dies trifft auf Arten zu, die so klein sind, dass man sie nicht mit bloßem Auge sehen kann, obwohl der Rest ihrer systematischen Gruppe nicht zu den Mikroben gerechnet wird. Beispielsweise gehören einzellige Hefen zu den Pilzen und gelten als Mikroorganismen.
- Aus genetischen Gründen. Durch den Vergleich des Genoms (Gesamtheit aller Gene eines Organismus) verschiedener Arten lassen sich stammesgeschichtliche Verwandtschaften nachweisen und systematische Gruppen bilden. Auf dieser Basis werden beispielsweise alle Bakterien als Mikroorganismen eingeordnet, einschließlich der Arten, die auch ohne Mikroskop zu erkennen sind.

### 1.1.1 Merkmale von Mikroorganismen

In der Regel werden als Mikroorganismen Lebewesen bezeichnet, die zwei Merkmale aufweisen:
- **Geringe Ausmaße.** Die Größe der Zellen bewegt sich im Bereich von Mikrometern ($\mu$m).
  Einige typische Werte und Extremwerte:
  Amöben: 100 $\mu$m–800 $\mu$m; Gattung *Chaos* bis zu 5 mm
  Hefen: 4 $\mu$m–8 $\mu$m
  Bakterien: 0,2 $\mu$m–5 $\mu$m; *Thiomargarita magnifica* bis zu 2 cm
  Viren: 0,02 $\mu$m–0,5 $\mu$m; *Alphapithovirus sibericum* 1,5 $\mu$m lang und 0,5 $\mu$m breit
- **Einzelligkeit.** Die Zellen von Mikroorganismen vermögen unabhängig von weiteren Zellen der gleichen Art zu überleben. Manche Arten finden sich aber zeitweise oder dauerhaft zu Gemeinschaften zusammen, beispielsweise zu Biofilmen oder Pilzkörpern. Dabei können sich Zellen differenzieren und spezielle Aufgaben übernehmen, etwa stickstofffixierende Heterocysten bei Cyanobakterien.

## 1.1.2  Gruppen von Mikroorganismen

Genetische Vergleiche unterteilen die Organismen in **drei große Domänen**: Bacteria (Bakterien), Archaea (Archaeen) und Eukaryota (Eukaryoten) (◘ Abb. 1.1). Die zellkernlosen Bakterien und Archaeen werden zusammenfassend als Prokaryoten bezeichnet. Eukaryoten besitzen hingegen einen Zellkern.

Alle drei Domänen tragen zu den Mikroorganismen bei:

- Die **Bakterien** gehören vollständig zu den Mikroorganismen.
- Auch alle **Archaeen** werden zu den Mikroben gezählt.
- Von den **Eukaryoten** gehören mehrere Gruppen dazu, die teilweise in sich sehr heterogen sind:
  - **Protozoen** („Urtierchen"). Sie sind Einzeller, die sich heterotroph (eigenes Zellmaterial entsteht aus organischen Verbindungen) ernähren, mobil sind und keine Zellwand besitzen. Manche Arten bilden kleine Verbände aus mehreren Zellen. Die Protozoen stellen keine einheitliche systematische Gruppe dar.

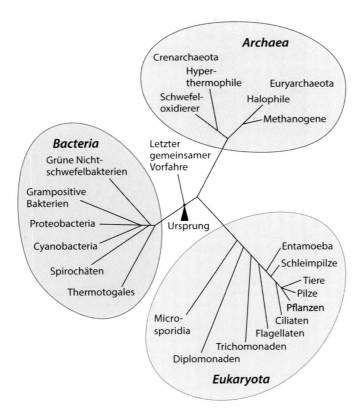

◘ **Abb. 1.1**   Die drei Domänen des Lebens (© Slonczewski, Foster: Mikrobiologie)

**1**

- **Mikroskopische Algen** oder Mikroalgen. Als Einzeller oder Organismen aus wenigen Zellen treiben sie Photosynthese und sind autotroph (eigenes Zellmaterial entsteht aus fixiertem Kohlenstoffdioxid). Auch die Mikroalgen bilden keine phylogenetische Verwandtschaftsgruppe.
- **Pilze**, vor allem Hefen. Sie besitzen eine Zellwand, betreiben aber keine Photosynthese, sondern sind heterotroph.
- **Viren.** Bei ihnen handelt es sich nicht um echte Organismen, da ihnen der notwendige Stoffwechsel für ein eigenständiges Leben und die selbstständige Vermehrung fehlen. Trotzdem sind sie Gegenstand der Mikrobiologie.

## 1.2  Historische Meilensteine in der Mikrobiologie

Wegen der geringen Größe ihrer Objekte ist die Mikrobiologie eine junge Disziplin, die erst mit der Erfindung des Mikroskops begann. Einige der **wichtigsten Entwicklungen und Entdeckungen** waren:

**1664** – Robert Hooke (GB) beschreibt die Fruchtkörper von Schimmelpilzen.

**1676** – Antoni van Leeuwenhoek (NL) entdeckt Bakterien in Teichwasser, 1683 auch im Zahnbelag.

**1796** – Edward Jenner (GB) führt die erste Pockenimpfung (Vakzination) durch, veröffentlicht seine Ergebnisse 1798.

**1847** – Ignaz Semmelweis (H) verordnet Ärzten, vor Geburten ihre Hände mit antiseptischen Chlorverbindungen zu waschen.

**1854** – Louis Pasteur (F) weist nach, dass Mikroorganismen die Ursache von Gärungen sind.

**1864** – Pasteur entwickelt die Pasteurisierung und widerlegt das Modell der Spontanzeugung.

**1867** – Joseph Lister (GB) führt antiseptische Maßnahmen bei Operationen ein.

**1876** – Robert Koch (D) kultiviert den Milzbranderreger in Nährlösung. Später entdeckt er die Erreger der Tuberkulose und Cholera.

**1884** – Hans Christian Gram (DK) entwickelt die Gram-Färbung zur Unterscheidung von Bakterien und tierischen Zellen.

**um** 1900 Entdeckung von Viren als Krankheitserreger.

**1929** – Alexander Flemming (GB) entdeckt das Penicillin.

**1977** – Erste Sequenzierung eines Virengenoms (Bakteriophage $\Phi$X174) durch Fred Sanger (GB).

**1995** – Das Team von Craig Venter und Hamilton Smith (USA) sequenziert das erste Genom eines Bakteriums (*Haemophilus influenzae*).

**1996** – Das Genom der Bäckerhefe (*Saccharomyces cerevisiae*) wird sequenziert.

**2004** – Jill Bankfield (USA) und ihre Kollegen nehmen im sauren Grubenwasser einer Eisenmine das erste Metagenom (Gesamtheit der Genome aller Organismen eines Biotops) auf.

## 1.3  Wo begegnen uns Mikroorganismen?

Mikroben – vor allem Bakterien und Archaeen – sind **in jedem Lebensraum der Erde** anzutreffen und bilden in manchen Fällen sogar die einzige Organismengruppe in einem Biotop. In 1 g Gartenerde sind im Schnitt $10^7$ bis $10^9$ Mikroorganismen zu finden. Neben den üblichen Lebensräumen im Wasser, an Land und den bodennahen Schichten der Atmosphäre kommen sie unter anderem vor:
- an über 100 °C heißen Quellen in der Tiefsee,
- in bis zu 2,5 km tiefem Gestein,
- in über 10 km hohen Luftschichten,
- im menschlichen Magen,
- in heißen Schwefelfeldern bei einem pH-Wert um 0,
- in radioaktiv verseuchten Habitaten wie alten Kernkraftwerken,
- im Rahmen von Experimenten im freien Weltraum an der Außenwand der Internationalen Raumstation.

Ihre **Flexibilität** verdanken sie mehreren Eigenschaften:
- einer schnellen Vermehrung durch Zellteilung mit hohen Wachstumsraten,
- einer hohen Wahrscheinlichkeit für Mutationen durch die häufigen Teilungen,
- einer breiten Vielfalt von nutzbaren Energiequellen (Sonnenlicht, anorganische Verbindungen, organische Verbindungen),
- der Fähigkeit, mit Sauerstoff (aerob) oder ohne Sauerstoff (anaerob) zu leben,
- einer Fülle spezieller biochemischer und physiologischer Anpassungen an die jeweiligen Umweltbedingungen.

Die Überlebensfähigkeit der Mikroben ist so ausgeprägt, dass auch mit großem Aufwand keine 100 %ige **Sterilisation** erreicht wird. In der Praxis begnügt man sich meist mit einer Reduktion der vermehrungsfähigen Mikroorganismen auf ein Millionstel der Ausgangszahl. Selbst Raumsonden, die zu anderen Planeten geschickt werden, tragen trotz intensiver Reinigung noch Bakterien oder deren Dauerformen (Endosporen).

## 1.4  Welche Bedeutung haben Mikroorganismen für Mensch und Natur?

Mit großer Wahrscheinlichkeit **begann das Leben auf der Erde** mit mikroskopisch kleinen Zellen. Die frühen Formen veränderten die Meere und die Atmosphäre in den folgenden Milliarden Jahren so, dass sich später komplexere Lebensformen entwickeln konnten:
- Mikrofossilien zeigen, dass es bereits vor rund 3,8 Mrd. Jahren bakterienähnliche Organismen auf der damals erst 0,8 Mrd. Jahre alten Erde gegeben hat. Da der Sauerstoff chemisch gebunden war, lebten sie anaerob.
- Vor rund 2,7 Mrd. Jahren entwickelten Vorläufer der heutigen Cyanobakterien die sauerstoffproduzierende Photosynthese. Anfangs reagiert der Sauerstoff

**1**

mit Eisenverbindungen in den Meeren. Die Sedimente bilden als Bändererze die wirtschaftlich wichtigsten Eisenvorräte.

— Vor etwa 2,5 Mrd. Jahren waren die Meere aufoxidiert, sodass sich molekularer Sauerstoff im Wasser und in der Atmosphäre anreicherte.

— Vor rund 2,1 Mrd. Jahren traten die ersten Organismen auf, die den Sauerstoff zum Atmen nutzten.

Mikroorganismen haben also Milliarden Jahre lang die einzigen Lebensformen auf der Erde gestellt. Auch heute noch wären alle höheren Formen nicht ohne Mikroben überlebensfähig.

■ **Beispiele für die ökologische Bedeutung von Mikroorganismen**

— Photosynthetische Mikroorganismen produzieren einen guten Teil des Sauerstoffs in der Atmosphäre.

— Autotrophe Mikroben bauen ihre Zellen mit dem Kohlenstoff aus Kohlenstoffdioxid auf und stehen damit am Anfang der Nahrungskette.

— Mikroorganismen wandeln chemische Verbindungen ineinander um und schließen damit die Stoffkreisläufe wichtiger Elemente wie Kohlenstoff, Sauerstoff, Schwefel, Stickstoff und Phosphor.

— Bakterien und Archaeen fixieren beispielsweise molekularen Stickstoff ($N_2$) und überführen ihn in Formen ($NH_4^+$, $NO_3^-$), die von Pflanzen genutzt werden können.

— Mit speziellen Mikroorganismen werden Abwässer gereinigt, Böden saniert und gefährliche Abfallstoffe entgiftet.

Schätzungen zufolge bewegt sich die Anzahl der heute lebenden Mikroorganismen in der Größenordnung von $10^{30}$. Ihre Gesamtmasse übertrifft die Masse aller Pflanzen. Die Zahl der verschiedenen Arten ist unbekannt, liegt aber mit Sicherheit weitaus höher als die Zahl aller Tier- und Pflanzenspezies. Damit stellen Mikroorganismen quantitativ die **größte Gruppe des Lebens** auf der Erde.

Auch für den Menschen und seine Zivilisation sind Mikroben unentbehrlich.

■ **Beispiele für die Bedeutung von Mikroorganismen für den Menschen**

— Die Zahl der Bakterien, die auf und in einem menschlichen Körper leben, ist etwas größer als die Zahl der körpereigenen Zellen. Die meisten davon gehören zur sogenannten Darmflora.

— Die Darmflora schließt Nahrungsbestandteile auf, die menschliche Zellen nicht verdauen könnten. Außerdem produziert sie Vitamine wie Biotin, Folsäure und Vitamin K.

— Die Besiedlung des menschlichen Körpers mit harmlosen Bakterien der Normalflora verhindert, dass sich Krankheitserreger festsetzen können.

— Als Krankheitserreger können einige Arten von Mikroorganismen Infektionen oder Entzündungen auslösen.

- Biochemische Substanzen, die Mikroben im Konkurrenzkampf gegen andere Arten verwenden, setzen Mediziner als Antibiotika gegen Infektionen ein.
- Gentechnisch veränderte Bakterien produzieren Impfstoffe und therapeutische Substanzen wie Insulin.
- In der Biotechnologie werden Bakterien genutzt, um chemische Substanzen wie Essigsäure, Milchsäure und Aceton, aber auch komplexere Verbindungen wie Medikamente, Enzyme und Kunststoffe zu produzieren.
- Die Lebensmittelindustrie setzt Mikroorganismen zur Herstellung von Lebensmitteln wie Joghurt, Sauerkraut und Brot ein.
- Durch mikrobielle Erzlaugung werden mithilfe von Bakterien Metalle gewonnen und aufgereinigt.

## Literatur

Slonczewski JL, Foster JW (2012) Mikrobiologie: Eine Wissenschaft mit Zukunft. Springer, Heidelberg

# Aufbau und Funktion der Zelle

## Inhaltsverzeichnis

© Der/die Herausgeber bzw. der/die Autor(en), exklusiv lizenziert an Springer-Verlag GmbH, DE, ein Teil von Springer Nature 2024
O. Fritsche, *Mikrobiologie*, Kompaktwissen Biologie, https://doi.org/10.1007/978-3-662-70471-4_2

**Worum geht es?**
Die Strukturen prokaryotischer und eukaryotischer Zellen sind weitgehend nach den gleichen Prinzipien aufgebaut und erfüllen die gleichen Funktionen. Dieses Kapitel beschreibt sie am Beispiel der Bakterienzelle und führt anschließend die Besonderheiten von Archaeen und eukaryotischen Mikroorganismen auf. Den Abschluss bildet ein Überblick zum Aufbau verschiedener Viren.

## 2.1 Größe und Komplexität von Zellen

Zellen sind die **kleinste Einheit des Lebens**. Alle bekannten Lebewesen bestehen aus mindestens einer Zelle. Während die chemische Komposition der Umgebung sehr variabel sein kann, sind die molekulare Zusammensetzung und die Struktur der Zelle immer nahezu gleich.

Die minimale **Größe der Zelle** ist durch das Volumen vorgegeben, das ihre lebenswichtigen Bestandteile einnehmen. Sie liegt bei etwa 0,2 µm. Die maximale Größe wird durch die Notwendigkeit bestimmt, alle Bereiche der Zelle zu versorgen. Sie liegt meistens unter 1 mm, kann aber bei einigen eukaryotischen Arten bis zu mehreren Metern betragen.

**Prokaryotische** (◘ Abb. 2.1) und **eukaryotische Zellen** (◘ Abb. 2.2) unterscheiden sich in der Größe und in der Komplexität ihres Aufbaus. Eukaryotische Zellen besitzen neben einem Zellkern, in dem sich der Großteil ihres Genoms befindet, vor allem weitere interne Membransysteme und ein umfangreiches internes Transportsystem (▶ Abschn. 2.4).

Die Strukturen der Zelle verleihen ihr die notwendigen **Fähigkeiten, um am Leben zu bleiben**:

— Zusammenhalt der zelleigenen Moleküle und Bestandteile
— Kontrollierter Stoffaustausch mit der Umgebung

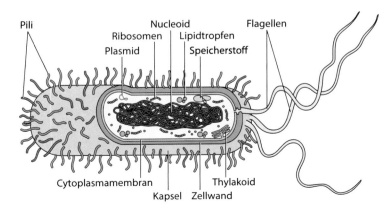

◘ **Abb. 2.1** Schema einer prokaryotischen Zelle (aus Munk: Grundstudium Biologie – Mikrobiologie)

**2**

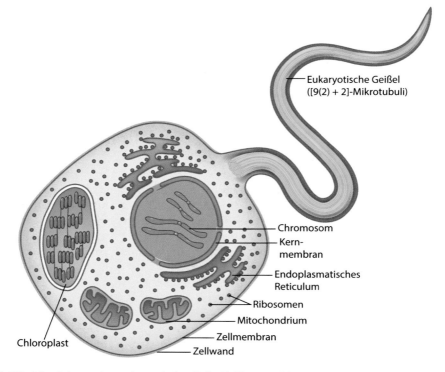

Eukaryotische Geißel
([9(2) + 2]-Mikrotubuli)

Chromosom
Kern-
membran

Endoplasmatisches
Reticulum

Ribosomen

Mitochondrium

Zellmembran

Zellwand

Chloroplast

◘ **Abb. 2.2**   Schema einer eukaryotischen Zelle (© Slonczewski, Foster: Mikrobiologie)

─ Umwandlung von Molekülen durch die chemischen Reaktionen eines Bau-
stoffwechsels
─ Bereitstellung von Energie durch einen Energiestoffwechsel
─ Speicherung und Umsetzung der Erbinformation
─ Wachstum und Vermehrung

Manche Strukturen ermöglichen **zusätzliche Fähigkeiten**, über die nicht alle
Mikroorganismen verfügen:
─ Aufnahme von Informationen und Aussenden von Signalen
─ Kommunikation
─ Beweglichkeit
─ Spezialisierung

## 2.2   Die Bakterienzelle

Die typische **Größe von Bakterienzellen** liegt im Bereich von 0,5 μm bis 4 μm. Das
Darmbakterium *Escherichia coli* misst beispielsweise 1 μm im Durchmesser und
2 μm in der Länge.

## 2.2.1 Die Morphologie von Bakterien

Die Morphologie der Bakterien beschränkt sich im Wesentlichen auf ihre unterschiedlichen Formen. Einige **Grundformen** haben eigene Bezeichnungen:
- Kokken sind kugelförmig. Zu ihnen gehören beispielsweise Pneumokokken und Neisserien.
- Stäbchen sind länglich. Zu ihnen gehören beispielsweise Vertreter der Enterobakterien (Enterobacteriaceae), *Bacillus* und *Clostridium*.
- Vibrionen sind in der Art eines Kommas gebogene Stäbchen.
- Starre Spirillen und flexible Spirochäten sind korkenzieherförmig. Zu den Spirochäten gehören Borrelien und Treponemen.

Viele Zellen lassen sich nicht eindeutig einer dieser Grundformen zuordnen, sondern zeigen eine gemischte Morphologie wie etwa fast kugelige Stäbchen. Außerdem gibt es weitere, seltenere Formen, darunter sogar quadratische und sternförmige Bakterien.

Bleiben die Zellen nach der Teilung zusammen, bilden sie häufig charakteristisch geformte **Zellverbände**:
- Diplokokken bestehen aus zwei Zellen.
- Bei Tetrakokken liegen vier Zellen in einer Ebene.
- Bei Sarcinen ordnen sich acht Zellen zu einem dreidimensionalen Würfel an.
- Bei Streptokokken bilden mehrere Zellen eine Kette.
- Bei Staphylokokken liegen die Zellen als kleine Haufen beieinander, die an Weintrauben erinnern.

Die natürliche Form der Zelle ist genetisch festgelegt und stellt eine Anpassung an die jeweilige Lebensweise dar. Zur Artbestimmung ist sie nur begrenzt geeignet, da Bakterien aus sehr unterschiedlichen Gruppen und sogar Archaeen häufig die gleiche Form zeigen.

## 2.2.2 Die Zellhülle

Unter dem Begriff **Zellhülle** werden die Strukturen zusammengefasst, **die eine bakteriellen Zelle umgeben**. Dazu gehören:
- die Plasmamembran,
- die Zellwand,
- bei Gram-negativen Bakterien die äußere Membran.

Gelegentlich werden auch **weitere Schichten** wie S-Layer, Kapseln und Schleime zur Zellhülle gezählt. Ob eine Zelle diese Strukturen ausbildet, hängt allerdings von den Umgebungsbedingungen ab. Sie sind also lediglich optional.

Die Bestandteile der Zellhülle haben zum Teil **klinische Bedeutung**, da sie vom Immunsystem als körperfremd erkannt werden und Angriffspunkt antibakterieller Substanzen sind.

**2**

### 2.2.3  Die Plasmamembran

Die **Plasmamembran** wird auch als Cytoplasmamembran, Zellmembran oder Plasmalemma bezeichnet.

Die Plasmamembran **umgibt den lebenden Teil der Zelle**. Unter günstigen Bedingungen könnte die Zelle prinzipiell auf alle Strukturen, die sich außerhalb der Plasmamembran befinden, verzichten und trotzdem weiterleben.

#### Funktionen der Plasmamembran

Zu den wichtigsten Funktionen der Plasmamembran gehören:

— **Permeabilitätsbarriere.** Die Membran verhindert den zufälligen Austausch von Substanzen zwischen dem Cytoplasma und der Umgebung. Vor allem größere Moleküle wie Proteine und Nucleinsäuren sowie Ionen werden von ihr zurückgehalten. Dadurch sichert die Plasmamembran der Zelle die Kontrolle über ihr Inneres. Der Austausch mit der Umgebung erfolgt kontrolliert über Transportproteine. Lediglich einige unpolare kleine Moleküle und Wasser können ohne Hilfsmittel durch die Membran diffundieren.

— **Energiespeicher.** Durch Prozesse wie Atmung und Photosynthese pumpen Bakterien aktiv Protonen aus dem Cytoplasma, sodass der pH-Wert außerhalb der Zelle niedriger und das elektrische Potenzial außen positiver ist als im Inneren (protonenmotorische Kraft, ► Abschn. 4.3.5). In diesem doppelten Gradienten ist kurzfristig Energie gespeichert, die für zahlreiche Prozesse an der Membran genutzt werden kann, beispielsweise zur aktiven Aufnahme von Nährstoffen und zum Betreiben des Flagellenmotors.

— **Proteinanker.** Viele Proteine, die für ihre Funktion mit der äußeren Umgebung in Kontakt treten müssen, sind mit einem Teil fest in der Membran verankert. Dazu zählen beispielsweise Proteine für den Transport, die Aufnahme von Signalen (Sensorproteine), die Energieumwandlung durch Atmung oder Photosynthese, die Synthese der Zellwand und der Flagellenmotor.

#### Der grundlegende Aufbau von Biomembranen (Einheitsmembran)

Die Plasmamembranen aller Organismen sind nach dem gleichen Prinzip aufgebaut, das als „Einheitsmembran" bezeichnet wird. Danach besteht die Membran aus **doppellagigen Schichten (Bilayer) von Phospholipiden**, in die weitere Lipide und Proteine eingelagert sind.

**Phospholipide** lassen sich in drei Bereiche unterteilen (◼ Abb. 2.3):

— Den „**Schwanzteil**" aus hydrophoben (wasserabstoßenden) langkettigen Fettsäuren.

— Das **Glycerinrückgrat**, an das die Fettsäuren über Esterbindungen (–CO–O–) angeknüpft sind.

— Das **Kopfteil** aus hydrophilen (wasserliebenden) chemischen Gruppen. Über eine Phosphatgruppe hängt ein Rest wie etwa Ethanolamin an dem Glycerin (ergibt in diesem Beispiel Phosphatidylethanolamin, das häufigste Lipid in Zellen von *Escherichia coli*).

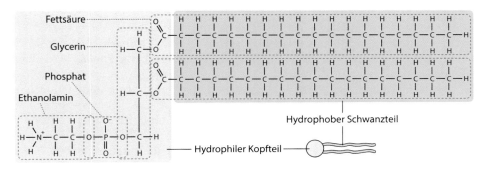

**Abb. 2.3**    Phosphatidylethanolamin

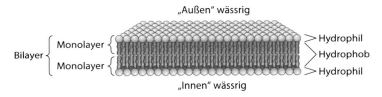

**Abb. 2.4**    Der Membran-Bilayer

Sowohl für die Fettsäuren als auch für den Rest im Kopfteil gibt es eine **Fülle möglicher Moleküle**. Ihre Auswahl bestimmt die Eigenschaften der Lipide und damit der Membran.

In einer wässrigen Umgebung organisieren sich Phospholipide spontan zu flächigen Monolayern, die den **Bilayer** der Membran bilden (**Abb. 2.4**). Die hydrophilen Köpfe weisen nach außen zu den wässrigen Phasen. Die hydrophoben „Schwänze" lagern sich im geschützten Raum dazwischen an. Sie bilden die Permeabilitätsbarriere für die hydrophilen Moleküle im Cytoplasma und der Umgebung.

Die **Dicke** solch eines Phospholipid-Bilayers beträgt 6 nm bis 8 nm.

**Im Elektronenmikroskop** erscheint der hydrophobe mittlere Teil hell, umgeben von den dunklen hydrophilen Bereichen. Mit Kontrastmitteln, die sich in den Lipidköpfchen ansammeln, kann der Kontrast noch verstärkt werden.

Als **Innenseite** wird die Membranseite bezeichnet, die zum Cytoplasma weist. Die **Außenseite** ist der Umgebung oder einem eingeschlossenen Volumen (beispielsweise dem Inneren einer Vakuole) zugewandt. Die beiden Seiten unterscheiden sich in der Zusammensetzung, vor allem sind viele Membranproteine auf eine Seite beschränkt oder sie sind mit einer bestimmten Ausrichtung in die Membran eingebaut.

## Membranproteine

Neben den Lipiden umfasst eine Biomembran zahlreiche **Membranproteine**. Diese können auf unterschiedliche Arten mit der Membran assoziiert sein:

**2**

- **Integrale Membranproteine** sind fest in die Membran eingebaut. Sie besitzen Abschnitte mit vorwiegend hydrophoben Aminosäureresten, die in die Schicht der Fettsäuren eintauchen oder sie vollständig durchziehen. Domänen, die Kontakt zum Cytoplasma oder zur äußeren Umgebung haben, sind überwiegend hydrophil.
- **Periphere Membranproteine** dringen nicht in die Membran ein, sind häufig aber trotzdem fest mit ihr verbunden. Bei Lipoproteinen geschieht dies durch eine Verknüpfung mit einem Lipidmolekül, das in die Membran integriert ist.

Membranproteine bilden häufig **Cluster von Proteinen**, die miteinander eine Funktion ausüben, beispielsweise bei der Photosynthese oder in der Atmungskette.

## Das Flüssig-Mosaik-Modell

Nach dem **Flüssig-Mosaik-Modell** (*fluid mosaic model*) sind die einzelnen Membranbausteine gegeneinander beweglich, sodass sich die Membran wie eine zweidimensionale Flüssigkeit aus Lipidmolekülen verhält, in welcher Proteine schwimmen (◻ Abb. 2.5). Zusätzliche flächige Lipidmoleküle versteifen die Membran.

Die Eigenschaften der Membran hängen von ihrer genauen Zusammensetzung ab. Besonders ihre **Fluidität** genannte Flexibilität und Beweglichkeit der einzelnen Moleküle wird durch die Kombination der Fettsäureanteile in den Lipiden reguliert:

- Für eine hohe Fluidität auch bei niedrigen Temperaturen sorgen kurze, ungesättigte und verzweigte Fettsäuren sowie Fettsäuren mit einem Ring aus drei Kohlenstoffatomen (Cyclopropanfettsäuren).
- Eine niedrige Fluidität wird durch langkettige, gesättigte Fettsäuren hervorgerufen.

## Besonderheiten bei Bakterien

Die **Plasmamembranen der meisten Bakterien** bestehen überwiegend aus Lipiden mit gesättigten oder einfach ungesättigten Fettsäuren mit 16 bis 18 Kohlenstoffatomen.

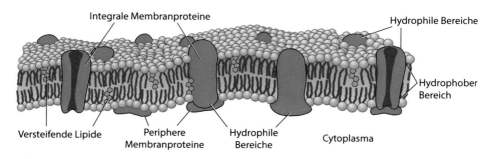

Integrale Membranproteine · Hydrophile Bereiche · Hydrophober Bereich · Versteifende Lipide · Periphere Membranproteine · Hydrophile Bereiche · Cytoplasma

◻ **Abb. 2.5**  Das Flüssig-Mosaik-Modell der Membran

Bei einigen Bakterien wird die Membran bei Bedarf durch **Hopanoide** versteift, die aus vier Sechsringen und einem Fünfring bestehen.

Manche **Fettsäureprofile** sind so spezifisch, dass sich an ihnen die Art bestimmen lässt, beispielsweise beim Milzbranderreger *Bacillus anthracis*.

## 2.2.4 Transport durch die Plasmamembran

Da die hydrophoben Anteile der Lipide die Membran für hydrophile Substanzen undurchlässig machen, benötigt die Zelle **Transportmechanismen**, mit denen sie Nährstoffe aufnehmen und Abfallstoffe ausscheiden kann.

### Unterschiede zwischen passivem und aktiven Transport
- **Passiver Transport**:
    - **Diffusion**. Der Transport erfolgt ohne Energiezufuhr, nur von der zufälligen thermischen Bewegung der Teilchen und des Lösungsmittels angetrieben.
    - **Dem Gradienten folgend**. Substanzen wandern von Regionen höherer Konzentration zu solchen mit geringerer Konzentration.
- **Aktiver Transport**:
    - **Energieverbrauch**. Die Zelle investiert Energie in Form eines elektrochemischen Gradienten wie der protonenmotorischen Kraft (Unterschied der Protonenkonzentration und der elektrischen Ladung innen und außen) oder einer chemischen Verbindung wie ATP, um einen Stoff aufzunehmen.
    - **Transport gegen einen Konzentrationsgradienten**. Die Proteine nutzen die eingesetzte Energie, um ihr Substrat gegen das Konzentrationsgefälle in die Zelle zu schaffen und so im Inneren eine höhere Konzentration als außen zu erreichen.

### Eigenschaften von Transportproteinen (Carriern)
An einigen Varianten des passiven Transports und bei allen aktiven Transportsystemen sind spezielle **Transportproteine** (früher auch als Permeasen bezeichnet) in der Membran beteiligt, die einige **gemeinsame Eigenschaften** aufweisen:
- **Sättigung**. Da in der Membran nur eine begrenzte Anzahl von Carriern vorliegt, erreicht die Geschwindigkeit der Aufnahme einen Maximalwert, wenn alle Transportproteine voll ausgelastet sind.
- **Spezifität**. Die Transportproteine erkennen ihr Substrat und befördern nur dieses durch die Membran. Viele Transporter sind für eine einzige Molekülsorte spezifisch, manche akzeptieren eng verwandte Substanzen.
- **Regulation**. Die Zelle kontrolliert die Synthese der Transportproteine und steigert oder senkt die Produktion nach Bedarf. Beispielsweise kann sie Transporter mit niedriger Affinität einsetzen, wenn die Substratkonzentration in der Umgebung hoch ist, und stärker affine Proteine bei einem Mangel.

**2**

Die verschiedenen **Typen von Transportproteinen** unterscheiden sich in der Anzahl von Molekülen, die sie gleichzeitig durch die Membran bringen, sowie in der Richtung des Transports (◻ Abb. 2.6):

- **Uniporter** befördern stets jeweils nur ein Molekül (Beispiel: Kaliumkanal).
- Beim **Cotransport** oder **gekoppeltem Transport** befördern Carrier Moleküle verschiedener Art gleichzeitig:
  - **Symporter** transportieren die Moleküle in dieselbe Richtung (Beispiel: Aufnahme von Lactose und Protonen durch die Lac-Permease).
  - **Antiporter** transportieren Moleküle in entgegengesetzte Richtungen (Beispiel: Pumpen von Na$^+$ aus der Zelle gegen Aufnahme von Protonen durch den Natrium-Protonen-Antiporter).

### Passiver Transport

Der passive Transport kann mit oder ohne Hilfe von Membranproteinen erfolgen (◻ Abb. 2.6).

- **Einfache Diffusion.** Kleine, unpolare, elektrisch neutrale Moleküle wie Sauerstoff und Kohlendioxid treten durch einfache Zufallsbewegungen durch die Membran. Auch Wasser ist begrenzt dazu fähig.
- **Erleichterte Diffusion.** Für manche kleinen Moleküle, die per einfacher Diffusion gar nicht oder zu langsam über die Membran gelangen, gibt es Transportproteine, die den Fluss entlang dem Konzentrationsgradienten unterstützen.
  - **Kanalproteine** sind im Wesentlichen Poren mit hydrophiler Öffnung. Hierzu zählen die Aquaporine, die Wasser leiten, sowie Ionenkanäle, die spezifisch bestimmte Ionen wie K$^+$ durchlassen. Auch die Kanäle der Plasmamembran haben Selektivitätsfilter, und ihre Öffnung wird von der Zelle gesteuert.
  - **Transportproteine** binden ihr Substrat und befördern es durch eine Konformationsänderung durch die Membran. Auf diese Weise nehmen Zellen bei großem Angebot Zucker und Aminosäuren auf.

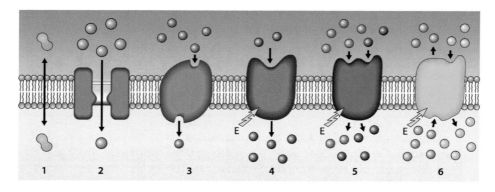

◻ **Abb. 2.6**   Transportmechanismen. Einfache Diffusion (1), Kanalproteine (2), Transportproteine (3), aktiver Uniport (4), aktiver Symport (5), aktiver Antiport (6) (verändert aus Fritsche: Biologie für Einsteiger)

## Aktiver Transport

Aktiver Transport setzt zwingend ein **transmembranes Transportprotein** voraus (◘ Abb. 2.6).

Die Transportsysteme fallen je nach **Energiequelle** in zwei Kategorien:

- Der **primäre aktive Transport** ist direkt mit dem energieliefernden Schritt verknüpft, beispielsweise mit der Spaltung von ATP oder der Absorption von Licht.
- Der **sekundäre aktive Transport** wird durch einen Gradienten angetrieben, der vorher durch einen primären Prozess wie die Elektronentransportkette der Atmung aufgebaut werden muss.

Eine andere Unterteilung richtet sich nach der **Beteiligung weiterer Proteine** neben dem Carrier in der Membran:

- Beim **einfachen Transport** agiert das membranüberspannende Transportprotein alleine. Es bindet das Substrat, setzt die Energie um und befördert mit diesem Antrieb das oder die Moleküle. Ein Beispiel ist die Lac-Permease für die Aufnahme von Lactose, die durch den Symport von Protonen vorangetrieben wird.
- Bei der **Gruppentranslokation** wird das Substrat während des Transports chemisch durch Übertragung einer Gruppe wie Phosphat verändert (◘ Abb. 2.7). Dadurch bleibt seine Konzentration im Zellinneren niedrig, und es entsteht kein nach außen gerichteter Gradient. Zu diesem Zweck arbeiten mehrere Proteine zusammen. Bakterien versorgen sich über Gruppentranslokation mit Monosacchariden wie Glucose, Mannose und Fructose.
- **ABC-Systeme** (*ATP-binding cassette transporter*) nutzen die Spaltung von ATP als Energiequelle. Den Kontakt zu geeigneten Nährstoffen stellen bereits außerhalb der Zelle hochaffine periplasmatische Bindeproteine oder Substratbindeproteine her. Sie übergeben das Substrat an das membrandurchspannende Protein, das mit der ATP-hydrolysierenden Domäne verbunden ist.

Es sind über 200 **ABC-Systeme bei Bakterien** bekannt. Sie nehmen neben organischen Verbindungen wie Zuckern und Aminosäuren auch anorganische Substanzen wie Sulfate, Phosphate und Metalle auf. Außerdem befördern sie Toxine aus der Zelle heraus, schleusen Bauelemente für die Zellwand durch die Membran und übernehmen die Sekretion weiterer Verbindungen wie Antibiotika. Solche Effluxsysteme arbeiten nicht mit Bindeproteinen zusammen.

◘ **Abb. 2.7** Gruppentranslokation mit dem Phosphoenolpyruvat-Phosphotransferase-System (aus Fritsche: Biologie für Einsteiger)

**2**

Das **Phosphoenolpyruvat-Phosphotransferase-System** (PEP-PTS) von *Escherichia coli* ist ein Beispiel für ein Gruppentranslokationssystem (◘ Abb. 2.7). Die Energie für den Transport stammt aus der Abspaltung des Phosphatrests (P) vom Phosphoenolpyruvat (PEP), der über die vermittelnden Proteine Enzym I (E I) und Histidinprotein (HPr) auf den Enzymkomplex II (E II) übertragen wird. E II besteht aus drei Einzelproteinen, die spezifisch für den jeweiligen Zucker sind. Eines dieser Proteine durchspannt die Membran und nimmt den eigentlichen Transport vor, bei dem es den Zucker phosphoryliert.

## Export von Proteinen

Um die Welt außerhalb der Plasmamembran zu gestalten und zu beeinflussen, müssen Bakterien Proteine, die im Inneren hergestellt wurden, **sekretieren**. Das betrifft beispielsweise Enzyme, die makromolekulare Nährstoffe wie Stärke in kleinere Einheiten aufspalten, Komponenten der Zellwand und der äußeren Membran, die Substratbindeproteine der ABC-Systeme, schützende Enzyme wie die Superoxid-Dismutase, die Sauerstoffradikale unschädlich macht, sowie klinisch relevante Proteine wie Erythrocyten zerstörende Hämolysine.

Die Exoproteine sind nach der Translation mit einer **Signalsequenz** am Anfang der Aminosäurekette markiert.

Die Sekretion der Proteine übernehmen **Translokasen**, die sich in der Membran befinden. Sie nehmen direkt oder über vermittelnde andere Proteine Kontakt zu dem zukünftigen Exoprotein auf und befördern es nach außen.

Ein gut untersuchtes Beispiel ist das **Sec-System** (für *secretion*), das aus mehreren Komponenten besteht: Das Protein SecB als Chaperon bindet das frisch synthetisierte Präprotein und verhindert eine vorzeitige Faltung. Der Komplex koppelt an die Motorkomponente SecA, die das Präprotein durch den Kanal aus SecY, SecE und SecG (zusammen als SecYEG bezeichnet) drückt. Für jeweils rund 20 transportierte Aminosäuren wird dabei ein Molekül ATP gespalten. Eine Signalpeptidase spaltet die Signalsequenz ab.

Manche Proteine müssen bereits in fertig gefaltetem Zustand aus der Zelle ausgeschleust werden, weil sie beispielsweise Cofaktoren enthalten, die während der Translation eingesetzt werden. Sie werden mit dem **TAT-System** transportiert. Die Erkennung verläuft ebenfalls über eine spezielle Signalsequenz. Als Energiequelle dient die protonenmotorische Kraft des elektrochemischen Protonengradienten über der Membran.

## 2.2.5  Die Zellwand

Außerhalb der Plasmamembran ist die bakterielle Zelle von der Zellwand umgeben. Diese erfüllt mehrere **Funktionen**:
- **Formgebung.** Bakterien, deren Zellwände chemisch entfernt wurden, nehmen häufig Kugelform an. Die arttypischen Formen wie Stäbchen oder Spirillen sind durch die Zellwand bedingt.
- **Druckbehälter.** Die hohe Konzentration osmotisch aktiver Substanzen in der Zelle verleiht ihr einen Innendruck (Turgor) in der Größenordnung von 1 MPa

(10 atm), was etwa dem Vierfachen Druck eines Autoreifens entspricht. Die Zellwand fängt diesen Druck auf und verhindert so die Lyse der Zelle.
— **Schutz.** Die Zellwand verhindert, dass Phagen oder die Zellen des Immunsystems den Zellkörper erreichen, und schützt vor mechanischen Verletzungen.

Die Zellwand ist **keine nennenswerte Barriere für Substanzen** von außen. Für Ionen und kleine Moleküle ist sie sehr gut durchlässig, lediglich große Moleküle werden etwas zurückgehalten.

## Aufbau der Zellwand

Die bakterielle Zellwand besteht aus einem einzigen Molekül **Peptidoglykan** oder **Murein**. Sie wird auch als Mureinsacculus bezeichnet.

Peptidoglykan ist ein Makromolekül aus unterschiedlichen, miteinander quervernetzten **Bausteinen**:
— **Zuckerketten als Rückgrat.** Die Zucker N-Acetylglucosamin und N-Acetylmuraminsäure (entspricht N-Acetylglucosamin mit zusätzlicher Lactatgruppe am C3-Atom) sind im Wechsel über β-1,4-glykosidische Bindungen miteinander zu langen Glykanketten verknüpft. Sie bilden das Rückgrat des Sacculus.
— **Querverbindungen mit Aminosäuren.** An die Lactatgruppen der N-Acetylmuraminsäuren sind durch Amidbindungen kurze Peptide von vier bis sechs Aminosäuren geknüpft, die sich miteinander zu Querbrücken verbinden.

Die **Zusammensetzung der quervernetzenden Peptide** umfasst neben den geläufigen L-Aminosäuren, die in Proteinen verbaut werden, auch D-Aminosäuren. Bei *Escherichia coli* lautet die Folge vor der Vernetzung beispielsweise: L-Alanin – D-Glutamat – Diaminopimelinsäure – D-Alanin – D-Alanin.

Außerdem besitzen die Peptide eine **Aminosäure mit zwei Aminogruppen** (eine Diaminosäure). Bei *Escherichia coli* handelt es sich um Diaminopimelinsäure, bei anderen Bakterien ist es ein Lysin.

Die **Quervernetzung** wird durch das Enzym Transpeptidase katalysiert. Es spaltet das terminale D-Alanin eines Peptids ab und verknüpft die restliche Kette mit der Diaminosäure eines anderen Peptids.

Über 100 **Varianten von Peptidoglykan** sind bekannt. Sie unterscheiden sich nur in den Peptidanteilen, die Zusammensetzung der Glykanketten ist bei allen bakteriellen Zellwänden gleich.

Die Zahl der Quervernetzungen bestimmt die **mechanische Stabilität** und die Starrheit des Mureinsacculus. Sie liegt bei *Escherichia coli* im Schnitt bei etwa 50 %.

## Die Zellwand Gram-negativer Bakterien

Gram-negative Bakterien geben bei der **Gram-Färbung** den Farbstoff während des Entfärbens mit Ethanol wieder ab und werden somit nicht angefärbt.

Die **Zellwand** ist wie oben beschrieben aufgebaut (◘ Abb. 2.8). Sie ist mit nur ein bis drei Peptidoglykanschichten vergleichsweise dünn.

**2**

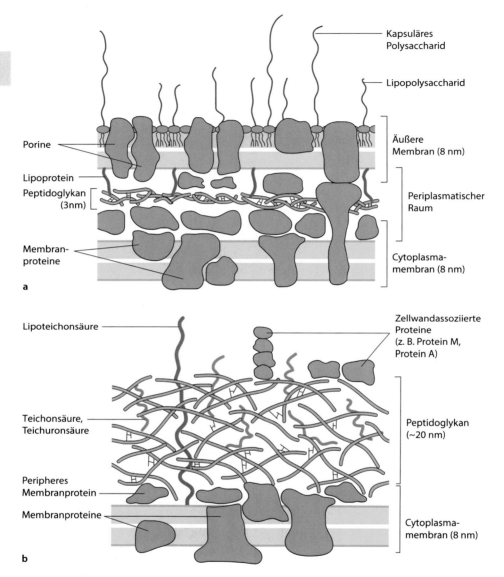

Kapsuläres
Polysaccharid

Lipopolysaccharid

Porine

Äußere
Membran (8 nm)

Lipoprotein

Peptidoglykan
(3nm)

Periplasmatischer
Raum

Membran-
proteine

Cytoplasma-
membran (8 nm)

a

Lipoteichonsäure

Zellwandassoziierte
Proteine
(z. B. Protein M,
Protein A)

Teichonsäure,
Teichuronsäure

Peptidoglykan
(~20 nm)

Peripheres
Membranprotein

Membranproteine

Cytoplasma-
membran (8 nm)

b

◘ **Abb. 2.8**   Die Zellhüllen von Gram-negativen (**a**) und Gram-positiven (**b**) Bakterien (aus Munk: Grundstudium Biologie – Mikrobiologie)

Außerhalb der Zellwand sind Gram-negative Bakterien noch von einer **äußeren Membran** umgeben, die über Lipoproteine mit der Diaminopimelinsäure des Peptidoglykans verbunden ist.

Zwischen der Plasmamembran und der äußeren Membran befindet sich der **periplasmatische Raum**, auch als **Periplasma** bezeichnet. Er enthält neben der Zellwand zahlreiche Proteine und weist dadurch er eine gelartige Konsistenz auf. Zu den Proteinen zählen Bindeproteine des ABC-Systems, Enzyme zur Vorverdauung von Nährstoffen und Sensoren zur Chemotaxis.

## Die Zellwand Gram-positiver Bakterien

Gram-positive Bakterien halten bei der **Gram-Färbung** auch während des Entfärbens den Farbstoff zurück und erscheinen im Mikroskop blauviolett.

Die **Zellwand ist dick** und umfasst bis zu 40 Lagen Peptidoglykan (◐ Abb. 2.8).

Die Peptide der Glykanketten sind bei vielen Gram-positiven Bakterien nicht direkt miteinander verknüpft, sondern über **zusätzliche Peptidbrücken**. Bei *Staphylococcus aureus* bestehen diese jeweils aus fünf Glycinresten. Die Zusammensetzung der Brücken ist bei den verschiedenen Arten unterschiedlich.

Zusätzlich zum Peptidoglykan enthält die Zellwand **Teichonsäuren**. Unter diesen Begriff fallen alle Polymere aus Ribitol-Phosphat-Einheiten und Glycerin-Phosphat-Einheiten. An diese Grundgerüste sind weitere Zucker und Aminosäuren gebunden. Die Teichonsäuren tragen mit ihren Phosphaten zur negativen Ladung der Zellwand bei.

**Lipoteichonsäuren** sind kovalent mit Lipiden der Plasmamembran verbunden.

Sowohl Teichonsäuren als auch Lipoteichonsäuren können mit der N-Acetylmuraminsäure des Peptidoglykans verknüpft sein.

Teichonsäuren und Lipoteichonsäuren wirken bei Menschen als **Antigene** und rufen Fieber und Entzündungen hervor.

## Bakterien ohne Zellwand

Einige wenige Bakterien besitzen keine Zellwand:

- **Mykoplasmen** haben eine variable Form, die oft wie ein Bläschen oder ein Spiegelei aussieht. Es sind parasitär lebende Organismen, die sich aber trotz eines extrem kleinen Genoms noch selbstständig vermehren können.
- **Thermoplasma** ist eine Gruppe von Archaeen, die aufgrund eingelagerter Glykoproteine eine stabile Plasmamebran besitzen. Sie leben bei hohen Temperaturen über 50 °C auf Kohleabraumhalden oder vulkanischen Böden.
- Die **L-Form oder L-Phase** ist eine zellwandlose Erscheinungsform von Bakterien, die normalerweise eine Zellwand besitzen. Einige Arten wie Listerien, *Bacillus subtilis* und *Streptobacillus moniliformis* können ihre Zellen entsprechend umwandeln, um Angriffen auf die Zellwand – beispielsweise durch Antibiotika – zu entgehen. Die Rückwandlung ist meistens möglich. In der L-Form sind Bakterien häufig für das Immunsystem nicht angreifbar.

## Angriffspunkte für Enzyme und Antibiotika

Peptidoglykan kommt ausschließlich bei Bakterien vor und wird in mehreren einmaligen Syntheseschritten aufgebaut. Dadurch stellt es ein geeignetes Ziel für antibakterielle Substanzen dar.

**2**

Die beiden **Antibiotika** Penicillin und Vancomycin blockieren die Quervernetzung bei wachsenden oder sich teilenden Bakterien. Dadurch wird deren Zellwand geschwächt, und die Zellen platzen:
- **Penicillin** hemmt das Enzym Transpeptidase.
- **Vancomycin** bindet an die beiden D-Alanine am Ende der Peptidkette und verhindert die Abspaltung des terminalen D-Alanins.

Das **Enzym Lysozym**, das beim Menschen unter anderem in Speichel, im Blutserum und in der Tränenflüssigkeit vorkommt, hydrolysiert die glykosidische Bindung zwischen den Zuckern, wodurch die Zellwand dem Innendruck der Zelle nicht mehr standhalten kann und die Zelle platzt. Es wirkt auch bei Bakterien, die nicht wachsen oder sich teilen.

## 2.2.6 Die äußere Membran von Gram-negativen Bakterien

Bei Gram-negativen Bakterien umgibt ein weiterer Lipid-Bilayer die Zelle noch außerhalb der Zellwand. Diese **äußere Membran** unterscheidet sich im Aufbau von der Plasmamembran durch folgende Punkte:
- Die äußere Membran enthält neben Phospholipiden auf ihrer Außenseite einen hohen Anteil an **Lipopolysacchariden** (LPS). Sie besitzen nach außen ragende Polysaccharidketten, die das Erscheinungsbild des Bakteriums prägen. LPS sind medizinisch als Endotoxine aktiv.
- Die Innenseite der äußeren Membran ähnelt der Plasmamembran. Zusätzlich zu den Phospholipiden sind hier auch **Lipoproteine** zu finden, die den Kontakt zur Zellwand herstellen.
- **Porine** bilden als transmembrane Proteine eine Pore durch die äußere Membran. Sie lassen kleinere Moleküle hindurch und halten größere Moleküle – vor allem Proteine aus dem periplasmatischen Raum zwischen den beiden Membranen – zurück.

### Aufbau der Lipopolysaccharide

Die genaue **Zusammensetzung der Lipopolysaccharide** ist bei den verschiedenen Bakterienstämmen sehr unterschiedlich. Sie bestehen aber immer aus (☐ Abb. 2.9):
- Einem **Lipid A-Teil**, über den sie in der Membran verankert sind. Im Gegensatz zu den Phospholipiden sind die Fettsäuren beim Lipid A nicht an Glycerin gebunden, sondern an ein Disaccharid aus Glucosaminphosphat. Zu den Fettsäuren zählen neben Palmitinsäure ($C_{16}$) und Stearinsäure ($C_{18}$) auch kurzkettige Fettsäuren wie Myristinsäure ($C_{14}$), Laurinsäure ($C_{12}$) und Capronsäure ($C_{6}$) sowie verzweigte Fettsäuren.
- Einer **Polysaccharidkette**, die sich in zwei Abschnitte unterteilen lässt:
  - Das **Core-Polysaccharid** oder die **Kernregion** umfasst Zucker wie Ketodesoxyoctonat (KDO), Heptose, Galactose, Glucose und N-Acetylglucosamin sowie Komponenten, die nicht zu den Kohlenhydraten gehören wie Phosphate, Aminosäuren und Ethanolamin.

O-spezifisches Polysaccharid                    Kernzone                          Lipoid A

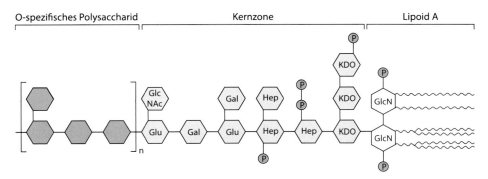

❏ **Abb. 2.9**   Lipopolysaccharid. Sechsecke präsentieren Zuckerbausteine, Kreise Phosphate (verändert aus Munk: Grundstudium Biologie – Mikrobiologie)

- Das **O-Polysaccharid, O-Antigen** oder die **O-spezifische Seitenkette** besteht aus verzweigten Abschnitten von Hexosen, die sich mehrfach wiederholen und insgesamt bis zu 200 Zuckereinheiten umfassen können. Während die Kernregion immer vorhanden ist, kann das O-Polysaccharid bei manchen Bakterienstämmen fehlen.

### 2.2.7  S-Layer

Einige Bakterien besitzen als **äußerste Schicht der Zellhülle** eine S-Layer genannte Lage aus Proteinen. Bei Gram-positiven Bakterien sitzt sie dem Mureinsacculus auf, bei Gram-negativen befindet sie sich auf der äußeren Membran.

Der S-Layer besteht aus **Proteinen oder Glykoproteinen**, die mit kristalliner Regelmäßigkeit hexagonal, vier- oder dreieckig angeordnet sind. Die Monomere nehmen diese Struktur ohne Hilfe von Enzymen oder anderen Proteinen über Selbstorganisation alleine durch die Anziehungskräfte der Monomere untereinander an.

Der Stoffaustausch erfolgt durch **Poren**, die kleine Moleküle durchlassen, aber große Teilchen wie Viren zurückhalten.

Manche Bakterien bilden **mehrere Lagen** von S-Layern übereinander aus.

### 2.2.8  Kapseln und Schleime

Einige Bakterien umgeben sich zusätzlich zu ihrer Zellhülle mit einer Schicht von Polysacchariden oder Polypeptiden, die als **Glykokalyx** bezeichnet wird.

Dabei lassen sich **zwei Varianten** unterscheiden:
- **Kapseln** sind fest mit der Zelle verbunden. Bei Gram-negativen Bakterien können die Polysaccharide über einen Lipidanteil in der äußeren Membran verankert sein. Kapseln sind im Mikroskop leicht zu erkennen.
- **Schleime** gibt die Zelle frei in das Medium ab. Sie sind nicht fest mit ihr verbunden und im Mikroskop schwer zu erkennen.

Die Exopolymerschichten sind für das Überleben im Labor nicht unbedingt erforderlich. Bei frei lebenden Bakterien haben sie folgende **Funktionen**:
- Schutz vor Austrocknung
- Anheften an Oberflächen
- Ausbildung eines Biofilms
- Schutz vor dem Immunsystem eines Wirts und Phagocytose
- Binden von Nährstoffen und Ionen

Die Kapsel stellt einen **Pathogenitätsfaktor** dar, beispielsweise bei Pneumokokken.

### 2.2.9   Das bakterielle Cytoskelett

Die **Form von Bakterien** wird nicht allein von der Zellhülle bestimmt. Eine Reihe von Proteinen etabliert in der Zelle ein bakterielles Cytoskelett:
- FtsZ polymerisiert in der Mitte der Zelle zum Z-Ring, der die Stelle markiert, an welcher später die Zellteilung stattfinden wird. Bei **kugelförmigen Zellen** sorgt es außerdem für die Form und Größe. Es ist homolog zum eukaryotischen Tubulin.
- MreB windet sich bei **stäbchenförmigen Zellen** zusätzlich zum FtsZ durch die Zelle und streckt sie dadurch. MreB hat eine ähnliche Aminosäuresequenz wie das eukaryotische Actin.
- Crescentin als weitere Komponente sorgt dafür, dass sich **gebogene Stäbchen** krümmen. Es polymerisiert auf der Innenseite der Krümmung. Crescentin entspricht dem eukaryotischen Intermediärfilament.

Zum bakteriellen Cytoskelett tragen zudem weitere Proteine bei, deren Wirken und Funktion noch weitgehend unbekannt sind.

### 2.2.10   Fimbrien und Pili

Einige Bakterien besitzen ein oder mehrere **fadenförmige Anhängsel** aus Proteinen, den Pilinen:
- **Fimbrien** sind häufig über den ganzen Zellkörper verteilt, können aber auch auf die Zellpole beschränkt sein.
  Mithilfe der Fimbrien heften sich Bakterien **an Oberflächen**. An der Grenzfläche einer Flüssigkeit zur Luft bilden sie eine Kahmhaut. Pathogene Bakterien binden über Fimbrien spezifisch an Zielproteine ihrer Wirte (Adhärenz) und an Gefäßkatheter. Dazu gehören Salmonellen, *Neisseria gonorrhoeae* und Stämme von *Escherichia coli*, die Harnwegsinfektionen verursachen. Die Fimbrien sind damit ein Virulenzfaktor.
- **Pili** sind häufig länger als Fimbrien, und die Zelle besitzt meist nur ein einziges oder wenige Exemplare.

Es gibt verschiedene Klassen von Pili, die unterschiedliche Funktionen ausüben:
– Manche Varianten dienen der **Bindung an Wirtsgewebe**.
– **F-Pili** („Sexpili") stellen bei der Konjugation von Bakterien (▶ Abschn. 5.9.1) den Kontakt zwischen der Donorzelle und der Akzeptorzelle her. Die Donorzelle zieht mit dem Pilus den Partner zu sich heran, bis eine zusätzliche Plasmabrücke entsteht, über welche DNA ausgetauscht wird.
– **Typ-IV-Pili** benutzt die Zelle zur gleitenden Fortbewegung auf einer festen Oberfläche. Die Pili sind auf die Zellpole beschränkt und kontrahieren und strecken sich abwechselnd unter ATP-Verbrauch. Einige Pseudomonaden suchen auf diese Weise nach der passenden Stelle im Wirtsorganismus.

## 2.2.11 Flagellen

Viele Bakterien besitzen **Flagellen**, mit denen sie sich aktiv fortbewegen können. Mitunter werden die Flagellen auch als **Bakteriengeißeln** bezeichnet. Trotz der Namensgleichheit unterscheiden sie sich aber sowohl im Aufbau als auch in der Funktionsweise deutlich von den Geißeln der Eukaryoten.

Die Anzahl und die Verteilung der Flagellen ist typisch für die jeweilige Bakterienart:
- Bakterien ohne Flagellen sind **atrich**.
- Ein Bakterium mit nur einem Flagellum ist **monotrich** begeißelt. Das Flagellum befindet sich bei ihm an einem der Zellpole.
- Zellen mit mehreren Flagellen sind **polytrich**. Die weitere Unterscheidung richtet sich nach der Verteilung:
  - polytrich-monopolar oder lophotrich: ein Flagellenbündel an einem Pol der Zelle;
  - polytrich-bipolar oder amphitrich: an jedem Zellpol ein Flagellenbündel oder ein einzelnes Flagellum;
  - peritrich: Flagellen über den gesamten Zellkörper verteilt.

### Aufbau bakterieller Flagellen

Jedes Flagellum besteht aus **drei Komponenten** (◨ Abb. 2.10):
- Das **Filament** ist 5 µm bis 20 µm lang und hat einen Durchmesser von 15 nm bis 20 nm. Es besteht aus zahlreichen Monomeren des Proteins Flagellin, die sich helikal um einen zentralen Hohlraum winden. Dadurch erhält das gesamte Filament eine schraubige Struktur.
- In der Medizin tritt das Filament als **Antigen H** auf und dient zur Identifizierung des Bakterienstamms. Insgesamt ist die Aminosäuresequenz des Flagellins aber hoch konserviert.
- Der **Haken** verbindet das Filament mit dem Motorkomplex. Er besteht aus einer einzigen Sorte von Protein.
- Der **Motorkomplex** oder **Basalkörper** ist in der Zellhülle verankert. Er setzt sich aus mehreren Teilen zusammen:

**2**

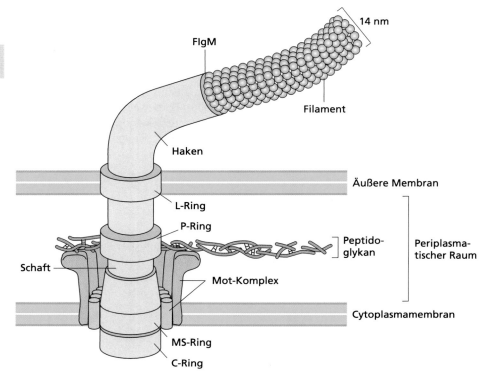

**□ Abb. 2.10** Aufbau der bakteriellen Flagelle (aus Munk: Grundstudium Biologie – Mikrobiologie)

- Einem Schaft, der vom Haken ausgehend durch mehrere Ringe bis in das Cytoplasma ragt.
- Bei Gram-negativen Bakterien führt der L-Ring (von **L**ipopolysaccharid) den Schaft durch die äußere Membran. Bei Gram-positiven Bakterien fehlt dieser Ring.
- Der P-Ring schirmt den Schaft vom **P**eptidoglykan der Zellwand ab.
- Der M-Ring (von **M**embran) und der S-Ring (von **S**upramembran) verankern den Motorkomplex in der Plasmamembran.
- Der C-Ring reicht in das **C**ytoplasma.
- Um den C-MS-Ring-Komplex herum befinden sich die Mot-Proteine (von *motility*).

## Bewegung mit Flagellen

**Antrieb für die Bewegung** der Flagellen ist der Strom von Protonen, die dem elektrochemischen Gefälle (außen ist die Protonenkonzentration höher und das elektrische Potenzial positiver als im Cytoplasma) folgen und durch den Basalkörper von außen in die Zelle strömen. Die Mot-Proteine wandeln den Protonenfluss in eine Rotation des Schafts um. Etwa 1000 wandernde Protonen sind für eine Umdrehung nötig.

Bei einigen wenigen Bakterien wandern anstelle der Protonen Natriumionen durch den Flagellenmotor.

Die **Rotation** des Schafts setzt sich über den Haken auf das Filament fort. Dieses schraubt sich mit seiner Drehung wie ein Propeller ziehend oder drückend durch das Medium. Die in der Zellhülle ruhenden Mot-Proteine sind die Statoren des Motors, während Schaft, Haken und Filament den Rotor bilden. Die Frequenz liegt bei bis zu 300 Hz, meistens aber um 50 Hz bis 100 Hz. Die Zelle erreicht damit Geschwindigkeiten von bis zu 60 Zelllängen pro Sekunde.

## Gerichtetes Schwimmen mit Flagellen

Die Richtung, in die ein Bakterium schwimmt, ist immer zufällig bestimmt. Trotzdem können die Zellen **steuern**, wohin sie sich im Laufe der Zeit bewegen.

Dazu wechseln sich **Phasen**, in denen die Zelle in gerader Richtung schwimmt, mit Phasen ab, in denen sie zufällig die Richtung ändert:

— Peritrich begeißelte Bakterien wie *Escherichia coli* bewegen sich geradlinig, wenn ihre Flagellen **gegen den Uhrzeigersinn** rotieren. Die Flagellen bündeln sich dabei und schieben die Zelle voran.

— Nach einer gewissen Zeit wechselt die Zelle zur Rotation **im Uhrzeigersinn**. Die Flagellen lösen sich voneinander, und die Zelle „taumelt" auf der Stelle. Sie ändert dabei zufällig ihre Ausrichtung und damit die Schwimmrichtung während der nächsten Phase mit treibender Flagellenrotation.

Während der geradlinigen Schwimmphase misst die Zelle Veränderungen in der Zusammensetzung der Umgebung. Bei einer Verbesserung, beispielsweise durch eine steigende Konzentration von Nährstoffen, behält die Zelle die Richtung längere Zeit bei. Verschlechtern sich die Bedingungen, bricht sie bald die Bewegung ab und taumelt. Durch das Zusammenspiel langer Schwimmphasen bei positiven Veränderungen und kurzer Schwimmphasen bei negativen Veränderungen erreicht die Zelle eine **gerichtete Bewegung** in eine vorteilhaftere Umgebung.

## 2.2.12  Gleitende Bakterien

Manche Bakterien sind auch ohne Flagellen beweglich, indem sie über **feste Oberflächen** gleiten.

Verschiedene gleitende Bakterien haben **unterschiedliche Mechanismen** entwickelt. Die genauen Abläufe sind noch unbekannt.

— Cyanobakterien gleiten in einem Schleim, den sie sekretieren.

— Bei der Twitching Motility, die von *Pseudomonas aeruginosa* und einigen Myxobakterien praktiziert wird, schieben sich die Zellen durch abwechselndes Strecken und Kontrahieren von Typ-IV-Pili voran.

— *Flavobacterium johnsoniae* zieht sich mit Proteinen in seiner äußeren Membran über die Oberfläche. Die Proteine sind mit spezifischen Gleitmechanismen in der Plasmamembran verbunden, die für den Antrieb sorgen.

**2**

## 2.2.13  Taxien bei Bakterien

**Gerichtete Wanderungen** von Zellen als Reaktion auf einen Reiz werden als Taxien bezeichnet. Eine positive Taxis führt auf den Reiz zu, eine negative von ihm weg. Je nach Art des Reizes werden **verschiedene Arten der Taxis** unterschieden:

— **Chemotaxis.** Der Reiz besteht aus einer chemischen Substanz, die anziehend als Lockstoff oder Attraktant wirken kann (beispielsweise ein Nährstoff) oder abstoßend als Schreckstoff oder Repellent (beispielsweise ein Giftstoff). Die Zelle detektiert die Stoffe über Chemorezeptoren. Da sie zu klein ist, um lokale Unterschiede zu messen, führt sie zeitliche Vergleiche während der Bewegung durch und passt die Dauer ihrer Schwimmphase an.

— **Phototaxis.** Photosynthetisch aktive Bakterien wie Cyanobakterien und Purpurbakterien suchen gezielt helle Regionen mit Licht der passenden Wellenlänge für ihre photosynthetischen Apparate auf.

— **Aerotaxis.** Bei dieser Form fungiert Sauerstoff als Reiz. Für aerobe Bakterien wirkt er als Lockstoff, für anaerobe Zellen als Repellent.

— **Hydrotaxis.** Einige Cyanobakterien weichen gezielt trockenen Lebensräumen aus.

— **Magnetotaxis.** Zellen, die über magnetische Einschlüsse verfügen, orientieren sich an der Steilheit der Feldlinien des Erdmagnetfeldes, um den Weg in sauerstoffärmere tiefere Schichten von Gewässern zu finden.

## 2.2.14  Das Nucleoid

Das Erbmaterial der Bakterien ist in der Zelle als **Nucleoid** oder **Kernäquivalent** organisiert (◘ Abb. 2.11). Im Gegensatz zum Zellkern der Eukaryoten handelt es sich dabei in der Regel um um keine membranumhüllte Struktur, sondern um denjenigen Bereich innerhalb des Cytoplasmas, in dem sich die DNA befindet. Im Elektronenmikroskop erscheint das Nucleoid heller als das Cytoplasma, und es ist frei von Ribosomen.

◘ **Abb. 2.11**  Das Nucleoid oder Kernäquivalent (© Slonczewski, Foster: Mikrobiologie)

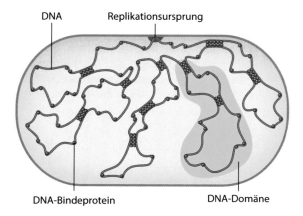

DNA     Replikationsursprung

DNA-Bindeprotein     DNA-Domäne

Bei einigen wenigen Bakterien ist das Nucleoid vermutlich von einer Membran umhüllt. Dazu gehören *Atribacter laminatus* sowie das Riesenbakterium *Thiomargarita magnifica*. *T. magnifica* besitzt zahlreiche dieser **Pepine** genannten Organellen, die über die gesamte Zelle verteilt sind und außer DNA auch Ribosomen enthalten.

Das Nucleoid nimmt einen **großen Teil des Zellvolumens** ein.

## Organisation der DNA

Die DNA ist am **Replikationsursprung** (*origin of replication*, ori) an der Zellhülle etwa in der Mitte der Zelle fixiert. Von hier aus erstrecken sich etwa 50 bis 100 DNA-Domänen als Schleifen in das Zelllumen und bilden zusammen das Nucleoid.

Bei den meisten Bakterien bildet die DNA ein einzelnes, in sich geschlossenes (zirkuläres) **Chromosom**. Es gibt jedoch auch Bakterien wie *Streptomyces lividans* mit einem offenen (linearen) Chromosom und Arten wie *Rhodobacter sphaeroides* mit mehreren Chromosomen. Bei schnell wachsenden Bakterien wird das Chromosom bereits verdoppelt, bevor die Teilung abgeschlossen ist, sodass die Zellen zwei oder vier Kopien des Chromosoms enthalten.

Die DNA der Chromosomen ist **dicht verpackt**, um sie zu schützen und Platz zu sparen. Zwei Mechanismen wirken hierbei zusammen:

— **Superspiralisierung.** Enzyme wie die Gyrase verdrillen die Chromosomen, sodass sich diese um sich selbst winden. DNA-bindende Proteine stabilisieren die Supercoils oder superhelikalen Windungen. Bei Bakterien sind die Windungen der Chromosomen den Windungen der DNA-Doppelhelix entgegengesetzt (negative superhelikale Windungen). Die DNA lässt sich dadurch relativ leicht entwinden. Topoisomerasen schneiden einen oder beide Stränge der DNA und kontrollieren so den Grad der Verdrillung.

   Antibiotika wie Chinolone greifen die Gyrase an, die nicht bei Eukaryoten vorkommt.

— **DNA-bindende Proteine.** Etwa ein Fünftel des Nucleoids besteht aus Proteinen. Um einige Proteine wie HU und H1 (auch H-NS genannt) wickelt sich der DNA-Faden. Im Elektronenmikroskop ergibt sich ein Bild, das an eine Perlenkette erinnert.

**Zusätzlich zum Chromosom** besitzen manche Bakterien kleinere DNA-Ringe, die als Plasmide bezeichnet werden und optionale Gene tragen, beispielsweise für Antibiotikaresistenzen.

## 2.2.15 Interne Strukturen

Das Zellinnere von Prokaryoten ist nicht so stark in **getrennte Funktionsräume** untergliedert wie bei den Eukaryoten. Dennoch besitzen auch Bakterien Strukturen für besondere Aufgaben, einige dieser Strukturen sind von Membranen umgeben.

Manche dieser Membranen bestehen nicht aus Lipiden, sondern sind **Protein-membranen**. Im Gegensatz zu Lipidmembranen können diese gasdicht gestaltet werden.

## Strukturen für die Versorgung der Zelle

*Thiomargarita magnifica* und einige andere große Schwefelbakterien besitzen eine zentrale Vakuole, die drei Viertel des Zelllumens einnimmt und das Cytoplasma in den Randbereich drängt. Dadurch ist der stoffwechselaktive Bereich der Riesen-bakterien deutlich reduziert, sodass die einzelnen Zellbereiche besser durch Diffusion versorgt werden können.

## Strukturen für die Photosynthese

Manche photosynthetische Bakterien bilden **Thylakoide** genannte Einstülpungen ihrer Plasmamembran. In die Membran eingebettet sind Proteinkomplexe, die mit Pigmenten wie Chlorophyll das einfallende Licht auffangen und sammeln und über die photosynthetische Elektronentransportkette die Energie in einen elektro-chemischen Protonengradienten umwandeln (▶ Abschn. 4.6.4). Durch die zusätz-liche Membranfläche steht Platz für mehr Photosyntheseapparate zur Verfügung.

Grüne Schwefelbakterien und Nichtschwefelbakterien besitzen zum Sammeln von Lichtenergie **Chlorosomen**. Diese sind von einer Membran umgeben, die sich jedoch im Aufbau von der Einheitsmembran unterscheidet: Sie ist nur einlagig und aus Polypeptiden und Glykolipiden aufgebaut.

Mit der Energie aus der Lichtreaktion der Photosynthese fixieren die Bakterien mithilfe des Enzyms Ribulose-1,5-bisphosphat-Carboxylase/Oxygenase (Rubisco) Kohlendioxid und wandeln es in Kohlenhydrate um (▶ Abschn. 4.8.1). Die Menge an Rubisco bestimmt dabei die Geschwindigkeit der Reaktionskette. Einige Cyano-bakterien, Purpurbakterien, nitrifizierende Bakterien und Thiobacilli halten sie deshalb in großer Menge in **Carboxysomen** in kristalliner Packung bereit. Carbo-xysomen sind von einer Membran aus Proteinen umgeben, die Kohlendioxid zurückhält. Das Kohlendioxid der Umgebung gelangt in Form von Hydrogencarbonat ($CO_2 + H_2O \rightarrow H_2CO_3 \rightarrow HCO_3^- + H^+$) in das Carboxysom und wird hier von einer Carboanhydrase wieder in Kohlendioxid umgewandelt, womit es nahe an der Rubisco gefangen ist.

## Strukturen für spezielle Stoffwechselprozesse

Einzelne Bakterienspezies verfügen über **Metabolosome**, in denen sie besondere Enzyme für spezielle Stoffwechselprozesse aufbewahren. Eine Membran aus Pro-teinen schirmt sie vom Cytoplasma ab.

Beispiele für das Auftreten von Metabolosomen:

- Einige Bakterien können 1,2-Propandiol abbauen und als Kohlenstoffquelle nutzen. Die dafür notwendigen Enzyme befinden sich in einer Proteinkapsel, vermutlich wegen der mutagenen Wirkung eines Zwischenprodukts.
- Beim Abbau von Ethanolamin entsteht flüchtiger Acetaldehyd. Durch die Ver-lagerung der entsprechenden Reaktionen in ein Metabolosom wird verhindert, dass das Acetaldehyd verloren geht.

Planctomyceten oxidieren zur Energiegewinnung in **Anammoxosomen** (*an*aerobe *amm*onium*ox*idierende Körperchen) genannten Organellen mit einer speziellen Lipidzusammensetzung Nitrit und Ammonium zu molekularem Stickstoff und Wasser. Schätzungen zufolge ist etwa die Hälfte des Luftstickstoffs in der Atmosphäre durch diesen Prozess entstanden.

## Speicherstrukturen

Weil Bakterien nur sehr eingeschränkt beweglich sind, legen einige in guten Phasen **Vorräte für schlechtere Zeiten** an. Die Granula genannten Kügelchen können einen Großteil des Zelllumens ausmachen.

Viele Bakterien legen **Speicher für Kohlenstoff und Energie** an. Je nach Art setzen sie dabei auf unterschiedliche Substanzen:

— **Glykogen** ist ein verzweigtes Polysaccharid, das ähnlich wie Stärke aus Glucosemonomeren aufgebaut ist.

— **Polyhydroxybuttersäure** (PHB) ist das Polymer der Fettsäure Buttersäure mit vier Kohlenstoffatomen. Häufig mischen die Zellen aber Moleküle unterschiedlicher Länge, sodass ein Poly-3-hydroxyalkanoat (PHA) entsteht.

PHB und PHA können industriell als biologisch abbaubare Kunststoffe genutzt werden.

Auch **anorganische Substanzen** werden gesammelt und gespeichert, bis sie in der Umgebung knapp und von der Zelle aufgebraucht werden:

— Viele Gram-negative Bakterien können reduzierte Schwefelverbindungen wie $H_2S$ als Elektronenquelle für ihren Stoffwechsel nutzen. Den anfallenden **elementaren Schwefel** speichern sie in Schwefelkügelchen. Ist die reduziertere Form des Schwefels aufgebraucht, wird der elementare Schwefel zu Sulfat oxidiert.

— **Phosphate** kommen in Nucleinsäuren, Phospholipiden und im Energieträger ATP vor und werden deshalb in großen Mengen benötigt. Die meisten Lebensräume sind allerdings arm an Phosphat. Gibt es dennoch einmal einen Überschuss, legt die Zelle Granula von Polyphosphaten an.

## Strukturen zur Ortsbestimmung

Bakterien und Archaeen aus verschiedenen Gruppen verfügen über **Gasvesikel** mit Proteinhüllen, über die sie ihren Auftrieb regulieren. Das Gas stammt aus dem Stoffwechsel und wird in den spezialisierten Vakuolen eingefangen. Mit Gasvesikeln halten sich beispielsweise phototrophe Bakterien an der Wasseroberfläche.

Einige wasserlebende magnetotaktische Prokaryoten, aber auch manche eukaryotische Algen orientieren sich mittels **Magnetosomen** am Erdmagnetfeld. Diese bestehen aus einer einschichtigen Membran aus Phospholipiden, Proteinen und Glykoproteinen, die Magnetitkristalle ($Fe_3O_4$) umschließt. Das Erdmagnetfeld richtet die Kristalle und mit ihnen die gesamte Zelle nach den Feldlinien aus, die abseits des Äquators nicht nur von Nord nach Süd, sondern auch schräg vertikal verlaufen. Wirft ein anaerobes Bakterium seinen Flagellenmotor an, schwimmt es wegen der aufgezwungenen Orientierung der Zelle automatisch in tiefere Wasserschichten mit geringerem Sauerstoffgehalt.

## Überlebensstrukturen

Unter schlechten Bedingungen bilden manche Bakterien **Endosporen** genannte Dauerformen. Endosporen sind extrem widerstandsfähig gegen Hitze, Trockenheit, Nahrungsmangel, Chemikalien und radioaktive Strahlung. Die Tenazität der Sporenbildner, also die Überlebensfähigkeit unter widrigen Bedingungen, ist extrem hoch. Die Sporen können Jahre überdauern, bevor sie zu kompletten vegetativen Zellen auskeimen.

Endosporen sind bereits im Phasenkontrastmikroskop als große **Einschlüsse innerhalb der Zelle** zu sehen. Je nach Art liegen sie in der Zellmitte, an einem Zellende oder dazwischen.

Im Wesentlichen sind Endosporen Aufbewahrungsbehälter für das Erbmaterial und die wichtigsten Proteine der Zelle. Diese Ladung wird von **mehreren Schichten** geschützt:

- Das **Exosporium** ganz außen besteht aus einer dünnen Schicht von Proteinen. Es verleiht der Spore einen hydrophoben Charakter. Bei manchen Bakterien fehlt diese Lage.
- Die **Sporenhülle** ist ein über Disulfidbrücken verzweigtes Proteinnetz. Die Hülle fungiert als Permeabilitätsbarriere, die Makromoleküle zurückhält.
- Die **äußere Membran** war ursprünglich Teil der Plasmamembran der Mutterzelle, die sich nach der ungleichmäßigen Zellteilung zu Beginn der Sporenbildung um die kleinere Vorspore gestülpt hat.
- Die **Sporenrinde**, der **Cortex**, ist aus Peptidoglykan aufgebaut. Ihr fehlen allerdings die Teichonsäuren, und sie ist weniger stark quervernetzt als die Zellwand.
- Auch die **Zellwand** besteht aus Peptidoglykan. Aus ihr geht bei der Keimung die bakterielle Zellwand hervor.
- Die **Plasmamembran** bildet die innerste Schicht. Sie ist ähnlich wie bei der Bakterienzelle strukturiert, aber deutlich starrer und undurchlässiger für Moleküle als diese.
- Der **Kern** oder **Core** enthält die DNA, RNA, Ribosomen und wichtigsten Enzyme. Die DNA ist durch spezielle Proteine, die *small acid-soluble spore proteins* (SASP), vor Chemikalien und Enzymen geschützt. Ein hoher Gehalt an Calciumdipicolinat verleiht der Spore ihre Hitzeresistenz.

Zu den **endosporenbildenden Bakterien** gehören die verschiedenen *Bacillus*-Arten und viele Bodenbakterien wie Clostridien. Dazu zählen einige Krankheitserreger wie *Bacillus anthracis* (Milzbrand), *Clostridium botulinum* (Botulismus) und *Clostridium tetani* (Tetanus). Auch Gasbrand entsteht durch Infektion mit gasbildenden Clostridien.

### 2.2.16    Ribosomen

Ribosomen sind im Lichtmikroskop nicht zu sehen. **Im Elektronenmikroskop** erscheinen sie als kleine runde Strukturen.

An den Ribosomen findet der **Translationsschritt der Proteinsynthese** (▶ Abschn. 5.7) statt. Die Zelle verfügt über Tausende von Ribosomen.

Die **Größe der Ribosomen** wird über ihre Sedimentationsgeschwindigkeit bei Zentrifugation bestimmt. Die Einheit für den Sedimentationskoeffizienten ist Svedberg (S), wobei $1\,S = 10^{-13}\,s$. Bakterien und Archaeen besitzen Ribosomen mit 70S und etwa 23 nm Durchmesser, die Ribosomen von Eukaryoten sind mit 80S und etwa 25 nm Durchmesser größer und schwerer.

Jedes Ribosom besteht aus zwei großen **Untereinheiten** mit 30S und 50S. Die Sedimentationskoeffizienten addieren sich nicht einfach, da der Widerstand des Mediums gegen das Absinken der Ribosomen nicht nur von deren Masse, sondern auch von der Dichte und Form des Teilchens abhängt.

Beide Untereinheiten sind **Komplexe** aus ribosomaler RNA (rRNA) und Proteinen:

- 30S-Untereinheit: 16S-rRNA + 21 Proteine.
- 50S-Untereinheit: 23S-rRNA + 5S-rRNA + 31 Proteine.

Solange keine Proteinsynthese stattfindet, liegen die Untereinheiten vereinzelt vor. Mit Beginn der Translation verbinden sich die Untereinheiten zum aktiven Komplex.

Wegen der Unterschiede zwischen prokaryotischen und eukaryotischen Ribosomen stellen die Strukturen **Angriffspunkte für Antibiotika** dar:

- **Makrolide** hemmen die Verschiebung der wachsenden Aminosäurekette innerhalb des Ribosoms, sodass die Proteinsynthese nicht bis zum Ende abläuft. Sie wirken bakteriostatisch
- **Tetracycline** verhindern, dass sich neue Trägermoleküle mit Aminosäuren (Aminoacyl-tRNA) an die Ribosomen anlagern.
- **Chloramphenicol** unterdrückt die Bildung einer Peptidbindung zwischen den Aminosäuren.
- **Aminoglykoside** verursachen Ablesefehler von der Boten-RNA (mRNA), nach deren Vorgabe die Proteine synthetisiert werden. Sie wirken bakterizid.

## 2.2.17  Differenzierte Zellen

In der Regel sind Bakterienzellen Generalisten, die alle Fähigkeiten besitzen, um auf sich selbst gestellt zu überleben. Unter bestimmten Umständen kommt es aber zur **Differenzierung**. Es entwickeln sich Zellen, die sich von den üblichen vegetativen Zellen unterscheiden und spezielle Fähigkeiten haben, die ihnen alleine oder einem Zellverband zugutekommen.

### Differenzierung zu Dauerformen

Wenn sich die Umweltbedingungen wesentlich verschlechtern, bilden manche Bakterien **Dauerzellen** aus, die auch schlechte Zeiten überstehen:

- **Endosporen.** Von diesen ultrakompakten Sporen entsteht jeweils nur ein Exemplar im Inneren der Zelle. Nach ihrer Freisetzung sind der Stoffwechsel und andere mögliche Aktivitäten unter die Nachweisgrenze reduziert, sodass die

Endospore tot erscheint. Sie übersteht aber schwierigste Bedingungen und bleibt Jahrtausende, vermutlich sogar Millionen Jahre keimfähig.
- **Exosporen.** Dauerformen, die außerhalb der Mutterzelle differenzieren, sind Exosporen. Sie sind sehr widerstandsfähig gegen Hitze, Trockenheit und chemischen Stress. Da ihr Stoffwechsel nahezu vollständig ruht, benötigen sie keine Nährstoffe.

   Die Exosporen von *Methylosinus* und *Methylocystis* entstehen durch Knospung und entwickeln eine feste Sporenwand sowie eine Kapsel.

   Die **Conidien** der Streptomyceten und Actinomyceten werden einfach durch Querwände vom Zellkörper abgetrennt. Sie besitzen keine Sporenhülle.
- **Cysten.** Wandelt sich die gesamte Zelle in eine Dauerform um, entsteht eine Cyste. Dabei werden die Flagellen abgeworfen, und um den Zellkörper wird eine dicke Cystenwand aus Protein und Lipid aufgebaut. Im Lumen wird Polyhydroxybuttersäure als Speicherstoff angehäuft. Cysten von *Azotobacter* sind gegen Austrocknung, Druck und Strahlung geschützt, aber nicht widerstandsfähig gegen Hitze.
- **Myxosporen.** Vegetative Myxobakterien bewegen sich gleitend auf Oberflächen fort. Sie bilden dabei Schleimspuren, an denen sich andere Myxobakterien orientieren, sodass Schwärme einzelner Zellen entstehen.

   Wird die Nahrung knapp, sammeln sich die Zellen durch Chemotaxis und bilden einen vielzelligen Fruchtkörper, der arttypisch geformt ist. In den Fruchtkörpern wandeln sich Zellen zu runden Myxosporen mit dicken Zellwänden um. Ihr Stoffwechsel ist reduziert, und sie sind unempfindlicher gegenüber Austrocknung.

Die **Sterilisation** von Materialien und Geräten muss an die Widerstandsfähigkeit eventuell vorhandener Dauerformen angepasst werden, indem beispielsweise der Druck und die Dauer einer thermischen Behandlung entsprechend höher angesetzt werden als bei der Abtötung ausschließlich vegetativer Zellen.

## Differenzierung zur Fixierung von Stickstoff

Normale Zellen können den molekularen Stickstoff ($N_2$) der Luft nicht nutzen, sondern sind auf andere Stickstoffverbindungen wie Ammonium ($NH_4^+$) oder Nitrat ($NO_3^-$) angewiesen. Stickstoff ist daher häufig für das Wachstum ein **limitierender Faktor.**

Das Enzym **Nitrogenase** katalysiert die Umwandlung von $N_2$ in $NH_4^+$. Es ist jedoch extrem empfindlich gegenüber Sauerstoff und muss deshalb in speziellen Zellen geschützt werden:
- **Heterocysten.** Bei manchen fädigen Cyanobakterien wandelt sich bei Stickstoffmangel etwa jede zehnte Zelle zu einer Heterocyste um, die auf die Stickstofffixierung spezialisiert ist. Eine auffallend dicke Zellwand aus Glykolipiden und Polysacchariden verhindert das Eindringen von Sauerstoff von außen. Der sauerstoffproduzierende Teil der Photosynthese wird in der Heterocyste eingestellt, um die Nitrogenase zu schützen. Die Heterocyste wird von den Nachbarzellen mit Kohlenstoffverbindungen wie Zuckern versorgt und liefert ihnen dafür die stickstoffhaltige Aminosäure Glutamin.

- **Bakteroide.** Knöllchenbakterien wie Rhizobien gehen mit Pflanzen eine Symbiose ein, in welcher sie als Gegenleistung für Ammonium aus Luftstickstoff mit allen anderen nötigen Nährstoffen versorgt werden. Zu Beginn der Partnerschaft wandern die stäbchenförmigen Bakterien in die Pflanze ein, die als Reaktion Wurzelknöllchen genannte Verdickungen bildet. Die Bakterien wandeln sich in unförmige Bakteroide um, die als Symbiosom genannte Zellorganellen in die Pflanzenzelle aufgenommen werden.

## 2.3 Besonderheiten bei Archaeen

### 2.3.1 Besonderheiten der Plasmamembran

Bei Archaeen sind die Lipide in einigen Details **anders aufgebaut** als bei Bakterien und Eukaryoten:
- Anstelle von Fettsäuren bilden Abfolgen von **Isopreneinheiten** die hydrophoben Seitenketten. Vier Isopreneinheiten bilden eine Phytanylgruppe mit 20 C-Atomen, oder acht Isoprene kommen zu einer Biphytanylgruppe mit 40 C-Atomen zusammen (◘ Abb. 2.12).
- Statt über Esterbindungen sind die Isoprenketten über stabilere **Etherbindungen** (–C–O–) mit dem Glycerin verknüpft.
- Die Eigenschaften der Membran modulieren viele Archaeen über Lipide mit **Ringstrukturen** im hydrophoben Teil.
- Der Grundbaustein für die **Bilayer-Membranen** der meisten Archaeen sind Glycerindiether aus einem Molekül Glycerin, an das zwei Phytanylgruppen gebunden sind. Besonders hitzeresistente Arten nutzen dagegen Diglycerintetraether, bei denen an beiden Enden zweier Biphytanylgruppen jeweils ein Glycerin zu finden ist und mit denen sie eine **Monolayer-Membran** aufbauen (◘ Abb. 2.13).

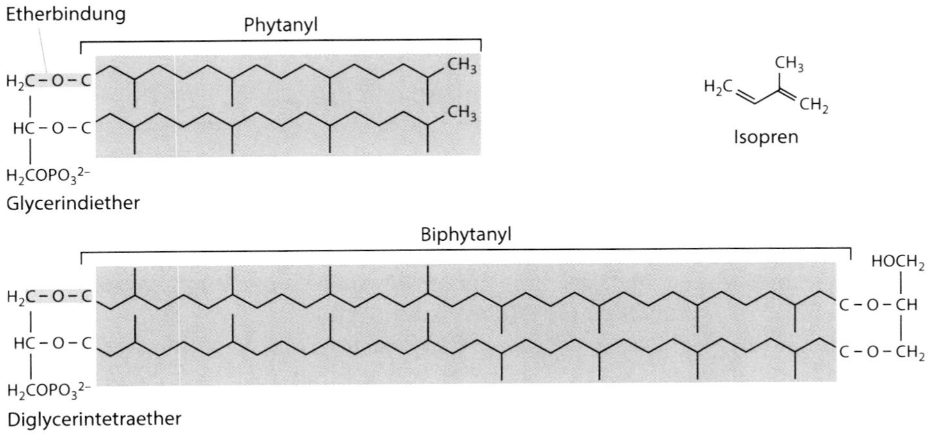

◘ **Abb. 2.12** Aufbau der Membranlipide von Archaeen

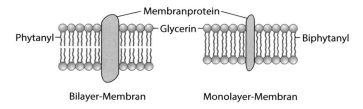

Bilayer-Membran          Monolayer-Membran

☐ **Abb. 2.13**   Bilayer und Monolayer bei Archaeen

## 2.3.2  Besonderheiten der Zellwand

Die Zellwände der Archaeen sind **sehr unterschiedlich aufgebaut**. Sie bestehen nicht aus Peptidoglykan, sondern aus Polysacchariden, Proteinen oder Glykoproteinen.

Viele Archaeen nutzen einen **S-Layer** für die Aufgaben einer Zellwand.

Das **Pseudomurein** oder **Pseudopeptidoglykan**, das einige methanproduzierende Archaeen verwenden, ist ähnlich wie das bakterielle Peptidoglykan aufgebaut:

- **Zuckerketten bilden das Rückgrat.** Statt N-Acetylmuraminsäure wechselt sich im Pseudomurein N-Acetyltalosaminuronsäure mit N-Acetylglucosamin ab. Außerdem sind die beiden Zucker nicht β-1,4-glykosidisch, sondern β-1,3-glykosidisch miteinander verbunden. Daher ist Pseudopeptidoglykan nicht anfällig für Lysozym.
- **Peptide vernetzen.** Die Peptide enthalten keine D-Aminosäuren.

Trotz ihrer Ähnlichkeit sind Peptidoglykan und Pseudopeptidoglykan in der Evolution vermutlich unabhängig voneinander entstanden.

## 2.3.3  Besonderheiten des Cytoskeletts

Für Archaeen ist kein internes formgebendes Proteingerüst bekannt.

## 2.3.4  Besonderheiten der Flagellen

Viele Archaeen besitzen Flagellen, mit denen sie sich schwimmend fortbewegen. Diese unterscheiden sich von den Flagellen der Bakterien in einigen Punkten:

- Der **Durchmesser** beträgt mit 10 µm bis 13 µm nur etwa die Hälfte des bakteriellen Gegenstücks.
- Archaeen verfügen über mehrere **unterschiedliche Flagellinproteine**, die alle nicht mit dem bakteriellen Flagellin verwandt sind.
- Zumindest bei *Halobacterium* dient anstelle eines Protonengradienten über die Membran das Molekül **ATP als Energieträger** für den Antrieb.

## 2.3.5 Besonderheiten der DNA und des Nucleoids

Bei Archaeen ist das Erbmaterial wie bei Bakterien als **Nucleoid mit kompakt verdichteter DNA** organisiert.

Die Superspiralisierung der DNA erfolgt anders als bei Bakterien in die gleiche Richtung wie die Drehung des DNA-Doppelstrangs. Diese **positive Superhelix** packt die DNA enger und schützt sie besser, was beispielsweise bei hohen Temperaturen von Vorteil ist.

Die **DNA-bindenden Proteine der Archaeen** ähneln den Histonen der Eukaryoten. Der DNA-Faden windet sich um die Proteine, sodass im Elektronenmikroskop nucleosomenähnliche Strukturen (NLS) zu erkennen sind.

## 2.4 Die eukaryotische Zelle

### 2.4.1 Besonderheiten der Membranen bei Eukaryoten

Grundsätzlich sind eukaryotische Membranen aufgebaut wie die Plasmamembran der Bakterien. Es gibt jedoch einige Unterschiede.

#### Unterschiede in der Lipidzusammensetzung

Eukaryoten bauen ihre Membranen mit den gleichen Phospholipiden auf Glycerinbasis (Phosphoglyceride oder Glycerophospholipide) auf wie Bakterien. Sie nutzen aber noch **weitere Lipidsorten und -bestandteile**:

- In den **Sphingolipiden** bildet nicht Glycerin das Rückgrat, sondern der Aminoalkohol Sphingosin. Dieser verfügt bereits selbst über eine einfach ungesättigte hydrophobe Kohlenwasserstoffkette. Mit seiner Aminogruppe bindet das Sphingosin amidisch (-NH-CO-) eine Fettsäure. Über ein Phosphat ist es an einen hydrophilen Rest wie Serin, Cholin oder Ethanolamin gekoppelt.
- Neben gesättigten und einfach ungesättigten Fettsäuren kommen in Phosphoglyceriden wie Sphingolipiden auch **mehrfach ungesättigte** Fettsäuren vor.
- Zur **Versteifung ihrer Membranen** bauen Eukaryoten Sterole ein, die ein starres Molekül mit drei Sechsringen und einem Fünfring aufweisen. Ein Beispiel ist Cholesterin, das in den Membranen tierischer Zellen zu finden ist.

#### Organellen als Funktionsräume

Eukaryoten unterteilen ihr Inneres durch interne Membranen in **Organellen** genannte Räume (◙ Abb. 2.2):

- Der **Zellkern** beherbergt die DNA. Er wird von einer doppelten Kernhülle umschlossen.
- **Mitochondrien** decken einen Großteil des Energiebedarfs der Zelle.
- In den internen Membranen der **Chloroplasten** läuft die Photosynthese ab.
- Das weit verzweigte **endoplasmatische Reticulum** ist Ort vieler Biosynthesen, darunter die Produktion vieler Lipide und Proteine.

- Der **Golgi-Apparat** modifiziert und transportiert Proteine.
- In **Lysosomen** findet ein Teil der intrazellulären Verdauung statt. **Peroxisomen** bauen Substanzen unter Einsatz von Sauerstoff ab.
- **Pulsierende Vakuolen** sind eine Besonderheit eukaryotischer Mikroorganismen. Durch Kontraktion dieser Vakuolen presst die Zelle überschüssiges Wasser nach außen.

Manche Organellen der Eukaryoten sind **von zwei Membranen umgeben** (Zellkern, Mitochondrien, Chloroplasten), die sich in der Zusammensetzung ihrer Lipide und Proteine unterscheiden. Die inneren Membranen von Mitochondrien und Chloroplasten ähneln bakteriellen Plasmamembranen, die äußeren Membranen entsprechen typischen eukaryotischen Membranen. Eine Erklärung hierfür bietet die Endosymbiontentheorie, wonach Mitochondrien und Chloroplasten von ursprünglich frei lebenden Bakterien abstammen (▶ Abschn. 6.1.4).

Die **Kompartimentierung** bietet verschiedene **Vorteile** gegenüber der einräumigen Zelle der Prokaryoten:

- In den verschiedenen Kompartimenten können zeitgleich **chemische Reaktionen** ablaufen, die sich sonst gegenseitig stören würden oder die besondere Bedingungen erfordern. Beispielsweise finden viele Abbauprozesse in den Mitochondrien statt, wo sie keine zelleigenen Strukturen angreifen.
- Spezielle Kompartimente bieten empfindlichen Strukturen besonderen **Schutz**. Beispielsweise ist die DNA im Nucleus sicher vor den Prozessen im Cytosol.
- **Giftstoffe** können ohne Gefahr für die Zelle eingeschlossen und zerstört werden.
- **Speicherstoffe** werden abseits vom aktiven Metabolismus gelagert, bis sie benötigt werden.

### 2.4.2 Transport bei Eukaryoten

Die Transportmechanismen bei Eukaryoten entsprechen grundsätzlich den Systemen der Bakterien, mit der Ausnahme, dass es bei Eukaryoten **keine Gruppentranslokation** gibt und sie ABC-Systeme nicht für die Aufnahme von Substanzen benutzen, sondern nur für den Export.

Zusätzlich verfügen Eukaryoten über die Möglichkeit, Substanzen und Objekte bis zur Größe ganzer Zellen mithilfe ihrer Membran aufzunehmen oder auszuschleusen:

- Bei der **Endocytose** umschließt die Membran das externe Objekt und verleibt es der Zelle als Vesikel ein.
  - Bei der **Phagocytose** nimmt sie gezielt größere Teilchen oder ganze Zellen auf.
  - Die **Pinocytose** befördert unspezifisch und ungezielt extrazellulare Flüssigkeit in Vesikeln in die Zelle.
  - Die **rezeptorvermittelte Endocytose** sucht über Rezeptoren gezielt Substanzen, die in Coated Vesicles eingeschlossen werden.
- Bei der **Exocytose** verschmelzen im Cytosol gebildete Vesikel mit der Membran. Dadurch liefern sie der Membran neue Lipide und Membranproteine, und sie schütten den Inhalt der Vesikel in das Umgebungsmedium aus.

## 2.4.3 Die Zellwand von Eukaryoten

Viele eukaryotische Mikroorganismen sind von Zellwänden umgeben, **Tiere** besitzen jedoch keine Zellwand.

Die Zellwände der **Pflanzen** sind aus Cellulose aufgebaut, **Pilze** verwenden Chitin.

## 2.4.4 Das Cytoskelett bei Eukaryoten

Eukaryotische Zellen halten ihre Form mithilfe eines **stabilisierenden Cytoskeletts** auf Basis verschiedener Proteine:

- **Mikrofilamente oder Actinfilamente.** Langgestreckte Filamente aus Actin werden durch weitere Proteine zu einem Netz verbunden, das direkt unterhalb der Plasmamembran liegt. Über Membranproteine besteht ein Kontakt zur Membran, über den das Gerüst verankert wird.
- Die Actinfilamente haben folgende Funktionen:
  - Sie sind zugfest und verleihen der Zelle mechanische Stabilität.
  - Durch ihr Netz wird das Cytoplasma in der Nähe der Plasmamembran zäher.
  - Mit dem Filamentnetz gekoppelte Membranproteine sind innerhalb der dynamischen Plasmamembran an einem Ort fixiert.
- **Intermediärfilamente.** Mehrere verschiedene lang gestreckte Proteine verdrillen sich miteinander zu Intermediärfilamenten, die dicker als Actinfilamente, aber dünner als Mikrotubuli sind. Sie kommen nur bei Tieren vor.
- Intermediärfilamente haben folgende Aufgaben:
  - Sie verleihen der Zelle eine hohe Zugfestigkeit.
  - Sie durchspannen das gesamte Cytoplasma, fixieren den Zellkern in einer Art Käfig und halten andere Organellen an ihren Positionen.
  - Als Kernlamina kleiden sie den Zellkern von innen aus.
- **Mikrotubuli.** Die globulären Proteine $\alpha$-Tubulin und $\beta$-Tubulin bilden Dimere, die sich zu langen, hohlen Röhren, den Mikrotubuli, zusammenfinden. Häufig strahlen sie von sogenannten Mikrotubuli-Organisationszentren in das gesamte Cytoplasma aus.

  Mikrotubuli übernehmen folgende Funktionen:
  - Sie verleihen der Zelle Stabilität, indem sie Druckkräfte auffangen.
  - Sie dienen als Transportwege innerhalb der Zelle.
  - Sie verankern Organellen im Zelllumen.
  - Sie sind als Mitosespindeln an der Zellteilung beteiligt.

Das Cytoskelett ist keine starre Struktur, sondern wird von der Zelle **ständig umgebaut**. Besonders Mikrotubuli überdauern teilweise nur wenige Minuten.

**2**

### 2.4.5 Bewegung bei Eukaryoten

Eukaryotische Mikroorganismen bewegen sich schwimmend oder gleitend fort. Die Mechanismen sind aber anders als bei Bakterien.

#### Geißeln der Eukaryoten

Im **Aufbau** unterscheiden sich die **Geißeln** oder **Cilien** der Eukaryoten völlig von den Flagellen der Bakterien (◘ Abb. 2.14):

- Die Geißeln sind **fadenförmige Ausstülpungen der Plasmamembran**, die mit Cytoplasma gefüllt sind und eine lang gestreckte Struktur aus Mikrotubuli (Axonem) umschließen.
- In dem Axonem sind jeweils zwei **Mikrotubuli** zu einem Paar verbunden. Neun Paare lagern sich kreisförmig um ein zentrales Paar (9 + 2-Struktur oder 9 × 2 + 2-Struktur).
- An den neun Mikrotubulisträngen setzen in regelmäßigen Abständen **Dyneinarme** an.
- An der Basis geht die 9 + 2-Struktur in einen **Kinetosom** genannten Basalapparat mit 9×3-Struktur über.
- Geißeln sind mit bis zu 150 μm Länge und bis 300 nm Durchmesser **deutlich größer** als bakterielle Flagellen.

Auch die **Funktionsweise** ist bei Geißeln anders als bei Flagellen:

- Die Energie für die Bewegung stammt aus der Spaltung von ATP am Dynein.
- Die Freisetzung der Energie bewirkt, dass die Mikrotubuli aneinander vorbei gleiten und dadurch die Geißel verbiegen.
- Die Geißel bewegt sich insgesamt je nach Typ wellenförmig, im Kreis, elliptisch oder wie eine Peitsche.
- Bei frei schwimmenden Organismen treibt die Geißelbewegung das Individuum an. Bei festsitzenden Zellen wird das Medium in Strömung versetzt.

◘ **Abb. 2.14** Aufbau der Geißel bei Eukaryoten

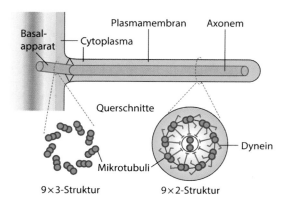

## Gleitende Bewegung bei Eukaryoten

Amöben und Schleimpilze wandern mithilfe von **Pseudopodien** oder Scheinfüßen über Oberflächen. Diese Zellausstülpungen bilden sich, wenn im Zellkörper lokal festere Bereiche entstehen, die das Cytoplasma verdrängen und in andere Regionen zwingen. Die Plasmaströmung stülpt an einer Stelle Teile der Zelle vor und zieht sie an einer anderen Stelle zurück.

## 2.4.6 Die Organisation des Erbmaterials bei Eukaryoten

### Der Zellkern

Der Großteil des Erbguts befindet sich im **Zellkern** oder **Nucleus**, der mit 5 μm bis 15 μm Durchmesser etwa ein Zehntel des Zelllumens einnimmt. Er enthält das Nucleoplasma, das von einer doppelten Kernmembran, der Kernhülle, umschlossen wird.

Der **Austausch mit den Cytoplasma** verläuft durch Kernporen. Diese Proteinkomplexe lassen kleine Moleküle passiv die Seite wechseln. Größere Moleküle wie RNA, Proteine sowie Komplexe aus diesen werden aktiv und selektiv transportiert.

An die innere Kernmembran schließt die **Kernlamina** an. Diese filzartige Struktur besteht aus fädigen Intermediärfilamenten aus Proteinen. Sie stabilisiert den Zellkern und hält das Erbmaterial auf Abstand von der Kernmembran.

Innerhalb des Nucleus erscheinen im Mikroskop Kernkörperchen oder **Nucleoli**, in denen die ribosomale RNA (rRNA) synthetisiert wird. Die Konzentration an DNA ist hier gering.

Im Zellkern findet die **Transkription** statt, bei welcher mRNA-Negative der DNA angefertigt werden (▶ Abschn. 5.5). Die DNA verbleibt dauerhaft im Kern, nur die mRNA verlässt durch die Kernporen den Nucleus. Im Cytoplasma findet an dieser Vorlage die Synthese der Proteine im Rahmen der Translation statt (▶ Abschn. 5.7).

### Die Organisation der DNA

Die DNA von Eukaryoten liegt nicht auf einem einzelnen Strang, sondern ist auf mehrere Stränge aufgeteilt. Diese **Chromosomen** sind linear statt zirkulär.

Die Chromosomen bestehen aus einem **Chromatin** genannten Gemisch aus DNA und Proteinen. Den Großteil der Proteine machen Histone aus, die positive Ladungen tragen, mit denen sie die negativen Ladungen der Phosphatreste in der DNA ausgleichen. Die DNA-Fäden winden sich um die Histone, wodurch Strukturen entstehen, die an eine Perlenkette erinnern. Die Nucleosomen genannten „Perlen" aus DNA und Histonen werden durch „Fäden" aus DNA verbunden. Nicht-Histon-Proteine packen diese Gebilde noch enger und stabilisieren sie. Durch die Kondensation nimmt das Chromosom nur ein Zehntausendstel des Platzes ein, den es im gestreckten Zustand beanspruchen würde.

**2**

Das Chromatin lässt sich in zwei **funktionelle Kategorien** einteilen:
- **Euchromatin** enthält aktive DNA, deren Information abgelesen wird.
- **Heterochromatin** ist vorübergehend oder dauerhaft inaktiv.

## Extrachromosomales Erbgut

In den Zellkernen von Hefezellen können 50 bis 100 Exemplare kleiner ringförmiger **Hefeplasmide** oder 2 μm-Plasmide vorliegen. Ihre DNA ist auf die gleiche Weise verdichtet wie die Chromosomen.

Zusätzlich zum Erbmaterial im Kern besitzen **Mitochondrien** und **Chloroplasten** eigenes Genmaterial. Ihre Chromosomen sind wie bei Bakterien zirkulär geschlossen.

### 2.4.7  Eukaryotische Ribosomen

Eukaryoten besitzen **zwei verschiedene Typen** von Ribosomen:
- Die Mitochondrien und Chloroplasten verfügen über 70S-Ribosomen, die den prokaryotischen Ribosomen gleichen. Dies ist ein Indiz für die Endosymbiontentheorie (▶ Abschn. 6.1.4).
- Im Cytoplasma liegen größere 80S-Ribosomen vor. Sie kommen bei Prokaryoten nicht vor.

## 80S-Ribosomen

Die 80S-Ribosomen folgen grundsätzlich dem gleichen **Aufbau** wie ihre prokaryotischen Pendants. Sie enthalten allerdings mehr rRNA- und Proteinmoleküle und sind daher schwerer und größer. Ihr Sedimentationskoeffizient beträgt 80S.

Die **Zusammensetzung** der beiden Untereinheiten:
- 40S-Untereinheit: 18S-rRNA + 33 Proteine.
- 60S-Untereinheit: 28S-rRNA + 5,8S-rRNA + 5S-rRNA + 49 Proteine.

80S-Ribosomen sind an zwei **Orten in der Zelle** zu finden:
- **Freie Ribosomen** im Cytoplasma. Sie synthetisieren vor allem lösliche Proteine, die im Cytoplasma verbleiben.
- **Membrangebundene Ribosomen** am endoplasmatischen Reticulum (ER). Das ER erscheint durch die angehefteten Ribosomen im Elektronenmikroskop genoppt, weshalb Bereiche mit Ribosomen als raues ER bezeichnet werden. Die hier produzierten Proteine werden während der Synthese in das Lumen des ER aufgenommen (cotranslationaler Transport) und häufig später sezerniert.

Die 80S-Ribosomen der Eukaryoten werden durch andere Substanzen gehemmt als die bakteriellen 70S-Ribosomen. Daher eignen sich Ribosomen als **Angriffspunkte für Therapien** mit Antibiotika:
- 80S-Ribosomen: Hemmung durch Cycloheximid.
- 70S-Ribosomen: Hemmung durch Streptomycin und Chloramphenicol.

## 2.4.8 Besonderheiten von Pilzzellen

Innerhalb der eukaryotischen Mikroorganismen nehmen die Pilze schon durch den Bau ihrer Zellen eine Sonderstellung ein.

### Organisationsformen

- **Hefen oder Sprosspilze.** Die Gruppe umfasst Arten, die nicht miteinander verwandt sind, sondern nur die Lebensweise als einzelne Zelle gemeinsam haben. Sie lässt sich nach der Methode, mit der sich die Zellen fortpflanzen, weiter unterteilen:
  - Bei **Sprosshefen** wächst eine kleinere Tochterzelle durch eine Lücke in der Zellwand der Mutterzelle und trennt sich von dieser ab (**Sprossung** oder **Knospung**). In diese Gruppe gehört die Bäckerhefe *Saccharomyces cerevisiae*.
  - **Spalthefen** vermehren sich durch eine einfache Teilung in zwei gleich große Tochterzellen. Ihre Vertreter werden Schizosaccharomyceten (*Schizosaccharomyces*) genannt.
- **Mycelpilze oder Fadenpilze.** Die meisten Pilze bilden **Hyphen** genannte Fäden aus, die ein als **Mycel** bezeichnetes Geflecht formen. Zu den Mycelpilzen gehören Schimmelpilze und höhere Pilze.

  Das **Hyphenwachstum** findet hauptsächlich an deren Spitze statt. In den hinteren, älteren Abschnitten kommt es aber zu Verzweigungen, bei denen neue Spitzen entstehen. Ist die Zelle groß genug, zieht sie eine **Septum** genannte Querwand ein. Die Septen bieten keine vollständige Trennung, sondern haben in der Mitte einen Porus, der für das Cytoplasma, Organellen und manchmal sogar Zellkerne durchlässig ist. Anstelle von „Zellen" wird daher auch von „Hyphenkompartimenten" gesprochen. Der Septenporus kann durch einen Woronin-Körperchen genannten Pfropfen zeitweilig verschlossen werden.

  Mycelpilze brauchen zum Wachstum ein festes Substrat. Je nach **Wachstumsrichtung der Hyphen** werden zwei Teile des Mycels unterschieden:
  - **Substratmycel** oder **Oberflächenmycel** wächst in das Substrat hinein und auf dem Substrat entlang. Es ernährt den Pilz.
  - **Luftmycel** streckt sich in die Luft. Es bildet Conidien zur Verbreitung des Pilzes.

**Dimorphe Pilze** wie *Candida albicans* können sowohl als Hefe wie auch als Mycel leben. *Blastomyces dermatitidis* wächst auf festem Substrat in Kultur und im Boden als Mycel, wechselt aber zur Lebensweise als Hefe, wenn er die Lunge infiziert.

### Besonderheiten der pilzlichen Zellhülle

- **Plasmamembran.** Die Zusammensetzung der Plasmamembran von Pilzen zeigt leichte Abweichungen von den Membranen von Tieren und Pflanzen. Beispielsweise verwenden Pilze Ergosterol (auch Ergosterin genannt) anstelle von Cholesterin. Die Biosynthese des Ergosterols ist daher ein Angriffspunkt für Antimykotika.

**2**

━ **Zellwand.** Die Zellwand von Pilzen besteht meistens aus Chitin, aber auch andere Polysaccharide wie Glucane (Monomer: D-Glucose), Mannane (Monomer: Mannose) und Hemicellulose (Gemisch von verschiedenen Polysacchariden) finden sich in Pilzzellwänden. In das Geflecht eingebettet sind Proteine, Lipide, Polyphosphate und anorganische Ionen sowie häufig das dunkle Pigment Melanin. Antimykotika wie Caspofungin hemmen die Glucansynthese.

**Chitin** ist ähnlich aufgebaut wie Cellulose. Als Monomer dient aber N-Acetylglucosamin, das sich von der Glucose der Cellulose durch eine Acetamidgruppe ($-NH-CO-CH_3$) unterscheidet. Inhibitoren der Chitinsynthese werden als Antimykotika eingesetzt.

## Organisation des Erbmaterials

━ Die Zellen der Pilze enthalten meist **mehrere Zellkerne** (Syncytium oder Coenoblast). Diese können von verschiedenen Individuen stammen (Heterokaryon), wenn sie durch die Fusion nicht miteinander verwandter Hyphen zusammengeführt werden. Die Zellkerne bleiben separat voneinander und verschmelzen erst bei der Bildung von Fruchtkörpern.

━ Der **Chromosomensatz** der Pilze kann einfach (haploid) oder doppelt (diploid) sein. Manche Pilze wie *Saccharomyces cerevisiae* und der Schimmelpilz *Aspergillus nidulans* können sowohl haploid als auch diploid leben. Andere sind stets haploid oder diploid wie die Hefe *Candida albicans*, die ausschließlich diploid vorkommt.

## Cytoskelett

Pilze verfügen über ein ausgeprägtes Cytoskelett mit Actinfilamenten und Mikrotubuli. Sie besitzen aber wahrscheinlich keine Intermediärfilamente.

## 2.5  Der Aufbau von Viren

Viren sind **keine echten Zellen**, da sie nicht über einen vollständigen Apparat verfügen, um sich selbst zu erhalten (Stoffwechsel) und zu vermehren (Replikation). Für diese Aufgaben nutzen sie eine spezifische Wirtszelle. Das können je nach Virentyp tierische, pflanzliche oder bakterielle Zellen sein.

Außerhalb der Wirtszelle liegen Viren als **Virionen** vor.

Die Virionen bestehen aus bis zu drei Teilen:

━ Das **virale Genom** befindet sich im Zentrum des Virus. Es wird bei einigen Viren von Enzymen begleitet.

━ Eine Proteinkapsel, das **Capsid**, umgibt das Erbgut.

━ Bei behüllten Viren umgibt eine Lipidmembran als **Virenhülle** das Capsid.

## 2.5.1 Organisation des genetischen Materials

Das Virusgenom besteht aus einem oder mehreren Strängen RNA oder DNA. Anhand der Art der Nucleinsäure werden vier **Gruppen von Viren** unterschieden:

- einzelsträngige DNA-Viren (Parvovirus, ΦX174 etc.),
- doppelsträngige DNA-Viren (Herpesvirus, Pockenvirus etc.),
- einzelsträngige RNA-Viren (Tabakmosaikvirus, Poliovirus etc.),
- doppelsträngige RNA-Viren (Rotavirus, Reovirus etc.).

**Retroviren** nutzen einen RNA-Einzelstrang. Er wird nach der Infektion von dem viruseigenen Enzym reverse Transkriptase in doppelsträngige DNA umgeschrieben, von der die weitere Aktivität ausgeht.

Der **Informationsgehalt** des viralen Genoms ist sehr unterschiedlich. Er umfasst minimal die Anleitung zum Bau der Capsidproteine und zur Replikation des Virus. Die DNA des *Pandoravirus salinus* codiert dagegen für 2556 Proteine.

## 2.5.2 Struktur des Capsids

Das **Capsid** besteht aus **Proteinen**, die in einer regelmäßigen Weise angeordnet sind. Es bestimmt die Form und die Größe eines Virus. Die einzelnen Baueinheiten werden als **Capsomere** bezeichnet. Das Capsid kann aus einem einzigen Typ oder aus mehreren verschiedenen Arten von Capsomeren aufgebaut sein.

Die **Form** des Capsids folgt meist einer strengen Symmetrie. Sehr häufig sind Ikosaeder (Zwanzigflächer), die im Elektronenmikroskop meist kugelförmig aussehen, und Röhren. Manche Viren haben aber auch Zylinder-, Stab-, Kegel-, Keulen- oder Torusform oder eine komplexe Geometrie wie der T4-Phage, der an das Landemodul eines Raumschiffs erinnert.

Der **Durchmesser** der Capside bewegt sich von etwa 15 nm (Circoviridae) bis 440 nm (*Megavirus chilensis*).

Die **nach innen weisenden Domänen** der Capsomerproteine sind reich an den positiv geladenen Aminosäureresten Lysin, Arginin und Histidin, mit denen sie Ionenbindungen zu der negativ geladenen Nucleinsäure aufnehmen.

Das Capsid erfüllt mehrere **Funktionen**:

- Schutz des Genoms.
- Bei Viren ohne Hülle stellt es den Kontakt zur Wirtszelle her und befördert das Genom in die Zelle.

Bei Viren ohne Virenhülle agiert das Capsid als **Antigen**. Capsidproteine sind daher geeignete Impfstoffe.

**2**

### 2.5.3 Struktur der Virenhülle

Viren lassen sich je nach An- oder Abwesenheit einer **Virenhülle** um das Capsid in **zwei Gruppen** teilen:
- **Behüllte Viren** sind von einer Membran umgeben.
- **Unbehüllten Viren** fehlt die Membran. Bei ihnen bildet das Capsid die äußerste Schicht.

Die Virenhülle besteht aus **zwei Komponenten**:
- Einer **Lipiddoppelschicht**, die von der Plasmamembran der Wirtszelle oder deren endoplasmatischem Reticulum oder ihrem Golgi-Apparats stammt.
- **Viralen Membranproteinen**, die vor dem Zusammenbau des Virus in so großer Zahl in die Membran eingebaut wurden, dass sie die wirtseigenen Membranproteine verdrängt haben. Der Proteinanteil ist so hoch, dass er beim fertigen Virus die Membran vollständig bedeckt und damit maskiert.

   Die äußeren Bereiche der Hüllproteine sind häufig glykolisiert, also mit Zuckerresten versehen. Sie gehören damit zu den **Glykoproteinen**.

   Manche Hüllproteine formen lange Ausläufer, die als Spikes bezeichnet werden (**Spike-Proteine**).

Behüllte Viren sind **wandelbarer** als unbehüllte Viren. Besonders in den hypervariablen Regionen kommt es aufgrund von Mutationen häufig zu veränderten Eigenschaften der Hüllproteine. Dadurch können sich die Viren leichter an neue Bedingungen anpassen, dem Immunsystem des Wirts besser ausweichen und sich schneller verändern.

   Zwischen dem Capsid und der Virenhülle können zusätzliche Proteine des Wirts oder viraler Natur eingeschlossen sein, die dann das **Tegument** bilden.

   Die Virenhülle hat mehrere **Aufgaben**:
- Schutz vor Umwelteinflüssen, besonders vor dem Immunsystem des Wirts,
- Bindung an die Rezeptoren der Wirtszelle,
- Fusionierung mit der Plasmamembran des Wirts,
- Bildung neuer Varianten durch mutierte Hüllproteine.

Die Proteine der Virenhülle stellen bei Infektionen das **Antigen** dar, auf welches das Immunsystem reagiert.

   Zu den behüllten Viren gehören zahlreiche für den Menschen **gefährliche Krankheitserreger** wie das HI-Virus, das Ebolavirus und das Influenzavirus.

### 2.5.4 Beispiele von Virentypen

#### Ikosaedrische Viren

Das Capsid ist aus **20 identischen Dreiecken** zusammengesetzt. Alle Virionen sind gleich groß.

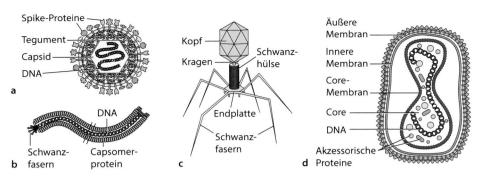

◼ **Abb. 2.15**   Virentypen: Herpes simplex (**a**), M13 (**b**), T4 (**c**), Vaccinia (**d**)

Zu den ikosaedrischen Viren gehört das Herpes-simplex-Virus (◼ Abb. 2.15 (a)).

## Filamentöse Viren

Die Capsomere lagern sich helikal an und bilden als Capsid eine **lange Röhre**, in deren Zentrum das Genom untergebracht ist. Die Länge des Capsids ist nicht festgelegt und variiert innerhalb der Viren einer Art. Die Anheftung an den Wirt erfolgt über kurze Schwanzfasern am Röhrenende.

Der Bakteriophage M13 (◼ Abb. 2.15 (b)) ist ein filamentöses Virus, das sich zur Infektion an den F-Pilus von *Escherichia coli* heftet.

## Komplexe Viren

Komplexe Viren können aus **mehreren funktionellen und strukturellen Einheiten** bestehen. Beim Bakteriophagen T4 ist das Genom in einem ikosaedrischen Capsid verpackt (◼ Abb. 2.15 (c)). Den Kontakt zur Wirtszelle stellt das Virus über sechs Schwanzfasern her, und seine DNA gelangt durch ein Schwanzstück in das Cytoplasma.

## Asymmetrische Viren

Manchen Viren **fehlt das symmetrische Capsid**. Stattdessen können sie über eine zusätzliche zweite oder gar dritte Membran mit teilweise hohem Anteil an Spike-Proteinen verfügen wie das Vacciniavirus (◼ Abb. 2.15 (d)). Neben dem Genom tragen sie eine große Zahl von Hilfsproteinen für die frühe Phase der Infektion mit sich.

## Virusoide

Virusoide wie das Hepatitis-D-Virus sind Viren, die selbst für die Synthese ihres Genoms und ihrer Proteine sorgen, jedoch nicht über die Codes für Proteine eines Capsids oder einer Hülle verfügen. Sie sind für die Verpackung und das Ausschleusen aus der Wirtszelle auf ein Helfervirus angewiesen, dessen Strukturen sie nutzen.

**2**

## Satellitenviren

Satellitenviren tragen die Information für den Aufbau ihres Capsids, sind aber für die Replikation in der Wirtszelle auf ein oder mehrere Helferviren angewiesen. Neben Pflanzen werden auch Pilze und Tiere wie Bienen befallen.

Virophagen sind parasitäre Satellitenviren, die die Replikation ihres Helfervirus stören.

## 2.6    Die Organisation von Viroiden

Viroide bestehen aus einem kurzen **Einzelstrang RNA**, der zu einem Ring geschlossen ist. Das Molekül ist nicht durch Proteine oder Lipide geschützt.

Viroide dringen in **Pflanzenzellen** ein, wo sie von den Enzymen der Wirtszelle repliziert werden. Es werden jedoch keine Proteine nach Vorlage der RNA synthetisiert.

## 2.7    Die Organisation von Prionen

Prionen sind Proteine, die in einer **speziellen Konformation** vorliegen und andere Proteine zwingen können, die gleiche räumliche Struktur einzunehmen. Sie enthalten keine informationstragenden Einheiten wie DNA oder RNA.

Prionen **infizieren nur tierische Zellen**, vor allem im Hirngewebe. Bei Menschen lösen sie die Creutzfeldt-Jakob-Erkrankung aus. Sie gelangen durch Aufnahme mit der Nahrung in den Körper oder entstehen spontan, indem ein normales Protein seine Konformation ändert. Die Veranlagung zur Bildung von Prionen kann durch eine Mutation entstehen und ist dann erblich.

## Literatur

Fritsche O (2015) Biologie für Einsteiger. Springer, Heidelberg

Munk K (2000) Grundstudium Biologie – Mikrobiologie. Spektrum Akademischer Verlag, Heidelberg

Slonczewski JL, Foster JW (2012) Mikrobiologie: Eine Wissenschaft mit Zukunft. Springer, Heidelberg

# Wachstum und Vermehrung

## Inhaltsverzeichnis

© Der/die Herausgeber bzw. der/die Autor(en), exklusiv lizenziert an Springer-Verlag GmbH, DE, ein Teil von Springer Nature 2024
O. Fritsche, *Mikrobiologie*, Kompaktwissen Biologie, https://doi.org/10.1007/978-3-662-70471-4_3

**3**

**Worum geht es?**

Mikroorganismen benötigen für ihr Wachstum geeignete Bedingungen. Eine ganze Reihe physikochemischer Parameter wie Temperatur, Salzgehalt und pH-Wert muss mindestens in einem tolerablen Bereich liegen. Je nach Gruppe und Art nutzen Mikroorganismen unterschiedliche Quellen für die Versorgung mit Energie, Nährstoffen sowie zusätzlichen chemischen Elementen und Verbindungen. Unter günstigen Umständen zeigen sie in Laborkulturen einen typischen Verlauf des Wachstums und der Vermehrung. Sind die Voraussetzungen schlecht, bilden manche Organismen Dauerformen aus, die auf eine Besserung warten. Da Viren nur innerhalb einer Wirtszelle aktiv werden, vermehren sie sich in einer weitgehend konstanten Umgebung. Sie können dabei ihren Wirt am Leben lassen oder ihn mit einem aggressiveren Zyklus zerstören.

## 3.1 Physikochemische Bedingungen

Zu den physikochemischen Bedingungen gehören all jene abiotischen **physikalischen und chemischen Größen**, die das Leben der Mikroorganismen beeinflussen, ohne als Energiequelle, Nahrung oder Baustoff verwendet zu werden. Darunter fallen beispielsweise Temperatur, Druck, pH-Wert, Salzgehalt etc. Zusammen mit den biotischen Faktoren wie Fressfeinden, Konkurrenten und Parasiten definieren sie die ökologische Nische eines Standorts.

### 3.1.1 Die Toleranzkurve

Jeder einzelne der physikochemischen Parameter kann innerhalb eines weiten Bereichs Werte einnehmen, in denen der jeweilige Organismus wachsen und sich vermehren kann oder die das nicht erlauben. Eine **Toleranzkurve** zeigt diese Abhängigkeit im Überblick (◘ Abb. 3.1).

◘ **Abb. 3.1**    Toleranzkurve für einen Umweltparameter (aus Fritsche: Biologie für Einsteiger)

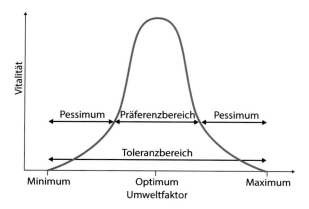

- Der **Toleranzbereich** gibt an, von welchem minimalen bis zu welchem maximalen Wert der Organismus überleben kann. Minimum und Maximum werden Kardinalpunkte genannt. Liegt der Parameter außerhalb dieser Grenzen, stirbt die Zelle.
- Im **Bereich des Pessimums** überlebt der Organismus, ist aber nicht in der Lage, zu wachsen oder sich zu vermehren.
- Im **Präferenzbereich** kann sich der Organismus entfalten, wachsen und fortpflanzen.
- Das **Optimum** gibt den bestmöglichen Wert des Parameters für den Organismus an.

Nach dem **Minimumgesetz** bestimmt der ungünstigste aller Parameter, ob der Organismus überlebt und wie vital er sich verhält.

Organismen, deren Präferenz- und Toleranzbereich in besonders hohe oder niedrige Werte reichen, werden als **Extremophile** bezeichnet. Die meisten gehören zu den Archaeen, aber auch unter den Bakterien gibt es viele extremophile Gruppen, und sogar einige Eukaryoten leben unter extremen Bedingungen.

## 3.1.2 Physikochemische Parameter

### Temperatur

Die meisten Organismen bevorzugen eine Temperatur im Bereich von etwa 15 °C bis 45 °C. Sie werden als **mesophil** eingestuft.

**Extremophile** wachsen bei niedrigeren oder höheren Temperaturen:
- **Psychrophile** oder **Kryophile** unterhalb von 15 °C. Beispiel: *Bacillus cereus.*
- **Thermophile** zwischen 50 °C und 80 °C. Beispiel: *Thermotoga maritima.*
- **Hyperthermophile** oberhalb von 80 °C. Beispiel: *Pyrodictium occultum.*

**Lebensräume** mit extremen Temperaturen:
- Kälte: arktische Gewässer, Polarregionen, Kühlschränke.
- Hitze: heiße Quellen.

Die **Bedeutung der Temperatur** entspringt ihrem Einfluss auf das physikalische Verhalten der Moleküle und die Geschwindigkeit der chemischen Reaktionen:
- Die **Beweglichkeit der Moleküle** hängt von der Temperatur ab. Je höher die Temperatur ist, desto schneller bewegen sich die Teilchen. Dies wirkt sich auf die Membranfluidität und Transportprozesse aus.
- **Chemische Bindungen** brechen aufgrund der Wärmebewegungen bei hohen Temperaturen leichter auf. Dadurch wird besonders die Stabilität von Makromolekülen wie DNA, RNA und Proteinen herabgesetzt.
- Die **Geschwindigkeit chemischer Reaktionen** ist temperaturabhängig. Dies gilt auch für enzymkatalysierte Reaktionen. Bei Kälte laufen die Prozesse langsamer oder gar nicht mehr ab.

**3**

- Eine absolute Unter- und Obergrenze ergibt sich dadurch, dass vitales Leben auf **flüssiges Wasser** angewiesen ist. Sobald dieses gefriert oder verdampft, sind keine Lebensprozesse mehr möglich. Der Siedepunkt des Wassers liegt bei hohem Druck, wie er beispielsweise an Tiefseequellen herrscht, weit über 100 °C.

Beispiele für **Anpassungen** an extreme Temperaturen:
- **Membranlipide.** Psychrophile Organismen erhöhen den Anteil kurzkettiger und verzweigter Fettsäuren in ihren Lipiden. Dadurch gibt es zwischen diesen weniger Bindungen, und die Membranfluidität liegt höher.
  Thermophile setzen die Beweglichkeit der Lipide mit geraden und langen Fettsäuren herab. Thermophile Archaeen stabilisieren ihre Membranen durch Lipide mit Etherbindungen auf Isoprenbasis sowie Monolayer-Membranen (▶ Abschn. 2.3).
- **Proteine und Enzyme.** Psychrophile erhöhen auf noch unbekannte Weise die Beweglichkeit ihrer Enzyme bei niedrigen Temperaturen.
  In den Proteinen Thermophiler kommen innerhalb der Proteine zusätzliche Wasserstoffbrücken- und Ionenbindungen vor, die das Protein stabilisieren. Die flexible Aminosäure Glycin tritt seltener in der Aminosäurekette auf. Manche extrem thermophile Archaeen besitzen darüber hinaus spezielle Chaperone, die der Denaturierung der Proteine entgegenwirken.
- **DNA.** Extrem Thermophile verdrillen ihre DNA mithilfe einer reversen Gyrase in die stabilere positive Richtung (Richtung der Eigendrehung der Doppelhelix). Besonders basische Histone binden in Archaeen die DNA fester.

Als Schutz vor plötzlichen Temperaturänderungen besitzen Mikroorganismen – auch die Mesophilen – außerdem ein System zur **Hitzeschockantwort**. Es löst die Synthese von **Hitzeschockproteinen** aus. Zu diesen gehören:
- **Chaperone**, die versuchen, instabile Proteine in ihre korrekte Konformation zu falten, und das Ausfallen denaturierender Proteine verhindern.
- Spezielle **Proteasen** bauen bereits denaturierte Proteine ab.

Außer Hitze wirken auch toxische Chemikalien wie Ethanol und starke Bestrahlung, beispielsweise mit UV-Licht, als **weitere Auslöser für die Hitzeschockantwort**.

## Salzgehalt

Die Ionen von Salzen umgeben sich mit Wassermolekülen und binden diese durch elektrostatische Anziehungskräfte. Damit entziehen sie Molekülen und Zellen das Wasser. Die Verfügbarkeit von Wasser wird **Wasseraktivität** ($a_w$) genannt. Sie liegt zwischen 0 (vollkommen trocken) und 1 (reines Wasser) und gibt den Anteil des verfügbaren Wassers an. Bakterien benötigen in der Regel eine Wasseraktivität von mindestens 0,9 – was einer Salzkonzentration zwischen 0,1 M und 1 M (0,2–5 % NaCl) entspricht. Für Pilze liegt das Minimum etwa bei 0,8.

**Halophile Mikroorganismen** benötigen höhere Salzkonzentrationen bis über 3 M. Bakterien gehören mit Obergrenzen von 2 M zu den leicht oder schwach halophilen und moderat halophilen Gruppen. Extrem halophil sind nur Archaeen wie Vertreter der Gattung *Halobacterium*. Einige Stämme überleben Salzkonzentrationen von über 5 M.

**Lebensräume** mit extremem Salzgehalt sind:
- versalzene Meere (Totes Meer),
- Salzseen,
- Salzbergwerke.

Die **Anpassung der Halophilen** verläuft nach zwei Strategien:
- **Aufnahme der Salze.** Indem die Zellen die umgebenden Salze aufnehmen, verhindern sie, dass ihnen das Wasser entzogen wird. Natriumionen tauscht die Zelle mit einer aktiven Ionenpumpe gegen Kaliumionen aus. Den $Na^+$-Gradienten benötigt sie beispielsweise für den Symport von Nährstoffen in die Zelle.

    Die Enzyme und anderen Zellbestandteile sind an den hohen Salzgehalt angepasst und verlieren bei niedrigeren Konzentrationen ihre korrekte Struktur.
- **Akkumulation kompatibler Solute.** Die Zelle erhöht die Konzentration osmotisch aktiver Substanzen in ihrem Inneren, indem sie diese aus der Umgebung aufnimmt oder neu synthetisiert. Dazu zählen Zucker wie Trehalose, Aminosäuren wie Glutamat und Prolin, Polyole wie Glycerin, Glycerinphosphate und Inositolphosphate sowie weitere organische Substanzen wie Ecotin und Carnithin. Die Substanzen stören den Stoffwechsel nicht, sondern stabilisieren die Enzyme.

**Halotolerante Arten**, die nur vorübergehend in salzigeren Umgebungen überleben können, schützen sich vor allem durch kompatible Solute.

## Osmolarität

Außer Salzen können auch andere osmotisch aktive Substanzen wie Zucker die Wasseraktivität herabsetzen. Der entstehende **osmotische Druck** treibt das Wasser aus der Zelle heraus, wodurch diese Gefahr läuft auszutrocknen.
- **Osmotolerante** Mikroorganismen können Phasen eines hohen osmotischen Drucks überstehen. Sie wachsen jedoch besser unter normalen Bedingungen. Viele Osmotolerante zählen zu den Pilzen.
- **Osmophile** Organismen haben ihren Präferenzbereich und ihr Optimum im Bereich hoher Osmolarität. Osmophile gehören fast ausschließlich zu den Hefen.

**Lebensräume** mit hoher Osmolarität sind:
- Lebensmittel mit hohem Zuckeranteil,
- austrocknende Lebensräume.

Als **Anpassung** an die hohe Osmolarität des Mediums häufen die Zellen kompatible Solute wie Trehalose, Glutamat, Prolin, Betain oder Kalium an, mit denen sie ohne Störung der zelleigenen Enzyme und Strukturen ihre innere Osmolarität erhöhen.

## pH-Wert

Der pH-Wert eines Mediums gibt an, wie sauer (pH unter 7) beziehungsweise alkalisch oder basisch (pH über 7) ein Lebensraum ist. **Neutrophile** oder **neutralophile** Organismen bevorzugen einen Bereich von etwa 5 (leicht sauer) bis 9 (leicht alkalisch). Zu ihnen gehört die Mehrheit der Mikroorganismen.

**Extremophile** Mikroben besiedeln Medien mit deutlich niedrigeren oder höheren pH-Werten:
- **Acidophile** haben ihr Optimum bei niedrigen pH-Werten unterhalb von pH 4. Beispiel: Bakterien wie *Acidithiobacillus ferrooxidans* und Archaeen wie Vertreter der Gattung *Thermoplasma*. Außerdem Eukaryoten der Pilze, Algen, Flagellaten, Ciliaten und Amöben.
- **Acidotolerante** Organismen können in sauren Umgebungen leben, bevorzugen aber neutrale pH-Werte zwischen pH 6 und pH 7.
- **Alkaliphile** sind an basische Lebensräume mit pH-Werten über pH 8 angepasst. Ihr Optimum liegt meist zwischen pH 9 und pH 11. Beispiele: Cyanobakterien der Gattung *Spirulina*, Bakterien der Gattungen *Clostridium* und *Bacillus* sowie Archaeen wie Vertreter der Gattung *Natronobacterium*. Einige eukaryotische Pilze.

**Lebensräume** mit extremen pH-Werten:
- Saure Habitate sind:
  - vulkanische Böden,
  - Abwässer der Metallgewinnung,
  - saure Früchte wie Zitrusfrüchte,
  - Produktion saurer Lebensmittel (Joghurt, Essig etc.),
  - der menschliche Magen.
- Alkalische Habitate sind:
  - Sodaseen und Natronseen,
  - carbonathaltige Böden.

Manche **Acidophile erzeugen ihre saure Umgebung selbst.** So synthetisieren *Thiobacillus* und *Sulfolobus* Schwefelsäure, Milchsäurebakterien Milchsäure. Wird ein bestimmter pH-Wert unterschritten, wirkt dies bei einigen Gruppen wie den Milchsäurebakterien hemmend auf die ansäuernden Stoffwechselschritte.

Als **Folge eines falschen pH-Werts** geraten die stabilisierenden Salzbrücken innerhalb der Moleküle sowie zwischen ihnen aus dem Gleichgewicht. Dadurch denaturieren beispielsweise Proteine, und Enzyme haben nicht mehr die notwendige Beweglichkeit, um ihre Substrate zu binden, umzusetzen und freizugeben.

Die **Anpassung an extreme pH-Werte** verläuft je nach Lokalität unterschiedlich:

- Im **Zellinneren** hält die Zelle den pH-Wert konstant im Bereich von pH 6 bis pH 8 (pH-Homöostase). Dies gelingt über mehrere Mechanismen:
  - **Passive pH-Homöostase:**
    - Die Plasmamembran ist weitgehend undurchlässig für Protonen und verhindert ein Einströmen bei niedrigen pH-Werten oder ein Ausströmen bei hohen pH-Werten. Allerdings können schwache Säuren, die im Außenmilieu protoniert vorliegen, durch die Membran in die Zelle gelangen und dort ihr Proton abgeben.
    - Zellinterne Moleküle wie Proteine, Nucleinsäuren und Glutamat nehmen als Puffer je nach Bedarf überschüssige Protonen auf oder geben sie ab.
  - **Aktive pH-Homöostase:**
    - Transportproteine der Ionenkreisläufe von Protonen, Kalium und Natrium pumpen bei niedrigem pH-Wert aktiv Protonen aus der Zelle.
- **Außerhalb der Zelle** müssen die Strukturen und Enzyme an den herrschenden pH-Wert angepasst sein.
- Die **Plasmamembranen von Archaeen** sind durch ihren besonderen Aufbau auf Basis von Glycerinethern (▶ Abschn. 2.3.1) stabiler gegenüber niedrigen und hohen pH-Werten.

Ein besonderes Problem gibt es im **Energiestoffwechsel alkaliphiler Bakterien**. Bei normalem pH-Wert treiben Bakterienzellen viele Prozesse wie die ATP-Synthese und den Flagellenmotor über die protonenmotorische Kraft an, die sich aus dem Konzentrationsgradienten der Protonen und der elektrischen Spannung über die Membran zusammensetzt (▶ Abschn. 4.3). Bei niedrigem pH-Wert ist die Protonenkonzentration außen geringer als in der Zelle, sodass der Konzentrationsgradient entfällt.

Die Zelle reagiert mit zwei **Anpassungen an stark alkalische Medien**:
- **Enge Kopplung.** Die Protonen, die durch die Atmungskette aus der Zelle herausgepumpt werden, werden nicht freigesetzt, sondern gelangen sofort über nahe liegende verbrauchende Systeme wie die ATP-Synthase unmittelbar wieder in die Zelle hinein.
- **Natriumgradient.** Über einen $Na^+/H^+$-Antiporter tauscht die Zelle sofort die ausgeschleusten Protonen gegen Natriumionen aus. Der Natriumgradient übernimmt dann für den Flagellenmotor und Transportproteine die Rolle des Protonengradienten.

Bei **plötzlichen Schwankungen im pH-Wert** reagieren auch Neutralophile mit einer Schockreaktion:
- **Umwandlung von Aminosäuren.** Einige Organismen synthetisieren Aminosäure-Decarboxylasen (spalten die Säuregruppe -COOH als Kohlendioxid $CO_2$ ab) oder Aminosäure-Desaminasen (spalten die Aminogruppe -$NH_2$ als Ammoniak $NH_3$ ab).
- **Säureresistenz oder Säuretoleranz.** Die Produktion der Proteine wird weitgehend umgestellt. Säureschockproteine sorgen für eine veränderte Lipidzusammensetzung der Plasmamembran, verstärkte Mechanismen zur pH-Homöostase und zahlreiche weitere Reaktionen.

## Sauerstoff

Sauerstoff ist ein extrem **aggressives Oxidationsmittel**, das anderen Verbindungen seine Elektronen entreißt. Die dabei entstehenden reduzierten Zwischenstufen Superoxid ($O_2^-$), das Hydroxylradikal (OH·) und Wasserstoffperoxid ($H_2O_2$) sind ebenfalls ausgesprochen reaktionsfreudig und zerstören wichtige Zellbestandteile wie Nucleinsäuren, Proteine und Lipide.

Die Reaktionsfreude des Sauerstoffs kann ungeschützte Zellen töten. Mit der richtigen Ausstattung von Enzymen können die Organismen den Sauerstoff entgiften und sogar nutzen, um durch oxygene Atmung besonders viel Energie aus der Oxidation von Nährstoffen zu gewinnen (▶ Abschn. 4.6).

Je nach Bedeutung des Sauerstoffs werden Mikroorganismen in **verschiedene Kategorien** unterteilt:

- **Aerobier** können Sauerstoff in ihrem Stoffwechsel nutzbringend einsetzen.
  - **Obligat oder strikt aerobe Organismen** sind zwingend auf die Anwesenheit von ausreichenden Mengen Sauerstoff angewiesen. Sie verwenden ihn als terminalen Elektronenakzeptor bei der Atmung und können daher ohne Sauerstoff keine Energie gewinnen. Der Sauerstoffgehalt liegt idealerweise bei rund 20 %. Beispiele: *Micrococcus luteus*, *Mycobacterium leprae*.
  - **Mikroaerophile Organismen** wachsen am besten bei deutlich geringeren Konzentrationen von Sauerstoff. Beispiele: *Helicobacter pylori*, Vertreter der Gattung *Campylobacter*.
  - **Fakultativ anaerobe Organismen** können umschalten zwischen einem Stoffwechsel, der Sauerstoff nutzt, und einem anoxischen Stoffwechsel in Abwesenheit von Sauerstoff. Sie übertragen dann anfallende Elektronen im Zuge einer anaeroben Atmung auf einen anderen Akzeptor wie Nitrat (▶ Abschn. 4.6.3) oder gewinnen ihre Energie durch Gärung (▶ Abschn. 4.5. Beispiele: *Escherichia coli*, *Saccharomyces cerevisiae*, *Vibrio cholerae*.
- **Anaerobier** können Sauerstoff nicht für sich nutzen.
  - **Aerotolerante Organismen** besitzen Enzyme zum Entgiften von Sauerstoff, aber keine Ausstattung, um den Sauerstoff in ihren Energiestoffwechsel einzubinden. Sie können daher in seiner Anwesenheit wachsen. Beispiel: Milchsäurebakterien.
  - **Obligat oder strikt anaerobe Organismen** wachsen nur in sauerstofffreien Umgebungen. Ihnen fehlen entgiftende Enzyme, sodass Sauerstoff bereits in geringen Konzentrationen tödlich sein kann. Ihre Energie gewinnen obligate Anaerobier durch anaerobe Atmung, bei welcher die Elektronen auf andere Akzeptoren als Sauerstoff übertragen werden, oder durch Gärung. Beispiele: Vertreter der Gattungen *Clostridium* und *Bacteroides*.

Die **Lebensräume** von Aerobiern befinden sich meist an den Oberflächen von Gewässern, Böden oder anderen Medien, wo die Versorgung mit Luftsauerstoff gewährleistet ist. Anaerobier kommen in tieferen Schichten vor, zu denen kein Sauerstoff diffundiert.

Um in Anwesenheit von Sauerstoff wachsen zu können, haben Aerobier verschiedene **Anpassungsmechanismen** entwickelt:

- **Nichtenzymatische Entgiftung**. Reduzierende Substanzen wie Glutathion reduzieren Superoxid, Wasserstoffperoxid und Hydroxylradikale direkt zu Wasser, wobei sie selbst oxidiert werden.
- **Enzymatische Entgiftung**. Mit speziellen Enzymen werden die reaktiven Sauerstoffverbindungen in ungefährliche Substanzen umgewandelt. So entgiftet die Superoxid-Dismutase Superoxidionen zu Wasserstoffperoxid ($2\ O_2^- + 2\ H^+ \rightarrow H_2O_2 + O_2$), das von der Katalase weiter zu Wasser umgesetzt wird ($2\ H_2O_2 \rightarrow 2\ H_2O + O_2$). Peroxidasen benutzen NADH als Coenzym für die Reaktion mit Wasserstoffperoxid ($H_2O_2 + NADH + H^+ \rightarrow 2\ H_2O + NAD^+$).

Die Entgiftung der Sauerstoffverbindungen ist von so großer Bedeutung für die Zelle, dass beispielsweise *Escherichia coli* im Rahmen seiner **Sauerstoffstressantwort** etwa 80 Proteine für die Detoxifikation synthetisiert. Darunter sind Enzyme zur Reduktion der abfangenden Moleküle (beispielsweise Glutathion-Reduktase), Katalase, Superoxid-Dismutase, Reparaturenzyme für DNA und Enzyme für ungefährlichere Stoffwechselwege, auf denen weniger Sauerstoffverbindungen freigesetzt werden. Das Signal, das die Stressantwort auslöst, sind erhöhte Konzentrationen von Superoxid oder Wasserstoffperoxid.

## Druck

Mikroorganismen, die im Bereich der Erdoberfläche oder in oberflächennahen Zonen von Gewässern leben, sind einem **Druck** von 1 Atmosphäre (1 atm = 1,013 3 bar = 101,33 kPa) ausgesetzt. In Gewässern steigt der Druck mit zunehmender Tiefe. Alle 10 m nimmt er um 1 atm zu, sodass in der Tiefsee ein Druck von 1000 atm herrscht.

Die meisten Mikroorganismen sterben, wenn der Druck einige Hundert Atmosphären erreicht. Drei **Kategorien** von Organismen können aber auch bei hohem hydrostatischen Druck leben:

- **Barotolerante Organismen** wachsen am besten bei gewöhnlichem Druck von 1 atm. Sie überstehen aber auch Druck bis zu 500 atm und sind noch in Wassertiefen um 4000 m anzutreffen. Beispiel: *Escherichia coli*.
- **Barophile oder piezophile Organismen** sind Extremophile, die erst bei einem Druck von mehreren Hundert Atmosphären optimal wachsen. In der Regel sind sie auch bei 1 atm lebensfähig. Beispiel: Tiefseespirillen.
- **Extrem oder obligat barophile Organismen** sind auf hohen Druck angewiesen. Sie widerstehen auch 1000 atm, können dafür bei Normaldruck nicht mehr wachsen. Beispiel: *Shewanella benthica*.

Je nach Lebensraum sind Barophile auch in **Bezug auf die Temperatur extremophil**:

- **Psychrophil**. Im freien Tiefenwasser liegt die Temperatur dauerhaft bei 2 °C bis 4 °C.
- **Hyperthermophil**. An heißen Tiefseequellen und in vulkanischen Gebieten herrschen Temperaturen knapp unter 100 °C. An manchen Stellen liegen die Werte sogar darüber. Wegen des hohen Drucks ist das Wasser auch oberhalb von 100 °C noch flüssig.

**3**

Die extremen Temperaturen bringen die oben beschriebenen Anforderungen an die Zelle mit sich. Hinzu kommt der **Einfluss des Drucks auf die Physiologie** der Mikroorganismen:
- Die Fluidität der Membranen nimmt ab.
- Normale Ribosomen zerfallen bei hohem Druck.
- Enzyme haben eine geringere Bindungsaffinität für ihr Substrat.

Barophile Mikroben begegnen dem Druck mit spezifischen **Anpassungen**, die noch nicht alle bekannt und deren Wirkmechanismen häufig nicht ausreichend erforscht sind:
- **Mehrfach ungesättigte Fettsäuren** erhöhen die Membranfluidität (▶ Abschn. 2.2).
- Die Zusammenstellung der **Membranproteine** unterscheidet sich von der Komposition anderer Mikroorganismen.
- Die **Enzyme** sind auf noch unbekannte Weise an den Druck angepasst.

## 3.2 Energiequellen

Mikroorganismen greifen auf zwei – eventuell drei – **Energiequellen** zurück:
- **Licht.** Phototrophe Organismen absorbieren im Zuge ihrer Photosynthese Licht (▶ Abschn. 4.6). Die aufgenommene Energie investiert die Zelle, um spezielle Verbindungen (Redoxäquivalente) aus ihrer oxidierten in die reduzierte Form zu überführen. Die Strahlungsenergie wird damit in chemische Energie umgewandelt.
- **Chemische Verbindungen.** Die Enzyme chemotropher Organismen katalysieren chemische Oxidationen, die freiwillig ablaufen und Energie freisetzen würden, aber gehemmt sind:

    reduzierte Verbindung → oxidierte Verbindung + Energie

    Die weitere Untergliederung der Chemotrophen erfolgt nach Art der reduzierten Energielieferanten:
    - **Organische Verbindungen** wie Zucker, Fette oder Aminosäuren bei **Chemoorganotrophen.**
    - **Anorganische Verbindungen** wie molekularer Wasserstoff ($H_2$), Schwefelwasserstoff ($H_2S$), Ammoniak ($NH_3$) oder Eisen ($Fe^{2+}$) bei **Chemolithotrophen.**
- Die Energie nutzen die Organismen, um direkt Energieträger wie ATP zu bilden oder um Redoxäquivalente zu reduzieren.
- **Radioaktive Strahlung.** Im Atomreaktor von Tschernobyl wurden die Pilze *Wangiella dermatitidis* und *Cryptococcus neoformans* entdeckt, deren Stoffwechselrate bei radioaktiver Bestrahlung stark anstieg. Womöglich setzen die Zellen die Strahlung mithilfe des dunklen Pigments Melanin auf noch unbekannte Weise in eine verwertbare Form von Energie um.

Manche Mikroorganismen wie *Rhodospirillum rubrum* verfügen über die genetische Ausstattung für eine phototrophe sowie eine chemotrophe Lebensweise. Die Zellen wählen abhängig von den herrschenden Umweltbedingungen – beispielsweise je nach Sauerstoffgehalt – eine der beiden Varianten zur Energiegewinnung.

Zu den **Redoxäquivalenten** zählen unter anderem die Redoxpaare $NAD^+$/ NADH und FAD/$FADH_2$. Ihre reduzierte Form ist energiereicher als die oxidierte Form. Die Zelle setzt diese Energie auf zwei Weisen ein:

- **Direkte Reduktion.** Die reduzierten Redoxäquivalente können Elektronen an oxidierte Verbindungen übertragen, um diese für weitere chemische Prozesse reaktionsfreudiger zu machen oder im Rahmen des Baustoffwechsels reduzierte Zellbestandteile zu bilden (▶ Abschn. 4.8).
- **Elektronentransportkettenphosphorylierung.** Die Elektronen werden in einer Kaskade an der Membran von Redoxäquivalent zu Redoxäquivalent weitergereicht, bis sie schließlich auf einen terminalen Akzeptor wie Sauerstoff gelangen. Mit der freigesetzten Energie erzeugen Membranproteine eine protonenmotorische Kraft, die an der ATP-Synthase zur Bildung von ATP eingesetzt wird (▶ Abschn. 4.7).

Die **Bedeutung der Namensteile** im Überblick:
- Energiequelle
  - photo-: Licht
  - chemo-: chemische Verbindungen
- Elektronenquelle
  - -organo-: organische Verbindungen
  - -litho-: anorganische Verbindungen

## 3.3 Nährstoffe und Zusatzsubstanzen

Mikroorganismen benötigen zum Wachsen chemische Elemente und Verbindungen, die sich nach ihrer Bedeutung und Menge verschiedenen **Kategorien** zuordnen lassen:

- **Makroelemente.** Sie stellen den Großteil der Atome einer Zelle und sind die Grundbausteine von Nucleinsäuren, Proteinen, Lipiden und Kohlenhydraten. Zu den Makronährstoffen gehören Kohlenstoff, Sauerstoff, Stickstoff, Phosphor, Schwefel und Wasserstoff. Hinzu kommen die Metalle Eisen, Kalium, Magnesium, Calcium und Natrium.
- **Mikroelemente oder Spurenelemente.** Sie werden nur in geringen Mengen benötigt. Zu ihnen zählen Kupfer, Kobalt, Mangan, Molybdän, Nickel, Selen, Vanadium und Zink.
- **Wachstumsfaktoren.** Bei ihnen handelt es sich um organische Verbindungen, die lediglich in Spuren benötigt werden. Die Wachstumsfaktoren umfassen Vitamine, Aminosäuren, Purine und Pyrimidine.

**3**

**Essenzielle Stoffe** kann der Organismus nicht selbst synthetisieren, sind aber lebensnotwendig. Die Zelle muss sie daher über die Nahrung aufnehmen. Welche Substanzen essenziell sind, hängt von der Art des Mikroorganismus und von dessen genetischer Ausstattung mit Stoffwechselwegen ab.

## 3.3.1 Makroelemente

### Kohlenstoff

Kohlenstoff macht etwa die Hälfte der Trockenmasse eines Bakteriums aus. Er bildet das Rückgrat aller organischen Verbindungen.

Als **Kohlenstoffquelle** nutzen Mikroorganismen:

- **Kohlendioxid.** Autotrophe Organismen fixieren mit ihren Enzymen Kohlendioxid aus der Luft oder dem Wasser und reduzieren es zu organischen Verbindungen. Häufig wird diese Lebensweise mit der Energiegewinnung durch Photosynthese verbunden (photoautotroph).
- **Organische Verbindungen.** Heterotrophe Organismen bauen bestehende organische Verbindungen für ihre Zwecke um. Als Quelle dienen ihnen andere Zellen. Häufig nutzen sie diese auch als Energiequelle (chemoheterotroph).

### Sauerstoff

Sauerstoff trägt etwa zu 20 % zum Trockengewicht der Zelle bei.

- **Vorkommen und Funktion**
- **Bestandteil fast aller organischer Moleküle.** In den Verbindungen fungiert der Sauerstoff nicht nur als Baustein, sondern bestimmt auch entscheidend deren Eigenschaften, indem er beispielsweise die chemische Reaktivität erhöht.
- **Terminaler Elektronenakzeptor.** Sauerstoff nimmt am Ende der Atmungskette die übertragenen Elektronen auf.

- **Mögliche Quellen**
- **Luftsauerstoff.** Aerobe Organismen decken damit den Bedarf für eine aerobe Atmung.
- **Kohlendioxid.** Autotrophe Organismen verwenden den Sauerstoff aus dem Kohlendioxid für ihre eigenen Zellbausteine.
- **Wasser.** Chemische Verbindungen werden beim Abbau häufig durch Wasser gespalten (Hydrolyse). Die Atome werden dabei Bestandteil der Reaktionspartner.
- **Organische Verbindungen.** Heterotrophe Organismen sind neben dem Luftsauerstoff auf Sauerstoffatome aus ihrer Nahrung angewiesen.

### Stickstoff

Der Anteil von Stickstoff am Trockengewicht der Zelle liegt bei etwas über 10 %.

- **Vorkommen und Funktion**
- **Baustein.** Stickstoff kommt in Nucleinsäuren, Aminosäuren und damit Proteinen und zahlreichen kleineren Molekülen vor.
- **Elektronen- und Protonenakzeptor und -donor.** Stickstoffatome können zusätzliche Elektronen und Protonen aufnehmen oder abgeben, beispielsweise in einer Aminogruppe: $-NH_2 + H^+ \rightleftarrows -NH_3^+$. Sie nehmen damit an Redoxreaktionen teil und wirken als Säure bzw. Base.

- **Mögliche Quellen**
- **Luftstickstoff.** $N_2$ ist ein sehr stabiles Molekül und kann nur von wenigen Bakterien, die über das Enzym Nitrogenase verfügen, aus der Luft fixiert werden.
- **Anorganische Verbindungen.** Viele Mikroorganismen können kleine anorganische Stickstoffverbindungen wie Ammoniak ($NH_3$) bzw. Ammonium ($NH_4^+$), Nitrit ($NO_2^-$) oder Nitrat ($NO_3^-$) aufnehmen und verwerten.
- **Organische Verbindungen.**

## Phosphor

Phosphor tritt in der Zelle meistens als zentrales Atom einer **Phosphatgruppe** ($-H_2PO_4$) auf.

- **Vorkommen und Funktion**
- **Baustein.** Phosphate sind in Nucleinsäuren, Phospholipiden und zahlreichen kleineren Molekülen anzutreffen. Sie übernehmen in Biomolekülen häufig die Funktion eines Bindeglieds, das verschiedene Moleküldomänen miteinander verknüpft.
- **Energieträger.** Im Adenosintriphosphat (ATP) und verwandten Molekülen wird bei der Abspaltung eines Phosphats von der Kette aus drei Phosphaten Energie freigesetzt, die dann für andere Reaktionen zur Verfügung steht.

- **Mögliche Quellen**
- Anorganisches Phosphat.
- Organische Verbindungen.

## Schwefel
- **Vorkommen und Funktion**
- **Baustein.** Schwefel kommt in der Zelle in Proteinen und vielen kleineren Molekülen wie Coenzymen und Vitaminen wie Biotin, Coenzym A, Liponsäure und Thiamin vor.
- **Stabilität von Proteinen.** Die Aminosäuren Cystein und Methionin enthalten Schwefelatome. Über die Ausbildung von Disulfidbrücken trägt Cystein zur Stabilität von Proteinen bei.

**3**

— **Katalysator.** In den aktiven Zentren von Proteinen unterstützen Schwefelatome von Cystein- bzw. Methioninresten oder Coenzymen die chemische Reaktion der Substrate.
— **Elektronenakzeptor und -donor.** In Coenzymen kann Schwefel vorübergehend Elektronen aufnehmen oder abgeben. Einige Mikroorganismen nutzen reduzierten Schwefel ($H_2S$ oder $S^{2-}$) oder elementaren Schwefel (S) auch als primären Elektronendonor. Andere übertragen Elektronen auf oxidierte Schwefelformen wie Sulfat ($SO_4^{2-}$) als terminalen Elektronenakzeptor.

- **Mögliche Quellen**
— **Anorganische Schwefelverbindungen.** Bakterien können Schwefel in verschiedenen Oxidationsstufen aufnehmen, darunter als Sulfid ($S^{2-}$) und als Sulfat ($SO_4^{2-}$).
— **Organische Verbindungen.**

## Eisen
Eisen wird gelegentlich auch zu den Mikroelementen gezählt.

- **Vorkommen und Funktion**
— **Redoxäquivalent.** Eisen ist in zahlreichen Redoxäquivalenten enthalten, darunter die Cytochrome der Atmungskette und Eisen-Schwefel-Proteine der photosynthetischen Elektronentransportkette. Eisen kann durch Aufnahme oder Abgabe eines Elektrons seine Wertigkeit ändern:

$$Fe^{3+} + e^- \rightleftarrows Fe^{2+}.$$

— **Enzymaktivität.** Eisen ist als Teil einer prosthetischen Gruppe oder eines Coenzyms an zahlreichen enzymatischen Reaktionen beteiligt, beispielsweise an der Stickstofffixierung durch die Nitrogenase.
— **Elektronendonor.** Manche Phototrophe oxidieren Eisen(II) zu Eisen(III) und gewinnen so Elektronen für die Reduktion des Kohlenstoffs bei der Kohlendioxidfixierung.
— **Elektronenakzeptor.** Eisen(III) nimmt bei der anaeroben Atmung einiger Bakterien die anfallenden Elektronen als terminaler Akzeptor am Ende der Elektronentransportkette auf.

- **Mögliche Quellen**
— **Eisen(II)-Salze.** Bei Abwesenheit von Sauerstoff liegt Eisen meist als gut wasserlösliches $Fe^{2+}$ vor und kann direkt aus dem Wasser oder aus dem Boden aufgenommen werden.
— **Eisen(III)-Salze.** Unter aeroben Bedingungen ist Eisen meist zu schwer löslichem $Fe^{3+}$ oxidiert. Die Zellen sezernieren Siderophore genannte Verbindungen, die das Eisenion in einem Komplex binden und in diesem über spezifische Transportsysteme in die Zelle befördern. Zu den Siderophoren gehören sehr unterschiedliche Molekülsorten, darunter Hydroxamate (R-CO-NOH-R'), Phenole oder Peptide.

## Metallionen

**Kalium** ist Cofaktor für manche Enzyme.

**Magnesium** ist Cofaktor für Enzyme und stabilisiert Strukturen wie Membranen und Ribosomen sowie Makromoleküle wie Nucleinsäuren. Außerdem ist Magnesium zentraler Bestandteil des Chlorophyllmoleküls.

**Calcium** ist nicht für alle Zellen essenziell. Es stabilisiert Zellwände und sorgt bei Endosporen für die Hitzestabilität. In der Zelle wirkt es als Signalübermittler.

**Natrium** ist vor allem für marine Arten essenziell, sonst häufig verzichtbar. Es stabilisiert die Zellwand von Halophilen. Bei einigen Alkaliphilen treibt es den Flagellenmotor an.

### 3.3.2 Mikro- oder Spurenelemente

Die **Mengen an Spurenelementen**, die Mikroorganismen benötigen, sind so gering, dass im Labor die Verunreinigungen im Wasser und in den anderen Substanzen zur Versorgung ausreichen.

Zu den **wichtigsten Mikroelementen** zählen Kobalt, Kupfer, Mangan, Molybdän, Nickel, Vanadium und Zink.

Die **Aufgabe der Mikroelemente** liegt meistens in der Unterstützung von Enzymen bei der Katalyse chemischer Reaktionen.

Der **Bedarf an Spurenelementen** ist bei den verschiedenen Mikroorganismen unterschiedlich und richtet sich nach den speziellen Enzymen oder Strukturen der jeweiligen Art. Beispielsweise benötigen methanogene Bakterien Nickel als Cofaktor für die Methyl-Coenzym-M-Reduktase und Diatomeen Silicium für ihre Zellhülle, die weitgehend aus Siliciumdioxid besteht.

### 3.3.3 Wachstumsfaktoren

Organische Substanzen, welche die Mikroorganismen in geringen Mengen benötigen, werden unter dem Begriff **Wachstumsfaktoren** zusammengefasst.

In Bezug auf die Wachstumsfaktoren lassen sich zwei **Gruppen von Mikroorganismen** unterscheiden:

- **Prototrophe Organismen** können alle Wachstumsfaktoren selbst synthetisieren. Sie benötigen daher zum Wachstum lediglich eine Kohlenstoffquelle, eine Energiequelle und Salze. Zu dieser Gruppe gehören die meisten Stämme von *Escherichia coli*.
- **Auxotrophen Organismen** fehlen einige Synthesewege, sodass sie auf essenzielle Wachstumsfaktoren im Medium angewiesen sind. Häufig leben diese Mikroben in Umgebungen, die reich an diesen Stoffen sind, wie beispielsweise Milchsäurebakterien.

Entsteht eine Auxotrophie durch eine Mutation, spricht man von einer **Mangel-mutanten**. Sie können durch das Kürzel für die betreffende Substanz mit einem hochgestellte Minus gekennzeichnet werden, beispielsweise *Escherichia coli leu⁻* für einen Stamm, der die Aminosäure Leucin nicht mehr produzieren kann.

**Häufige Wachstumsfaktoren** sind:
- **Vitamine**. Viele Vitamine sind Teil von Coenzymen oder Cofaktoren.
- **Aminosäuren**. Aminosäuren sind die Bausteine von Proteinen.
- **Purine und Pyrimidine**. Beide Stoffgruppen stellen wichtige Bausteine der Nucleinsäuren.

## 3.4 Zellteilung

Je nach Größenverhältnis der beiden Tochterzellen unterscheidet man mehrere **Arten von Zellteilung**:
- **Binäre oder symmetrische Zellteilung**. Die Mutterzelle teilt sich in der Mitte und erzeugt zwei gleiche Tochterzellen. Dies ist bei Mikroorganismen der häufigste Typ von Zellteilung. Beispiel: *Escherichia coli*.
- **Asymmetrische Zellteilung**. Die Teilung erfolgt am Rand der Mutterzelle, sodass zwei unterschiedlich große Tochterzellen entstehen. Dieser Typ kommt häufig bei Mikroorganismen vor, die an einer festen Oberfläche angeheftet sind. Beispiel: Die Vertreter der Bakteriengattung *Caulobacter* sitzen unbeweglich über einen Stiel an einer Oberfläche. Am entgegengesetzten Ende entsteht eine kleine Tochterzelle, die über eine Flagelle beweglich ist. Die Schwärmerzelle sucht sich schwimmend einen eigenen Platz und heftet sich dort mit einem neuen Stiel an.
- **Knospung**. Die Zelle teilt sich innerhalb ihrer Zellwandhülle in zwei Protoplasten. Einer der Protoplasten verlässt durch einen Porus in der Zellwand die gemeinsame Hülle und bildet eine eigene Zellwand. Der andere Protoplast verbleibt in der alten Hülle. Beispiel: Hefen.

### 3.4.1 Zellteilung bei Bakterien und Archaeen

Am besten ist die symmetrische Zellteilung von *Escherichia coli* untersucht.

Die Teilung erfolgt in mehreren **Phasen**:
1. Replikation des Chromosoms.
2. Bildung einer Septum genannten Trennwand.
3. Ergänzung der Zellwand und Separierung der Tochterzellen.

Die **Phasen überlappen** einander teilweise. So zieht die Zelle bereits das Septum, während die Replikation der DNA noch nicht abgeschlossen ist. Unter günstigen Bedingungen startet die nächste Replikation auch schon vor der Trennung der Tochterzellen.

Bakterien legen für die Zellteilung **keine Pause** in ihrer sonstigen Aktivität ein. Jede Zelle wächst kontinuierlich weiter und produziert weiterhin Proteine und andere Zellbestandteile.

Mit jeder erfolgten Zellteilung entsteht eine neue **Generation** von Zellen. Die Zeit bis zur nächsten Teilung wird als Generationszeit bezeichnet.

## Die Replikation des Chromosoms

1. Die Verdopplung der chromosomalen DNA **beginnt am Replikationsursprung** (ori).
2. Am Replikationsursprung entwindet sich die Doppelhelix, und in den Gabelungen setzen **Replisome** an – Komplexe aus DNA-Polymerase und Hilfsproteinen.
3. Zuerst wird der Replikationsursprung verdoppelt. Die beiden neu entstandenen **Replikationsursprünge entfernen sich voneinander**, während die Zelle in die Länge wächst.
4. Die Replisome verbleiben im Bereich der Zellmitte. Das Chromosom wird durch die Komplexe hindurchgezogen, dabei wird in beide Richtungen die **DNA verdoppelt**. Die Replikation verläuft damit bidirektional.
5. An der Terminatorsequenz gegenüber vom ehemaligen Replikationsursprung treffen sich die **Replisome und lösen sich von der DNA**. Das Chromosom ist nun fertig repliziert.

Wenn die Versorgung mit Energie und Nährstoffen gut ist, beginnt die Zelle bereits vor Abschluss der DNA-Replikation die nächste Verdopplung.

## Die Bildung des Septums

Sobald sich die Nucleoide der zukünftigen Tochterzellen zu trennen beginnen, bilden Proteine in der Mitte der Mutterzelle einen ringförmigen, als **Divisom** bezeichneten Teilungsapparat.

Die Divisomkomplexe befinden sich in oder an der Plasmamembran und reihen sich am Zelläquator aneinander. Sie bestehen aus **verschiedenen Proteinen**, dazu gehören:

- **FtsZ** kommt in allen Bakterien und Archaeen sowie in Mitochondrien und Chloroplasten vor. Es ist mit dem Tubulin der eukaryotischen Mikrotubuli verwandt.

   FtsZ initiiert die Bildung des Divisoms, indem es einen Ring um den Zelläquator bildet. Bei *Escherichia coli* polymerisieren etwa 10.000 FtsZ-Moleküle zum dem Ring, an dem sich die anderen Proteine anlagern.

   FtsZ hat GTPase-Aktivität, kann also den ATP-Verwandten GTP spalten und dabei Energie für die Polymerisierung und später die Depolymerisierung freisetzen.

- **ZipA** ist ein integrales Membranprotein, das den Ring an der Plasmamembran bindet und stabilisiert.

- **FtsA** ist mit dem Actin der Eukaryoten verwandt.
- **FtsA** ist mit einer Helix in der Membran verankert und hält ebenfalls den Ring an seinem Platz. Außerdem hat es ATPase-Aktivität.
- **FtsI** ist an der Synthese von Peptidoglykan der Zellwand beteiligt.
- **FtsK** ist an der Trennung der Chromosomen beteiligt.

Das Divisom sorgt für die **Errichtung des Septums**:
- Es sorgt für die Synthese weiterer Plasmamembran und Zellwand, aus denen das Septum besteht.
- Der Ring zieht sich dabei zusammen, indem das FtsZ nach und nach depolymerisiert. Die neu gebildeten Abschnitte von Membran und Zellwand begegnen und verbinden sich schließlich und vollenden damit die Zellteilung.
- Im Mikroskop ist der Ablauf als zunehmende Einschnürung der Zelle sichtbar.

Bei einigen Bakterien wie *Bacillus subtilis* schnürt sich die Zellwand während der Septenbildung nicht ein.

## Die Synthese neuer Zellwand

Damit die Zelle an Volumen zunehmen und sich strecken kann, muss ständig die Zellwand stellenweise aufgebrochen und neues Peptidoglykan (▶ Abschn. 2.2) eingebaut werden.

- **Autolysine** hydrolysieren die glykosidische Bindung zwischen N-Acetylglucosamin und N-Acetylmuraminsäure im Rückgrat des Peptidoglykans.
- **Bactoprenol** transportiert N-Acetylglucosamin-N-Acetylmuraminsäure-Pentapeptid-Einheiten durch die Membran. Bactoprenol ist ein Alkohol mit einer langen hydrophoben Kohlenwasserstoffkette.
- **Transglykolasen** setzen die Bausteine in die offenen Stellen des Rückgrats ein und katalysieren die Bildung neuer glykosidischer Bindungen.
- **Transpeptidasen** verknüpfen die Peptide und sorgen so für die Quervernetzung. Bei *Escherichia coli* übernimmt im Bereich des Septums das Divisomprotein FtsI diese Aufgabe, im Bereich der restlichen Zelle sind andere Transpeptidasen aktiv.

Die Transpeptidasen sind **Angriffspunkte für Penicillin**. Das Antibiotikum verhindert die Quervernetzung, wodurch die Zellwand zu schwach bleibt, um dem Turgordruck standzuhalten, und die Zelle platzt. Resistente Stämme besitzen Transpeptidasen, die kein Penicillin binden.

An welcher Stelle der **Einbau des neuen Peptidoglykans** in die bestehende Zellwand stattfindet, hängt von der Form des Bakteriums ab:
- **Kokken** bauen nur am FtsZ-Ring ein und schieben damit die beiden entstehenden Tochterzellen auseinander.
- **Stäbchen** ergänzen an Orten auf der ganzen Zelle Material.

## 3.4.2 Zellteilung bei Eukaryoten

Eukaryoten haben einen ausgeprägten **Zellzyklus**, bei dem sich Phasen mit besonderen Aktivitäten abwechseln:

- Zwischen den Teilungen befindet sich die Zelle in der **Interphase**, die sich in drei Unterphasen gliedert:
  - Die **G1-Phase** ist die eigentliche Arbeitsphase. Die Zelle synthetisiert neues Material und wächst.
  - Mit der **S-Phase** beginnt die Vorbereitung auf die nächste Teilung. Die Chromosomen werden repliziert.
  - In der **G2-Phase** finden die Vorbereitungen ihren Abschluss. Beispielsweise wird das endoplasmatische Reticulum aufgelöst, und es werden Mikrotubuli zur Trennung der Chromosomen synthetisiert.
- Die Teilung findet während der **Mitose-** oder **M-Phase** statt. Alle anderen Aktivitäten ruhen während dieser Zeit, die etwa eine halbe bis ganze Stunde andauert.

Auch die M-Phase läuft mehrstufig ab:
- Während der **Mitose** löst die Zelle ihren Kern auf und trennt die Schwesterchromatiden voneinander.
- Im Rahmen der **Cytokinese** teilen Plasmamembranen das Cytoplasma und trennen die Tochterzellen voneinander. Bei Pflanzen und Pilzen bildet sich zusätzlich eine Zellwand.

## 3.5 Wachstum und Vermehrung von Bakterien

Die durchschnittliche Dauer zwischen zwei Zellteilungen wird als **Generationszeit** oder **Verdopplungszeit** bezeichnet. Die **Wachstumsrate** oder Wachstumskonstante gibt die Zunahme an Zellen oder ihrer Masse innerhalb einer festen Zeitspanne an.
Beide Werte sind von mehreren **Faktoren** abhängig:
- **Von der Art des Mikroorganismus.** Zellen von *Escherichia coli* haben unter optimalen Bedingungen Generationszeiten von etwa 20 min, was einer maximalen spezifischen Wachstumsrate von 3 $h^{-1}$ entspricht. Wenige Arten vermehren sich schneller, die meisten benötigen mehr Zeit. *Mycobacterium tuberculosis* vermehrt sich mit einer Generationszeit von 12–18 h besonders langsam.
- **Von den Lebensbedingungen.** Am schnellsten wachsen und vermehren sich Organismen, wenn alle Parameter im Bereich des Optimums liegen. Der schwächste Parameter – beispielsweise eine niedrige Temperatur – reduziert die Wachstumsgeschwindigkeit und bestimmt damit die tatsächliche spezifische Wachstumsrate unter den gegebenen Bedingungen.

**3** 

### 3.5.1 Exponentielles Wachstum

Gelangen Zellen in eine neue Umgebung mit geeigneten konstanten Wachstumsbedingungen, zeigen sie ein **exponentielles Wachstum**, die Zellzahl (und ihre Masse) ist also nach Ablauf der Verdopplungszeit zweimal so groß wie zuvor – unabhängig davon, zu welchem Zeitpunkt der Anfangspunkt der Messung liegt. Mathematisch wird der aktuelle Wert $N$ berechnet aus dem Wert zu Messungsbeginn $N_0$ und der Anzahl der Generationen $n$, die seitdem gewachsen sind:

$$N = N_0 \cdot 2^n$$

Die **Berechnung der Generationszeit** $g$ **und der Wachstumskonstanten** $k$ aus zwei Messwerten zur Zellzahl oder Zellmasse erfolgt nach:

$$g = t / \left( 3{,}3 \cdot \left( \log N - \log N_0 \right) \right)$$

$$k = 3{,}3 \cdot \left( \log N - \log N_0 \right) / t$$

Die Werte können auch **grafisch bestimmt** werden. Dazu wird die Zeit $t$ auf der x-Achse eines Koordinatensystems aufgetragen und der Logarithmus (log) der Zellzahl oder Zellmasse $N$ auf der y-Achse (halblogarithmische Darstellung). Die Steigung der Geraden, die durch die Messpunkte führt, multipliziert mit 3,3 ergibt die Wachstumskonstante, deren Kehrwert liefert die Generationszeit.

Anstelle der Zellzahl oder deren Masse kann auch jeder **andere Parameter**, der sich proportional zur Zellzahl verändert, als Maßstab für die Vermehrung herangezogen werden, beispielsweise die optische Dichte einer Zellkultur.

### 3.5.2 Wachstumsphasen

Exponentielles Wachstum ist nur möglich, solange die Bedingungen konstant sind. In der Realität müssen Zellen mit sich verändernden Bedingungen zurechtkommen. Sie durchlaufen dabei verschiedene **Wachstumsphasen**.

Für eine **Batch-Kultur** (auch als statische oder diskontinuierliche Kultur bezeichnet) wird eine kleine Anzahl von Zellen – das **Inokulum** – in ein Gefäß mit einem neuen Medium eingebracht und sich danach selbst überlassen. Die Kultur zeigt die verschiedenen Wachstumsphasen, die auftreten, wenn mit der Zeit die Konzentration an Nährstoffen ab- und an Abfallprodukten zunimmt (◧ Abb. 3.2):

— **Lag-Phase.** Direkt nach dem Animpfen wachsen die Zellen vorübergehend nicht, und die Zellzahl bleibt konstant.

Die Zellen müssen ihren Stoffwechsel auf die neuen Bedingungen umstellen. Dazu exprimieren sie neue Gene für passende Transportsysteme und Enzyme. Wenn die physikalischen Parameter anders als im Ursprungsmedium sind, müssen die Zellen eventuell ihre Zellstrukturen an die neue Temperatur, den pH-Wert oder den Salzgehalt anpassen.

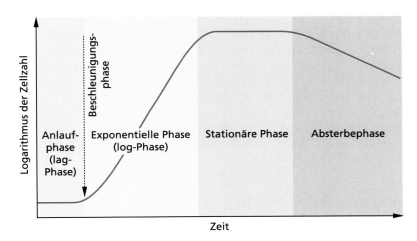

**Abb. 3.2** Wachstumskurve einer Batch-Kultur (aus Munk: Grundstudium Biologie – Mikrobiologie)

Die Länge der Lag-Phase hängt davon ab, wie sehr sich die neuen Bedingungen von den Anforderungen im Ursprungsmedium unterscheiden. Sind beide Medien sowie die physikalischen Parameter identisch, kann die Lag-Phase ganz entfallen.

— **Log-Phase.** Nach der Anpassung der Zellen zeigen diese ein exponentielles Wachstum.

Die Zellen vermehren sich mit der höchsten Wachstumsrate, die unter den gegebenen Bedingungen möglich ist.

Die Zustände der Log-Phase lassen sich experimentell am besten rekonstruieren, sodass die Zellen für Untersuchungen am besten aus einer Kultur in der Log-Phase stammen sollten.

Die Log-Phase endet, sobald sich ein Parameter entscheidend verändert. Häufig betrifft dies die Versorgung mit Nährstoffen, oder es häufen sich Abfallstoffe an.

— **Stationäre Phase.** Die Zellen stellen das Wachstum ein und vermehren sich nicht.

Die Mikroorganismen stellen ihre Physiologie auf Überlebensstrategien um. Endosporenbildende Zellen beginnen mit der Sporulation. *Escherichia coli* verkleinert seine Zellen, verstärkt die Plasmamembran und die Zellwand und synthetisiert Enzyme für Stressantworten.

— **Absterbephase.** Die Zahl der lebenden Zellen nimmt ab, ihre Masse sinkt.

Wegen des Nährstoffmangels oder durch toxische Abfallprodukte sterben die Zellen ab. Ihre Sterberate verläuft als exponentiell sinkende Kurve. Die Wachstumskurve sinkt allerdings langsamer, als sie angestiegen ist.

**3**

Bei Mikroorganismen, die in **Medien mit zwei unterschiedlichen Nährstoffen** wachsen, kann ein **Diauxie** genanntes zweiphasiges Wachstum auftreten. Die Zellen verwerten zuerst ausschließlich den leichter abzubauenden Nährstoff. Die Gene für die Nutzung des zweiten Nährstoffs werden durch Katabolitdepression (▶ Abschn. 5.5.4) unterdrückt. Erst, wenn der erste Nährstoff zu Ende geht und die zugehörige Log-Phase abflacht, wird der Stoffwechsel auf den zweiten Nährstoff umgestellt, und es beginnt nach kurzer Lag-Phase eine neue Log-Phase. Beispielsweise nutzt *Escherichia coli* in einem Medium mit Glucose und Lactose zunächst nur die Glucose. Die Lactose wird erst aufgenommen und verdaut, wenn die Glucose verbraucht ist.

### 3.5.3  Kontinuierliche Kultur

Eine **kontinuierliche Kultur** befindet sich über längere Zeit in der gleichen Phase, meist in der Log-Phase.

Dies wird durch ständige Zufuhr frischen und Ableitung verbrauchten Mediums in einem **Chemostaten** erreicht. Die Geschwindigkeit, mit der das Medium erneuert wird, heißt **Verdünnungsrate**.

Über die Verdünnungsrate ist eine **Steuerung der Wachstumsrate** der Kultur möglich:

— Bei einer niedrigen Verdünnungsrate bleibt die Vermehrung unter dem Maximum. Steigt die Zufuhr neuen Mediums, nimmt auch der Zuwachs an Zellen zu.

— Ab einer art- und medientypischen Verdünnungsrate sind die Zellen ständig mit Nährstoffen gesättigt. Ihre Wachstumsrate stagniert. Die Kultur befindet sich im Fließgleichgewicht.

— Ist die Verdünnungsrate zu groß, werden mehr Zellen mit den Abfallstoffen ausgespült, als im Chemostaten nachwachsen. Durch dieses Auswaschen oder Wash-Out sinkt die Zellzahl.

### 3.5.4  Die Bildung von Endosporen

Bei einer Verschlechterung der Bedingungen, wie sie beispielsweise auftreten, wenn die Nährstoffe ausgehen, sind manche Bakterien in der Lage, Endosporen als **Überdauerungsformen** zu bilden.

Endosporen sind besonders stabile Dauerformen, die unter anderem **widerstandsfähig** gegen Trockenheit, Hitze, Chemikalien und elektromagnetische Strahlung sind (▶ Abschn. 2.2).

Der **Ablauf der Sporulation** ist am besten beim Bakterium *Bacillus subtilis* untersucht (◙ Abb. 3.3). Er lässt sich in mehrere Phasen unterteilen:

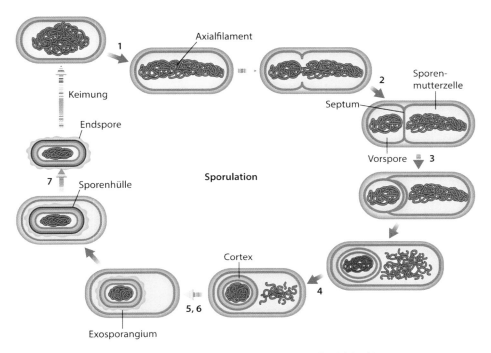

□ **Abb. 3.3**  Bildung einer Endospore (© Slonczewksi, Foster: Mikrobiologie)

1.  Das Chromosom der vegetativen Ausgangszelle wird repliziert und erstreckt sich als Axialfilament über die gesamte Länge der Zelle.
2.  In der Nähe eines der Zellpole bildet die Plasmamembran ein Septum, das die Vorspore von der Sporenmutterzelle trennt (asymmetrische oder inäquale Zellteilung). Beide enthalten ein Exemplar des Chromosoms.
3.  Die Sporenmutterzelle umschließt die Vorspore, die dadurch von einer zweiten Membran umgeben wird.
4.  Der Cortex oder die Sporenrinde wird gebildet, indem zwischen den Membranen eine Lage weniger verzweigtes Peptidoglykan eingebaut wird.
5.  Auf die äußere Membran werden Hüllproteine aufgebracht, welche die Sporenhülle und ein eventuell vorhandenes Exosporium bilden.
6.  In das Innere der Vorspore wird Calciumdipicolinat eingelagert. Das Salz der Dipicolinsäure bildet mit dem Calcium Komplexe und verleiht der Spore ihre Widerstandskraft gegen Hitze und Chemikalien.
7.  Durch die Lyse der Sporenmutterzelle wird die reife Spore freigesetzt.

Die **Dauer der Sporulation** liegt bei etwa 8 h.

Die **Lebensdauer** einer Endospore kann Tausende (eventuell Millionen) Jahre betragen. Währenddessen zeigt die Endospore keinen messbaren Stoffwechsel. Der weitaus größte Teil der Endosporen stirbt allerdings nach einigen Jahrzehnten ab.

Verbessern sich die Bedingungen in der unmittelbaren Umgebung der Endospore, geht durch **Keimung** eine neue vegetative Zelle aus ihr hervor:
1. Durch **Aktivierung** erwacht die Endospore aus ihrem Ruhezustand. Als Signal
   kann beispielsweise eine Temperaturerhöhung dienen. Die Permeabilität der
   Sporenhülle nimmt zu, wodurch Signalstoffe von außen in das Innere gelangen.
2. Erreichen geeignete Substanzen wie Nährstoffe als artspezifische Induktoren
   das Innere, setzt die **eigentliche Keimung** ein.
3. Beim **Auswachsen** sprengt die neu entstehende Zelle die Sporenhülle und wächst
   zur vegetativen Form heran.

## 3.6   Vermehrung bei Pilzen

Pilze pflanzen sich geschlechtlich (sexuell) oder ungeschlechtlich (asexuell) fort.

Bei der **asexuellen** oder **vegetativen Fortpflanzung** entstehen Nachkommen, die
genetisch identisch mit dem Elter sind. Hierfür sind keine speziellen Geschlechtszellen notwendig. Pilze nutzen verschiedene Mechanismen:

- **Sprossung.** Nach der Zellteilung innerhalb der Zellwand verlässt eine der
  Tochterzellen die Hülle durch eine Pore und bildet eine neue Zellwand.
- **Hyphenteilung.** Pilzfäden können zerfallen, und die Bruchstücke entwickeln
  sich zu einem neuen Mycel. Auf diese Weise wird beispielsweise Fußpilz übertragen.
- **Sporen.** Durch mitotische Teilung oder Umbildung von Hyphen entstehen Mit-
  osporen oder Conidien. Diese können als einzellige Mikroconidien oder mehrzellige Makroconidien für die Verbreitung des Pilzes sorgen. Viele Hautpilze
  (Dermatophyten), Schimmelpilze und Erreger pflanzlicher Krankheiten nutzen
  diesen Mechanismus.

Die **sexuelle** oder **generative Fortpflanzung** hat den Vorteil, dass durch Rekombination des Erbmaterials von den Eltern eine Durchmischung von Eigenschaften stattfindet. Dadurch steigt die genetische Vielfalt der Population.

Die Fortpflanzung erfolgt über mehrere **Stadien:**
1. Bildung der **Gameten.** Die Gameten oder Keimzellen sind haploid, besitzen
   also nur einen einfachen Chromosomensatz.
2. Verschmelzung zu einer diploiden **Zygote.** Dieser Vorgang ist nochmals unterteilt:
   1. Plasmogamie. Fusion der Zellen zu einer Zelle mit zwei Zellkernen.
   2. Karyogamie. Fusion der Zellkerne zu einem gemeinsamen Kern.

## 3.7  Vermehrungszyklen bei Viren

Viren können sich nicht selbst vermehren, sondern sind auf den Syntheseapparat einer Wirtszelle angewiesen, die die einzelnen viralen Bausteine produziert und zusammenfügt. Daher verläuft die Vermehrung aller Virentypen nach dem gleichen **grundlegenden Schema**:

— **Adsorptionsphase.** Proteine in der Virenhülle erkennen spezifisch Oberflächenstrukturen der Wirtszelle. Diese sogenannten Rezeptoren können Proteine, Kohlenhydrate, Glykoproteine, Lipide, Lipoproteine oder Komplexe aus den genannten Komponenten sein. Sie haben normalerweise andere Funktionen für die Zelle.
— **Injektionsphase.** Das Virus schleust sein Genom und eventuell wichtige Proteine in die Wirtszelle. Dabei oder anschließend wird die DNA oder RNA aus der Ummantelung entlassen. Dieses Uncoating geschieht je nach Virus an einer bestimmten Stelle:
  – An der Plasmamembran (beispielsweise Masernvirus, Virenhülle des HI-Virus).
  – Im Cytoplasma (z. B. Capsid des HI-Virus).
  – Nach einer Aufnahme per Endocytose im Endosom, wonach das Genom in das Cytoplasma entlassen wird (z. B. Hepatitis C).
  – Aus dem Endosom an der Kernmembran (z. B. Adenovirus).
— **Latenzphase.** Der Syntheseapparat der Wirtszelle wird gezwungen, Bausteine für neue Viren zu produzieren. Die Reihenfolge ist dabei in der Regel:
  1. Frühe Enzyme wie Nucleasen, DNA-Polymerasen und Sigma-Faktoren, die die Expression viraler Gene fördern und die Umsetzung zelleigener Gene hemmen.
  2. Nucleinsäuren, die das Genom der neuen Viren bilden.
  3. Späte Proteine, wozu die Bausteine des Capsids und der Virenhülle gehören sowie ggf. Enzyme zum Zusammenbau und zur Freisetzung der Viren.
     Der Zusammenbau geschieht bei vielen Viren von selbst, ohne Hilfe von Enzymen.
— **Lytische Phase.** Freisetzung der neuen Viren aus der Wirtszelle.

### 3.7.1  Die Wachstumskurve von Viren

Die **Wachstumskurve** der Virusvermehrung zeigt die Entwicklung der Virenzahl an (◘ Abb. 3.4). Ihr Verlauf ist für intrazelluläre Viren innerhalb der Wirtszelle und extrazelluläre Viren im Medium verschieden:
— Bezogen auf **intrazelluläre Viren**:
  1. **Eklipsephase.** Durch die Injektion des viralen Genoms in die Wirtszelle zerfallen die Viren in ihre Bestandteile. Ihre Zahl sinkt damit zunächst ab. Die Eklipsephase dauert an, bis die Synthese neuer Virenbausteine abgeschlossen ist.

**3**

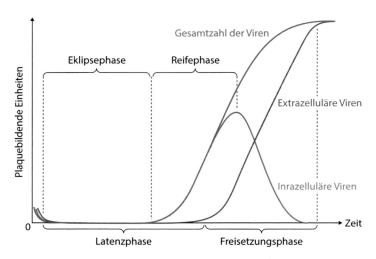

**Abb. 3.4**  Einstufige Wachstumskurve eines Virus

2. **Reifephase.** Die neuen Virusgenome werden in ihre Capside verpackt. Die Zahl der intrazellulären Viren steigt steil an.

— Bezogen auf **extrazelluläre Viren**:
   1. **Latenzphase.** Durch die Injektion sinkt die Virenzahl im Medium auf ein Minimum. Sie bleibt niedrig, bis die ersten neuen Viren freigesetzt werden. Die Latenzphase ist damit etwas länger als die Eklipsephase.
   2. **Anstiegsphase** oder **Freisetzungsphase.** Die neu gebildeten Viren verlassen die Wirtszelle. Ihre Konzentration im Medium nimmt stark zu, bis ein Plateau erreicht ist.

Durch die weitgehend zeitgleiche Freisetzung der neuen Viren verläuft die **Virenvermehrung in Batch-Kulturen** stufenweise.

Die **Zahl der freigesetzten Viren** pro infizierter Zelle bezeichnet man als **Wurfgröße**.

## 3.7.2  Lebenszyklus von Bakteriophagen

Viren, die **Bakterien als Wirtszelle** nutzen, nennt man **Bakteriophagen** oder kurz **Phagen**.

Die Infektion kann einen von mehreren **Verläufen** nehmen (❏ Abb. 3.5):

— **Lytischer Zyklus.** Das Virus zwingt die Wirtszelle, möglichst schnell große Mengen Viren zu erzeugen, die dann durch Lyse der Zelle freigesetzt werden. Beim Befall von *Escherichia coli* mit dem Phagen T4 dauert der gesamte Zyklus von der Infektion bis zur Freisetzung der fertigen Viren etwa 25 min.

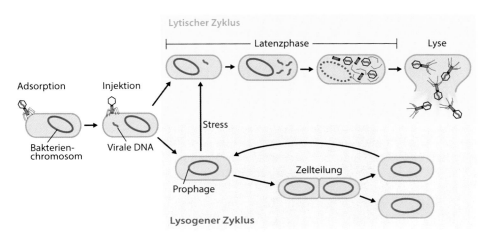

**◘ Abb. 3.5**    Vermehrungszyklen von Bakteriophagen

— **Lysogener Zyklus**. Das virale Erbgut wird (bei Retroviren nach der reversen Transkription in DNA) an einer spezifischen Stelle in das Wirtsgenom eingebaut (ortsspezifische Rekombination). In dieser Form wird es als Prophage oder Provirus (bei Retroviren) bezeichnet. Die Prophagen-DNA wird nicht exprimiert, aber zusammen mit der Wirts-DNA repliziert. Dieser Zustand heißt Lysogenie und kann mehrere Jahre andauern.

Für den Phagen phi3T, der *Bacillus subtilis* befällt, wurde ein **chemisches Kommunikationssystem** der Viren nachgewiesen, mit dem die Phagen entscheiden, ob sie dem lytischen oder den lysogenen Zyklus folgen: In ihrer Wirtszelle produzieren die Phagen das kurze Peptid AimP, das bei Lyse der Zelle freigesetzt wird. Die Phagen der neuen Generation registrieren mit dem Rezeptorprotein und Transkriptionsfaktor AimR die Konzentration des Signalpeptids. AimP deaktiviert AimR, das daraufhin nicht mehr den Regulator AimX aktivieren kann, der für den lytischen Zyklus notwendig ist. Im Ergebnis starten die Viren bei hohen AimP-Werten anstelle des lytischen den lysogenen Zyklus, sodass nicht auch die letzten verbliebenen Wirtszellen getötet werden.

Der lysogene Zyklus kann spontan oder durch Induktion durch einen äußeren Reiz wie UV-Strahlung in den lytischen Zyklus übergehen. Der Prophage löst sich dafür aus dem Wirtsgenom und übernimmt die Kontrolle über seine Vermehrung. Der **Wechsel des Zyklus** erfolgt vor allem unter Stressbedingungen, die das Überleben der Wirtszelle gefährden könnten, sodass das Virus die Gelegenheit nutzt, sich vorher zu vermehren und zu verbreiten.

Nach dem bevorzugten Zyklus werden zwei **Virentypen** unterschieden:
— **Virulente Phagen** können ausschließlich dem lytischen Zyklus folgen. Beispiele: T4, Tollwutvirus, Tabakmosaikvirus.
— **Temperente Phagen** können neben dem lytischen auch den lysogenen Zyklus wählen. Beispiele: Lambda, P1.

## Abwehrmechanismen der Bakterienzelle

Bakterienzellen haben verschiedene Mechanismen entwickelt, um sich vor einer Infektion mit Viren zu schützen oder diese zu bekämpfen:

- **Mutation der Rezeptoren.** Mutationen der Strukturen, die Viren als Rezeptoren für die Adsorption dienen, verleihen den Zellen Resistenz, wenn die Viren sich nicht mehr anlagern können.
- **Zerschneiden doppelsträngiger DNA.** Zellen von Bakterien und Archaeen zerschneiden mit Restriktionsendonucleasen doppelsträngige DNA. Ihre eigene DNA haben die Zellen an den spezifischen Schnittstellen modifiziert.
- **CRISPR.** Kann eine Bakterienzelle eine Vireninfektion erfolgreich abwehren, indem sie die DNA des Phagen zerschneidet, baut sie kurze DNA-Abschnitte mit der viralen Sequenz in eine CRISPR (*clustered regularly interspaced short palindromic repeats*) genannte Region ihres Chromosoms ein. Diese Sequenz hilft als Steckbrief zur Erinnerung an die Fremd-DNA. Der CRISPR-Bereich wird bei einer erneuten Infektion in RNA transkribiert, die anschließend in kurze Stücke geteilt wird. Das passende RNA-Stück erkennt die homologe virale DNA, die daraufhin von einem Cas-Komplex (*CRISPR-associated*) inaktiviert wird. Die Zelle erhält damit eine Form der Immunität gegen bekannte Viren.

Neben rund der Hälfte aller Bakterien besitzen über 80 % der Archaeen CRISPR-Strukturen.

### 3.7.3   Lebenszyklus tierischer Viren

Grundsätzlich verläuft eine virale Infektion bei Tieren ähnlich wie bei Bakterien. Es gibt aber einige prinzipielle **Unterschiede**:

- **Gewebstropismus.** Die Oberflächen tierischer Zellen sind je nach Gewebe mit verschiedenen und unterschiedlich gut erreichbaren Rezeptoren für die Adhäsion von Viren besetzt. Daher sind Viren mehr oder weniger auf bestimmte Zelltypen beschränkt. Dieser Tropismus kann eng sein wie beim Papillomavirus, das nur Epithele befällt. Bei einem breiten Tropismus wird dagegen eine große Spanne von Zellen infiziert wie beim Ebolavirus.
- **Ort des Uncoatings.** In der Regel gelangen die Viren durch Endocytose in die tierische Zelle. Ihre Hülle und das Capsid verlieren sie im Cytoplasma, bei der Fusion des Endosoms mit einem Lysosom oder an der Kernmembran.
- **Ort der genomischen Aktivität.** Die Apparate zur Replikation der DNA und zur Transkription befinden sich bei Eukaryoten im Zellkern. Das virale Erbgut muss deshalb häufig in den Kern gelangen.

### Folgen einer viralen Infektion

Viren verhalten sich in tierischen Zellen sehr unterschiedlich:

- **Transiente Infektion.** Die schnelle Vermehrung und Freisetzung neuer Virionen zerstört die Wirtszelle.
- **Persistente Infektion.** Werden behüllte Viren nur langsam produziert, können sie die durch Knospung aus der Zelle austreten, ohne sie zu zerstören.

- **Latente Infektion**. Die Lyse der Zellen findet erst spät nach der Infektion statt. Das Virus kann als Provirus im Genom der Wirtszelle ruhen oder als eigenständiges Genom, dessen DNA nicht repliziert wird.
- **Zellfusion**. Um beim Wechsel der Wirtszelle nicht dem Immunsystem ausgesetzt zu sein, veranlassen manche behüllte Viren die Verschmelzung mit einer weiteren Zelle.
- **Transformation**. Einige Viren stoßen die Umwandlung der Wirtszelle in eine Tumorzelle an.

## Lebenszyklen verschiedener Virentypen

Die Lebenszyklen tierischer Viren sind teilweise deutlich komplexer als bei Bakteriophagen. Ihr Ablauf hängt weitgehend davon ab, in welcher Form das Erbgut des Virus vorliegt.

- **DNA-Viren**. Die DNA des Virus wird meistens in den Nucleus der Wirtszelle transportiert. Dort werden die viralen Gene transkribiert, und die entstandene mRNA wird zur Translation in das Cytoplasma gebracht. Die fertigen Capsidproteine werden erneut in den Zellkern aufgenommen, wo der Zusammenbau des Virions stattfindet.

  Das Pockenvirus stellt eine Ausnahme dar. Es bringt eigene Enzyme zur mRNA-Synthese und weitere Proteine mit, sodass es sich selbst im Cytoplasma der Wirtszelle vermehren kann.

  Die DNA einzelsträngiger Viren wird von der Wirtszelle zu einem Doppelstrang ergänzt.
- **RNA-Viren**. Manche RNA-Viren wie das Influenzavirus nutzen den Zellkern zur Replikation und Transkription, andere wie das Poliovirus vermehren sich im Cytoplasma. In die Proteinsynthese sind weitere Zellstrukturen wie das endoplasmatische Reticulum und Vesikel involviert.

  Die Gruppe der RNA-Viren zerfällt in weitere **Untergruppen**:
  - Doppelstrang-RNA-Viren.
  - Einzelstrang-RNA-Viren besitzen nur einen RNA-Strang.
    - Bei Plusstrang-RNA-Viren kann der RNA-Strang direkt als Vorlage für die Proteinsynthese dienen, da sie wie die mRNA des Wirts aufgebaut sind. Für die Synthese neuer Plusstränge wird als Vorlage ein Minusstrang erzeugt. Beispiel: Polioviren.
    - Minusstrang-RNA-Viren müssen ihren RNA-Einzelstrang mit einer eigenen RNA-Polymerase zu mRNAs und neuen Minussträngen transkribieren. Beispiel: Influenzaviren.
    - Retroviren sind eine besondere Form der Plusstrang-RNA-Viren. Nach der Infektion erstellt das vireneigene Enzym reverse Transkriptase eine DNA-Kopie der RNA. Der DNA-Strang wird zum Doppelstrang ergänzt und als Provirus in das Genom der Wirtszelle integriert. Beispiel: HI-Virus.

**3**

### 3.7.4 Lebenszyklus pflanzlicher Viren

Die **Infektion** erfolgt bei Pflanzenviren unspezifisch, da die Viren ihre Wirtszelle nicht über Rezeptoren erkennen. Stattdessen findet eine mechanische Übertragung statt.

Mögliche **Wege für eine Infektion:**
- **Gewebsverletzungen.** Viren können über Zellen mit einer beschädigten Hülle und Zellwand in die Pflanzen gelangen.
- **Tierische Überträger (Vektoren).** Insekten oder Fadenwürmer (Nematoden), die sich von Pflanzen ernähren, tragen Viren in das Gewebe ein.
- **Infektion der Samen.** Anstelle der ausgewachsenen Pflanzen attackieren manche Viren die Samen.

Die **Verbreitung der Viren innerhalb der Pflanze** erfolgt durch die Plasmodesmen genannten Verbindungen zwischen den Zellen. Dafür werden virale Transportproteine exprimiert, welche das Genom oder das gesamte Virion in die Nachbarzelle befördern.

### DNA-Pararetroviren
Pararetroviren kommen zwar auch bei Tieren vor (Hepadnavirus), sind aber für Pflanzen von größerer **Bedeutung** (Caulimovirus).

Das Genom der Viren besteht aus DNA, doch im **Lebenszyklus** spielt auch ein RNA-Intermediat eine wichtige Rolle:
1. Nach dem Uncoating wandert die DNA in den Zellkern.
2. Im Kern transkribiert die Wirts-RNA-Polymerase das DNA-Genom in RNA.
3. Die RNA verlässt den Kern.
4. Im Cytoplasma werden RNA-Stränge für das spätere Genom und für die Capsidproteine unterschiedlich behandelt.
    - Die RNA für das Genom wird von einer wirtseigenen reversen Transkriptase in DNA umgesetzt.
    - Die RNA für die Capsidproteine wird an den Ribosomen translatiert.
5. DNA und Capsidbausteine vereinigen sich zu fertigen Virionen und werden durch Plasmodesmen in die nächste Zelle transportiert.

Im **Unterschied zu den Retroviren** der Tiere integrieren die Pararetroviren sich nicht in das Wirtsgenom.

### Literatur

Fritsche O (2015) Biologie für Einsteiger. Springer, Heidelberg
Munk K (2000) Grundstudium Biologie – Mikrobiologie. Spektrum Akademischer Verlag, Heidelberg
Slonczewski JL, Foster JW (2012) Mikrobiologie: Eine Wissenschaft mit Zukunft. Springer, Heidelberg

# Der Metabolismus

## Inhaltsverzeichnis

© Der/die Herausgeber bzw. der/die Autor(en), exklusiv lizenziert an Springer-Verlag GmbH, DE, ein Teil von Springer Nature 2024
O. Fritsche, *Mikrobiologie*, Kompaktwissen Biologie, https://doi.org/10.1007/978-3-662-70471-4_4

**Worum geht es?**
Um beschädigtes Zellmaterial auszutauschen und neues aufbauen, um sich zu bewegen und Signale zu verarbeiten und um zu wachsen und sich zu vermehren, benötigen Organismen ständig Energie und neues Zellmaterial. Die benötigten Baustoffe nehmen sie aus ihrer Umgebung auf. Da nur selten genau die passenden Verbindungen verfügbar sind, müssen diese in chemischen Reaktionen umgewandelt werden. Die Gesamtheit dieser Reaktionen bildet den Stoffwechsel oder Metabolismus. Mikroorganismen verfügen über eine verwirrende Fülle von verschiedenen Stoffwechselwegen. Dieses Kapitel bietet einen Überblick und stellt die wichtigsten Varianten vor.

## 4.1  Drei entscheidende Größen des Stoffwechsels

Drei Größen sind bei Stoffwechselprozessen von entscheidender Bedeutung:
- Die **chemischen Substanzen**. Ausgangsstoffe werden über Kaskaden chemischer Reaktionen in Endprodukte umgewandelt.
- Die **Energie**. Die meisten chemischen Reaktionen benötigen Energie (endotherme Reaktionen) oder geben Energie ab (exotherme Reaktionen). Kleine Energiebeträge werden in Form von Wärme ausgetauscht, größere Beträge sind als Energieträger wie Adenosintriphosphat (ATP) verpackt.
- Die **Redoxzustände**. Bei vielen Reaktionen werden die Substrate oxidiert oder reduziert. Die dabei verschobenen Elektronen werden von anderen Molekülen wie $NAD^+/NADH$ übernommen oder angeliefert.

Für alle drei Größen gilt, dass in der Zelle nichts verloren gehen oder aus dem Nichts erscheinen darf. Die **Gesamtbilanz** muss ausgeglichen sein. Überschüssige Energie wird als Wärme an die Umgebung abgegeben.
   Der Organismus erreicht dies durch einen regen **Austausch**:
- **Zwischen den Stoffwechselwegen**. Die Reaktionsketten sind miteinander zu einem komplexen Netz verknüpft, in dem viele Zwischenprodukte auf mehrere Wege entstehen und in verschiedenen Ketten weiterreagieren können. Außerdem nutzen Stoffwechselwege, die Energie verbrauchen, ATP aus energieliefernden Kaskaden, und die Elektronenträger bilden einen Pool, den alle Reaktionen auffüllen oder dem sie Elektronen entnehmen können.
- **Mit der Umgebung**. Transportmechanismen füllen den Vorrat an Substanzen auf und schleusen Abfallstoffe aus der Zelle heraus. Über diesen Mechanismus gelangen auch Energie in Form energiereicher Substanzen wie Glucose sowie Elektronen als reduzierte Moleküle in die Zelle. Photosynthetische Organismen müssen dagegen überschüssige Elektronen auf oxidierte Stoffe übertragen und diese dann ausscheiden.

## 4.2 Allgemeine Untergliederung von Stoffwechselwegen

Die chemischen Reaktionskaskaden des Stoffwechsels lassen sich nach der **Änderung der Komplexität** der Substanzen untergliedern:
- Der **Katabolismus** umfasst Abbauprozesse, bei denen die Ausgangsstoffe in einfachere Moleküle zerlegt werden.
- Beim **Anabolismus** werden aus einfacheren Stoffen komplexere Verbindungen aufgebaut.

Eine andere Kategorisierung unterscheidet die Reaktionsketten **nach ihrem Zweck**:
- **Energiestoffwechsel.** Die Reaktionen des Energiestoffwechsels laufen vorwiegend exotherm ab, liefern also chemische Energie, die von der Zelle zum Antrieb energieverbrauchender Prozesse genutzt wird. Neben den energiegewinnenden Reaktionen treten auch energetisch neutrale Schritte sowie vereinzelt Energie verbrauchende Reaktionen auf, mit denen das Substrat in eine reaktionsfreudigere Variante umgewandelt („aktiviert") wird.

  Der Energiestoffwechsel umfasst katabolische Reaktionen, bei denen eine chemische Substanz wie Glucose abgebaut wird, um die frei werdende Energie zu gewinnen, aber auch nichtkatabolische Prozesse wie die Photosynthese, welche die Energie des Sonnenlichts fixiert.
- **Baustoffwechsel.** Beim Baustoffwechsel wird eine verfügbare Substanz über Zwischenstufen in gebrauchte Molekülsorten umgeformt. In der Regel benötigen mehrere der beteiligten chemischen Reaktionen Energie aus dem Energiestoffwechsel.

  Zum Baustoffwechsel gehören beispielsweise anabolische Sequenzen, mit denen neue Nucleotide zur Replikation der DNA produziert werden, aber auch katabole Reaktionen, aus denen die Grundbausteine zur Nucleotidsynthese hervorgehen.

**Die Varianten gehen ineinander** über und sind vielfach miteinander verbunden. So dienen Zwischenstufen (Metabolite) des Katabolismus von Glucose im Rahmen des Energiestoffwechsels als Ausgangsmaterial für den Anabolismus von zelleigenen Verbindungen im Zuge des Baustoffwechsels.sz

## 4.3 Energie und Entropie

### 4.3.1 Thermodynamische Größen

Zwei Größen bestimmen die **Richtung einer chemischen Reaktion**:
- Die **Energie**. Angegeben wird hier meist die Enthalpie $H$. Sie umfasst die Bindungsenergie zwischen den Atomen des Moleküls und deren thermische Bewegungen (Translation, Rotationen und Schwingungen) zueinander (innere Energie) sowie den Druck und das Volumen.

Nach dem 1. Hauptsatz der Thermodynamik kann Energie weder erzeugt noch vernichtet werden. Sie lässt sich nur von einer Form in eine andere umwandeln, beispielsweise Lichtenergie in die Energie einer chemischen Bindung.

— Die **Entropie** $S$. Die Entropie ist ein Maß für die Beliebigkeit des Zustands eines Systems (häufig falsch als „Grad der Unordnung" bezeichnet). Je mehr verschiedene Zustände möglich sind, desto größer ist die Entropie. Dies trifft beispielsweise zu, wenn die Zahl der Moleküle bei der Spaltung der Ausgangssubstanz ansteigt.

Nach dem 2. Hauptsatz der Thermodynamik nimmt die Entropie des Universums niemals ab. Organismen können ihre eigene Entropie aber auf Kosten der Umgebung senken, indem sie Moleküle in festgeschriebene Zustände bringen (beispielsweise bei Proteinketten, die sich nur in einer bestimmten Weise falten dürfen).

## 4.3.2 Die Gibbs-Energie als bestimmende Größe

Energie und Entropie sind in der Gibbs-Energie oder freien Enthalpie $G$ miteinander zur **bestimmenden Größe für biochemische Reaktionen** verknüpft:

$$G = H - T \cdot S$$

Für biochemische Standardbedingungen ($p = 1$ bar, $T = 298{,}15$ K ($25\,°C$), $c = 1$ M, pH 7) sind die Werte $G^{0'}$ in Tabellen aufgeführt. Für **abweichende Konzentrationen** $c$ errechnet sich die tatsächliche Gibbs-Energie nach:

$$G = G^{0'} + \mathrm{RT} \cdot \ln c$$

R ist die allgemeine Gaskonstante mit dem Wert $8{,}3145$ J/(mol $\cdot$ K).

Die Gibbs-Helmholtz-Gleichung beschreibt die **Änderung der Gibbs-Energie bei einer chemischen Reaktion**:

$$\Delta G = \Delta H - T \cdot \Delta S = G_{\text{Produkte}} - G_{\text{Reaktanden}}$$

Das Vorzeichen von $\Delta G$ entscheidet über die **Richtung einer freiwillig ablaufenden Reaktion**:

— **$\Delta G$ ist negativ.** Die Reaktion ist exergon und kann freiwillig in Richtung der Produkte ablaufen und dabei Energie abgeben.
— **$\Delta G$ ist Null.** Die Substanzen befinden sich im Gleichgewicht. Die Reaktion verläuft freiwillig in beide Richtungen gleich schnell.
— **$\Delta G$ ist positiv.** Die Reaktion ist endergon und läuft nicht freiwillig in Richtung der Produkte ab.

Für verschiedene Reaktionen unter Standardbedingungen existieren Tabellenwerte ($\Delta G^0$), die auf die jeweiligen **Konzentrationsverhältnisse** umgerechnet werden müssen. Beispielsweise für die Reaktion der Stoffe A und B zu C und D:

**4**

$$A + B \rightleftarrows C + D$$

$$\Delta G = \Delta G^{0'} + RT \cdot \ln \frac{c_C \cdot c_D}{c_A \cdot c_B}$$

Die Änderung der Gibbs-Energie gibt nur die **thermodynamische Möglichkeit** an, dass eine Reaktion freiwillig ablaufen könnte. Die Reaktion kann tatsächlich kinetisch gehemmt sein und sehr langsam oder gar nicht stattfinden.

### 4.3.3 Enzyme als Katalysatoren

Maß für die kinetische Hemmung einer Reaktion ist eine hohe **Aktivierungsenergie**. Die Reaktionspartner müssen zuerst einen energetisch ungünstigen Übergangszustand einnehmen, in welchem sich beispielsweise die Elektronenhüllen gegenseitig abstoßen. Nur aus diesem Übergangszustand kann die Reaktion erfolgen. Die Wärmeenergie reicht nicht aus, um die Aktivierungsenergie zu überwinden.

**Enzyme senken die Aktivierungsenergie**, indem sie diese in mehrere kleine Portionen teilen (◘ Abb. 4.1), sodass die Reaktionsgeschwindigkeit steigt und auch gehemmte Reaktionen ablaufen.

Die Enzyme erfüllen ihre Aufgabe mit mehreren **Tricks am katalytischen Zentrum**:

- Sie binden die Ausgangsstoffe als Substrate und erhöhen so deren lokale Konzentration.
- Sie richten die Substanzen räumlich passend aus.
- Sie bieten in ihrem aktiven Zentrum eine reaktionsfreudige Umgebung.
- Sie belasten die Moleküle mechanisch, indem sie an diesen ziehen, sie drehen oder biegen.
- Sie destabilisieren die Ausgangsstoffe mit polaren oder geladenen Gruppen elektrisch und fördern damit die Umgruppierung der Elektronen.
- Sie nehmen selbst aktiv an der Reaktion teil, indem sie vorübergehend Molekülteile oder Elektronen aufnehmen oder abgeben.
- Sie koppeln exergone Reaktionen mit endergonen Reaktionen wie der Spaltung von ATP als energielieferndem Prozess.

◘ **Abb. 4.1**  Minderung der Aktivierungsenergie durch Enzyme (aus Fritsche: Biologie für Einsteiger)

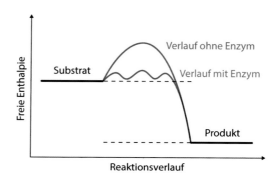

Enzyme beeinflussen **nur die Geschwindigkeit einer Reaktion**, nicht deren Richtung oder die Lage des Reaktionsgleichgewichts. Diese hängen von der Änderung der Gibbs-Energie ab.

## Bestandteile von Enzymen

Als Enzyme wirken **spezielle Proteine oder RNA-Moleküle**.

Im katalytischen Zentrum tragen Proteinenzyme häufig **Cofaktoren**:

- **Metallionen.** Beispielsweise übernimmt Eisen bei vielen Redoxreaktionen zeitweise ein Elektron.
- **Prosthetische Gruppen.** Fest gebundene Moleküle, die keine Aminosäurereste sind. Beispielsweise Häm zur Bindung von Sauerstoff oder Flavin als Überträger von Elektronen und Wasserstoff.
- **Coenzyme.** Nur locker assoziierte Moleküle. Beispielsweise $NAD^+/NADH$ als Elektronenträger oder ATP als Energielieferant.

Ein Enzym, das einen oder mehrere Cofaktoren benötigt, wird ohne diese als **Apoenzym** bezeichnet, mit gebundenen Cofaktoren als **Holoenzym**.

## Die Regulation von Enzymen

Weil die verschiedenen Stoffwechselwege einander überschneiden, wird die Aktivität der Enzyme durch verschiedene **Regulationsmechanismen** streng kontrolliert:

- Kontrolle auf Enzymebene:
  - **Kompetitive Hemmung.** Ein Inhibitor, der dem Substrat ähnelt, aber nicht umgesetzt werden kann, bindet in Konkurrenz zum Substrat am aktiven Zentrum. Beispiel: Hemmung der Succinat-Dehydrogenase durch Oxalacetat.
  - **Nichtkompetitive Hemmung.** Der Inhibitor bindet an einer anderen Stelle als dem aktiven Zentrum und verändert das Enzym so, dass es noch Substrat aufnehmen, aber die Reaktion nicht mehr katalysieren kann. Beispiel: Hemmung der Threonin-Dehydratase durch Isoleucin.
  - **Unkompetitive Hemmung.** Der Inhibitor bindet ausschließlich an den Enzym-Substrat-Komplex und blockiert die Freisetzung des Produkts, obwohl die Reaktion ungehindert stattfinden kann. Unkompetitive Hemmung ist selten, tritt aber bei einigen Oxidasen auf.
  - **Allosterische Enzyme.** Sie besitzen ein zusätzliches allosterisches oder regulatives Zentrum, an das sich Effektoren anlagern können. Ein positiver Effektor steigert die Reaktionsgeschwindigkeit, indem er das Enzym aktiviert. Ein negativer Effektor hemmt die Bildung des Enzym-Substrat-Komplexes. Beispiel: Aktivierung der Pyruvat-Kinase durch Fructose-1,6-bisphosphat.
- Kontrolle der Enzymsynthese:
  - **Induktion der Transkription.** Sie tritt häufig bei katabolen Stoffwechselwegen auf. Die Anwesenheit einer Substanz verstärkt oder startet die Transkription der Gene für die Enzyme ihres eigenen Abbaus. Beispiel: Bei *Escherichia coli* induziert Lactose die Synthese der *lac*-Proteine.

**4**

– **Repression der Transkription**. Dieser Mechanismus ist bei anabolen Stoff-wechselwegen verbreitet. Eine Substanz hemmt die Transkription der Enzymgene für ihre eigene Synthese. Beispiel: Bei *Escherichia coli* unter-drückt Tryptophan die Transkription des *trp*-Operons.

Ein häufiger Mechanismus zur Regulation der Enzymaktivität ist die **Endprodukt-hemmung** oder Feedback-Hemmung. Dabei wirkt das Endprodukt eines Stoff-wechselwegs als negativer Effektor auf das allosterische Enzym, das den ersten Schritt katalysiert.

Damit bei **verzweigten Stoffwechselwegen** nicht alle parallelen Wege blockiert werden, besitzt die Zelle an den Verzweigungsstellen Isoenzyme, die das gleiche Substrat umsetzen, aber durch unterschiedliche Endprodukte gehemmt werden.

## Klassen von Enzymen

Nach den Reaktionen, die sie katalysieren, werden Enzyme in eine von sechs Klas-sen eingeordnet:

- **Oxidoreduktasen** vermitteln Redoxreaktionen, also die Übertragung von Elektronen oder sogar ganzen Wasserstoffatomen. Ihre Namen enthalten oft den Bestandteil Dehydrogenase, Oxidase, Reduktase oder Oxygenase.
- **Transferasen** übertragen funktionelle Gruppen von einem Substrat auf ein an-deres. Beispielsweise transferieren sie Methyl-, Aldehyd- oder Ketogruppen, aber auch Acylketten, Zuckerketten oder Gruppen, die Stickstoff (etwa $-NH_2$), Phosphor ($-PO_4^{3-}$) oder Schwefel enthalten, sowie andere Molekülteile.
- **Hydrolasen** spalten Bindungen, indem sie Wasser einführen. Dazu gehören unter anderem Peptidasen, Nucleasen und Lipasen. Die Namen der Enzyme bestehen häufig aus dem Namen der Substratklasse und der Endung -ase.
- **Lyasen** spalten ihr Substrat ohne Zugabe von Wasser unter Bildung einer Doppelbindung oder einer Ringstruktur.
- **Isomerasen** lagern Gruppen innerhalb des Substratmoleküls um. Ein wichtiges Beispiel ist die Umwandlung von Aldosen in Ketosen und umgekehrt.
- **Ligasen** katalysieren die energieverbrauchende Synthese von Verbindungen. Häufig wird als Energielieferant ATP gespalten, das Enzym wird dann als Syn-thetase bezeichnet.

Dabei ist zu bedenken, dass ein Enzym **sowohl die Hin- als auch die Rückreaktion** katalys0iert. Beispielsweise vermitteln Hydrolasen nicht nur die Spaltung eines Moleküls mit Wasser, sondern auch umgekehrt die Verschmelzung der Bruch-stücke durch Kondensation.

Als **Schlüsselenzyme** werden Enzyme bezeichnet, die eine herausragende Be-deutung für einen Stoffwechselweg haben. Dafür können ein oder mehrere Gründe verantwortlich sein:

- Das Enzym kommt nur in diesem Stoffwechselweg vor.
- Es katalysiert eine entscheidende Reaktion.
- Es wird reguliert und bestimmt die Geschwindigkeit des gesamten Stoffwechsel-wegs.

### 4.3.4 Energiequellen von Mikroorganismen

Je nach der Quelle der Energie, die ein Organismus nutzt, lassen sich mehrere **Stoffwechseltypen** unterscheiden, die durch bestimmte Silben vor der Endsilbe -troph gekennzeichnet werden:

- **Phototrophe** Mikroorganismen fixieren durch Photosynthese einen Teil des einfallenden Sonnenlichts.
- **Chemotrophe** Organismen oxidieren chemische Verbindungen und überführen einen Teil der dabei frei werdenden Energie in eine nutzbare Form. Dabei gibt es je nach terminalem **Elektronenakzeptor** einige Untervarianten:
  - Bei einer **Atmung** werden die Elektronen an ein spezielles Molekül als Endakzeptor übergeben:
    - Bei **aerober Atmung** ist Sauerstoff der terminale Endakzeptor.
    - Bei **anaerober Atmung** übernimmt ein anderes Molekül wie $Fe^{3+}$, $NO_3^-$, $SO_4^{2-}$, $CO_2$ oder elementarer Schwefel die Elektronen.
  - Bei einer **Gärung** werden die Elektronen wieder zurück auf die Abbauprodukte des Substrats übertragen.

Sowohl Phototrophe als auch bei Chemotrophe können danach charakterisiert werden, welchen Typ von Substanz sie als **Elektronendonor** verwenden:

- **Organotrophe** Organismen oxidieren organische Verbindungen wie Zucker. Zu ihnen gehören beispielsweise die photoorganotrophen Rhodospirillaceae und die chemoorganotrophen Pseudomonaden.
- **Lithotrophe** Organismen oxidieren anorganische Substanzen wie $H_2$, $Fe^{2+}$, $H_2S$ oder $NH_4$. In diese Gruppe fallen unter anderem photolithotrophe Cyanobakterien und chemolithotrophe Thiobazillen.

### 4.3.5 Biochemische und biophysikalische Energieträger

Die Energie, die Mikroorganismen aus dem Sonnenlicht oder beim Abbau chemischer Verbindungen gewinnen, muss die Zelle in eine Form überführen, in welcher die Energie kurzfristig gespeichert und bei Bedarf abgerufen werden kann. Als **Transport- und Speicherform** dienen:

- **chemische Verbindungen** wie ATP oder NADH;
- **elektrochemische Gradienten** wie die protonenmotorische Kraft.

#### Adenosintriphosphat und andere Nucleosidtriphosphate

Das Molekül Adenosintriphosphat (ATP) ist aus drei Komponenten **aufgebaut** (◐ Abb. 4.2):

- Einer **Nucleobase** (Adenin).
- Dem Zucker **Ribose**. Adenin und Ribose bilden zusammen das Nucleosid Adenosin.
- An das Adenosin sind drei **Phosphatgruppen** in Reihe gehängt.

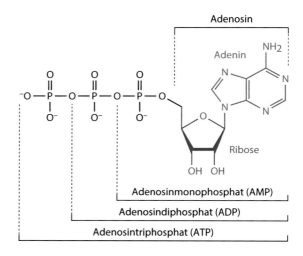

**4**

Für die **Übertragung der Energie** des ATPs gibt es zwei Möglichkeiten:
- **Übertragung einer Phosphatgruppe.** ATP hat ein hohes Gruppenübertragungs-
potenzial für Phosphate, es kann also seine endständige Phosphatgruppe auch
auf ein organisches Molekül übertragen und dieses dadurch reaktionsfreudiger
machen („aktivieren").

Beispiel : Glucose + ATP → Glucose-6-Phosphat + ADP

Bei dieser Variante ist das ATP direkter Reaktionspartner, der das Substrat chemisch verändert.
- **Hydrolytische Spaltung.** Durch Spaltung einer Anhydridbindung zwischen seinen Phosphatresten kann ATP viel Energie für andere Reaktionen zur Verfügung stellen:
  - Bei der Abspaltung des endständigen dritten Phosphatrests entstehen
  Adenosindiphosphat (ADP) und anorganisches Phosphat ($P_i$):

$$ATP + H_2O \rightleftarrows ADP + P_i \qquad \Delta G^{0'} = -30,5 \, kJ / mol$$

  - Bei der Abspaltung der zweiten und dritten Phosphatgruppe (anorganisches
  Pyrophosphat, $PP_i$) bleibt Adenosinmonophosphat AMP zurück:

$$ATP + H_2O \rightleftarrows AMP + PP_i \qquad \Delta G^{0'} = -45,6 \, kJ / mol$$

  - Unter den Bedingungen in der Zelle liegt die **verfügbare Energie** mit etwa
  −50 kJ/mol bis −60 kJ/mol noch über den Standardwerten.

Bei dieser Variante finden zwei Reaktionen an verschiedenen Zentren des Enzyms
statt: die energieliefernde Spaltung von ATP und die energieverbrauchende
Reaktion des Substrats.

Die **Gründe für die hohe Energieausbeute** der ATP-Spaltung sind:
- Freies Phosphat und Pyrophosphat haben mehr **Resonanzstrukturen** als im ATP, was die hydrolysierte Form entropisch günstiger macht.
- Die **negativen Ladungen** der Phosphate stoßen einander ab und destabilisieren dadurch die Kette.
- An ADP und $P_i$ können sich mehr Wassermoleküle als Hydrathülle anlagern als beim ATP, sodass die **Hydratationsenergie** größer ist.

Die **Synthese von ATP** aus ADP und Phosphat kann auf zwei Wegen ablaufen:
- Bei der **Substratkettenphosphorylierung** wird ein Molekül so stark aktiviert, dass es ohne Hilfe von ATP ein anorganisches Phosphat ($P_i$) bindet. Diese Phosphatgruppe wird anschließend auf ein ADP übertragen, das dadurch zum ATP wird.

  Beispiel: Phosphoenolpyruvat + ADP → Pyruvat + ATP

- Bei der **Elektronentransportkettenphosphorylierung** errichten Elektronencarrier an einer Membran eine protonenmotorische Kraft. Diese treibt Protonen durch das Enzym ATP-Synthase, an dem die Phosphorylierung von ADP stattfindet.
  Beispiel: Atmungskette

Neben ATP besitzen auch **andere Nucleosidtriphosphate**, bei denen eine andere Nucleobase die Stelle des Adenosins einnimmt, die genannten Eigenschaften. Von Bedeutung ist vor allem Guanosintriphosphat (GTP), das die Ribosomen mit Energie versorgt.

## NADH als Energieträger

Nicotinamidadenindinucleotid (🔲 Abb. 4.3) kann als **oxidiertes** (NAD$^+$) **oder reduziertes** (NADH) **Molekül** vorliegen.
Die Gibbs-Energie der reduzierten Form ist deutlich höher, sodass bei der Oxidation **viel Energie** freigesetzt wird:

$$\text{NADH} + \text{H}^+ \rightarrow \text{NAD}^+ + 2\,\text{H}^+ + 2\,\text{e}^- \qquad \Delta G^{0'} = -62\,\text{kJ}/\text{mol}$$

Die **Energie und die Elektronen zur Reduktion des NAD$^+$** stammen von Nährstoffmolekülen wie Glucose, die während des Katabolismus oxidiert werden und Elektronen auf NAD$^+$ übertragen:

reduziertes Substrat + NAD$^+$ → oxidiertes Substrat + NADH + H$^+$

Es gibt drei **Unterschiede zwischen NADH und ATP** als Energieträger:
- NADH ist immer direkter Teilnehmer der angetriebenen Reaktion, indem es den Reaktionspartner oxidiert oder reduziert.
- Durch die Oxidation oder Reduktion verändert NADH immer das aktivierte Molekül chemisch.
- NADH trägt etwa doppelt so viel Energie wie ATP.

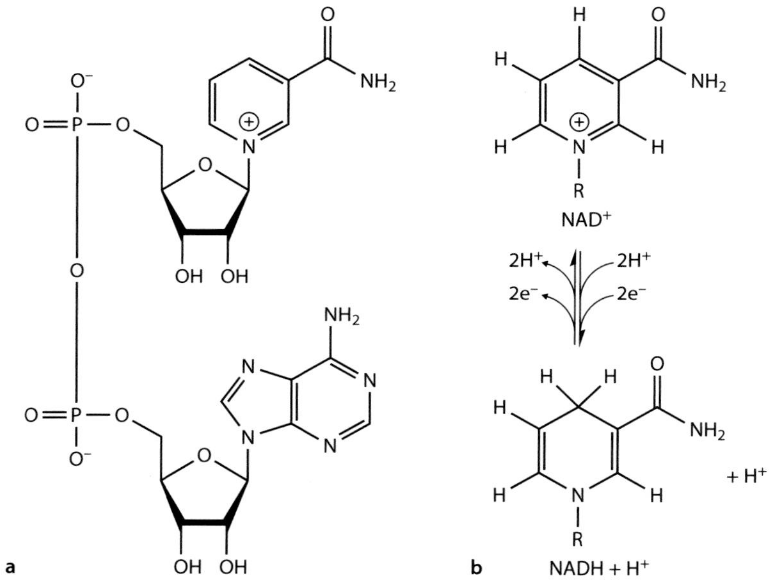

4

**◘ Abb. 4.3** NAD$^+$/NADH (**a**) kann oxidiert oder reduziert vorliegen (**b**). (aus Fritsche: Biologie für Einsteiger)

Die **Verwertung der Energie des NADH** kann auf zwei Wegen erfolgen:

— **Reduktion des Substrats.** Durch Übertragung der Elektronen wird ein Substrat aktiviert.

— **Einspeisen in die Elektronentransportkette.** Das NADH übergibt die Elektronen an ein Enzym der Elektronentransportkette einer Membran. Dort treibt die Energie den Aufbau einer elektrochemischen Potenzialdifferenz an, die schließlich zur Synthese von ATP genutzt wird.

## Energie in elektrochemischen Potenzialdifferenzen

Zellen nutzen als Transportmittel und Kurzzeitspeicher für Energie auch **Unterschiede in Konzentrationen und elektrischen Potenzialen** in Volumen, die durch eine Membran voneinander getrennt sind, beispielsweise Cytoplasma und Außenmilieu.

Beispiel: Zellen pumpen aktiv Na$^+$-Ionen aus der Zelle heraus, sodass die Na$^+$-Konzentration im Cytoplasma niedriger ist als im Außenmilieu und das innere elektrische Potenzial negativer als das äußere. Die im doppelten Gradienten gespeicherte Energie nutzen sie, um Glucose im Symport mit Na$^+$-Ionen aktiv in die Zelle zu transportieren.

Die **Energie im Konzentrationsunterschied** berechnet sich nach:

$$\Delta G = RT \cdot \ln \frac{c_2}{c_1}$$

$c_1$ und $c_2$ sind die Konzentrationen in den getrennten Volumen. Je größer der Konzentrationsunterschied, desto mehr Energie ist in ihm gespeichert.

Die **Energie der elektrischen Potenzialdifferenz** (Spannung) $\Delta\varphi$ berechnet sich nach:

$$\Delta G = zF \cdot \Delta\varphi$$

$z$ ist die Ladung des betreffenden Teilchens, $F$ die Faraday-Konstante (96.485 C/mol) und $\Delta\varphi$ die elektrische Spannung zwischen den Membranseiten.

**Die Energie von ungleich verteilten Ionen** hängt sowohl vom Konzentrationsunterschied als auch von der elektrischen Spannung ab. Damit gilt für Ionen:

$$\Delta G = RT \cdot \ln\frac{c_2}{c_1} + zF \cdot \Delta\varphi$$

Die Gibbs-Energie gibt immer die Energie aller beteiligten Substanzen wieder, also meistens eines bunten Gemischs von Stoffen. Geht es nur um den **Beitrag einer einzelnen Substanz** an der gespeicherten Energie, muss die Gesamtenergie $\Delta G$ durch den Anteil dieser Substanz $n$ geteilt werden.

Das Ergebnis für die Energie aus der Konzentrationsdifferenz ist die **chemische Potenzialdifferenz** $\Delta\mu$:

$$\Delta\mu = \frac{\Delta G}{n} = \frac{RT}{n} \cdot \ln\frac{c_2}{c_1}$$

Kommt bei Ionen die Energie aufgrund der Spannung hinzu, ergibt sich die **elektrochemische Potenzialdifferenz** $\overline{\mu}$:

$$\Delta\overline{\mu} = \frac{\Delta G}{n} = \frac{RT}{n} \cdot \ln\frac{c_2}{c_1} + \frac{zF}{n} \cdot \Delta\varphi$$

Die (elektro-)chemische Potenzialdifferenz ist die **bestimmende Größe für das Verhalten eines Teilchens**. Freiwillig verhält es sich stets so, dass es von einem höheren zu einem niedrigeren Potenzial gelangt, die Differenz (Endzustand minus Ausgangszustand) also negativ ist.

Die **protonenmotorische Kraft** (*proton-motive force, pmf*) ist der wichtigste elektrochemische Gradient für fast alle Zellen. Sie besteht aus zwei Komponenten:

- **Konzentrationsunterschied der Protonen.** Die Elektronentransportketten der Photosynthese und der Atmungskette pumpen Protonen aus dem Cytoplasma nach außen, sodass außerhalb ein niedrigerer pH-Wert als im Cytoplasma herrscht.
- **Elektrische Spannung über der Membran.** Der erzwungene Transport der positiv geladenen Protonen nach außen sorgt dafür, dass im Cytoplasma ein negativeres elektrisches Potenzial herrscht als außerhalb.

Die Energie, die in der *pmf* gespeichert ist, treibt Protonen wieder zurück in das Cytoplasma. Auf dem Weg übertragen sie ihre Energie an Enzyme wie die ATP-Synthase, die damit aus ADP und Pi frisches ATP synthetisiert (▶ Abschn. 4.7), oder an den Flagellenmotor (▶ Abschn. 3.2), der damit die Flagelle rotieren lässt.

## 4.4 Elektronencarrier

### 4.4.1 Richtung der Elektronenwanderung

Die Wanderung der Elektronen ist einer der entscheidenden Aspekte eines Stoffwechselwegs. An jedem Schritt sind zwei Substanzen beteiligt, von denen die eine in einer **Redoxreaktion** Elektronen abgibt und damit oxidiert wird (Elektronendonor), während die andere die Elektronen aufnimmt und reduziert wird (Elektronenakzeptor):

$$A_{reduziert} + B_{oxidiert} \rightleftarrows A_{oxidiert} + B_{reduziert}$$

Das **Redoxpotenzial** $E$ gibt die Tendenz einer Substanz, Elektronen aufzunehmen oder abzugeben, quantitativ wieder. Die Werte unter Standardbedingungen sind als Standardredoxpotenziale $E_0$ für jede Verbindung tabelliert. Sie gelten für pH 0. Für biologische Anwendungen sind die Standardwerte bei pH 7 mit dem Symbol $E_0'$ in Listen aufgeführt.

Ausgehend von den Standardpotenzialen lassen sich mit der **Nernst-Gleichung** die tatsächlichen Redoxpotenziale bei den wirklichen Konzentrationen der oxidierten und reduzierten Form berechnen:

$$E = E_0 + \frac{RT}{zF} \cdot \ln \frac{c_{oxidiert}}{c_{reduziert}}$$

$z$ ist hier die Anzahl der übertragenen Elektronen.

Ohne Zwang durch Zufuhr von Energie ist die **Richtung der Elektronenwanderung in einer Redoxreaktion** von der Substanz mit dem negativeren Redoxpotenzial zur Verbindung mit dem positiveren Redoxpotenzial.

Bei der Redoxreaktion geht mit den Elektronen eine gewisse **Energiemenge** auf den Elektronenakzeptor über, die später von der Zelle genutzt wird:

$$\Delta G^{0'} = -zF \cdot \Delta E_0'$$

## 4.4.2 Biochemische Elektronencarrier

In Stoffwechselwegen übernehmen spezielle Moleküle als **Elektronencarrier** die Elektronen vom Substrat und übertragen sie auf einen anderen Elektronenakzeptor. Die Carriermoleküle werden dadurch ständig regeneriert.

Reduzierte Elektronencarrier werden auch als **Redoxäquivalente** bezeichnet.

Im Folgenden sind einige der wichtigsten (aber nicht alle) Elektronencarrier des Stoffwechsels von Mikroorganismen aufgeführt.

### Nicotinamidadenindinucleotid (NADH)

**Molekülstruktur**: Die Struktur von NADH entspricht einem ADP-Molekül, an dessen endständiger Phosphatgruppe eine Nicotinamidgruppe hängt (□ Abb. 4.3).

**Redoxreaktion des NADH**: Die oxidierte Form NAD$^+$ nimmt vom Substrat zwei Elektronen und ein Proton auf. Ein weiteres Proton wird in das Medium abgegeben. Es entsteht die reduzierte Form NADH:

$$NAD^+ + 2\,e^- + 2\,H^+ \rightleftarrows NADH + H^+ \qquad E_0^{'} = -0,32\,V$$

NADH ist hauptsächlich bei den Abbaureaktionen des Katabolismus aktiv. Bei den Aufbaureaktionen des Anabolismus fungiert vorwiegend das sehr ähnliche Molekül **NADPH** (Nicotinamidadenindinucleotidphosphat) als Elektronenlieferant, der das Substrat reduziert. Die Struktur des NADPH unterscheidet sich vom NADH-Aufbau nur durch eine zusätzliche Phosphatgruppe am C2′-Atom der Adenosinribose.

### Flavinadenindinucleotid (FAD)

**Molekülstruktur**: An eine ADP-Basis ist über das endständige Phosphat ein Riboflavin (Vitamin B$_2$) angebunden (□ Abb. 4.4).

**Redoxreaktion des FAD**: Zwei Stickstoffatome im Dreifachring des FAD nehmen bei der Reduktion zwei Elektronen und zwei Protonen auf, sodass FADH$_2$ entsteht:

$$FAD + 2\,e^- + 2\,H^+ \rightleftarrows FADH_2 \qquad E_0^{'} = -0,22\,V$$

Das weniger negative Redoxpotenzial macht FAD zu einem Elektronencarrier, der kleinere Energiemengen als NADH aufnimmt.

### Flavinmononucleotid (FMN)

**Molekülstruktur**: Der Aufbau ist ähnlich wie beim FAD. FMN besteht aus dem Riboflavin mit einer angehängten Phosphatgruppe.

**Redoxreaktion des FMN**: Wie beim FAD nimmt das Ringsystem zwei Elektronen und zwei Protonen auf, sodass FMNH$_2$ entsteht:

$$FMN + 2\,e^- + 2\,H^+ \rightleftarrows FMNH_2 \qquad E_0^{'} = -0,19\,V$$

**4**

☐ **Abb. 4.4**    FAD/FADH$_2$ **(a)** kann oxidiert oder reduziert vorliegen **(b)** (aus Fritsche: Biologie für Einsteiger)

FMN ist die prosthetische Gruppe in vielen Oxidoreduktasen, beispielsweise in der NADH-Dehydrogenase, wo es die Elektronen vom NADH übernimmt.

## Chinone

**Molekülstruktur**: Chinone sind Sechsringe mit zwei Ketogruppen. Die biologisch relevanten Derivate tragen zusätzlich eine lange Isoprenoidseitenkette, die das gesamte Molekül lipophil macht. Weitere Gruppen am Sechsring unterscheiden Ubichinon (Coenzym Q$_{10}$) der Atmungskette und Plastochinon (PQ) der Photosynthese (☐ Abb. 4.5) voneinander.

**Redoxreaktionen der Chinone**: Die Ketogruppen des Chinons (Q) nehmen zwei Elektronen und zwei Protonen auf und werden zu Hydroxylgruppen des Hydrochinons oder Chinols (QH$_2$):

$$Q + 2\,e^- + 2\,H^+ \rightleftarrows QH_2 \qquad E_0' = +0{,}10\,V$$

## Cytochrome

**Molekülstruktur**: Cytochrome sind Proteine, die ein Häm (☐ Abb. 4.6) enthalten. Das Häm besteht aus einem Porphyrinmolekül, das mit den Stickstoffatomen seiner vier Ringe ein Eisenatom in einem Komplex hält.

Plastochinon

Plastochinon

Plastohydrochinon

**Redoxreaktionen der Cytochrome**: Das Eisen ist die redoxreaktive Komponente. Es kann ein Elektron aufnehmen oder abgeben und dabei zwischen der Wertigkeit +2 und +3 wechseln:

$$Fe^{3+} + e^- \rightleftarrows Fe^{2+} \qquad E_0' = +0,23\,V\,(Cytochrom\,c)$$

## Eisen-Schwefel-Cluster oder Eisen-Schwefel-Zentren

**Molekülstruktur**: Einige Enzyme binden über Cysteinreste und anorganische Sulfidatome Eisenatome in geometrischer Anordnung. Am häufigsten sind $Fe_2S_2$-Cluster und $Fe_4S_4$-Cluster (■ Abb. 4.7).

4

**◻ Abb. 4.7**  Eisen-Schwe-fel-Cluster (aus Fritsche: Biologie für Einsteiger)

**Redoxreaktionen der Eisen-Schwefel-Cluster**: Jeder Cluster kann ein Elektron aufnehmen oder abgeben, indem er die Wertigkeit des zentralen Eisenions ändert:

$$Fe^{3+} + e^- \rightleftarrows Fe^{2+} \qquad E_0' = -0{,}43\,V\,(\text{Ferredoxin})$$

Eisen-Schwefel-Cluster kommen in vielen Enzymen für Redoxreaktionen vor, darunter die NADH-Dehydrogenase, Ferredoxine und der Cytochrom *bf*-Komplex.

## 4.5  Der Katabolismus

Die Abbauprozesse des Katabolismus haben in der Zelle mehrere **Aufgaben**:
- Gewinnung von Energie,
- Gewinnung von Redoxäquivalenten für den Anabolismus,
- Gewinnung von Substraten für den Anabolismus.

### ▪ Kategorien des katabolischen Stoffwechsels

Die Stoffwechselwege des Katabolismus unterscheiden sich danach, wie weit sie das Substrat abbauen:
- **Atmung.** Das Substrat wird vollständig oder fast vollständig oxidiert. Dadurch ist die Energieausbeute maximal. Als terminaler Elektronenakzeptor fungieren:
  - Sauerstoff bei der aeroben Atmung,
  - oxidierte Substanzen wie Nitrat oder Sulfat bei der anaeroben Atmung.
- **Gärung.** Die Oxidation ist unvollständig, da es keinen externen Akzeptor für die Elektronen gibt. Der Energiegewinn ist gering, doch dafür können Gärungen in Abwesenheit terminaler Elektronenakzeptoren ablaufen.

### ▪ Typische Stoffwechselschritte des Katabolismus

Trotz der Vielfalt der Reaktionen fallen fast alle Prozesse in eine der folgenden Kategorien:
- **Vorbereitende Schritte.** Durch Anhängen einer aktivierenden Gruppe (beispielsweise Phosphat) oder durch Umorganisation des Moleküls werden stabile Substanzen reaktionsfreudiger gemacht.
- **Spaltung des Substrats.** Enzyme spalten kleine Teile (beispielsweise Kohlendioxid) vom Substrat ab oder spalten es in zwei große Stücke.

— **Oxidation der (Kohlenstoff-)Atome.** Enzyme entziehen dem Substrat Elektronen, die sie auf Elektronencarrier übertragen.
— **Substratkettenphosphorylierung.** Eine zuvor in das Substratmolekül eingebrachte Phosphatgruppe wird direkt auf ADP oder GDP übertragen, sodass ATP bzw. GTP entsteht.

▪ **Zentrale Rolle des Glucosestoffwechsels**
Obwohl Glucose in der Natur nur selten rein vorkommt, ist sein Abbau der zentrale Stoffwechselweg des Katabolismus, da auch die **Abbaukaskaden anderer Substanzen** in den Glucosestoffwechsel münden (◨ Abb. 4.8):
— **Polysaccharide** wie Cellulose, Stärke und Pektin werden enzymatisch zu Oligosacchariden und schließlich Monosacchariden abgebaut und anschließend in Glucose oder ein Zwischenprodukt des Glucoseabbaus umgewandelt. Die Substanzen treten dann in die Glykolyse ein.
— **Lipide** werden in Glycerin und Fettsäuren gespalten. Das Glycerin kann in die Reaktionskette der Glykolyse eingeschleust werden, die Fettsäuren gelangen als Acetyl-CoA oder im Verlaufe des Citratzyklus in den Glucoseabbauweg.
— **Proteine** werden zu **Aminosäuren** zerlegt, deren Aminogruppen abgespalten werden. Die übrig gebliebenen Carbonsäuren gelangen direkt oder über Pyruvat und/oder Acetyl-CoA in den Citratzyklus.
— **Aromatische Verbindungen** wie Lignin werden unter hohem Energieaufwand von spezialisierten Enzymen oxidiert und gespalten und die Bruchstücke nach mehreren Umformungen in den Citratzyklus aufgenommen.

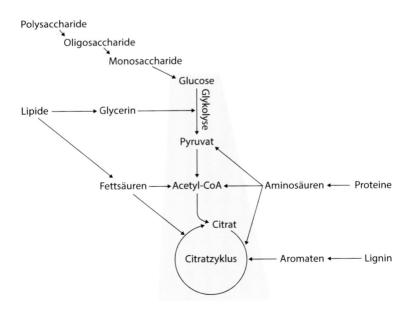

◨ **Abb. 4.8**   Zentrale Rolle des Glucosestoffwechsels

### 4.5.1 Von Glucose bis Pyruvat

**Prinzipien der ersten Abbauphase**

Der erste Block des Glucoseabbaus bis zum Pyruvat erfolgt in den meisten – sogar in strikt anaeroben – Organismen nach den gleichen **Prinzipien**:

- **Phosphorylierung.** Das Glucosemolekül wird phosphoryliert. Dadurch bleibt die Konzentration reiner Glucose in der Zelle niedrig, und das Molekül wird reaktionsfreudiger.
- **Spaltung.** Das sechsatomige Molekül wird in zwei $C_3$-Produkte gespalten. Die Produkte sind ineinander umwandelbar, sodass beide Moleküle den gleichen weiteren Abbauweg durchlaufen können.
- **Oxidation.** Den Molekülen werden Elektronen entzogen, mit denen NAD(P)H als Carrier reduziert wird. Organismen, die eine Atmung durchführen, können die Energie der reduzierten Redoxäquivalente in der Atmungskette nutzen. Mikroben, die auf Gärungen angewiesen sind, müssen die Elektronen später wieder auf die Abbauprodukte zurück übertragen.
- **Substratkettenphosphorylierung.** Beim weiteren Abbau der $C_3$-Moleküle zu Pyruvat werden die Phosphatgruppen auf ADP übertragen, und es entsteht ATP. Bei Gärungen ist dies häufig das einzige ATP, das aus dem Abbau gewonnen wird.

**Stoffwechselwege von Glucose zu Pyruvat**

Im Wesentlichen bauen Mikroorganismen Glucose auf einem von **drei Wegen** zu Pyruvat ab:

- **Glykolyse oder Embden-Meyerhof-Parnas-Weg.** Die meisten Bakterien, Archaeen und Eukaryoten folgen diesem Weg. Er bietet die beste Energiebilanz: 2 ATP + 2 NADH.
- **KDPG-Weg oder Entner-Doudoroff-Weg.** Bakterien, die in ihrer Umgebung auf Zuckersäuren stoßen, wählen einen Abbauweg mit dem zentralen Zwischenprodukt 2-Keto-3-desoxyphosphogluconat (KDPG). Viele Darmbakterien gehören in diese Gruppe. Die Energiebilanz ist etwas schlechter: 1 ATP + 1 NADH + 1 NADPH.
- **Pentosephosphatweg.** Benötigt ein Organismus Baumaterial und Redoxäquivalente für die Biosynthesen des Anabolismus, kann er diese mit dem Pentosephosphatweg bereitstellen. Alternativ kann er die Zwischenprodukte in die Glykolyse einschleusen. Die Energiebilanz ist bei diesem Weg also nicht das Wichtigste: 1 ATP + 2 NADPH.

## Die Glykolyse

Die Reaktionen der Glykolyse (◯ Abb. 4.9) lassen sich in **zwei Phasen und eine Zwischenphase** unterteilen:

- **1. Phase: Aktivierung des Zuckers.** Zwei Kinasen übertragen vom ATP Phosphatgruppen auf das Molekül. Zwischendurch wird der Sechsring der Aldose Glucose zu einem Fünfring der Ketose Fructose umgewandelt. Auf diese Weise wird das C1-Atom für die zweite Phosphorylierung freigelegt.

  Glucose + 2 ATP → Fructose-1,6-bisphosphat

- **Zwischenphase: Spaltung.** Fructose-1,6-bisphosphat ist annähernd symmetrisch und wird von der Aldolase in zwei Moleküle gespalten, die von der Triosephosphat-Isomerase ineinander umgewandelt werden können.

  Fructose-1,6-bisphosphat → Dihydroxyacetonphosphat + Glycerinaldehyd-3-phosphat

- **2. Phase: Energiegewinnung.** Glycerinaldehyd-3-phosphat wird in mehreren aufeinanderfolgenden Schritten oxidiert. Beim ersten Schritt wird so viel Energie frei, dass nicht nur NADH gebildet, sondern auch eine anorganische Phosphatgruppe an den $C_3$-Körper gebunden werden kann. Die Phosphatgruppen werden auf ADP übertragen, womit pro $C_3$-Molekül zwei ATP über Substratkettenphosphorylierung gewonnen werden. Am Ende stehen zwei Moleküle Pyruvat.

$$2\,\text{Glycerinaldehyd-3-phosphat} \rightarrow 2\,\text{Pyruvat} + 2\,\text{NADH} + 4\,\text{ATP}$$

◯ **Abb. 4.9**  Glucoseabbau über Glykolyse

**4**

Die **Bilanzgleichung der Glykolyse** lautet damit:

$$\text{Glucose} + 2\,P_i + 2\,\text{ADP} + 2\,\text{NAD}^+$$
$$\rightarrow 2\,\text{Pyruvat} + 2\,\text{ATP} + 2\,\text{NADH} + 2\,\text{H}^+ + 2\,\text{H}_2\text{O}$$

Fast alle Reaktionen der Glykolyse sind **reversibel** und können in beide Richtungen ablaufen.
Drei **richtungsbestimmende Reaktionen** sind irreversibel:
- Die Phosphorylierung der Glucose durch die Hexokinase:

$$\text{Glucose} + \text{ATP} \rightarrow \text{Glucose-6-phosphat} + \text{ADP}$$

- Die Phosphorylierung von Fructose-6-phosphat durch die Phosphofructokinase:

$$\text{Fructose-6-phosphat} + \text{ATP} \rightarrow \text{Fructose-1,6-bisphosphat} + \text{ADP}$$

- Die Übertragung der Phosphatgruppe vom Phosphoenolpyruvat durch die Pyruvat-Kinase:

$$\text{Phosphoenolpyruvat} + \text{ADP} \rightarrow \text{Pyruvat} + \text{ATP}$$

Die Enzyme der irreversiblen Reaktionen sind Ansatzpunkte für die **Regulation der Glykolyse**:
- Die Hexokinase wird durch Glucose-6-phosphat gehemmt.
- Die Phosphofructokinase wird durch ATP gehemmt, aber durch ADP aktiviert.
- Die Pyruvat-Kinase wird durch ATP gehemmt, aber durch Fructose-1,6-bisphosphat aktiviert.

Die Hemmungen bewirken, dass die Glykolyse nicht mehr abläuft, wenn ausreichend ATP vorhanden ist. Durch die Aktivierungen wird verhindert, dass es einen Energiemangel gibt oder sich Zwischenprodukte der Glykolyse anhäufen. Der **Sinn der Regulierung** liegt also darin, die Glykolyse nur dann zu betreiben, wenn Energie benötigt wird.
Das **Schlüsselenzym** der Glykolyse ist die Aldolase.

## Der KDPG- oder Entner-Doudoroff-Weg

Viele Bakterien bauen Glucose nicht über die Glykolyse ab, sondern über den KDPG-Weg. Meistens liegt dafür einer der folgenden **Gründe** vor:
- Dem Organismus fehlen ein oder mehrere Enzyme für eine vollständige Glykolyse, beispielsweise die Phosphofructokinase.
- Im Milieu kommen Zuckersäuren vor, die einfach in den KDPG-Weg eingeschleust werden können. Dies trifft beispielsweise auf *Escherichia coli* im Dickdarm zu.

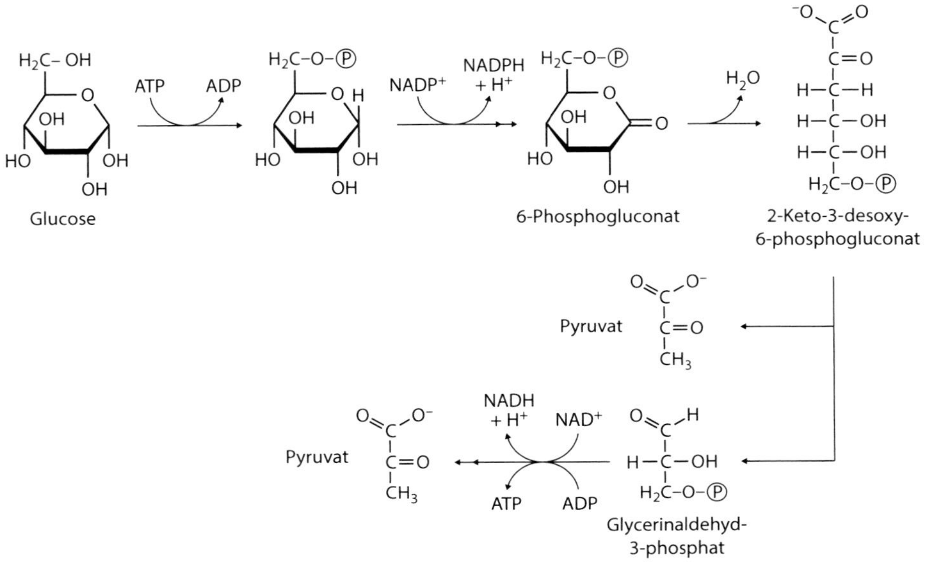

**Abb. 4.10** Glucoseabbau über den KDPG-Weg

— Die Umgebung der Zelle ist so reich an Zucker, dass trotz des weniger effizienten Stoffwechselwegs kein Mangel an Energie herrscht. Beispiel: Das Bakterium *Zymomonas mobilis*, das im zuckerhaltigen Saft von Agaven lebt.

Der Abbau von Glucose erfolgt über **zwei Phasen** und eine Spaltung als Zwischenphase (■ Abb. 4.10):

— **1. Phase: Umwandlung in eine Zuckersäure**. Das Glucosemolekül wird unter ATP-Verbrauch aktiviert und dann zu einer Zuckersäure oxidiert. Als Elektronencarrier fungiert NADPH, nicht NADH. Im Unterschied zur Glykolyse gibt es keine zweite Phosphorylierung.

  Glucose → 6-Phosphogluconat → 2-Keto-3-desoxy-6-phosphogluconat (KDPG)

— **Zwischenphase: Spaltung**. Bei der enzymatischen Spaltung von KDPG entstehen ein Pyruvat und ein Glycerinaldehyd-3-phosphat.

  KDPG → Pyruvat + Glycerinaldehyd-3-phosphat.

— **2. Phase: Energiegewinnung**. Das entstandene Glycerin-3-phosphat durchläuft die gleichen Reaktionen wie in der zweiten Phase der Glykolyse. Da bei der Spaltung direkt ein Teil des KDPG zu Pyruvat wurde, liefert aber nur die eine Hälfte jetzt noch ATP und NADH.

  Glycerinaldehyd-3-phosphat → Pyruvat + NADH + ATP

Die **Bilanzgleichung des KDPG-Wegs** lautet damit:

$$\text{Glucose} + P_i + ADP + NAD^+ + NADP^+$$
$$\rightarrow 2\,\text{Pyruvat} + ATP + NADH + NADPH + 2\,H^+ + H_2O$$

Der Prozess bietet zwei **Eintrittsstellen für Zuckersäuren** aus dem Medium:
- Gluconat kann zu 6-Phosphogluconat phosphoryliert werden.
- Glucuronat kann zu KDPG phosphoryliert werden.

Bei **Archaeen** wurden leicht abweichende Varianten des KDPG-Wegs gefunden, bei denen die Glucose vor der Oxidation nicht phosphoryliert wird.

## Der Pentosephosphatweg

Die meisten Organismen verfügen über die Enzyme für den Pentosephosphatweg. Er erfüllt zwei **Aufgaben**:
- Versorgung der Zelle mit Energie.
- Versorgung des Anabolismus mit NADPH und Zuckerbausteinen verschiedener Größe.

Der Pentosephosphatweg stellt damit ein **Bindeglied zwischen Katabolismus und Anabolismus** dar.

Die Reaktionsketten lassen sich in zwei **Teile** untergliedern (◘ Abb. 4.11):

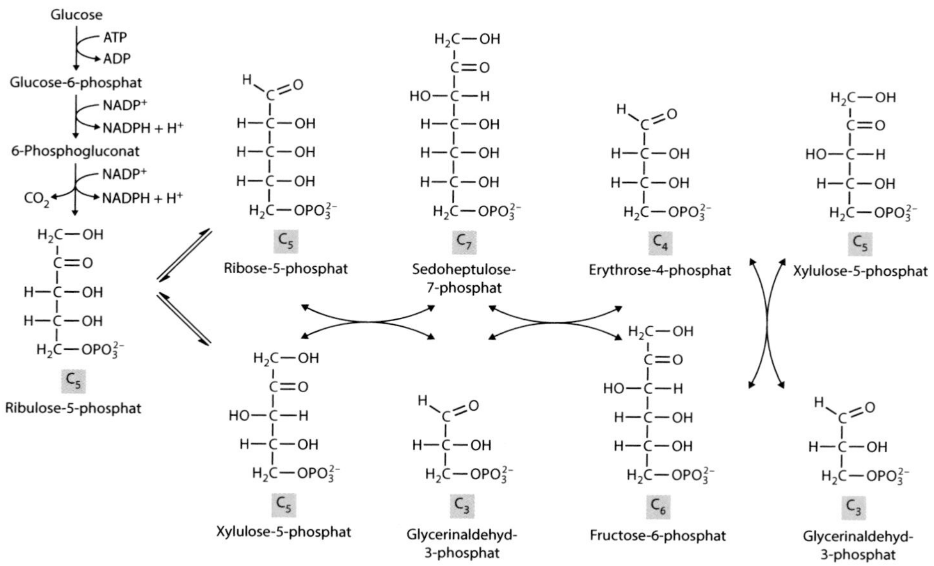

◘ **Abb. 4.11**   Reaktionen des Pentosephosphatwegs

— **Oxidativer Teil**. Glucose wird wie im KDPG-Weg unter ATP-Verbrauch phosphoryliert und zu 6-Phosphogluconat oxidiert. Bei einem zweiten Oxidationsschritt wird Kohlendioxid abgespalten und aus dem $C_6$-Molekül wird der $C_5$-Zucker Ribulose-5-phosphat. Diese Reaktionen sind irreversibel.

$$\text{Glucose} + \text{ATP} \rightarrow \text{Ribulose-5-phosphat} + CO_2 + 2\,\text{NADPH}$$

— **Nichtoxidativer Teil**. Die Enzyme Transketolase und Transaldolase übertragen $C_2$- beziehungsweise $C_3$-Gruppen zwischen den Zuckerphosphaten. Alle Reaktionen sind reversibel. Es entstehen Zuckerphosphate mit drei bis sieben Kohlenstoffatomen. Diese stehen als Ausgangsstoffe für die Synthesen von Purinen für RNA und DNA (Ribose-5-phosphat) oder aromatische Aminosäuren (Erythrose-4-phosphat) zur Verfügung.

Gebildetes Glycerinaldehyd-3-phosphat kann die Reaktionen der zweiten Phase der Glykolyse durchlaufen und auf diese Weise ATP und NADH liefern.

Eine **Bilanzgleichung** für den Pentosephosphatweg ist schwierig aufzustellen, da die Zelle die Abläufe nach ihrem jeweiligen Bedarf ausrichten kann und die Prozesse zyklisch ablaufen können.
— Hoher Energiebedarf:

$$3\,\text{Glucose} + 5\,\text{ADP} + 5\,P_i + 6\,\text{NADP}^+ + 5\,\text{NAD}^+$$
$$\rightarrow 5\,\text{Pyruvat} + 3\,CO_2 + 5\,\text{ATP} + 6\,\text{NADPH} + 5\,\text{NADH} + 8\,H^+ + 2\,H_2O$$

— Hoher Bedarf an NADPH (oxidativer Pentosephosphatweg):

$$\text{Glucose} + \text{ATP} + 12\,\text{NADP}^+ + 6\,H_2O$$
$$\rightarrow 6\,CO_2 + \text{ADP} + P_i + 12\,\text{NADPH} + 12\,H^+$$

— Hoher Bedarf an Vorstufen für die RNA/DNA-Synthese:

$$5\,\text{Glucose} + 6\,\text{ATP} \rightarrow 6\,\text{Ribose-5-phosphat} + 6\,\text{ADP}$$

Das **Schlüsselenzym** des Pentosephosphatwegs ist die Glucose-6-phosphat-Dehydrogenase.

## 4.5.2  Der oxidative Pyruvatabbau

Steht ein terminaler Elektronenakzeptor zur Verfügung, auf den die Elektronen aus den Abbaureaktionen übertragen werden können, baut die Zelle das Pyruvat weiter oxidativ ab.

Der **Pyruvat-Dehydrogenase-Komplex** besteht aus mehreren Einzelenzymen, die verschiedene Aufgaben übernehmen:

- **E1** (Pyruvat-Dehydrogenase) entzieht dem Pyruvat zwei Elektronen, die auf Thiaminpyrophosphat als prosthetische Gruppe übergehen. Zusätzlich spaltet E1 aus dem Pyruvat Kohlendioxid ab. Die Reaktion ist damit eine oxidative Decarboxylierung.
- **E2** (Dihydrolipoyl-Transacetylase) überträgt die übrig gebliebene Acetylgruppe auf ein Molekül Coenzym A. Als prosthetische Gruppe fungiert Liponamid, das vorübergehend die Acetylgruppe und die Elektronen übernimmt. Das entstandene Acetyl-CoA verlässt das Enzym.
- **E3** (Dihydrolipoyl-Dehydrogenase) übergibt die entzogenen Elektronen auf ein FAD-Molekül und schließlich auf $NAD^+$.

In der **Bilanzgleichung** ist das erste Kohlenstoffatom vollständig zu Kohlendioxid oxidiert:

$$\text{Pyruvat} + \text{CoA} + NAD^+ \rightarrow \text{Acetyl-CoA} + CO_2 + \text{NADH} + H^+$$

Die **Regulation** der enzymatischen Aktivität erfolgt über die Cosubstrate und Produkte des Komplexes:
- **Aktivierend** wirken Coenzym A und $NAD^+$.
- **Hemmend** wirken Acetyl-CoA und NADH.

Bei Bakterien und Archaeen findet die Pyruvatoxidation im Cytoplasma statt, bei Eukaryoten wird das Pyruvat hierfür in die Mitochondrien transportiert.

### 4.5.3    Der Citratzyklus

Die **vollständige Oxidation des Acetylrests** erfolgt im Citratzyklus, auch Tricarbonsäurezyklus oder Krebs-Zyklus genannt.

Bei Bakterien und Archaeen ist der Citratzyklus im Cytoplasma **lokalisiert**, bei Eukaryoten in den Mitochondrien.

Neben dem unten besprochenen generellen Citratzyklus gibt es bei einigen Bakterien und Archaeen **Varianten**, die speziell an besondere Umweltbedingungen angepasst sind.

#### Reaktionen des Citratzyklus

Die Reaktionen des Citratzyklus (◘ Abb. 4.12) lassen sich in **drei große Gruppen** unterteilen:
1. Die erste Reaktion bringt den **Acetylrest in den Zyklus**, indem er mit Oxalacetat verschmolzen wird.

    Dafür überträgt das Enzym Citrat-Synthase den $C_2$-Körper des Acetyls vom CoA auf den $C_4$-Körper Oxalacetat, und es entsteht das $C_6$-Molekül Citrat.
2. Die nachfolgenden Reaktionen sorgen für die **Oxidation der verbliebenen Kohlenstoffatome**:
    1. Zunächst wird das symmetrische Citratmolekül durch Umlagerungen zum angreifbareren Isocitrat umgewandelt.

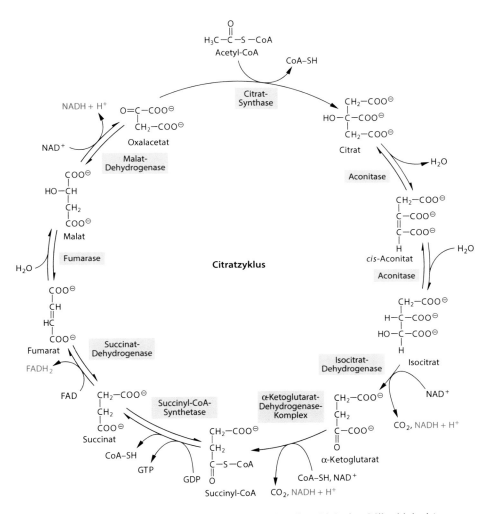

**Abb. 4.12** Citratzyklus (verändert aus Munk: Grundstudium Biologie – Mikrobiologie)

2. Isocitrat wird oxidiert und verliert Kohlendioxid. Damit ist das erste der beiden Kohlenstoffatome vollständig oxidiert.
3. α-Ketoglutarat durchläuft ähnlich wie Pyruvat eine oxidative Decarboxylierung, bei der es Elektronen und Kohlendioxid abgibt. Das zweite Kohlenstoffatom ist vollständig oxidiert.
3. Die abschließenden Reaktionen haben die **Regeneration des Oxalacetats** zum Ziel.
 — Ein Teil der Energie aus dem ursprünglichen Acetylrest steckt in der Bindung des Succinyl-CoA. Er wird bei der Abspaltung des Coenzym A auf GDP oder ADP übertragen. Dieser Schritt ist die einzige Substratkettenphosphorylierung des Citratzyklus.

**4**

- Weitere Energie und die übrigen Elektronen werden bei den Oxidationen von Succinat und Malat gewonnen. Als Elektronenakzeptor dient der Succinat-Dehydrogenase FAD, der Malat-Dehydrogenase $NAD^+$.
- Die Fumarase bringt zwischendurch mit einem Molekül Wasser das fehlende Sauerstoffatom in das Fumarat.

Die **Bilanz des Citratzyklus** lautet:

$$\text{Acetyl-CoA} + 3\,NAD^+ + FAD + GDP + P_i + 2\,H_2O$$
$$\rightarrow 2\,CO_2 + 3\,NADH + 3\,H^+ + FADH_2 + GTP + CoA$$

Bei manchen Organismen wie beispielsweise *Escherichia coli* wird bei der Substratkettenphosphorylierung nicht GTP, sondern ATP gebildet. Die beiden Moleküle lassen sich aber problemlos ineinander umwandeln, sodass sie in der Energiebilanz gleichwertig sind.

Die **Gesamtbilanz des Glucoseabbaus** nach der vollständigen Oxidation aller Kohlenstoffatome der Glucose sieht folgendermaßen aus:

$$\text{Glucose} + 2\,ADP + 2\,GDP + 4\,P_i + 10\,NAD^+ + 2\,FAD + 2\,H_2O$$
$$\rightarrow 6\,CO_2 + 2\,ATP + 2\,GTP + 10\,NADH + 10\,H^+ + 2\,FADH_2$$

Die **Energieausbeute** ist mit vier ATP/GTP nicht viel größer als bei den Gärungen. Hinzu kommen aber die Redoxäquivalente NADH und $FADH_2$, deren Oxidation in der Atmung viel Energie liefert.

## Regulation des Citratzyklus

Die Zwischenprodukte des Citratzyklus sind zugleich Ausgangsstoffe für anabole Stoffwechselwege, in denen beispielsweise Aminosäuren und Nucleotide synthetisiert werden. Damit sich keine Substanz anhäuft oder benötigte Verbindungen fehlen, unterliegen die zentralen Enzyme des Citratzyklus einer strengen **Regulation ihrer Aktivität**:

- Die **Isocitrat-Dehydrogenase** produziert α-Ketoglutarat, von dem die Synthese mehrerer Aminosäuren ausgeht.
  - ATP, NADH und Succinyl-CoA wirken als hemmendes Signal, das eine gute Versorgung mit Energie und Baustoffen anzeigt. Der Stoffwechsel wird dann auf die Fettsäuresynthese für den Aufbau eines Fettspeichers umgelenkt.
  - ADP und $NAD^+$ aktivieren als Anzeichen für Energiemangel das Enzym.
  - Bei *Escherichia coli* kann das Enzym bei einem Mangel an Kohlenhydraten durch eine Proteinkinase phosphoryliert werden, wodurch es inaktiviert wird.
- Die folgende **α-Ketoglutarat-Dehydrogenase** setzt mit Succinyl-CoA das Material für die Synthese von Porphyrinen (Baustein für Häme und Chlorophylle) frei.
  - Succinyl-CoA, ATP und NADH hemmen das Enzym.
- Die **Succinat-Dehydrogenase** wird durch Oxalacetat gehemmt, wenn der Citratzyklus „überzulaufen" droht.

## Auffüllende Reaktionen

Da dem Citratzyklus ständig Moleküle für Synthesen entnommen werden, muss er durch sogenannte **anaplerotische Sequenzen** aufgefüllt werden.

Der **Glyoxylatzyklus** schaltet dafür den Citratzyklus kurz und umgeht die Decarboxylierungen und die meisten Oxidationen, sodass der Kohlenstoff erhalten und reduziert bleibt.

— Statt das Isocitrat zu oxidieren und Kohlendioxid abzuspalten, wird es durch das Enzym Isocitrat-Lyase in Succinat und Glyoxylat ($CHO$-$COO^-$) gespalten:

Isocitrat $\rightarrow$ Succinat + Glyoxylat

— Das Glyoxylat wird mit einem weiteren Molekül Acetyl-CoA verschmolzen. Diese Reaktion ist irreversibel:

Glyoxylat + Acetyl-CoA $\rightarrow$ Malat + CoA

Lediglich bei der Oxidation des Malats zu Oxalacetat fällt ein NADH an.

Die **Bilanzgleichung des Glyoxylatzyklus** zeigt, dass aus zwei zum Abbau bestimmten Acetylresten ein Succinat für den Citratzyklus wird:

$$2\,\text{Acetyl-CoA} + NAD^+ + 2\,H_2O \rightarrow \text{Succinat} + 2\,\text{CoA} + NADH + H^+$$

### 4.5.4 Oxidativer Fettsäureabbau

**Fettsäuren für den Abbau** gewinnen Mikroorganismen aus den **Phospholipiden** (► Abschn. 3.2) toter Organismen. Das extrazelluläre Enzym Phospholipase spaltet die Esterbindung zwischen dem Glyceringerüst und den Fettsäuren.

Der Abbau der Fettsäuren erfolgt über die **β-Oxidation** genannte Reaktionskaskade:

— **Aktivierung**. Durch Anhängen von Coenzym A an die Fettsäure wird diese reaktionsfreudiger. Die dafür nötige Energie stammt vom ATP, das zu AMP und Pyrophosphat ($PP_i$) gespalten wird, um ausreichend Energie zur Verfügung zu stellen. Es entsteht ein Acyl-CoA.

— **Oxidation**. Das C3-Kohlenstoffatom oder β-Kohlenstoffatom wird schrittweise oxidiert und mit einer Ketogruppe ausgestattet:
   1. Durch die erste Oxidation wird eine Doppelbindung zwischen das C2- und das C3-Atom eingebracht. Die entzogenen Elektronen gehen auf FAD über, das zu $FADH_2$ reduziert wird.
   2. Eingebautes Wasser überführt die Doppelbindung wieder in eine Einfachbindung. Dadurch trägt das C3-Atom anschließend eine Hydroxylgruppe.
   3. Die zweite Oxidation macht aus der Hydroxylgruppe eine Ketogruppe. Die Elektronen übernimmt $NAD^+$, das zu NADH wird. Das C3-Atom entspricht nun chemisch dem C1-Atom.

- **Abspaltung von Acetyl-CoA.** Die Acylkette ab dem C3-Atom wird auf ein neues Molekül Coenzym A übertragen, dieses Mal ohne Zufuhr externer Energie. Es entsteht ein Acetyl-CoA mit den ursprünglichen Kohlenstoffatomen C1 und C2 und ein Acyl-CoA, dessen Kette um zwei Kohlenstoffatome kürzer ist.
- **Einspeisung in den Citratzyklus und Atmungskette.** Das entstandene Acetyl-CoA fließt in den Citratzyklus ein, die reduzierten Redoxäquivalente $FADH_2$ und NADH werden in der Atmungskette oxidiert.

**4**

Der Prozess wird so lange mit den Oxidationsschritten, der Abspaltung von Acetyl-CoA und der Einspeisung in den Citratzyklus **wiederholt**, bis die Acylkette vollständig abgebaut ist.

Das **letzte Abbauprodukt** kann unterschiedlich aussehen:
- Bei Fettsäuren mit **geradzahligen Anzahlen von Kohlenstoffatomen** bleibt zum Schluss ein Acetyl-CoA übrig, das in den Citratzyklus wandert.
- Bei Fettsäuren mit **ungeradzahligen Anzahlen von Kohlenstoffatomen** entsteht am Ende ein Propionyl-CoA. Dieses kann entweder durch andere Enzyme weiter abgebaut werden, oder die Zelle schleust es als Abfallprodukt aus.

Die **Bilanzgleichung** eines Durchlaufs der β-Oxidation zeigt, dass vor allem reduzierte Redoxäquivalente anfallen, da das anfallende Acetyl-CoA im anschließenden Citratzyklus jeweils zusätzliche drei NADH und ein $FADH_2$ liefert:

$$Acyl_n\text{-}CoA + FAD + NAD^+ + H_2O$$
$$\rightarrow Acyl_{n-2}\text{-}CoA + Acteyl\text{-}CoA + FADH_2 + NADH + H^+$$

### 4.5.5 Pyruvatabbau über Gärungen

Damit das NAD(P)H, das während des Abbaus von Glucose zu Pyruvat gebildet wurde, auch unter anaeroben Bedingungen wieder als Elektronenakzeptor zur Verfügung steht, ist eine **Regeneration der Elektronencarrier** durch Oxidation notwendig.

Organismen, die die Elektronen nicht auf terminale Akzeptoren wie Sauerstoff übertragen können, müssen diese in einer **Gärung** zurück auf das Pyruvat oder eines seiner Abbauprodukte übertragen (◘ Abb. 4.13). Dabei entstehen unterschiedliche Endprodukte, die der jeweiligen Gärung häufig ihren Namen verleihen. Die Endprodukte scheidet die Zelle einfach aus.

Die Energieausbeute von Gärungen ist gering, was die Organismen durch einen **hohen Stoffumsatz** teilweise kompensieren.

#### Homofermentative Milchsäuregärung

Bei der homofermentativen Milchsäuregärung wird das Pyruvat, das bei der Glykolyse entstanden ist, durch die Lactat-Dehydrogenase mit NADH zu Lactat (Ion der Milchsäure) reduziert:

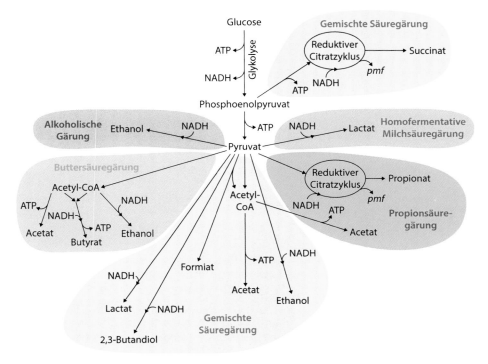

❏ **Abb. 4.13** Vom Pyruvat ausgehende Gärungen mit NADH-oxidierenden und ATP-produzierenden Stoffwechselwegen

$$\text{Pyruvat} + \text{NADH} + \text{H}^+ \rightarrow \text{Lactat} + \text{NAD}^+$$

Die **Bilanzgleichung** des Glucoseabbaus ist dadurch in Bezug auf die Redoxäquivalente ausgeglichen, die Gärung säuert aber das Medium an:

$$\text{Glucose} + 2\,\text{ADP} + 2\,\text{P}_i \rightarrow 2\,\text{Lactat} + 2\,\text{ATP} + 2\,\text{H}^+ + 2\,\text{H}_2\text{O}$$

Die homofermentative Milchsäuregärung kommt bei vielen **Milchsäurebakterien** vor, zu denen beispielsweise Vertreter der Gattungen *Lactobacillus*, *Streptococcus* und *Enterococcus* zählen.

Die **wirtschaftliche Bedeutung** der Milchsäuregärung liegt in der Konservierung von Lebensmitteln durch Versäuerung. So werden Milchprodukte wie Joghurt, Quark und Buttermilch, Gemüse wie Sauerkraut und saure Gurken, aber auch einige Biersorten und Sauerteigbrote sowie Viehfutter als Silage durch die Gärung haltbarer gemacht.

**4**

## Propionsäuregärung

Die Propionsäuregärung kann von Zuckern wie Glucose ausgehen oder mit Lactat starten, das in der umgekehrten Reaktion der Milchsäuregärung zu Pyruvat oxidiert wird.

Der **Ablauf der Gärung** ist komplex und zweigeteilt. Am Anfang steht das Pyruvat, das auf verschiedenen Wegen weiterverarbeitet wird:

- **Oxidativer Weg.** Das Pyruvat wird mit $NAD^+$ als Elektronenakzeptor weiter oxidiert und vorübergehend mit dem Coenzym A zu Acetyl-Coenzym A (Acetyl-CoA) verbunden. Der CoA-Anteil wird gegen ein anorganisches Phosphat getauscht, das anschließend auf ein ADP übertragen wird. Es entstehen ein ATP und Acetat als Endprodukt.

$$\text{Pyruvat} + NAD^+ + ADP + P_i \rightarrow \text{Acetat} + ATP + NADH + H^+ + CO_2$$

Beim Abbau von Glucose folgt etwa ein Drittel des Pyruvats dem oxidativen Weg.

- **Reduktiver Weg.** Der parallel ablaufende reduktive Methylmalonyl-CoA-Weg regeneriert das angefallene NADH. Das Pyruvat durchläuft einen Teil des Citratzyklus, mit dem normalerweise Substrate oxidiert werden, in die entgegengesetzte Richtung (reduktiver Citratzyklus). Anstelle des Substrats wird dabei das NADH oxidiert. Außerdem werden beim Schritt vom Fumarat zum Succinat Protonen über die Membran transportiert und damit eine protonenmotorische Kraft (*pmf*) aufgebaut. Als Endprodukt des Wegs entsteht Propionat (Ion der Propionsäure).

$$\text{Pyruvat} + 2\,NADH + 2\,H^+ \rightarrow \text{Propionat} + 2\,NAD^+ + H_2O + pmf$$

Beim Abbau von Glucose fließen etwa zwei Drittel des Pyruvats in den reduktiven Weg ein.

Die **Bilanzgleichung** der Propionsäuregärung weist eine leicht höhere Energieausbeute aus als die homofermentative Milchsäuregärung:

$$3\,\text{Glucose} + 8\,ADP + 8\,P_i$$
$$\rightarrow 4\,\text{Propionat} + 2\,\text{Acetat} + 8\,ATP + 2\,CO_2 + 2\,H_2O + pmf$$

Die Propionsäuregärung ist typisch für Vertreter der Gram-positiven **Propionibakterien**.

**Wirtschaftliche Bedeutung** hat die Propionsäuregärung bei der Herstellung von Hartkäse wie Emmentaler. Die Propionsäurebakterien verarbeiten das Lactat, das von Milchsäurebakterien ausgeschieden wird, zu den Aromaträgern Propionsäure und Essigsäure (Säure des Acetats) sowie dem lochbildenden Kohlendioxid.

## Alkoholische Gärung

In der alkoholischen Gärung spaltet das Enzym Pyruvat-Decarboxylase zunächst Kohlendioxid vom Pyruvat ab, und der entstehende Acetaldehyd wird anschließend von der Alkohol-Dehydrogenase mit NADH zu Ethanol reduziert.

$$\text{Pyruvat} + H^+ \rightarrow \text{Acetaldehyd} + CO_2$$

$$\text{Acetaldehyd} + \text{NADH} + H^+ \rightarrow \text{Ethanol} + \text{NAD}^+$$

Der zweite Schritt ist reversibel, sodass die Alkohol-Dehydrogenase im Menschen auch den **Abbau von Alkohol** katalysiert.

Die **Bilanzgleichung** der alkoholischen Gärung weist wie die Milchsäuregärung zwei ATP pro Glucose, aber keine Ansäuerung des Mediums auf:

$$\text{Glucose} + 2\,\text{ADP} + 2\,P_i \rightarrow 2\,\text{Ethanol} + 2\,\text{ATP} + 2\,CO_2 + 2\,H_2O$$

**Hefen und einige Bakterien** nutzen die alkoholische Gärung als Notlösung zur Energiegewinnung, solange es keinen Sauerstoff für eine aerobe Atmung gibt.

Neben der **wirtschaftlichen Nutzung** im Rahmen der Produktion alkoholischer Getränke leistet die Gärung auch über die Abgabe von Kohlendioxid einen Beitrag bei der Brotherstellung. Das Ethanol dient als Treibstoff für Motoren sowie als Ausgangsstoff für chemische Synthesen.

## Buttersäuregärung

Bei der Buttersäuregärung wird Glucose über die Glykolyse zu Pyruvat umgesetzt. Das Enzym Pyruvat-Ferredoxin-Oxidoreduktase **oxidiert das Pyruvat**, wobei gleich drei Veränderungen erfolgen:

- Die Elektronen werden auf Ferredoxin übertragen. Dessen Redoxpotenzial ist so negativ, dass es die Elektronen mithilfe einer Hydrogenase an Protonen weitergeben kann, die sich zu elementaren Wasserstoff verbinden.
- Kohlendioxid wird abgespalten.
- Der Acetylrest wird mit dem Coenzym A verbunden.

$$\text{Pyruvat} + \text{CoA} + 2\,H^+ \rightarrow \text{Acetyl-CoA} + CO_2 + H_2$$

Die **Regeneration des NAD$^+$** aus der Glykolyse sowie die Synthese eines weiteren ATP erfolgen in den Reaktionen der Umsetzung von zwei kombinierten Acetyl-CoA-Molekülen zu Butyrat, dem Ion der Buttersäure.

Die **Bilanzgleichung** der reinen Buttersäuregärung weist drei ATP pro Glucosemolekül auf:

$$\text{Glucose} + 3\,\text{ADP} + 3\,P_i \rightarrow \text{Butyrat} + 3\,\text{ATP} + 2\,CO_2 + 2\,H_2$$

Bei vielen Buttersäuregärern verzweigt sich der Stoffwechselweg aber vom Acetyl-CoA ausgehend in kurze **Nebenketten**:
- Über Acetaldehyd in zwei NADH-verbrauchenden Reduktionsschritten zum Ethanol.
- Über Acetylphosphat unter Anlagerung eines anorganischen Phosphats und Bildung eines weiteren ATP zu Acetat.

Die Buttersäuregärung kommt bei den sogenannten saccharolytischen Clostridien vor.

Wird das Medium während der Gärung zu sauer, stellen die Zellen ihren Stoffwechsel um, sodass sie anstelle der Säuren pH-neutrale Substanzen wie Butanol, Aceton, Ethanol und 2-Propanol produzieren, was als **Butanolgärung** oder **Lösungsmittelgärung** bezeichnet wird.

## Gemischte Säuregärung

Viele Enterobakterien, die wie *Escherichia coli* nur unter anaeroben Bedingungen eine Gärung vollziehen, produzieren nach der Glykolyse mit einem stark verzweigten Stoffwechselweg eine **große Anzahl unterschiedlicher Endprodukte:**
- Verschiedene Säuren bzw. deren Ionen:
  - **Acetat (Essigsäure).** Bildung eines weiteren ATP.
    Über die Zwischenstufen Acetyl-CoA und Acetylphosphat wird ein vorher freies anorganisches Phosphat auf ADP übertragen.
  - **Formiat (Ameisensäure).** Schutz vor Versäuerung.
    Das Enzym Pyruvat-Formiat-Lyase spaltet Pyruvat zu Acetyl-CoA und Formiat, das ausgeschieden oder weiter zu Kohlendioxid oxidiert werden kann. Die Elektronen gehen dabei auf Protonen über, und es entsteht elementarer Wasserstoff. Der Prozess wirkt durch Entzug der Protonen einer Versäuerung entgegen.
  - **Lactat (Milchsäure).** Regeneration von $NAD^+$.
    Die Reduktion des Pyruvats durch die Lactat-Dehydrogenase regeneriert $NAD^+$.
  - **Succinat (Bernsteinsäure).** Regeneration von $NAD^+$ und Aufbau einer protonenmotorischen Kraft.
    Die Abzweigung zum Succinat liegt noch vor dem Pyruvat, beim Phosphoenolpyruvat. Dessen $C_3$-Molekül wird mit Kohlendioxid um ein Kohlenstoffatom zum $C_4$-Körper Oxalacetat erweitert. Vom Oxalacetat wird der Citratzyklus in umgekehrter, reduzierender Richtung beschritten. Dabei werden zwei $NAD^+$ regeneriert, und beim Schritt vom Fumarat zum Succinat wird eine protonenmotorische Kraft aufgebaut.
- Neutrale Verbindungen:
  - **Ethanol.** Regeneration von $NAD^+$.
    Über Acetyl-CoA werden die Elektronen von zwei NADH übertragen, sodass Ethanol entsteht.
  - **2,3-Butandiol.** Schutz vor Versäuerung. Regeneration von $NAD^+$.
    Zwei Pyruvate werden miteinander kombiniert, wobei ein Kohlendioxid abgespalten wird. Auch das entstehende Acetolactat verliert durch Decarboxylierung ein $CO_2$. Bei beiden Schritten werden Protonen aufgenommen. Schließlich reduziert eine Dehydrogenase das Molekül mit NADH zu 2,3-Butandiol.
- Gase:
  - **Elementarer Wasserstoff.** Entsteht bei der Spaltung von Formiat.
  - **Kohlendioxid.** Entsteht bei der Spaltung von Formiat und zweimal während der Bildung von 2,3-Butandiol.

Auf der Stufe des Acetyl-CoA kann die Zelle entscheiden, ob sie stärker $NAD^+$ regenerieren (Ethanolzweig) oder vermehrt ATP bilden (Acetatzweig) möchte.

Eine **Bilanzgleichung** der gemischten Säuregärung ist nicht möglich. Wie stark welcher Zweig verfolgt wird, hängt weitgehend vom jeweiligen Bakterienstamm ab. So bildet *Escherichia coli* kaum Butandiol, während dies ein Hauptprodukt der Gärung von *Enterobacter aerogenes* ist.

Das **Schlüsselenzym** der Gärung ist die Pyruvat-Formiat-Lyase, die nur unter anaeroben Bedingungen synthetisiert wird.

Am weitesten **verbreitet** ist die gemischte Säuregärung unter den Gram-negativen fakultativ anaeroben Enterobakterien, aber auch einige Gram-positive fakultativ anaerobe *Bacillus*-Arten bauen auf diesem Weg Zucker ab.

## 4.5.6  Weitere Gärungen

Längst nicht alle Gärungen gehen von Pyruvat aus. Viele Stoffwechselwege verlaufen anders oder haben andere Substrate.

### Heterofermentative Milchsäuregärung

Milchsäurebakterien, denen **das Enzym Aldolase fehlt**, können Glucose nicht über die Glykolyse abbauen.

1. Sie folgen daher dem Pentosephosphatweg bis zum $C_5$-Zucker Xylulose-5-phosphat.
2. Das Enzym Phosphoketolase spaltet den $C_5$-Zucker in Glycerinaldehyd-3-phosphat und Acetylphosphat.
3. Das Glycerinaldehyd-3-phosphat wird wie in der homofermentativen Milchsäuregärung zu Lactat umgesetzt.
4. Der Acetaldehyd muss als Elektronenakzeptor die Elektronen von 2 NADH aufnehmen und diese damit regenerieren. Als Produkt entsteht Ethanol.

In der **Bilanzgleichung** entsteht ein ATP weniger als bei der homofermentativen Milchsäuregärung, und es wird Kohlendioxid produziert:

$$\text{Glucose} + \text{ADP} + P_i \rightarrow \text{Lactat} + \text{Ethanol} + \text{ATP} + CO_2 + H^+ + H_2O$$

Heterofermentative Milchsäurebakterien haben aber den Vorteil, dass sie leicht **Pentosen ($C_5$-Zucker) als Nährstoff** nutzen können. In diesem Fall entsteht bei der Bildung von Xylulose-5-phosphat kein NADH, das später regeneriert werden muss. Das Acetylphosphat kann darum unter Bildung von ATP zu Acetat umgesetzt werden, sodass pro abgebauter Pentose zwei ATP entstehen.

Das **Schlüsselenzym** der heterofermentativen Milchsäuregärung ist die Phosphoketolase.

**4**

## Aminosäuregärung

Einige **Clostridien** gewinnen ihre Energie aus der Vergärung von Aminosäuren. Diese proteolytischen Clostridien hydrolysieren dafür Proteine, die von toten Organismen freigesetzt werden.

Die Vergärung der Aminosäuren verläuft auf **verschiedenen Wegen**:

- **Einzelne Vergärung.** Manche Aminosäuren werden mit komplexen Reaktionsketten getrennt voneinander abgebaut. Meistens wird der Kohlenstoffkörper zu einer Fettsäure-CoA-Einheit umgewandelt und das ATP per Substratkettenphosphorylierung gewonnen. Dies trifft beispielsweise auf die Aminosäuren Alanin, Cystein, Glutamat, Glycin, Histidin, Serin und Threonin zu.
- **Paarweise Vergärung.** Manche Clostridien bauen Aminosäuren paarweise nach der Stickland-Reaktion ab. Dabei wird eine Aminosäure oxidiert und die andere mit den entstandenen Redoxäquivalenten reduziert:
  - **Oxidation.** Die Aminosäure wird zur 2-Ketosäure oxidiert, wobei sie ihre Aminogruppe verliert. Danach wird das restliche Molekül decarboxyliert und der Acylrest auf CoA übertragen. Das CoA wird anschließend durch ein anorganisches Phosphat ersetzt, das schließlich ein ADP zu ATP phosphoryliert. Als Produkt entsteht eine Fettsäure, die um ein Kohlenstoffatom kürzer ist als die Aminosäure.

Beispiel: $Alanin + ADP + P_i \rightarrow Acetat + CO_2 + ATP + NH_3$

  - **Reduktion.** Die Partneraminosäure nimmt die anfallenden Elektronen auf, und die Aminogruppe wird abgelöst. Das Produkt ist eine Fettsäure mit der gleichen Anzahl von Kohlenstoffatomen wie die Aminosäure.

Beispiel: $2\,Glycin + 2\,ADP + 2\,P_i \rightarrow 2\,Acetat + 2\,ATP + NH_3$

### 4.5.7  Syntropie

Manche Stoffwechselprozesse des Energiestoffwechsels sind nur möglich, wenn zwei Organismen zusammenarbeiten und ein Gärungsprodukt vom einen Partner zum anderen wandert. Dieser Effekt wird als **Syntropie** bezeichnet.

Das **Grundprinzip** der Syntropie ist sukzessive Zusammenarbeit:

- Der erste Organismus nimmt ein Substrat auf und vergärt es. Die Energiebilanz kann dabei unter Standardbedingungen durchaus ungünstig (also positiv) ausfallen.

Beispiel: $Ethanol + 2\,H_2O \rightarrow 2\,Acetat + 2\,H^+ + 4\,H_2 \qquad \Delta G^{0'} = +19,4\,kJ\,/\,Formelumsatz$

- Der zweite Organismus nimmt eines der Gärungsprodukte auf und nutzt es für seinen eigenen Stoffwechselweg, der eine günstige (negative) Energiebilanz aufweist.

Beispiel: $4\,H_2 + CO_2 \rightarrow CH_4 + 2\,H_2O \qquad \Delta G^{0'} = -130,7\,kJ\,/\,Formelumsatz$

— Durch den Verbrauch des Gärungsprodukts sinkt dessen Konzentration so stark an, dass die tatsächliche Energiebilanz der ersten Gärung ebenfalls negativ und damit günstig wird (▶ Abschn. 4.3.2).

Beide Partner haben durch die Syntropie einen **Vorteil**:
— Die Gärung des ersten Organismus liefert Energie, weil der zweite Partner die Konzentration ihrer Produkte niedrig hält.
— Der zweite Organismus erhält vom Syntropiepartner das Substrat für seinen Stoffwechselweg.

Syntropie tritt nur **unter anaeroben Bedingungen** auf. Der zweite Partner vollzieht typischerweise Methanogenese oder Acetogenese (▶ Abschn. 4.6) als Stoffwechselweg und benötigt dafür Wasserstoff als Elektronendonor.

Organismen, die Syntropie betreiben, lassen sich nicht in Reinkultur züchten, sondern müssen gemeinsam wachsen.

## 4.6 Elektronentransportketten

### 4.6.1 Allgemeine Aufgaben und Eigenschaften von Elektronentransportketten

Die **Aufgabe von Elektronentransportketten** liegt in der Umwandlung von chemischer Energie in eine protonenmotorische Kraft.

Alle Elektronentransportketten besitzen dafür bestimmte **gemeinsame Eigenschaften**:
— **Eine Kette von Elektronencarriern.** Die chemische Energie wird schrittweise in aufeinanderfolgenden Redoxreaktionen freigesetzt. Dabei reduziert jeweils ein Elektronendonor mit einem negativeren Redoxpotenzial einen Elektronenakzeptor mit einem positiveren Potenzial, bis die Elektronen schließlich auf einen terminalen Elektronenakzeptor übertragen werden.

Beispielsweise gelangen die Elektronen des reduzierten NADH aus dem Glucoseabbau in der Elektronentransportkette der aeroben Atmung über Zwischenstufen auf Sauerstoff als terminalen Akzeptor.
— **Lokalisierung an und in einer Membran.** Die Elektronencarrier sind Bestandteil eines Systems aus mehreren Komponenten, von denen zwei untrennbar mit einer spezifischen Membran assoziiert sind:
 – **Elektronencarrier in Proteinkomplexen.** Ein Teil der Elektronencarrier ist als prosthetische Gruppe fest in integrale Membranproteine eingebaut, die als Oxidoreduktasen die Elektronenübergabe katalysieren. Die Elektronen werden dadurch auf vorgegebenen Wegen zwischen den beiden Seiten der Membran hin und her gereicht.

**4**

- **Frei in der Membran bewegliche Elektronencarrier.** Sogenannte Redoxmediatoren wie Ubichinon und Plastochinon können sich frei zwischen den Lipiden bewegen. Sie befördern die Elektronen von einem Proteinkomplex zum nächsten. Dabei können sie ebenfalls die Seite der Membran wechseln.
- **Im Medium lösliche Elektronencarrier.** Redoxmediatoren wie Plastocyanin, Ferredoxin und Cytochrom *c* transportieren Elektronen im wässrigen Medium zwischen den Proteinkomplexen, ohne die Membranseite zu wechseln.
- **Alternierender Transport von Elektronen und Wasserstoff.** Die Elektronencarrier einer Elektronentransportkette lassen sich in zwei Gruppen einteilen:
  - **Reine Elektronencarrier.** Diese Moleküle können nur Elektronen aufnehmen oder abgeben. Dazu gehören beispielsweise Cytochrome und Ferredoxin, in denen ein Eisenion reduziert bzw. oxidiert wird.
  - **Träger von Wasserstoff.** Moleküle wie Ubichinon und Plastochinon nehmen bei der Reduktion neben Elektronen auch Protonen auf und geben diese bei der Oxidation wieder ab.
- **Aufbau einer protonenmotorischen Kraft.** In Elektronentransportketten sind die verschiedenen Carriertypen so angeordnet, dass diese Elektronen von einer Membranseite auf die andere befördern und Elektronen plus Protonen in die entgegengesetzte Richtung. Zusätzlich pumpen manche der beteiligten Proteinkomplexe aktiv Protonen durch die Membran. Unterm Strich werden dadurch Protonen mit der Kraft der Elektronenwanderung in eine Richtung durch die Membran gezwungen.

  Die wiederholte Aufnahme von Protonen auf der einen Seite und ihre Freisetzung auf der anderen Seite einer Membran sowie die Protonenpumpen sorgen für den **Aufbau einer protonenmotorischen Kraft** *pmf*, die sich aus zwei Komponenten zusammensetzt:
  - der **unterschiedlichen Protonenkonzentration** auf den beiden Seiten der Membran und
  - den **unterschiedlichen elektrischen Potenzialen** durch die Ladung der Protonen.

  Die **Aufgabe der Membran** ist es zu verhindern, dass die Protonen unkontrolliert zurückfließen und die Unterschiede der *pmf* ungenutzt ausgleichen können.

## 4.6.2  Unterschiede zwischen Elektronentransportketten

Die einzelnen Elektronentransportketten lassen sich **nach verschiedenen Kriterien gruppieren**:
- Nach der **Energiequelle**:
  - **Chemische Verbindungen.** Chemotrophe Organismen oxidieren chemische Verbindungen. Die Energie der reduzierten Redoxäquivalente wie NADH treibt die Elektronentransportkette an.
  - **Lichtenergie.** Phototrophe Organismen absorbieren einfallendes Licht und verschieben damit das Redoxpotenzial ihrer Reaktionszentren so weit ins Negative, dass die Elektronen mit hoher Energie auf den nächstgelegenen Akzeptor überspringen.

━ Nach der **Herkunft der Elektronen**:
  – Bei organotrophen Organismen stammen die wandernden **Elektronen aus organischen Verbindungen** wie Glucose.
  – Bei lithotrophen Organismen wandern **Elektronen aus anorganischen Substanzen** wie $Fe^{2+}$ oder $H_2$.
━ Nach dem **terminalen Elektronenakzeptor**:
  – Beim **zyklischen Elektronentransport** kehren die Elektronen nach einigen Zwischenstufen wieder zum Ausgangsmolekül zurück. Diese Variante ist bei phototrophen Bakterien, die keinen Sauerstoff bilden (anoxygene Photosynthese) anzutreffen.
  – **$NADP^+$**. Am Ende der Elektronentransportkette der oxygenen Photosynthese werden die Elektronen auf $NADP^+$ übertragen, das dadurch zu NADPH wird. Das NADPH steht als Reduktionsmittel für die Reaktionen des Anabolismus zur Verfügung.
  – Bei einer **Atmung** werden die Elektronen auf einen Endakzeptor übertragen:
    – Bei **aerober Atmung** ist dies Sauerstoff, der zu Wasser reduziert wird.
    – Die **anaerobe Atmung** nutzt einen anderen Akzeptor, der organisch (beispielsweise Fumarat) oder anorganisch (beispielsweise $Fe^{3+}$) sein kann.

Der **Ort** der Elektronentransportkette ist bei den großen Organismengruppen verschieden:
━ Die Elektronentransportketten von **Eukaryoten** sind in den Membranen ihrer Organellen lokalisiert:
  – Die **Atmungsketten** sind in den inneren Membranen der Mitochondrien zu finden.
  – Die **Elektronenketten der Photosynthese** sind in ein Thylakoid genanntes inneres Membransystem der Chloroplasten gebettet.
━ Die Elektronentransportketten von **Prokaryoten** befinden sich in der Plasmamembran, bei Cyanobakterien in einem internen Membransystem für die Photosynthese.

### 4.6.3 Die aerobe Atmungskette

Die Elektronentransportketten der Atmung erfüllen zwei **Aufgaben**:
━ **Regeneration der Redoxäquivalente**. Sie regenerieren $NAD^+$ und FAD als Elektronenakzeptoren für die Reaktionen des Katabolismus.
━ **Nutzung der Energie**. Die Ereigniskette überführt die Energie, die im reduzierten Zustand von NADH und FAD gespeichert ist, in eine protonenmotorische Kraft, die energiehungrige Prozesse antreibt, darunter die Rotation des Flagellenmotors und die ATP-Synthese in der ATP-Synthase.

Jede aerobe Atmungskette verfügt über **drei verschiedene Komponenten**:
━ eine oder mehrere Oxidoreduktasen, über die Elektronen eingespeist werden;
━ verbindende Elektronencarrier;.
━ eine terminale Oxidase, an welcher die Elektronen auf Sauerstoff übertragen werden.

## Die Elektronentransportkette von *Escherichia coli*

Bei *Escherichia coli* ist die Kette relativ kurz (◨ Abb. 4.14):

1. **NADH-Dehydrogenase.** NADH gibt seine Elektronen an die membranständige NADH-Dehydrogenase ab. Die Protonen werden einfach ins Medium entlassen. Als prosthetische Gruppe übernimmt ein Flavinmononucleotid (FMN) die Elektronen und leitet sie über Eisen-Schwefel-Cluster (FeS) an ein oxidiertes Chinonmolekül (Q) weiter, das dadurch reduziert wird.

 Eine der beiden NADH-Dehydrogenasen, die *Escherichia coli* besitzt, pumpt parallel zum Transport der beiden Elektronen vier Protonen aus dem Cytoplasma in den periplasmatischen Raum.

2. **Chinonpool.** Das reduzierte Chinon nimmt aus dem Cytoplasma zwei Protonen auf, wird damit zum Chinol ($QH_2$) und löst sich von der NADH-Dehydrogenase. Es diffundiert frei in der Membran.

3. **Chinol-Oxidase.** An der Außenseite der Cytochrom *bo*-Chinol-Oxidase gibt das Chinol seine Protonen in den periplasmatischen Raum ab, und die Elektronen wandern nacheinander über die prosthetischen Cytochrome *b* und *o* zu einem Sauerstoffatom. Der reduzierte Sauerstoff nimmt zwei Protonen aus dem Cytoplasma auf, es entsteht ein Molekül Wasser.

 Neben der Übertragung der beiden Elektronen pumpt die Chinol-Oxidase zwei Protonen nach außen.

 Bei geringen Sauerstoffkonzentrationen setzt *Escherichia coli* als Chinol-Oxidase die Cytochrom *bd*-Chinol-Oxidase ein, die zwar keine Protonen pumpt, aber eine höhere Affinität für Sauerstoff hat.

In der **Bilanz** befördert die Elektronentransportkette für jedes regenerierte NADH-Molekül im Schnitt acht Protonen, bei schlechten Bedingungen auch nur zwei Protonen, aus dem Cytoplasma in das Periplasma.

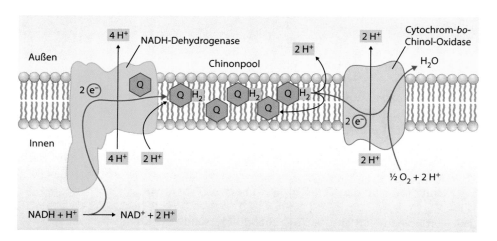

◨ **Abb. 4.14** Die Elektronentransportkette von *Escherichia coli*

Viele Bakterien haben jedoch **verzweigte Elektronentransportketten.** Beispielsweise hat *Escherichia coli* membranständige Dehydrogenasen für verschiedene Substrate, die direkt an der Membran oxidiert werden, darunter Formiat und Succinat. Hinzu kommen unterschiedliche Chinol-Oxidasen. Die Bilanzgleichungen sind daher nur bedingt aussagekräftig.

## Die Elektronentransportkette von *Paracoccus denitrificans*

Die Elektronentransportkette von *Paracoccus denitrificans* umfasst vier große Proteinkomplexe (◘ Abb. 4.15):

1. **NADH-Dehydrogenase (Komplex I).** Die Elektronen wandern vom NADH über FMN und Eisen-Schwefel-Cluster zum Chinon.

   Der Komplex pumpt aktiv vier Protonen pro Elektronenpaar.

2. **Succinat-Dehydrogenase (Komplex II).** Die Succinat-Dehydrogenase ist ein Enzym des Citratzyklus. Sie überträgt die Elektronen aus der Oxidation von Succinat zu Fumarat direkt auf ein FAD des Komplexes. Von dort gelangen sie in den Chinonpool.

   Der Komplex pumpt keine Protonen, ermöglicht aber das Einspeisen von Elektronen auf einem weniger negativen Redoxpotenzial.

3. **Chinonpool.** Die Chinon-/Chinolmoleküle befördern für jedes Elektronenpaar vier Protonen über die Membran.

   Dies geschieht durch den sogenannten **Q-Zyklus** am nachfolgenden Cytochrom $bc_1$-Komplex (◘ Abb. 4.16):

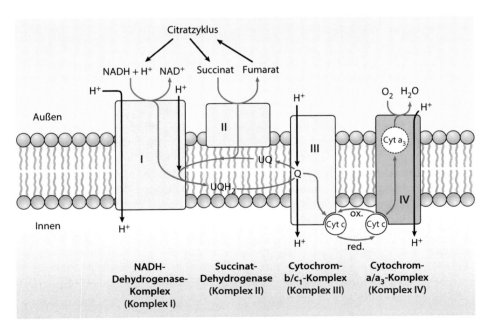

◘ **Abb. 4.15** Die Elektronentransportkette von *Paracoccus denitrificans* und Mitochondrien (verändert aus Fritsche: Biologie für Einsteiger)

**4**

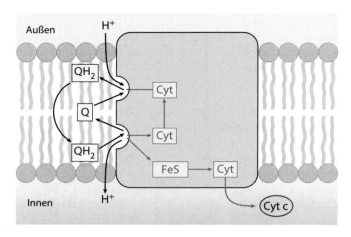

**◘ Abb. 4.16**    Der Q-Zyklus (verändert aus Fritsche: Biologie für Einsteiger)

1. Das Hydrochinon gibt auf der Außenseite der Membran an der ersten Bindestelle des Komplexes seine beiden zusätzlichen Protonen an das Medium und die zu transportierenden Elektronen an den Komplex ab. Dort wird eines der Elektronen auf direktem Wege weitergeleitet. Das andere Elektron wandert innerhalb des Komplexes über zwei Cytochrom $b$ zu einer zweiten Chinonbindestelle auf der Innenseite der Membran.
2. Das oxidierte Chinon löst sich von der ersten Bindestelle und diffundiert zu dieser zweiten Stelle. Dort übernimmt es das Elektron sowie ein weiteres Elektron von einem nachfolgenden Chinol, das inzwischen an der ersten Bindestelle oxidiert wird. Mit zwei neuen Protonen aus dem Innenraum wird es wieder zum Chinol, das erneut zur ersten Bindestelle gelangt.
4. **Cytochrom $bc_1$-Komplex (Komplex III).** Der Komplex nimmt nur Elektronen auf, keine Protonen. Eines der Elektronen nimmt über die beiden Cytochrom $b$ am Q-Zyklus teil. Das andere Elektron gelangt über einen Eisen-Schwefel-Cluster und ein Cytochrom $c_1$ auf das gelöste Cytochrom $c$.
5. **Cytochrom $c$.** Das kleine lösliche Protein hat als prosthetische Gruppe ein Häm, das jeweils ein Elektron aufnimmt. Damit diffundiert es zum Komplex IV.
6. **Cytochrom $aa_3$-Komplex oder Cytochrom $c$-Oxidase (Komplex IV).** Die Elektronen von zwei nacheinander bindenden Cytochrom $c$-Molekülen gelangen über die Hämgruppen der Cytochrome $a$ und $a_3$ des Komplexes auf Sauerstoff, der mit Protonen aus dem Innenraum zu Wasser reagiert.
   Die frei werdende Energie reicht aus, dass der Komplex pro Elektronenpaar zwei weitere Protonen nach außen pumpen kann.

In der **Bilanz** befördert die Elektronentransportkette für jedes regenerierte NADH-Molekül im Schnitt zehn Protonen.

Auch die Elektronentransportkette von *Paracoccus denitrificans* ist **verzweigt**. Das Bakterium verfügt über zwei weitere Oxidasen:

- Cytochrom $cbb_3$ oxidiert Cytochrom $c$.
- Cytochrom $ba_3$ oxidiert direkt das Chinol. Es ist bei niedrigen Sauerstoffkonzentrationen aktiv.

## Die Elektronentransportkette von Mitochondrien

Der Aufbau und die Abfolge der Atmungskette von Mitochondrien entsprechen der oben beschriebenen Hauptelektronentransportkette von *Paracoccus denitrificans* mit einigen **Unterschieden**:

- Die mitochondrielle Kette verfügt über keine weiteren Oxidasen und ist **nicht verzweigt**. Grund dafür sind vermutlich die gleichbleibenden Umgebungsparameter, die innerhalb der Zelle herrschen.
- Die Proteinkomplexe der Mitochondrien bestehen aus mehr Einzelproteinen und sind **größer** als bei Prokaryoten.
- Die Proteinkomplexe sind **in der inneren Mitochondrienmembran lokalisiert**, die stark in das Lumen des Organells hinein gefaltet ist, um mehr Atmungsketten unterbringen zu können.

## Energiebilanz der aeroben Atmungskette

Der **Weg der Elektronen** in der Kette führt vom negativeren zum positiveren Redoxpotenzial (❏ Abb. 4.17). Dabei sind Schritte zwischen Redoxpartnern mit etwa gleichen Potenzialen reversibel. Übertragungen, bei denen sich das Redoxpotenzial stark ändert, sind hingegen irreversibel.

Die **Gibbs-Energie der Oxidation von NADH mit Sauerstoff** richtet sich nach der Differenz der Redoxpotenziale der beiden Redoxreaktionen:

$$NAD^+ + 2\,H^+ + 2\,e^- \rightarrow NADH + H^+ \quad E_0' = -320\,mV$$

$$1/2\,O_2 + 2\,H^+ + 2\,e^- \rightarrow H_2O \quad E_0' = +820\,mV$$

$$\Delta E_0' = 1140\,mV$$

Dies entspricht einer Gibbs-Energie von −220 kJ/mol unter Standardbedingungen. Der tatsächliche Wert hängt von den Konzentrationen der einzelnen Komponenten ab.

**Andere Elektronendonoren**, die ihre Elektronen an späteren Stellen in die Kette einschleusen, setzen weniger Energie frei:

$$FADH_2 : \Delta G^{0'} = -201\,kJ/mol$$

$$Succinat : \Delta G^{0'} = -152\,kJ/mol$$

Der **Wirkungsgrad der Elektronentransportkette** liegt mit etwa 45–75 % jedoch deutlich unter 100 %, sodass die Zelle nicht die volle, rechnerisch mögliche Energie in eine protonenmotorische Kraft umsetzt. Ein Teil geht als Wärme verloren.

**4**

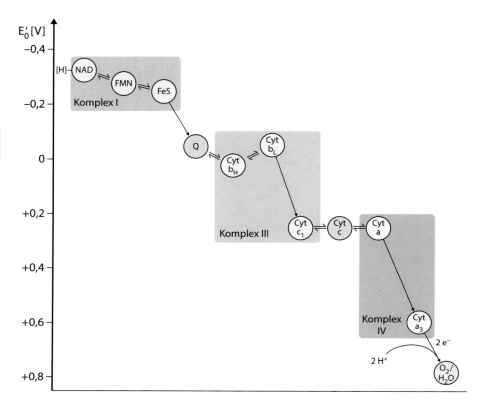

○ **Abb. 4.17**   Gefälle der Redoxpotenziale in der Atmungskette von Mitochondrien (aus Fritsche: Biologie für Einsteiger)

## 4.6.4  Anaerobe Atmung

Steht kein Sauerstoff als terminaler Elektronenakzeptor zur Verfügung, können einige Bakterien und Archaeen die Elektronen auch auf **alternative Akzeptoren** übertragen (○ Abb. 4.18).

Der Vorgang wird als **anaerobe Atmung** oder **dissimilatorische Reduktion** bezeichnet. Meistens stehen den Mikroorganismen mehrere spezialisierte Oxidoreduktasen zur Auswahl. Beispielsweise besitzt *Escherichia coli* Systeme zur Reduktion von Fumarat, Dimethylsulfoxid (DMSO), Trimethylaminoxid (TMAO), Nitrit und Nitrat.

In der Zelle arbeiten aber nicht alle Oxidoreduktasen parallel, stattdessen nutzt der Organismus jeweils den verfügbaren **Elektronenakzeptor mit dem positivsten Redoxpotenzial**.

Der Elektronenakzeptor wirkt als **Steuersignal für die Synthese der entsprechenden Proteine**. Er induziert die Synthese seiner eigenen Oxidoreduktase und hemmt die Expression der konkurrierenden Gene.

**Abb. 4.18**   Einige mögliche
Elektronendonoren und termi-
nale Elektronenakzeptoren der
Elektronentransportkette

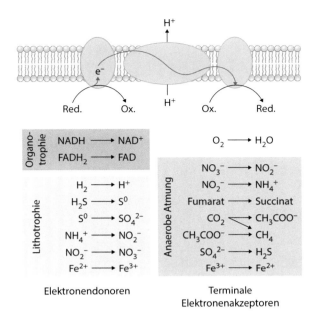

Elektronendonoren                    Terminale
                                     Elektronenakzeptoren

## Stickstoffatmung und Nitratatmung

Stickstoff kann in einer Vielzahl von Oxidationsstufen vorliegen, welche die **dis-similatorische Stickstoffreihe** bilden:

$$\text{Nitrat}\left(NO_3^-, \text{Oxidationsstufe} + 5\right)$$

$$\rightarrow \text{Nitrit}\left(NO_2^-, \text{Oxidationsstufe} + 3\right)$$

$$\rightarrow \text{Stickstoffmonoxid}\left(NO, \text{Oxidationsstufe} + 2\right)$$

$$\rightarrow \text{Distickstoffmonoxid}\left(N_2O, \text{Oxidationsstufe} + 1\right)$$

$$\rightarrow \text{molekularer Stickstoff}\left(N_2, \text{Oxidationsstufe}\, 0\right)$$

$$\rightarrow \text{Ammonium}\left(NH_4^+, \text{Oxidationsstufe} - 3\right)$$

Je nachdem, bis zu welcher Stufe der Stickstoff reduziert wird, wird zwischen zwei Varianten unterschieden:

- Die **Denitrifikation** verläuft bis zum molekularen Stickstoff $N_2$.
- Die **Ammonifikation** geht bis zum Ammonium $NH_4^+$.

Die **Redoxpotenziale** für den gesamten Verlauf vom Nitrat zum molekularen Stickstoff ($E_0' = +740$ mV) bzw. vom Nitrit zum Ammonium ($E_0' = +440$ mV) sind ausgesprochen positiv, sodass ein großer Teil der Energie im NADH oder anderen Elektronendonoren in eine protonenmotorische Kraft umgewandelt werden kann.

Die Reaktionen am Ende der Elektronentransportkette nehmen **spezifische Reduktasen** vor. Häufig besitzt eine Bakterienart nur eine oder zwei Reduktasen, sodass sie nur einen Teil der Reduktionen ausführen kann. Das Produkt scheidet die Zelle aus. Andere Organismen nehmen es auf und reduzieren es weiter.

Die **Nitratreduktase von** *Escherichia coli* katalysiert die Reduktion von Nitrat zu Nitrit:

$$NO_3^- + 2\,e^- + 2\,H^+ \rightarrow NO_2^- + H_2O$$

Der Komplex erhält die Elektronen vom Ubichinol. Er pumpt keine Protonen. Die protonenmotorische Kraft entspringt dem Beitrag der NADH-Dehydrogenase und des Ubichinons/Ubichinols.

Die Ammonifikation erfolgt dagegen **direkt vom Nitrit zum Ammonium**:

$$NO_2^- + 6\,e^- + 8\,H^+ \rightarrow NH_4^+ + 2\,H_2O$$

Zu den pathogenen **Denitrifizierern** gehört der Erreger der Meningitis *Neisseria meningitidis*. Außerdem zählen dazu viele Pseudomonaden und *Paracoccus denitrificans*.

Sogar einige **Eukaryoten** wie Pilze und Protisten können Nitrat zu Nitrit und Nitrit zu Distickstoffoxid reduzieren.

Die **Ammonifikation** ist bei vielen *Bacillus*-Arten des Bodens sowie bei Enterobakterien und Staphylokokken zu finden.

## Fumaratatmung

Fumarat aus dem Medium oder dem zelleigenen Stoffwechsel kann die Elektronen aus dem Katabolismus aufnehmen und zu Succinat reduziert werden:

$$\text{Fumarat} + 2\,e^- + 2\,H^+ \rightarrow \text{Succinat}$$

Bei *Escherichia coli* katalysiert diese Reaktion eine membranständige **Fumarat-Reduktase**, deren Untereinheiten teilweise identisch mit den Untereinheiten der Succinat-Dehydrogenase aus dem Citratzyklus sind. Die Elektronen erhält die Reduktase über Menachinon. Das entstehende Succinat wird ausgeschieden.

Das **Redoxpotenzial** ist mit +33 mV positiv genug, um als Akzeptor für Elektronen vom NADH zu dienen.

Die Fumaratatmung ist bei fakultativ anaeroben Bakterien und Archaeen **verbreitet**. Diese leben vor allem in feuchten Biotopen wie Sedimenten von Gewässern. Einige sind jedoch eine Symbiose mit Bandwürmern eingegangen, denen sie die Fähigkeit verleihen, Fumarat zu veratmen.

## Acetogenese

Acetogene Bakterien können **Elektronen auf Kohlendioxid übertragen**, das beispielsweise aus der Glykolyse und der nachfolgenden Decarboxylierung des Pyruvats stammt, und dabei Acetat bilden:

$$2\,CO_2 + 4\,H_2 \rightarrow CH_3COO^- + H^+ + 2\,H_2O$$

Die Reaktionen erfolgen im Rahmen des **Acetyl-Coenzym-A-Wegs**. Die beiden Kohlendioxidmoleküle werden parallel zueinander zur späteren Methyl- bzw. Carboxylgruppe umgewandelt:

- **Reduktion zur Methylgruppe.** $CO_2$ wird unter ATP-Verbrauch an das Coenzym Tetrahydrofolat (THF) gebunden und unter Zufuhr von Wasserstoff zur Formylgruppe (CHO-THF) und anschließend zur Methylgruppe ($CH_3$-THF) reduziert. Die Methylgruppe wird an ein Vitamin $B_{12}$ als Cofaktor übergeben.
- **Reduktion zur Carbonylgruppe.** Das zweite $CO_2$ wird über ein Eisenatom an das Schlüsselenzym Kohlenmonoxid-Dehydrogenase gebunden und dort mit Wasserstoff zu einer Carbonylgruppe (-CO) reduziert.
- **Bildung von Acetyl-CoA.** Die Methylgruppe wird an ein Nickelatom in der Kohlenmonoxid-Dehydrogenase gereicht. Bei der Verbindung von Methylgruppe und Carbonylgruppe zur Acetylgruppe und deren Übertragung auf ein Coenzym A pumpt das Enzym Natriumionen aus der Zelle. Das Acetyl-CoA wird freigesetzt.
- **Bildung von Acetat.** Die Energie der Bindung zum CoA wird in die Bildung eines ATP investiert. Es bleibt freies Acetat zurück.

Der **Energiegewinn** resultiert aus dem Aufbau eines elektrochemischen Gradienten für Natriumionen durch die Pumpaktivität der Dehydrogenase. Die Zelle besitzt eine spezielle natriumgetriebene ATP-Synthase, mit der sie den Gradienten in ATP umsetzen kann. Das ATP, das bei der Abspaltung des CoA durch Substratkettenphosphorylierung gebildet wird, musste hingegen bei der Bindung des ersten $CO_2$ aufgebracht werden, sodass die Reaktionsfolge in Bezug auf das ATP ausgeglichen ist.

Zu den Acetogenen gehören strikt anaerobe Prokaryoten wie *Acetobacterium woodii* und *Clostridium aceticum*.

## Methanogenese

Methanogene Bakterien bilden auf verschiedene Weise Methan ($CH_4$) aus **unterschiedlichen $C_1$-Verbindungen und einer $C_2$-Verbindung**:

- **Kohlendioxid.** Mit Wasserstoff, den andere Mikroorganismen abgeben, wird Kohlendioxid reduziert: $CO_2 + 4\,H_2 \rightarrow CH_4 + 2\,H_2O$
- **Ameisensäure**: $4\,HCOOH \rightarrow CH_4 + 3\,CO_2 + 2\,H_2O$
- **Essigsäure.** Essigsäure ist die einzige Verbindung aus zwei Kohlenstoffatomen, aus der Methan hervorgehen kann. Die Methylgruppe des Moleküls wird auf Kosten der Carboxylgruppe reduziert: $CH_3COOH \rightarrow CH_4 + CO_2$
- **Methanol**: $4\,CH_3OH \rightarrow 3\,CH_4 + CO_2 + H_2O$
- **Methylamin**: $4\,CH_3NH_2 + 2\,H_2O \rightarrow 3\,CH_4 + CO_2 + 4\,NH_3$
- **Dimethylsulfid**: $2\,(CH_3)_2S + 2\,H_2O \rightarrow 3\,CH_4 + CO_2 + H_2S$

Ein wiederkehrendes Motiv bei den Reaktionen ist die **Disproportionierung**: Ein Teil der Verbindungen (bei der Essigsäure: ein Teil des Moleküls) wird oxidiert und der andere Teil mit den dabei gewonnenen Elektronen reduziert.

**4**

An den Reaktionen ist eine Reihe **spezifischer Cofaktoren** beteiligt, die nur bei der Methanbildung zu finden sind, aber eine ähnliche Struktur wie herkömmliche Cofaktoren haben:

- **Kohlenstoffcarrier:**
  - Methanofuran (MF). Bindet Kohlenstoff an einer endständigen Aminogruppe.
  - Tetrahydromethanopterin ($H_4$MPT). Ähnelt dem Tetrahydrofolat anderer Organismen.
  - Coenzym M (CoM). Entspricht dem Coenzym A in anderen Organismen.
- **Elektronencarrier:**
  - Coenzym $F_{430}$. Ähnelt dem Häm in Cytochromen, besitzt aber ein Nickelion als Zentralatom.
  - Coenzym $F_{420}$. Besitzt ein stickstoffhaltiges Dreiringsystem, das wie beim FAD oder FMN zwei Elektronen plus Protonen aufnehmen kann.
  - Coenzym B (CoB). Ähnelt strukturell der Pantothensäure, die Bestandteil von Coenzym A ist.

Schritte der **Methanbildung durch $CO_2$-Reduktion**:

1. **Bindung und Aktivierung des $CO_2$.** Das Kohlendioxid wird an Methanofuran gebunden und dabei zum Formyl (CHO-MF) reduziert. Die Elektronen stammen vom $H_2$, das ein anderer Organismus in das Medium abgegeben hat (Syntropie).
2. **Übertragung auf $H_4$MPT.** Die Formylgruppe wird auf ein Enzym mit Tetrahydromethanopterin als Cofaktor übertragen. Hier wird der Kohlenstoff in zwei Schritten über Methylen (-$CH_2$-) zu Methyl (-$CH_3$) reduziert. Die Elektronen überträgt Coenzym $F_{420}$.
3. **Übertragung auf Coenzym M.** Die Methylgruppe wird von einer membrangebundenen Methyltransferase auf Coenzym M übergeben. Es entsteht Methyl-CoM.
4. Bei diesem Schritt wird Energie frei, mit der das Enzym einen Natriumionengradienten aufbaut.
5. **Freisetzung des Methans.** Die Methyl-Coenzym M-Reduktase löst die Methylgruppe, indem Coenzym $F_{430}$ sie übernimmt und Coenzym B sie zu Methan reduziert. Das Methan wird freigesetzt. Die Coenzyme M und B verbinden sich über ihre Thiolgruppen (-SH) miteinander zu einem Heterodisulfid.
6. **Regenerierung von CoM und CoB.** Die membranständige Heterodisulfid-Reduktase trennt die beiden Coenzmye mit Elektronen von Wasserstoff voneinander.

Die Reduktion liefert Energie, die das Enzym zum Pumpen von Protonen und damit zum Aufbau einer protonenmotorischen Kraft nutzt.

Schritte der **Methanbildung aus Essigsäure/Acetat**:

1. **Bindung und Aktivierung des Acetats.** Das Acetat wird mit der Energie einer ATP-Spaltung zu AMP und Pyrophosphat an Coenzym A gebunden.
2. **Spaltung des Acetyl-CoA.** Ein Enzymkomplex spaltet die Acetylgruppe in eine Carbonylgruppe (-CO-) und eine Methylgruppe (-$CH_3$), die danach getrennt voneinander behandelt werden. Die Methylgruppe wird auf Coenzym M übertragen.

Die Reaktion ist damit die Umkehrung des Prozesses, den das Enzym Kohlenmonoxid-Dehydrogenase bei der Acetogenese katalysiert hat.

3. **Oxidation und Reduktion der Spaltprodukte.** Die Carbonylgruppe wird zu Kohlendioxid oxidiert. Die dabei anfallenden Elektronen erhält die Methylgruppe während der Ablösung als Methan vom Coenzym M durch Coenzym B.

4. **Regeneration von CoM und CoB.** Die Reduktion der Coenzyme ist auch hier mit dem Aufbau einer protonenmotorischen Kraft verbunden.

Die bei der Methanogenese **gewonnene Energie** liegt in Form von elektrochemischen Gradienten von Natriumionen und Protonen vor. Methanogene sind die einzigen Organismen, die beide Gradienten aufbauen. Über $Na^+/H^+$-Antiporter können diese ineinander umgewandelt werden, sodass auch der Natriumgradient zur protonenmotorischen Kraft beiträgt.

Die **Vertreter der Methanogenen** sind alle strikt anaerobe Archaeen, die eine syntropische Gemeinschaft mit anderen Bakterien bilden.

Als **Lebensraum** bevölkern Methanogene neben Sümpfen, Reisfeldern und Sedimenten von Gewässern sowie Kläranlagen auch die Verdauungstrakte von Tieren und Menschen.

## Sulfatatmung

Wie beim Stickstoff bilden die unterschiedlich oxidierten Schwefelverbindungen eine ganze **Redoxreihe**:

Sulfat $\left(SO_4^{2-}, \text{Oxidationsstufe} + 6\right)$

$\rightarrow$ Sulfit $\left(SO_3^{2-}, \text{Oxidationsstufe} + 4\right)$

$\rightarrow$ Thiosulfat $(S_2O_3^{2-}, \text{Oxidationsstufe} + 2)$

$\rightarrow$ elementarer Schwefel $\left(S^0, \text{Oxidationsstufe } 0\right)$

$\rightarrow$ Schwefelwasserstoff, Sulfid $\left(H_2S, S^{2-}, \text{Oxidationsstufe} - 2\right)$

Das **Redoxpotenzial** der Reduktion vom Sulfat bis zum Schwefelwasserstoff ist mit $-220$ mV kaum positiver als vom $NAD^+/NADH$-Paar. Die Elektronentransportkette kann deshalb nur wenig protonenmotorische Kraft aufbauen.

Nur obligat anaerobe Bakterien und Archaeen wie Vertreter von *Desulfovibrio* und *Desulfobacter* reduzieren Sulfat. Wegen der weiten **Verbreitung** des Sulfats und seiner relativ hohen Konzentration im Meerwasser kommen Sulfatatmer aber in allen Meeren vor.

## Weitere Elektronenakzeptoren

Eine Reihe **weiterer chemischer Substanzen** kann als terminaler Elektronenakzeptor einer anaeroben Atmung dienen, darunter:

- **Eisen**: $Fe^{3+} + e^- \rightarrow Fe^{2+}$
    Vorkommen: Bakterien wie *Geobacter*, *Geospirillum* und *Geovibrio* sowie hyperthermophile Archaeen.

— **Mangan:** $Mn^{4+} + 2\,e^- \rightarrow Mn^{2+}$
  Vorkommen: *Shewanella putrefaciens.*
— **Arsenat:** $AsO_4^{3-} + 2\,H \rightarrow AsO_3^{3-} + H_2O$
  Die Reduktion wandelt Arsenat in unlöslichen Mineralien in das mobilere Arsenit um, das Grundwasser kontaminieren kann.

### 4.6.5 Chemolithotrophie

**Chemolithotrophe Organismen** nutzen **anorganische Elektronendonoren**, um eine protonenmotorische Kraft aufzubauen (◘ Abb. 4.18). Als terminaler Elektronenakzeptor dient meistens Sauerstoff, aber auch Akzeptoren der anaeroben Atmung sind teilweise geeignet, wenn die Differenz der Redoxpotenziale hinreichend groß ist.

Ihre **Energie** gewinnen Chemolithotrophe aus dem Protonengradienten, den sie während des Elektronentransports aufbauen. Zu diesem Zweck sind die oxidierenden Dehydrogenasen bereits an die Membran gebunden.

#### Revertierter Elektronentransport

Das **Redoxpotenzial der anorganischen Elektronendonoren** ist positiver als beim NADP$^+$/NADPH. Daher können die Donoren häufig nicht direkt reduziertes NAD(P)H für den Anabolismus bereitstellen.

Die **Versorgung mit NADPH** erfolgt über andere Wege:
— **Chemoheterotrophe Organismen** gewinnen NADPH aus den organischen Substanzen, aus denen sie die Baustoffe für ihr eigenes Zellmaterial entnehmen. Dazu werden die Substanzen über geeignete Stoffwechselwege wie den Pentosephosphatweg, bei dem NADPH entsteht, abgebaut.
— **Einige phototrophe Organismen** erzeugen mithilfe der absorbierten Sonnenenergie Donoren mit ausreichend negativem Redoxpotenzial.
— **Chemolithotrophe Organismen**, deren Elektronendonoren ein zu positives Redoxpotenzial aufweisen, lassen die Elektronentransportkette unter Energieaufwand abschnittweise rückwärts laufen (revertierter Elektronentransport).

Der **revertierte Elektronentransport** setzt beim Einspeisepunkt des Donors ein und verläuft entgegen der üblichen Richtung bis zur NAD(P)H-Dehydrogenase. Die protonenmotorische Kraft ermöglicht es den Enzymen, die Elektronen gegen das Redoxgefälle zu übertragen, bis sie schließlich NADP$^+$ zu NAD(P)H reduzieren.

Parallel zum revertierten Verlauf baut die Zelle mit einer gewöhnlichen Elektronentransportkette eine **protonenmotorische Kraft als Energiespeicher** auf.

#### Wasserstoffoxidierende Bakterien

**Hydrogenotrophe Organismen** oder Wasserstoffoxidierer erhalten ihre Elektronen von **molekularem Wasserstoff** ($H_2$), der im Metabolismus vieler Mikroorganismen anfällt und häufig einfach ins Medium abgegeben wird.

Durch die Verwertung des Wasserstoffs halten sie dessen Konzentration gering und ermöglichen damit häufig den Metabolismus des anderen Organismus. Wasserstoffoxidierer leben somit in **syntropischen Gemeinschaften**.

Als **terminale Elektronenakzeptoren** fungieren unter aeroben Bedingungen Sauerstoff, in dessen Abwesenheit und bei anaeroben Arten Sulfat, Nitrat, Nitrit und Fumarat sowie bei Acetogenen und Methanogenen Kohlendioxid.

Die Oxidation von Wasserstoff mit Sauerstoff entspricht einer kontrollierten **Knallgasreaktion**:

$$H_2 + 1/2 O_2 \rightarrow H_2O$$

Die Organismen, die diese Reaktion durchführen, werden als **Knallgasbakterien** bezeichnet.

Einige Knallgasbakterien verfügen über zwei **Hydrogenasen** für die Oxidation des Wasserstoffs:

- Eine membrangebundene Hydrogenase, die die Elektronen an ein Chinon weitergibt. Über dieses gelangen sie in die Elektronentransportkette, an deren Ende sie auf Sauerstoff übertragen werden.
- Eine lösliche Hydrogenase im Cytoplasma, das mit den Elektronen direkt $NADP^+$ zu NADPH reduziert.

Knallgasbakterien, denen die lösliche Hydrogenase fehlt, und alle Wasserstoffoxidierer, die andere terminale Elektronenakzeptoren verwenden, müssen ihr NADPH über eine **revertierte Elektronentransportkette** produzieren.

**Beispielorganismen**: *Ralstonia eutropha*, Vertreter von *Cupriavidus*, *Methanobacterium* und *Methanococcus*.

## Schwefeloxidierende Bakterien

Farblose Schwefeloxidierer verwerten viele **unterschiedliche reduzierte Schwefelverbindungen** wie Sulfide ($S^{2-}$), elementaren Schwefel ($S^0$), Thiosulfate ($S_2O_3^{2-}$) und Sulfite ($SO_3^{2-}$), die sie in der Regel schrittweise bis zum Sulfat oxidieren.

Manche Bakterien wie *Beggiatoa* oxidieren Sulfide zunächst nur bis zum elementaren Schwefel, den sie in Form von **Schwefelkügelchen** als Energiereserve in ihren Zellen speichern. Erst wenn die Sulfidquelle erschöpft ist, führen sie die Oxidation fort.

Die Elektronen gelangen je nach ihrem Redoxpotenzial auf der Stufe vom FAD ($S^{2-}$) oder Cytochrom *c* ($S^0$ und $S_2O_3^{2-}$) in die **Elektronentransportkette**. NADH erhalten sie aus einer revertierten Elektronentransportkette.

Am Ende der Elektronentransportkette werden die Elektronen auf Sauerstoff oder Nitrat als **terminalen Elektronenakzeptor** übertragen.

Manche Schwefeloxidierer können ATP nicht nur über die protonenmotorische Kraft und die ATP-Synthase produzieren, sondern zusätzlich über **Substratkettenphosphorylierung**:

1. Die Energie der Oxidation von Sulfit zu Sulfat wird genutzt, um die Schwefel-gruppe an AMP zu binden, sodass Adenosinphosphosulfat (APS) entsteht.
2. Das Sulfat wird anschließend durch ein Phosphat ausgetauscht. Die Reaktion ergibt Sulfat und ADP.
3. Die Adenylat-Kinase kann zwei ADP in ATP und AMP umsetzen. Insgesamt hat die Zelle damit in zwei Durchläufen ein ATP gewonnen.

Weil die Schwefeloxidation meistens mit Sulfat dissoziierte Schwefelsäure erzeugt, erniedrigen Schwefeloxidierer den pH-Wert ihrer Umgebung. Viele Organismen besiedeln **extreme Lebensräume**, die auch in Bezug auf andere Parameter wie hohe Temperaturen und hohe Salzkonzentrationen anspruchsvoll sind.

Beispielorganismen: Vertreter von *Thiobacillus*.

## Eisenoxidierende Bakterien

Die Oxidation von Eisen(II)ionen zu Eisen(III)ionen liefert nur wenig Energie, so-dass **Eisenbakterien** einen hohen Umsatz haben.

Häufig können die Organismen außer Eisen auch Schwefel oxidieren. Ihr Lebensraum ist dementsprechend sauer mit einem pH-Wert unterhalb von 1. Nur bei einem sehr **niedrigen pH-Wert** bleibt $Fe^{2+}$ so stabil, dass es nicht ohne bakteriel-les Zutun mit Sauerstoff zu $Fe^{3+}$ oxidieren würde.

Die **Elektronentransportkette** der Eisenbakterien beginnt außerhalb der Plasmamembran:
1. $Fe^{2+}$ überträgt sein Elektron an ein Cytochrom *c* in der äußeren Membran.
2. Das lösliche kupferhaltige Protein Rusticyanin wirkt im Periplasma als Elektronencarrier.
3. Rusticyanin übergibt das Elektron an das periplasmatische Cytochrom *c* der Elektronentransportkette.
4. Über die verbleibenden Komponenten der Kette gelangt das Elektron auf **Sauerstoff als terminalen Akzeptor**.

In Abwesenheit von Sauerstoff können manche Chemolithotrophe auch eine **an-aerobe Atmung mit Nitrat** als terminalem Elektronenakzeptor durchführen.

Wegen des niedrigen pH-Werts in der Umgebung brauchen die Organismen kaum einen Protonengradienten aufzubauen. Vor allem müssen sie ihren **internen pH-Wert** im Bereich von 5,5 bis 6 halten und dafür ständig Protonen über die Elektronentransportkette ausschleusen und mit der Reduktion von Sauerstoff im Cytoplasma verbrauchen.

Ihre reduzierten Redoxäquivalente für den Anabolismus gewinnen Eisen-bakterien unter hohem Energieverbrauch durch **revertierten Elektronentransport**.

Beispielorganismen: *Acidithiobacillus ferrooxidans*, *Thiobacillus ferrooxidans*, *Gallionella ferruginea*.

## Stickstoffoxidation

Die Oxidation von Stickstoffverbindungen zu Nitrat – die **Nitrifizierung** – läuft in **zwei Schritten** ab, die von verschiedenen Organismen durchgeführt werden:

– **Nitrosobakterien** oxidieren **Ammonium zu Nitrit**:

$$2\,NH_4^+ + 3\,O_2 \rightarrow 2\,NO_2^- + 4\,H^+ + 2\,H_2O$$

Beispielorganismen: Vertreter von *Nitrosomonas*.

– **Nitrobakterien** oxidieren das gebildete **Nitrit weiter zu Nitrat**:

$$2\,NO_2^- + O_2 \rightarrow 2\,NO_3^-$$

Beispielorganismen: Vertreter von *Nitrobacter* und *Nitrospira*.

Die **Oxidation von Ammonium zu Nitrit** findet über ein Zwischenprodukt statt:
1. Das Enzym Ammonium-Monooxygenase ist fest in die Plasmamembran eingebettet. Es oxidiert das **Ammonium zum Hydroxylamin** ($NH_2OH$), indem es ein Sauerstoffatom in das Molekül einbaut. Damit das zweite Sauerstoffatom Wasser bilden kann, sind aber zwei weitere Elektronen notwendig:

$$NH_4^+ + O_2 + H^+ + 2\,e^- \rightarrow NH_2OH + H_2O$$

2. Diese Elektronen liefert das Enzym Hydroxylamin-Oxidoreduktase aus der Oxidation des **Hydroxylamins zu Nitrat**:

$$NH_2OH + H_2O \rightarrow NO_2^- + 5\,H^+ + 4\,e^-$$

Zwei der Elektronen fließen über Cytochrom *c* und Ubichinon zurück an die Ammonium-Monooxygenase. Die beiden anderen gelangen über Cytochrom *c* und Cytochrom $aa_3$ auf Sauerstoff. Nur diese letztgenannten Elektronen treiben den Aufbau einer protonenmotorischen Kraft an.

Die **Nitritoxidation zu Nitrat** katalysiert das Enzym Nitritoxidase in der Plasmamembran. Die Elektronen wandern über eine kurze Elektronentransportkette mit Cytochromen vom *c*- und *a*-Typ zur terminalen Oxidase. Dabei werden Protonen aus der Zelle gepumpt.

Redoxäquivalente gewinnen die Nitrifizierer durch **revertierten Elektronentransport**.

### 4.6.6 Photosynthetische Elektronentransportketten

**Phototrophe Mikroorganismen** nutzen als **Energiequelle** nicht chemische Verbindungen, sondern einfallendes Licht.

Die **Umwandlung der Lichtenergie in eine nutzbare Form** verläuft über mehrere Prozesse:

1. **Absorption.** Spezielle Pigmente absorbieren Teile des einfallenden Lichts.
2. **Ladungstrennung.** Durch die Energie wird das sogenannte Reaktionszentrum in einen angeregten Zustand versetzt, in dem es ein Elektron abgeben und zum Ausgleich ein anderes einem Elektronendonor entreißen kann.
3. **Elektronentransport.** Das Elektron wandert über eine Elektronentransportkette zu einem Akzeptor.
4. **Aufbau einer *pmf*.** Bei den Reaktionen der Elektronenwanderung werden Protonen verschoben, die eine protonenmotorische Kraft aufbauen.
5. **ATP-Synthese.** Die protonenmotorische Kraft treibt an der ATP-Synthase die Bildung von ATP an.

Die verschiedenen Varianten der Photosynthese **unterscheiden** sich im primären Elektronendonor:

- Bei der **oxygenen Photosynthese** entsteht molekularer Sauerstoff aus der Spaltung von Wasser als Elektronendonor.
- Die **anoxygene Photosynthese** geht von anderen Elektronendonoren aus und erzeugt andere Endprodukte als Sauerstoff.

## Photosynthetische Pigmente

**Chlorophyll** ist das wichtigste Pigment der Photosynthese. Es kommt in verschiedenen Varianten vor, die alle eine gemeinsame **Grundstruktur** zeigen (◧ Abb. 4.19):

- Ein Tetrapyrrolringsystem bindet ein zentrales Magnesiumion in einem flächigen Komplex.
- An einem der Ringe befindet sich ein zusätzlicher fünfter Ring.
- Am benachbarten Ring ist eine lange Kohlenwasserstoffkette angeschlossen. Häufig handelt es sich dabei um eine Phytolkette ($-COOC_{20}H_{39}$).
- Das Chlorophyllmolekül ist in der Regel eingebettet in ein Protein, aber nicht kovalent an dieses gebunden.

Es werden verschiedenen **Typen von Chlorophyllen** unterschieden:

- **Nach der Art der Photosynthese:**
  - Die Chlorophylle der oxygenen Photosynthese der Eukaryoten und Cyanobakterien werden einfach als Chlorophylle bezeichnet.
  - Bei der anoxygenen Photosynthese der Prokaryoten (außer Cyanobakterien) werden sie **Bakteriochlorophylle** genannt.
- **Nach den zusätzlichen Gruppen am Ringsystem:** An den äußeren Kohlenstoffatomen des Tetrapyrrolringsystems sind zahlreiche kurze Seitenketten mit einem bis vier Kohlenstoffatomen angehängt, sodass jeweils etwa ein halbes Dutzend Chlorophylle und Bakteriochlorophylle entstehen. Diese Varianten werden durch Buchstabenzusätze gekennzeichnet, beispielsweise Chlorophyll *a* oder Bakteriochlorophyll *b*.

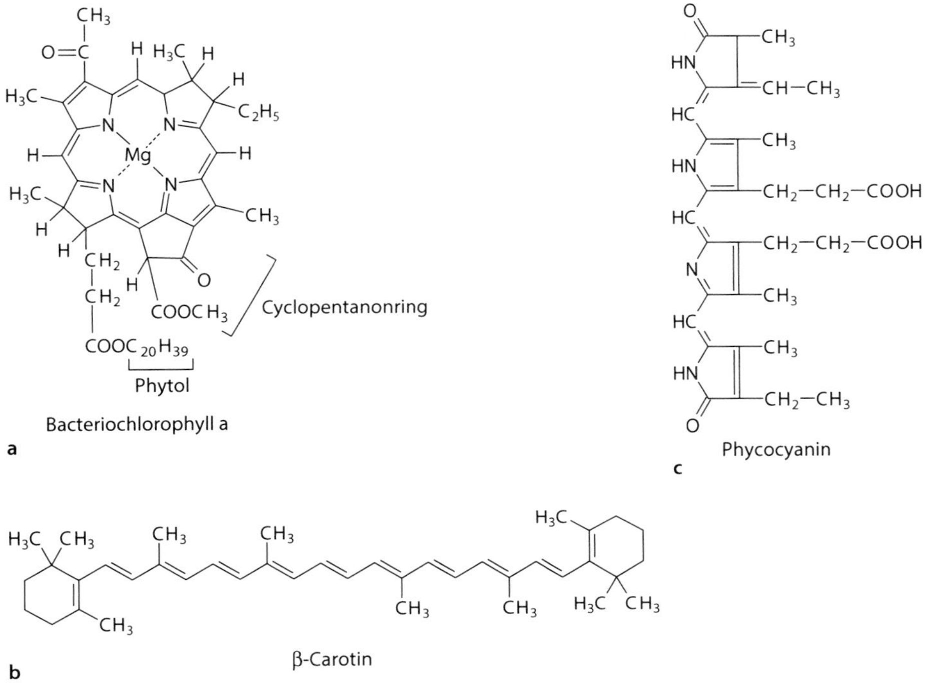

**Abb. 4.19** Pigmente der Photosynthese: Bacteriochlorophyll a (**a**), β-Carotin (**b**) und Phycocyanin (**c**) (aus Munk: Grundstudium Biologie – Mikrobiologie)

Die **Lichtabsorption der Chlorophylle** verleiht ihnen ihre grünliche Farbe. Chlorophyllmoleküle absorbieren vor allem kurzwelliges blaues und langwelliges rotes, Bakteriochlorophylle blaues und infrarotes Licht. Den mittleren Spektralbereich mit grünem und gelbem Licht lassen sie weitgehend durchgehen (Grünlücke). Der genaue Verlauf des Absorptionsspektrums hängt ab von den Seitengruppen am Chlorophyllmolekül und von der Proteinumgebung, in die das Chlorophyll eingebettet ist. Um ein spezielles Chlorophyll anzusprechen, wird deshalb die Wellenlänge des Absorptionsmaximums im langwelligen Bereich angegeben, beispielsweise P870.

Neben den Chlorophyllen beinhalten die photosynthetischen Apparate auch **akzessorische Pigmente** genannte Hilfspigmente mit spezifischen Aufgaben:

- **Phäophytine** und **Bakteriophäophytine** unterscheiden sich von Chlorophyllen nur durch das fehlende Magnesiumion im Zentrum. Sie leiten bei einigen Bakterien im Reaktionszentrum Elektronen weiter.
- **Phycobiline** sind lineare Tetrapyrrole (**Abb. 4.19**). Sie absorbieren Licht im langwelligen Bereich der Grünlücke des Chlorophylls und leiten die Energie weiter an das Chlorophyll im Reaktionszentrum.

  Phycoerythrin ist rot mit Absorptionsmaxima von 496 nm bis 555 nm, Phycocyanin ist purpur bis blau mit Absorptionsmaxima von 550 nm bis 620 nm, Allophycocyanin absorbiert um 650 nm am besten.

Die Phycobiline sind kovalent als prosthetische Gruppe an Proteine gebunden, mit denen sie die Phycobiliproteine bilden.
- **Carotinoide** sind Tetraterpenoide (◘ Abb. 4.19). Einige von ihnen besitzen an den Enden des Moleküls einen Ring, beispielsweise das β-Carotin.
  Carotinoide erfüllen zwei Aufgaben:
  - Sie absorbieren Licht im kurzwelligen, blaugrünen Bereich (etwa 450 nm bis 500 nm) der Grünlücke und geben die Energie an das Reaktionszentrum weiter.
  - Sie verhindern die Entstehung der toxischen, extrem reaktiven Singulettform des Sauerstoffs.

## Anoxygene Photosynthese

Mit Ausnahme der Cyanobakterien betreiben **alle photosynthetischen Prokaryoten** anoxygene Photosynthese:
- **Purpurbakterien.** Ort der Photosynthese ist bei Purpurbakterien ein intrazelluläres Membransystem, das von der Plasmamembran ausgeht und die Form von Vesikeln oder Stapeln hat.
  Als Elektronendonoren nutzen Purpurbakterien Schwefelwasserstoff ($H_2S$) oder Sulfid ($S^{2-}$), Nichtschwefelpurpurbakterien auch andere Substanzen, darunter sogar organische Verbindungen.
  Zu den Purpurbakterien gehören:
  - Schwefelpurpurbakterien (Chromatiaceae und Ectothiorhodospiraceae). Die Vertreter dieser Gruppe sammeln den anfallenden Schwefel in Form von Kügelchen. Chromatiaceae lagern die Kügelchen innerhalb der Zelle, Ectothiorhodospiraceae außerhalb.
  - Nichtschwefelpurpurbakterien oder schwefelfreie Purpurbakterien. Für viele Vertreter dieser heterogenen Gruppe ist Sulfid bereits in geringen Konzentrationen giftig, einige verwenden es aber als Elektronendonor. Bei Anwesenheit von Sauerstoff können sie anaerobe Atmung betreiben, ohne Sauerstoff vollziehen sie im Dunkeln Gärungen.
- **Grüne Bakterien.** Der Photosyntheseapparat der Grünen Bakterien ist in zwei Komponenten geteilt:
  - Die lichtsammelnden Antennenpigmente sind in Chlorosomen genannten Organellen zusammengefasst. Umhüllt von einer Membran aus Galactolipiden und Proteinen lagern sich lange Ketten von Bakteriochlorophyll *c*, *d* oder *e* ohne umgebendes Protein aneinander.
  - Die Chlorosomen liegen eng der Plasmamembran auf, in welcher das Reaktionszentrum mit Bakteriochlorophyll *a* lokalisiert ist.
  Ihre Elektronen beziehen die Grünen Bakterien von reduzierten Schwefelverbindungen wie Schwefelwasserstoff und Sulfiden, Thiosulfat oder elementarem Schwefel. Dazu können einige Arten Wasserstoff oder Eisen(II)ionen als Elektronendonoren verwenden.
  Zu den Grünen Bakterien gehören:
  - Grüne Schwefelbakterien (Chlorobiaceae). Die Vertreter dieser Gruppe sind obligat anaerob und phototroph. Die Oxidation der Schwefelverbindungen läuft anfangs nur bis zum elementaren Schwefel, der außerhalb der Zellen als

Kügelchen gelagert wird. Setzt ein Mangel an Schwefelwasserstoff ein, wird dieser Schwefel weiter bis zum Sulfat oxidiert.
- Grüne Nichtschwefelbakterien (Chloroflexi). Die thermophilen Bakterien dieser Gruppe können bei Lichtmangel auch chemotroph leben. Sie zeigen einige einzigartige physiologische Besonderheiten. So assimilieren sie Kohlenstoff über den Hydroxypropionatweg. Die Lipide in der Zellhülle der Klasse Thermomicrobia enthalten anstelle von Glycerin langkettige Diole und weisen weder Ester- noch Etherbindungen auf.
- **Heliobakterien** (Heliobacteriaceae). Die photosynthetischen Apparate der Heliobakterien befinden sich in der Plasmamembran. Typisch für diese Gruppe ist der Chlorophylltyp Bakteriochlorophyll *g*, dessen Absorptionsmaximum im Infrarotbereich liegt (790 nm).

    Heliobakterien sind strikt anaerob. Im Dunkeln decken sie ihren Energiebedarf chemotroph.

Die Prozesse des **photosynthetischen Elektronenflusses** folgen dem allgemeinen Schema:
1. **Lichtabsorption.** Das Licht trifft meistens auf ein Antennenpigment, mit dem die Organismen ihre Lichtausbeute erhöhen. Etwa 50 bis 300 Bakteriochlorophylle bilden einen Antennenkomplex. Dieser ist eng mit einem Reaktionszentrum verbunden, an dessen spezielles Bakteriochlorophyll oder Bakteriochlorophyllpaar die Energie des absorbierten Lichts weitergeleitet wird.
2. **Ladungstrennung.** Sobald die Energie das Bakteriochlorophyll(paar) im Reaktionszentrum erreicht, verschiebt sich dessen Redoxpotenzial um etwa 1,5 V in negative Richtung. Es gibt ein Elektron an ein nahe liegendes Akzeptormolekül ab.
3. **Elektronentransport.** Da die anoxygene Photosynthese mit einem einzigen Typ von Reaktionszentrum auskommen muss, führt ein **zyklischer Elektronentransport** die Elektronen über eine Elektronentransportkette wieder zurück in das Reaktionszentrum.

Der **Verlauf der Elektronentransportkette** unterscheidet sich bei den verschiedenen Bakteriengruppen:
- Bei **Purpurbakterien** ändert sich das Redoxpotenzial des Reaktionszentrums P870 von +0,5 V auf −1,0 V. Das reicht aus, um über ein Bakteriophäophytin und gebundene Chinone ein Chinon zu reduzieren, das in den Chinonpool eingeht. Von hier gelangen die Elektronen über Cytochrome vom *b*- und *c*-Typ wieder zum P870. Dabei werden Protonen über die Membran gepumpt, und es wird eine protonenmotorische Kraft aufgebaut.

    Das Redoxpotenzial der austretenden Chinone ist nicht hinreichend negativ, um Elektronen auf $NAD^+$ zu übertragen. Dessen Reduktion findet über einen **revertierten Elektronentransport** statt. Eine Transhydrogenase überträgt die Elektronen und Protonen vom NADH auf $NADP^+$. Elektronen, die zum NADH abfließen, werden durch die Elektronendonoren ersetzt.

    Reaktionszentren, die ihre Elektronen an Chinone übergeben, werden als **Reaktionszentren vom Typ II** klassifiziert.

- Bei **Grünen Schwefelbakterien** und **Heliobakterien** liegen die Redoxpotenziale der angeregten Reaktionszentren P840 (Grüne Schwefelbakterien) bzw. P798 (Heliobakterien) um $-1,2$ V, und die Elektronen werden auf ein Protein mit einem Eisen-Schwefel-Cluster übertragen. Der Rückfluss verläuft über den Chinonpool und Cytochrome. Während der Elektronentransportkette wird eine protonenmotorische Kraft aufgebaut.

Das Redoxpotenzial des Eisen-Schwefel-Clusters ist hinreichend niedrig, um ein Ferredoxinprotein zu reduzieren, das die Elektronen an $NADP^+$ weitergeben kann, sodass die **NADPH-Synthese** ohne umgekehrten Elektronfluss abläuft.

Reaktionzentren, die einen Eisen-Schwefel-Cluster reduzieren, bilden die **Reaktionszentren vom Typ I.**

## Oxygene Photosynthese

Oxygene Photosynthese ist bei **eukaryotischen phototrophen Mikroorganismen und Cyanobakterien** anzutreffen. Viele von ihnen sind obligat phototroph.

Die Photosyntheseapparate der Cyanobakterien sind **in intrazellulären Membransystemen lokalisiert**, bei Eukaryoten in den Thylakoidmembranen der Chloroplasten.

Für den **Elektronentransport** sind zwei Photosysteme in Reihe geschaltet (◘ Abb. 4.20):

1. **Photosystem II.** Das Chlorophyll *a*-Paar im Reaktionszentrum (P680) gibt nach der Anregung ein Elektron über ein Phäophytin an ein Chinon ab. Es gehört damit zu den Reaktionszentren vom Typ II.

Das zurückbleibende $P680^+$ ist ein starkes Oxidationsmittel. Es ergänzt das fehlende Elektron über den wasserspaltenden Komplex durch photolytische Spaltung von Wasser:

$$2\,H_2O \rightarrow O_2 + 4\,H^+ + 4\,e^-$$

Der entstandene Sauerstoff entweicht.

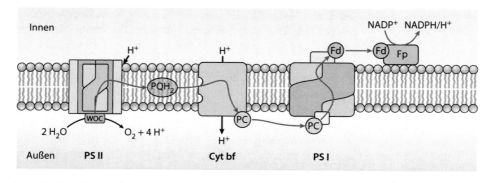

◘ **Abb. 4.20**  Die Elektronentransportkette der oxygenen Photosynthese (verändert aus Fritsche: Biologie für Einsteiger)

2. **Elektronentransport**. Das Elektron gelangt vom Chinon auf ein Plastochinon (PC), das sich vom Photosystem II löst und in den Pool wandert. Am Cytochrom *bf*-Komplex befördert ein Plastochinonzyklus Protonen nach außen. Der Komplex selbst pumpt weitere Protonen. Er gibt das Elektron weiter an ein Plastocyanin genanntes, kupferhaltiges Protein, von dem es zum Photosystem I gelangt.
3. **Photosystem I**. Das Reaktionszentrum im Photosystem I (P700) ist vom Typ I. Nach Anregung reduziert es ein Eisen-Schwefel-Zentrum, von dem die Elektronen auf ein Ferredoxin gelangen. Das Enzym Ferredoxin-NADP$^+$-Reduktase überträgt die Elektronen auf ein NADP$^+$, das mit Protonen zu NADPH wird.

Die Elektronen folgen während dieser Wanderung dem Z-förmigen **Gefälle des Redoxpotenzials**, indem sie von Donoren mit negativeren auf Akzeptoren mit positiveren Werten übergehen ($\square$ Abb. 4.21). Die beiden Photosysteme sorgen dabei mit der Energie des Sonnenlichts für große Sprünge zu negativeren Potenzialen.

Cyanobakterien haben außerdem die Möglichkeit eines **zyklischen Elektronentransports**, den sie nutzen, um mehr ATP und weniger NADPH zu produzieren. Das Elektron gelangt hierfür vom Ferredoxin zurück auf den Cytochrom *bf*-Komplex. Der Transport wird alleine vom Photosystem I angetrieben. Dadurch wird vermehrt eine protonenmotorische Kraft aufgebaut, aber kein weiteres NADPH gebildet und kein Wasser gespalten.

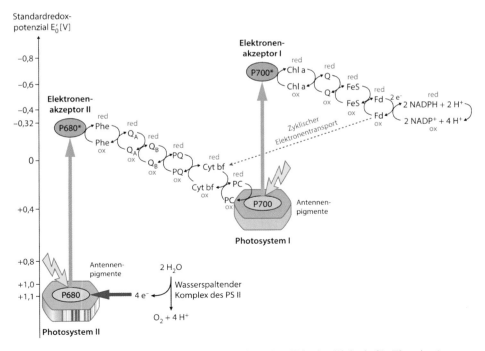

$\square$ **Abb. 4.21**   Z-Schema der oxidativen Photosynthese (aus Fritsche: Biologie für Einsteiger)

## Bakteriorhodopsin als Protonenpumpe

Unter aeroben Bedingungen wächst das extrem halophile Archaeon *Halobacterium salinarum* chemoorganotroph. Fehlt der Sauerstoff, stellt es seinen Energiestoffwechsel auf eine besondere Form der Photosynthese um. Für die Versorgung mit Kohlenstoffatomen für den Anabolismus ist es aber weiterhin auf organische Verbindungen angewiesen, sodass es einer **photoheterotophe Lebensweise** folgt.

Mithilfe des Membranproteins Bakteriorhodopsin baut es seine **protonenmotorische Kraft ohne den Transport von Elektronen** auf, indem es die Energie des absorbierten Lichts gleich für das Pumpen von Protonen aus dem Cytoplasma in das Außenmedium einsetzt.

**Bakteriorhodopsin** besteht aus zwei Komponenten:

- Der **Proteinteil** zieht sich in sieben helicalen Bereichen durch die Plasmamembran und bildet eine Pore.
- Ein **Retinalmolekül** verschließt als prosthetische Gruppe die Pore. Das Retinal ist über eine Bindung vom Typ der Schiff'schen Base (-N=CH-) fest mit einem Lysinrest des Proteinteils verbunden.

Während des **lichtgetriebenen Zyklus** durchläuft das Retinal verschiedene Zustände:

1. **Ausgangszustand.** Im Ruhemodus liegt es in der lang gestreckten all-*trans*-Form vor. An das Stickstoffatom der Schiff'schen Base ist ein Proton gebunden, sodass die Gruppe eine positive Ladung trägt.
2. **Isomerisierung in die Knickform.** Durch die Absorption eines passenden Photons verändert das Retinal seine Form. Das Molekül knickt am C13-Atom ab und geht in die 13-*cis*-Form über. Die Isomerisierung des Retinals verändert auch die Konformation des Proteinteils.
3. **Deprotonierung außen.** Die Schiff'sche Base gibt das Proton ab. Wegen der aktuellen Konformation des Proteins gelangt das Proton in das Außenmedium.
4. **Isomerisierung in die gestreckte Form.** Durch die Deprotonierung kehrt das Retinalmolekül wieder in die all-*trans*-Form zurück. Auch das Protein nimmt seine ursprüngliche Konformation ein.
5. **Protonierung innen.** Das Retinal nimmt ein neues Proton auf, das bei der aktuellen Proteinkonformation aus dem Cytoplasma stammt. Damit ist der Ausgangszustand wieder erreicht.

## 4.7  ATP-Synthase

Die protonenmotorische Kraft, die im Zuge der Elektronentransportketten aufgebaut wird, nutzt die Zelle zur **Synthese von ATP**. Dadurch wird eine elektrochemische Energie in die chemische Energie einer Bindung umgewandelt.

Der Prozess findet am Enzymkomplex der **ATP-Synthase** statt (◘ Abb. 4.22). Diese besteht aus zwei großen Untereinheiten:

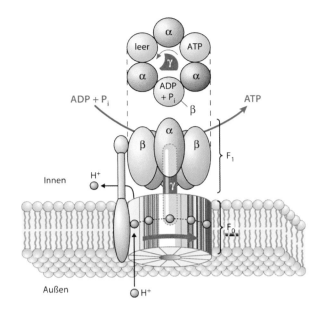

☐ **Abb. 4.22**  Bau der $F_O F_1$-ATP-Synthase (aus Fritsche: Biologie für Einsteiger)

— Der $F_O$-**Teil** ist in die Membran eingelagert. Er besteht aus einigen Untereinheiten in einfacher Ausführung und einer Untereinheit, von der zwölf Exemplare einen Kreis bilden (bei *Escherichia coli* $F_O$c genannt).
— Der $F_1$-**Teil** ragt in den physiologischen Innenraum. Bei Prokaryoten ist dies das Cytoplasma, bei Chloroplasten das Stroma, bei Mitochondrien die Matrix. In der Aufsicht stellt sich der $F_1$-Teil als ein Hexagon dar, in dessen Ecken sich α- und β-Untereinheiten abwechseln. Im Zentrum des Hexagons befindet sich die γ-Untereinheit, die sich bis in den $F_O$-Teil hinein erstreckt und beide Untereinheiten verbindet.

Der **Reaktionsverlauf** verbindet den Fluss der Protonen durch den $F_O$-Teil mit der ATP-Synthese am $F_1$-Teil (chemiosmotische Kopplung):
1. **Protonenfluss durch $F_O$.** Die zwölf gleichen Untereinheiten des $F_O$-Teils nehmen nacheinander auf der Außenseite Protonen auf und geben sie auf der Innenseite wieder ab. Der Fluss bringt den Ring in der Membran zum Rotieren. Die Energie der protonenmotorischen Kraft wird so in eine mechanische Bewegung verwandelt.
2. **Weitergabe der Bewegung.** Die γ-Untereinheit wird von der Drehung mitgezogen. Sie trägt die Bewegung in den $F_1$-Teil.
3. **Synthese und Freisetzung von ATP.** Durch ihre unsymmetrische Struktur verformt die γ-Untereinheit während der Rotation die großen α- und β-Untereinheiten. Diese durchlaufen während einer vollen Drehung drei Zustände:

- In der L-Konformation (für *loose*) bindet die β-Untereinheit locker ADP und Phosphat.
- Danach gerät sie in die T-Konformation (für *tight*), bei der sich ADP und Phosphat so dicht kommen, dass sie spontan zu ATP reagieren.
- In der O-Konformation (für *open*) öffnet sich die Untereinheit und gibt das ATP frei.

Der eigentlich **energieverbrauchende Schritt** ist nicht die ATP-Synthese an sich, sondern der Wechsel von der T- zur O-Konformation, also die Freisetzung des ATPs.

In der **Bilanz** müssen je nach Bedingungen und Organismus für jedes gebildete ATP drei bis vier Protonen durch die ATP-Synthase wandern:

$$ADP + P_i + 3 - 4\,H^+_{au\text{ß}en} \rightarrow ATP + H_2O + 3 - 4\,H^+_{innen}$$

Manche Bakterien wie *Acetobacterium woodii* und *Propionigenium modestum*, die in natriumreichen Medien leben, besitzen ATP-Synthasen, die $Na^+$-Ionen anstelle von Protonen leiten und damit einen **elektrochemischen Natriumgradienten** für die ATP-Synthese nutzen.

Die Bildung des ATPs an der ATP-Synthase ist eine **reversible Reaktion**. Organismen, die nicht durch andere Prozesse eine protonenmotorische Kraft aufbauen, können durch die Hydrolyse von ATP Protonen durch die Membran pumpen. Auf diese Weise schieben etwa Gärer indirekt durch ATP-Spaltung die protonengetriebene Aufnahme von Nährstoffen an.

**Archaeen** besitzen eine $A_1A_O$-ATP-Synthase, deren Bau und Funktion im Wesentlichen der $F_OF_1$-ATP-Synthase entspricht, aber einige Abweichungen in der Struktur zeigt. Beispielsweise besitzen $A_1A_O$-ATP-Synthasen anstelle von einer gleich zwei seitliche Stiele zur Stabilisierung sowie eine Ringstruktur am Rand der Membran.

## 4.8 Der Anabolismus

Die **Gesamtheit der aufbauenden Stoffwechselreaktionen**, die nicht der Energiegewinnung dienen, bildet den **Anabolismus**.

Damit die Reaktionen ablaufen können, sind mehrere **Komponenten notwendig**:

- **Grundlegende Elemente und Bausteine.** Diese müssen entweder aus der Umgebung aufgenommen oder im Katabolismus produziert werden. Viele Ausgangsstoffe für Synthesen sind Zwischenprodukte des Citratzyklus (◙ Abb. 4.23).
- **Energie.** ATP aus dem Energiestoffwechsel treibt endergone Reaktionen an.
- **Redoxäquivalente.** In der Regel sind die Ausgangsstoffe stärker oxidiert als die Produkte. Die Elektronen für die Reduktion liefert vor allem NADPH, das Elektronen aus dem Katabolismus trägt.

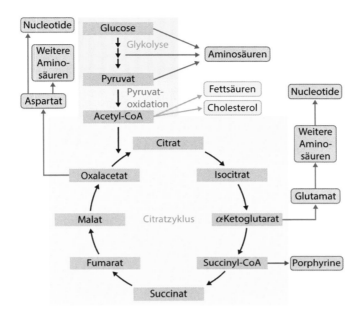

Da Enzyme nicht die Lage des Gleichgewichts einer Reaktion beeinflussen, sind die meisten **enzymatisch katalysierten Reaktionen reversibel**, und im Anabolismus sind weitgehend die gleichen Enzyme aktiv wie im Katabolismus (amphibolische Enzyme).

Beispiel: Die anabole Gluconeogenese nutzt bis auf drei Schritte die gleichen Enzyme wie die katabole Glykolyse.

### 4.8.1 Die Fixierung von Kohlendioxid

Zwei mögliche Kohlenstoffquellen werden von Mikroorganismen genutzt:
- **Heterotrophe Organismen** gewinnen ihren Kohlenstoff aus organischen Verbindungen.
- **Autotrophe Organismen** gewinnen ihren Kohlenstoff ausschließlich aus anorganischen Verbindungen, vor allem aus Kohlendioxid.

Autotrophe Mikroorganismen fixieren Kohlendioxid auf vier **verschiedenen Wegen**:
- **Calvin-Zyklus**. Bei Cyanobakterien, phototrophen Purpurbakterien und lithotrophen Bakterien sowie in den Chloroplasten von Eukaryoten. Bei Archaeen wurde der Calvin-Zyklus bislang nicht nachgewiesen.

- **Reverser Citratzyklus.** Bei phototrophen Grünen Schwefelbakterien (*Chlorobium*) und innerhalb der Archaeen bei hydrothermophilen Schwefeloxidierern (*Thermoproteus* und *Pyrobaculum*). Eukaryoten füllen mit anaplerotischen Sequenzen ihren Citratzyklus wieder auf, um die Entnahme von Zwischenprodukten auszugleichen.
- **Hydroxypropionatzyklus.** Bei phototrophen Grünen Nichtschwefelbakterien (*Chloroflexus*) sowie innerhalb der Archaeen bei aeroben Schwefeloxidierern (*Sulfolobus*). Eukaryoten nutzen diesen Weg nicht.
- **Reduktiver Acetyl-CoA-Weg.** Bei acetogenen Bakterien und Sulfatreduzierern sowie innerhalb der Archaeen alle Methanogene. Eukaryoten nutzen diesen Weg nicht.

## Calvin-Zyklus

Die Reaktionen des Calvin-Zyklus (◘ Abb. 4.24) lassen sich in **drei Phasen** aufteilen:
1. **Carboxylierung** von Ribulose-1,5-bisphosphat mit Kohlendioxid.
2. **Reduktion** des entstandenen 3-Phosphoglycerats.
3. **Regeneration** von Ribulose-1,5-bisphosphat.

Die **Fixierung des Kohlendioxids** wird vom Enzym Ribulose-1,5-bisphosphat-Carboxylase/Oxygenase (Rubisco) katalysiert. Es lagert Kohlendioxid an Ribulose-1,5-bisphosphat an, sodass ein instabiles Zwischenprodukt mit sechs Kohlenstoffatomen entsteht, das sofort zu zwei Molekülen 3-Phosphoglycerat zerfällt:

$$\text{Ribulose-1,5-bisphosphat} + CO_2 + H_2O \rightarrow 2\,3\text{-Phosphoglycerat}$$

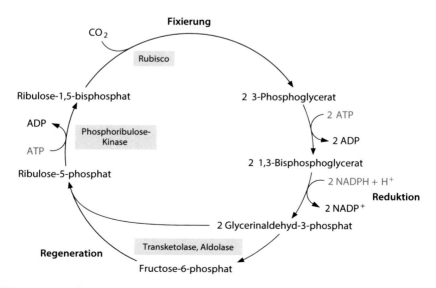

◘ **Abb. 4.24**  Der Calvin-Zyklus (aus Munk: Grundstudium Biologie – Mikrobiologie)

Die **Reduktion des 3-Phosphoglycerats** zu Glycerinaldehyd-3-phosphat entspricht den umgekehrten Reaktionen der Glykolyse. Ein ATP und ein NADPH werden pro $C_3$-Körper verbraucht:

$$3\text{-Phosphoglycerat} + ATP + NADPH + H^+$$
$$\rightarrow \text{Glycerinaldehyd-3-phosphat} + ADP + P_i + NADP^+$$

Von sechs Molekülen Glycerinaldehyd-3-phosphat, die gebildet werden, kann eines als **Ertrag** in den Anabolismus wandern. Die übrigen fünf müssen zu Ribulose-1,5-bisphosphat-Molekülen umgewandelt werden.

Die **Regeneration von Ribulose-1,5-bisphosphat** verläuft über eine Reihe von Umlagerungsreaktionen des reduktiven Pentosephosphatwegs. Dabei werden verschiedene Typen von Enzymen aktiv:

- Aldolasen verschmelzen kleine $C_3$- und $C_4$-Körper zu $C_6$- und $C_7$-Verbindungen.
- Transketolasen übertragen $C_2$-Gruppen.
- Phosphatasen spalten von doppelt phosphorylierten Zuckern eine Phosphatgruppe ab.
- Epimerasen und Isomerasen wandeln $C_5$-Zuckerphosphate ineinander um.

Am Ende der verzweigten Reaktionskaskade sind aus fünf Glycerinaldehyd-3-phosphaten drei Ribulose-5-phosphate entstanden:

$$5\,\text{Glycerinaldehyd-3-phosphat} + 2\,H_2O \rightarrow 3\,\text{Ribulose-5-phosphat} + 2\,P_i$$

Im letzten Schritt **phosphoryliert** das Schlüsselenzym Phosphoribulokinase (auch Phosphoribulose-Kinase oder Ribulose-5-phosphat-Kinase genannt) das Ribulose-5-phosphat zu Ribulose-1,5-bisphosphat:

$$3\,\text{Ribulose-5-phosphat} + 3\,ATP \rightarrow 3\,\text{Ribulose-1,5-bisphosphat} + 3\,ADP$$

Die **Bilanz** des Calvin-Zyklus lautet:

$$3\,CO_2 + 9\,ATP + 6\,NADPH + 5\,H_2O$$
$$\rightarrow \text{Glycerinaldehyd-3-phosphat} + 9\,ADP + 8\,P_i + 6\,NADP^+$$

oder:

$$6\,CO_2 + 18\,ATP + 12\,NADPH + 12\,H_2O$$
$$\rightarrow \text{Fructose-6-phosphat} + 18\,ADP + 17\,P_i + 12\,NADP^+$$

**Rubisco** ist eines der beiden Schlüsselenzyme des Calvin-Zyklus. Viele Zellen synthetisieren es in großen Mengen und konzentrieren es in Carboxysomen genannten Organellen, die von einer gasdichten Proteinhülle umgeben sind. Kohlendioxid gelangt als Hydrogencarbonat ($HCO_3^-$) in das Carboxysom und wird dort mittels einer Carboanhydrase durch Entzug von Wasser freigesetzt. Dadurch ist die effektive Konzentration an $CO_2$ an der Rubisco höher als im Cytoplasma.

**4**

## Reverser oder reduktiver Citratzyklus

Viele anaerobe autotrophe Prokaryoten, denen die Enzyme des Calvin-Zyklus fehlen, fixieren Kohlendioxid über den **reversen Citratzyklus**.

Die **Reaktionsschritte** folgen der umgekehrten Reihenfolge des katabolen Citratzyklus und nutzen bis auf drei Ausnahmen die gleichen Enzyme:

1. **Reduktion.** Ausgehend vom Oxalacetat wird in zwei Reduktionsschritten über Malat und Fumarat Succinat gebildet. Die Elektronen stammen von NADH und $FADH_2$.

2. Die Reaktion vom Fumarat zum Succinat wird abweichend vom normalen Citratzyklus vom Schlüsselenzym Fumarat-Reduktase katalysiert.

3. **Aktivierung.** Succinat wird mit der Energie von ATP an ein Coenzym A gebunden und dadurch zum reaktionsfreudigen Succinyl-CoA.

4. **Erste Carboxylierung.** Die α-Ketoglutarat-Synthase tauscht als zweites Schlüsselenzym das Coenzym A durch ein $CO_2$. Die Elektronen für diese Reduktion stammen von einem reduzierten Ferredoxin. Es entsteht α-Ketoglutarat.

5. **Zweite Carboxylierung.** Das α-Ketoglutarat wird in einer Umkehr der normalen Reaktion reduziert und mit einem weiteren Kohlendioxidmolekül zu Isocitrat carboxyliert. Die Elektronen liefert ein NAD(P)H.

6. **Isomerisierung.** Isocitrat wird zu Citrat umgeformt.

7. **Spaltung.** Das dritte Schlüsselenzym des reversen Citratzyklus, die ATP-Citrat-Lyase, spaltet mit der Energie eines ATP eine Acetylgruppe vom Citrat ab und überträgt sie auf Coenzym A, sodass Acetyl-CoA entsteht. Übrig bleibt Oxalacetat, das einen neuen Zyklus beginnen kann.

Die Reaktionen der drei Schlüsselenzyme verbrauchen Energie und legen damit **die Richtung des Zyklus** fest.

Die **Bilanz** des reversen Citratzyklus zeigt, dass pro fixiertem Molekül Kohlendioxid ein ATP und vier Elektronen benötigt werden:

$$2\,CO_2 + 2\,ATP + 8\,H^+ + 8\,e^- + CoA \rightarrow Acetyl\text{-}CoA + 2\,ADP + 2\,P_i + H_2O$$

Das Acetyl-CoA kann an verschiedenen Biosynthesewegen teilnehmen. Beispielsweise kann es in einem **dritten Carboxylierungsschritt zu Pyruvat** umgesetzt werden:

$$Acetyl\text{-}CoA + CO_2 + 2\,e^- \rightarrow Pyruvat + CoA$$

Die Reaktion wird von der Pyruvat-Synthase kontrolliert. Die Elektronen übermittelt Ferredoxin.

## 3-Hydroxypropionatzyklus

Im 3-Hydroxypropionatzyklus wird Kohlendioxid in Form von **Hydrogencarbonat** ($HCO_3^-$, auch als Bicarbonat bezeichnet) an die Akzeptormoleküle geheftet.

Während aller **Reaktionsschritte** sind der Akzeptor und die Zwischenprodukte an Coenzym A gebunden:

1. **Erste Carboxylierung**. Acetyl-CoA nimmt das erste Hydrogencarbonat auf. Der Schritt ist mit einer Reduktion verbunden und kostet ein ATP. Es entsteht der $C_3$-Körper Malonyl-CoA.
2. **Reduktion**. In zwei Schritten wird das Malonyl-CoA über das namensgebende Zwischenprodukt 3-Hydroxypropionat zu Propionyl-CoA reduziert. Dafür sind drei NADPH und ein ATP notwendig.
3. **Zweite Carboxylierung**. Der $C_3$-Körper Propionyl-CoA nimmt ein weiteres Hydrogencarbonat auf und wird zum $C_4$-Körper Methylmalonyl-CoA. Auch hierbei wird ATP verbraucht.
4. **Umwandlungen**. Über mehrere Zwischenstufen, darunter Succinyl-CoA, wird Methylmalonyl-CoA zu Malyl-CoA umgeformt. Dabei werden zwei Elektronen in einem Oxidationsschritt zurückgewonnen.
5. **Spaltung**. Das Malyl-CoA wird in die beiden $C_2$-Körper Acetyl-CoA und Glyoxylat gespalten. Das Acetyl-CoA kann einen neuen Zyklus beginnen.

Das Glyoxylat wird mit einem dritten Hydrogencarbonat zu **Pyruvat**, das in den Anabolismus einfließt.

Die **Bilanz** des Zyklus zeigt den Verbrauch an Energie und Redoxäquivalenten:

$$2\,HCO_3^- + 3\,NADPH + 3\,H^+ + 3\,ATP + FAD$$
$$\rightarrow Glyoxylat + 3\,NADP^+ + 2\,ADP + 2\,P_i + AMP + PP_i + FADH_2$$

Bis zum Pyruvat:

$$3\,HCO_3^- + 6\,NADPH + 6\,H^+ + 5\,ATP + FAD$$
$$\rightarrow Pyruvat + 6\,NADP^+ + 3\,ADP + 3\,P_i + 2\,AMP + 2\,PP_i + FADH_2$$

## Der reduktive Acetyl-CoA-Weg

Der Acetyl-CoA-Weg verläuft nicht zyklisch, sondern **linear**.

Er dient **auch zur Energiegewinnung**, beispielsweise bei acetogenen Bakterien.

Die **Reaktionsfolge zur Kohlendioxidfixierung** ist die gleiche:

- **Reduktion zur Methylgruppe**. Ein $CO_2$ wird unter ATP-Verbrauch an das Coenzym Tetrahydrofolat (THF) gebunden und bis zur Methylgruppe reduziert.
- **Reduktion zur Carbonylgruppe**. Ein zweites $CO_2$ wird am Enzym Kohlenmonoxid-Dehydrogenase zur Carbonylgruppe reduziert.
- **Bildung von Acetyl-CoA**. Die Kohlenmonoxid-Dehydrogenase verschmilzt die Methyl- und die Carbonylgruppe mit einem Coenzym A zu Acetyl-CoA.

In der **Bilanz** verbraucht der Acetyl-CoA-Weg ein ATP weniger pro zwei fixierten Molekülen $CO_2$ als der reverse Citratzyklus:

$$2\,CO_2 + ATP + 4\,H_2 + CoA \rightarrow Acetyl\text{-}CoA + 3\,H_2O + ADP + P_i$$

Im Unterschied zum energieliefernden Prozess wird kein Acetat freigesetzt, stattdessen wandert das **Acetyl-CoA in den Anabolismus**.

## 4.8.2  Die Synthese von Monosacchariden

Monosaccharide dienen in Mikroorganismen als **Baustein für verschiedene Polymere**:
- **Speicherstoffe.** In nährstoffreichen Zeiten legen Zellen Vorräte an, die aus Polysacchariden wie Glykogen bestehen.
- **Strukturen der Zellhülle.** Peptidoglykan, Chitin und Cellulose der Zellwände sind alle weitgehend aus Polysacchariden aufgebaut.
- **Nucleinsäuren.** Ribose ist ein Bestandteil von RNA und DNA.

Als **Quelle für Monosaccharide** greift die Zelle je nach Art und Lebensbedingungen auf verschiedene Möglichkeiten zurück:
- **Heterotrophe Organismen** nehmen Zucker aus dem Medium auf, wenn dort welcher zur Verfügung steht.
- **Autotrophe Organismen** und Heterotrophe, die ohne Zucker im Medium leben müssen, synthetisieren die Monosaccharide aus den Zwischenstufen, die sie bei der Kohlenstofffixierung oder beim Abbau von anderen Substanzen gewinnen.

Die **Synthese** verläuft je nach Grundstruktur des Monosaccharids unterschiedlich:
- **Hexosen** werden über die Gluconeogenese produziert.
- **Pentosen** entstehen meistens durch die Decarboxylierung einer Hexose, beispielsweise über den Pentosephosphatweg.

### Gluconeogenese
Die Gluconeogenese kann von verschiedenen **Ausgangsstoffen** starten:
- **Pyruvat.** Dieses kann verschiedene **Quellen** haben, beispielsweise:
  - Lactat aus der Milchsäuregärung,
  - den Abbau von Aminosäuren,
  - die Carboxylierung von Acetyl-CoA,
  - den 3-Hydroxypropionatzyklus.
- **Oxalacetat.** Dieses entsteht im Citratzyklus oder über den Glyoxylatzyklus aus Acetyl-CoA.
- **Dihydroxyacetonphosphat.** Dieses fällt bei mehreren Prozessen an, darunter:
  - beim Abbau von Glycerin als Teil des Fettsäureabbaus,
  - bei der Umwandlung von Glycerinaldehyd-3-phosphat aus dem Calvinzyklus.

Die **Reaktionsfolge der Gluconeogenese** ist im Wesentlichen eine Umkehr der Glykolyse, die von den gleichen Enzymen katalysiert wird.

Es gibt drei **abweichende Reaktionen**, die in der Glykolyse von Kinasen katalysiert werden und in der Gluconeogenese spezielle Enzyme erfordern:

- **Pyruvat → Phosphoenolpyruvat**. Dieser Schritt ist in zwei energieverbrauchende Teilschritte aufgeteilt:
  1. Carboxylierung von Pyruvat durch die Pyruvat-Carboxylase zu Oxalacetat:

     Pyruvat $+ CO_2 + $ ATP $\rightarrow$ Oxalacetat $+$ ADP $+$ Pi

  2. Decarboxylierung von Oxalacetat zu Phosphoenolpyruvat durch die Phosphoenolpyruvat-Carboxykinase:

     Oxalacetat $+$ GTP $\rightarrow$ Phosphoenolpyruvat $+$ GDP $+ CO_2$

- **Fructose-1,6-bisphosphat → Fructose-6-phosphat**. Das Enzym Fructose-1,6-bisphosphatase spaltet hydrolytisch die Phosphatgruppe ab.
- **Glucose-6-phosphat → Glucose**. Das Enzym Glucose-6-phosphatase spaltet hydrolytisch die Phosphatgruppe ab. Diesen Schritt nehmen nicht alle Zellen vor, da Glucose-6-phosphat in viele weitere anabole Stoffwechselwege einfließen kann.

Die **Bilanz** der Gluconeogenese zeigt, dass für jedes gebildete Molekül Glucose(-6-phosphat) sechs Moleküle ATP/GTP aufgewandt werden müssen, während die umgekehrt verlaufende Glykolyse einen Gewinn von nur zwei Molekülen ATP liefert:

Pyruvat $+ 4\,$ATP $+ 2\,$GTP $+ 2\,$NADH $+ 6\,H_2O$

$\rightarrow$ Glucose $+ 4\,$ADP $+ 2\,$GDP $+ 6\,P_i + 2\,$NAD$^+ + 2\,$H$^+$

Die **Regulation** der Gluconeogenese verläuft daher entgegengesetzt zur Glykolyse. Was die Glykolyse hemmt, aktiviert die Gluconeogenese. Was den Abbau fördert, hemmt die Neubildung von Glucose.

## Die Synthese von Pentosen

Pentosen entstehen durch **Decarboxylierung von Hexosen**.

Für die **Synthese von RNA und DNA** verwendet die Zelle die Reaktionen des oxidativen Zweigs des Pentosephosphatwegs:

1. **Oxidation**. Glucose-6-phosphat wird durch die Glucose-6-phosphat-Dehydrogenase und die Lactonase zu 6-Phosphogluconat oxidiert.
2. **Decarboxylierung**. Das Enzym Gluconat-6-phosphat-Dehydrogenase spaltet in einem weiteren Oxidationsschritt $CO_2$ ab. Es entsteht Ribulose-5-phosphat.

Der **Baustein für RNA-Moleküle** entsteht, wenn Ribulose-5-phosphat durch eine Isomerase in Ribose-5-phosphat umgewandelt wird.

Für die **DNA-Bausteine** muss der Ribosekörper noch am C2-Atom reduziert werden zu Desoxyribose. Diese Reaktion katalysiert das Enzym Ribonucleotidreduktase. Es wird aber nicht auf der Stufe des Zuckers aktiv, sondern erst, wenn das Nucleotid gebildet wurde.

**4**

### 4.8.3  Die Biosynthese von Fettsäuren

Der **Grundbaustein** für Fettsäuren ist Acetyl-CoA.

Die Synthese von Fettsäuren erfolgt in Schritten, die **zyklisch** wiederholt werden. Bei jedem Schritt wächst die Kette der Kohlenstoffatome um die zwei Atome eines weiteren Acetylbausteins.

Der Enzymapparat für die Synthese wird als **Fettsäure-Synthase** bezeichnet. Er besteht bei Prokaryoten und Pflanzen aus sieben Einzelenzymen, die eng zusammenarbeiten, bei Tieren und Pilzen sind diese fest zu einem Enzymkomplex verbunden, der ein multifunktionelles Enzym darstellt.

Die **Reaktionsfolge** der Fettsäuresynthese lässt sich in drei Blöcke gliedern:

- **Produktion aktivierter Bausteine.** Unter Einsatz von ATP wird eine neue Bindung eingeführt, deren Energie später für das Verlängern der Kette genutzt wird.
    1. Das Schlüsselenzym Acetyl-CoA-Carboxylase verlängert Acetyl-CoA um ein $CO_2$:

    $$\text{Acetyl-CoA} + CO_2 + \text{ATP} \rightarrow \text{Malonyl-CoA} + \text{ADP} + P_i$$

    2. Das Enzym Malonyl-Transferase überträgt den $C_3$-Körper Malonyl vom Coenzym A auf das Acyl-Carrier-Protein (ACP), an dem ab jetzt die wachsende Kette hängt:

    $$\text{Malonyl-CoA} + \text{ACP} \rightarrow \text{Malonyl-ACP} + \text{CoA}$$

- **Kettenstart.** Malonyl-ACP wird um ein Kohlenstoffatom zu einer $C_4$-Kette verlängert. Das zusätzliche Kohlenstoffatom stammt von Acetyl-ACP (bei Tieren und Pilzen) oder Acetyl-CoA (bei Prokaryoten und Pflanzen). Die Energie für die Reaktion wird bei der Abspaltung von $CO_2$ frei:

    $$\text{Malonyl-CoA} + \text{Acetyl-ACP/CoA} \rightarrow \text{Acetoacetyl-ACP} + CO_2 + \text{ACP/CoA}$$

- **Kettenverlängerung.** Die hintere Ketogruppe in der Kette wird reduziert und ein weiterer $C_2$-Baustein angehängt.
    1. **Reduktion.** In zwei Schritten bringen zwei NADPH vier Elektronen und Protonen in das Molekül. Als Zwischenprodukt entsteht ein Kettenglied mit einer Doppelbindung zwischen dem zweiten und dem dritten Kohlenstoffatom. Diese Doppelbindung wird durch Reduktion aufgebrochen, sodass die Kette gesättigt ist.
    2. **Wachstum.** Von einem neuen Malonyl-ACP wird die Acetylgruppe an die Kette angehängt. Die Energie liefert die Bindung zum dritten Kohlenstoffatom, das als $CO_2$ freigesetzt wird.

    Die beiden Schritte wiederholen sich, bis die Kette eine Länge von 16 Kohlenstoffatomen (Palmitinsäure) erreicht hat.

    Die weitere Verlängerung der Kette übernehmen andere Enzyme.

**Fettsäuren mit einer ungeraden Anzahl an Kohlenstoffatomen** entstehen, wenn anstelle von Acetyl-CoA der $C_3$-Körper Propionyl-CoA am Anfang steht.

**Verzweigte Fettsäuren** können auf zwei Arten entstehen:
— Die Synthese geht von einem verzweigten Startermolekül wie Isobutyryl-CoA aus.
— Statt mit Malonyl verlängert sich die Kette mit einem verzweigten Methylmalonyl.

Beide Äste einer Verzweigung werden auf gewöhnliche Weise mit Malonyl-ACP verlängert.

**Ungesättigte Fettsäuren** erhalten ihre Doppelbindungen durch spezielle Enzyme während der Kettenverlängerung.

Die **Regulierung** der Fettsäuresynthese setzt am Schlüsselenzym Acetyl-CoA-Carboxylase an. Sie erfolgt entgegengesetzt zur β-Oxidation im Zuge des Energiestoffwechsels.

### 4.8.4  Die Stickstofffixierung

**Stickstoff** liegt in der Umgebung der Mikroorganismen in **verschiedenen Formen** vor:
— **Oxidiert** als Nitrat ($NO_3^-$, Oxidationsstufe +5) oder Nitrit ($NO_2^-$, Oxidationsstufe +3).
— **Elementar** als $N_2$ mit der Oxidationsstufe 0. Dies ist mit einem Anteil von rund 99 % die häufigste Stickstoffverbindung.
— **Reduziert** als Ammoniak ($NH_3$) oder Ammoniumion ($NH_4^+$), jeweils mit der Oxidationsstufe −3.

Organismen können ausschließlich Ammoniak oder Ammonium in ihr Zellmaterial einbauen (**Assimilation**). Andere Formen müssen nach der Aufnahme umgewandelt werden.

Die Umwandlung von elementarem Stickstoff in Ammoniak bzw. Ammonium wird als **Stickstofffixierung** bezeichnet. Der Prozess verbraucht wegen der stabilen Dreifachbindung im Stickstoffmolekül viel Energie:

$$N_2 + 8\,H^+ + 8\,e^- + 16\,ATP \rightarrow 2\,NH_3 + H_2 + 16\,ADP + 16\,P_i$$

Die Redoxäquivalente ($H^+ + e^-$) stehen außerdem nicht für die oxidative Phosphorylierung über eine Atmung zur Verfügung, womit weitere Energie verloren geht.

Alle **stickstofffixierenden Arten** gehören zu den Prokaryoten:
— Frei lebende Bakterien und Archaeen wie Vertreter von *Azotobacter* und *Azomonas*.
— Spezialisierte Zellen in Zellverbänden wie die Heterocysten der Cyanobakterien.
— Symbiotisch mit Pflanzen lebende Bakterien wie Rhizobien (Knöllchenbakterien) und *Frankia alni*.

Die zentralen Reaktionen katalysiert das Enzym **Nitrogenase**. Dabei handelt es sich um einen **Komplex aus zwei Enzymen**:
— Die **Nitrogenase-Reduktase** oder Dinitrogenase-Reduktase stellt die Elektronen für die Reduktion zur Verfügung. Dafür besitzt sie einen Eisen-Schwefel-Cluster.
— Die eigentliche Nitrogenase oder **Dinitrogenase** katalysiert mit diesen Elektronen die Reduktion des Stickstoffs. Im aktiven Zentrum befinden sich ein Eisen-Schwefel-Cluster und ein Eisen-Schwefel-Molybdän-Cofaktor.

Die Reduktion des Stickstoffs erfolgt in **vier Teilreaktionen**:
1. Die Nitrogenase-Reduktase übernimmt mit der Energie von vier ATP zwei Elektronen von Ferredoxin oder Flavodoxin.
2. Die Dinitrogenase reduziert mit den Elektronen zwei Protonen zu molekularem Wasserstoff ($H_2$).
3. Stickstoff verdrängt den Wasserstoff aus dem aktiven Zentrum.
4. Die Dinitrogenase überträgt drei Paar Elektronen auf den Stickstoff und reduziert ihn zu Ammoniak.

Einige Bakterien oxidieren den Wasserstoff mit einer Hydrogenase wieder zu $H^+$ und gewinnen die Elektronen zurück.
   Die Nitrogenase ist extrem **empfindlich gegenüber Sauerstoff**, der das Enzym irreversibel hemmt. Aerobe Organismen haben deshalb verschiedene Schutzmechanismen entwickelt:
— **Genexpression.** Das Enzym wird nur bei Abwesenheit von Sauerstoff produziert.
— **Atmungsschutz.** *Azotobacter* hält mit einer hohen Atmungsrate die Sauerstoffkonzentration in der Zelle gering.
— **Konformationsschutz.** Manche Arten von *Azotobacter* besitzen ein Schutzprotein, das sich an die Nitrogenase bindet und sie reversibel inaktiviert, solange der Sauerstoffgehalt zu hoch ist.
— **Heterocysten.** In fädigen Cyanobakterien wandeln sich einzelne Zellen zu Heterocysten mit dicken Zellwänden um, die auf den oxygenen Teil der Photosynthese verzichten und sich auf die Stickstofffixierung spezialisieren.
— **Nachtaktivität.** Manche Cyanobakterien fixieren Stickstoff nur in der Dunkelheit, wenn ihre Photosynthese keinen Sauerstoff produziert.
— **Symbiose.** Bakterien, die mit Pflanzen in Symbiose leben, tauschen mit diesen Nährstoffe und stickstoffhaltige Verbindungen aus. Zusätzlich schützt von der Pflanze gebildetes Leghämoglobin die Zellen vor zu hoher Sauerstoffkonzentration.

Der fixierte Stickstoff fließt in die **Synthese von Nucleotiden und Aminosäuren**.

## 4.8.5 Die Biosynthese von Aminosäuren

**Aminosäuren** lassen sich nach den Startverbindungen für die Synthese ihrer Kohlenstoffgerüste in **Familien** einordnen. Die Familien sind teilweise nach der jeweils ersten Aminosäure benannt, aus welcher durch Umbaureaktionen weitere Aminosäuren hervorgehen:

— Ausgehend von **Verbindungen der Glykolyse**:
- **Serinfamilie.** Die Synthese beginnt beim 3-Phosphoglycerat aus der Glykolyse. Erste Aminosäure ist Serin, von dem aus Glycin und Cystein gebildet werden.
- **Pyruvatfamilie.** Die Synthese beginnt beim Pyruvat, von dem aus Alanin, Leucin und Valin gebildet werden.
- **Aromatenfamilie.** Die Synthese beginnt beim Phosphoenolpyruvat aus der Glykolyse und Erythrose-4-phosphat, das aus dem Pentosephosphatweg stammt. Es entstehen die Aminosäuren Phenylalanin, Tyrosin und Tryptophan.

— Ausgehend von **Verbindungen des Citratzyklus**:
- **Glutamatfamilie.** Die Synthese beginnt beim α-Ketoglutarat. Erste Aminosäure ist Glutamat, von dem aus Glutamin, Prolin und Arginin gebildet werden.
- **Aspartatfamilie.** Die Synthese beginnt beim Oxalacetat. Erste Aminosäure ist Aspartat, von dem aus Asparagin, Methionin und Lysin gebildet werden sowie Threonin, das die Ausgangssubstanz für Isoleucin ist.

— Ausgehend von **Verbindungen des Pentosephosphatwegs**:
- **Histidinfamilie.** Die Synthese beginnt beim Ribose-5-phosphat. Histidin ist das einzige Produkt.
- **Aromatenfamilie.** Siehe weiter oben unter „Ausgehend von Verbindungen der Glykolyse".

Zusätzlich zu den Kohlenstoffatomen enthalten Aminosäuren Stickstoffatome. Der **Einbau der Aminogruppe** verläuft in zwei Stufen:
1. **Assimilation von $NH_4^+$** zu Glutamat oder Glutamin. Je nach der Ammoniumkonzentration überwiegt eine von zwei Methoden:
   — Bei **hohen Konzentrationen** reduziert das Enzym Glutamat-Dehydrogenase α-Ketoglutarat und hängt an dessen C2-Atom eine Aminogruppe:

$$\alpha\text{-Ketoglutarat} + NAD(P)H + NH_4^+ \rightarrow Glutamat + NAD(P)^+$$

   — Bei **niedrigen Konzentrationen** investiert die Zelle Energie in die Aminierung. Das Enzym Glutamin-Synthetase erweitert unter Einsatz von ATP Glutamat um eine weitere Aminogruppe:

$$Glutamat + NH_4^+ + ATP \rightarrow Glutamin + ADP + P_i$$

2. **Übertragung der Aminogruppe** durch Transaminierung. Beispiele:
  - Das Enzym **Glutamat-Synthase** (auch Glutamin-Oxoglutarat-Aminotransferase, GOGAT) überträgt eine Amidgruppe vom Glutamin auf α-Ketoglutarat:

$$\alpha\text{-Ketoglutarat} + \text{Glutamin} + \text{NAD}(P)H \rightarrow 2\,\text{Glutamat} + \text{NAD}(P)^+$$

  - Glutamat gibt seine Aminogruppe an Oxalacetat ab und erzeugt damit die Startaminosäure der **Aspartat**familie:

$$\text{Glutamat} + \text{Oxalacetat} \rightarrow \alpha\text{-Ketoglutarat} + \text{Aspartat}$$

  - Glutamat transferiert seine Aminogruppe auf Pyruvat und bildet **Alanin**:

$$\text{Glutamat} + \text{Pyruvat} \rightarrow \alpha\text{-Ketoglutarat} + \text{Alanin}$$

Die **weiteren Syntheseschritte** der einzelnen Aminosäuren werden von spezifischen Enzymen katalysiert. Teilweise sind die Wege sehr komplex und verlaufen beispielsweise beim Tryptophan über 15 Einzelreaktionen. Da viele Prozesse Energie verbrauchen, werden die Enzyme nur produziert oder aktiviert, wenn die zugehörige Aminosäure synthetisiert werden muss.

### 4.8.6  Die Biosynthese von Purinen und Pyrimidinen

Die **Purine** Adenin und Guanin sowie die **Pyrimidine** Cytosin, Thymin und Uracil sind die **Basenbausteine der Nucleinsäuren** RNA und DNA **sowie der Energiecarrier** ATP und GTP.

### Die Synthese von Purinen

Die **Aufbaureaktionen** der Purine finden an einem Molekül Ribose-5-phosphat statt. Die Basen werden also nicht frei synthetisiert, sondern gleich als Teil eines Vornucleotids. Das Startmolekül Ribose-5-phosphat erhält von ATP einen Pyrophosphatrest, der an die Position am C1-Atom des Zuckergerüsts gehängt wird, wodurch 5-Phosphoribosyl-1-pyrophosphat (PRPP) entsteht.

Im **ersten Schritt der Basenproduktion** wird das Pyrophosphat des PRPP durch die Aminogruppe eines Glutamins ersetzt.

Anschließend wird das Doppelringsystem der Purine durch mehrere Reaktionen **Atom für Atom aufgebaut**:

  - Erweiterung um $C_1$-Bausteine in Form von Formylgruppen (-CHO), Methylgruppen (-CH$_3$) und $CO_2$.
  - Erweiterung um einen $C_2$-Baustein von der Aminosäure Glycin.
  - Erweiterung um Stickstoffatome von den Aminosäuren Aspartat und Glutamin.

Als erstes Purin entsteht Inosin als Teil von Inosinmonophosphat. Es wird zu Adenosinmonophosphat (AMP) und Guanosinmonophosphat (GMP) umgewandelt.

Für den Einbau in DNA wird die OH-Gruppe am C2-Atom der Ribose zu einem einfachen Wasserstoff reduziert. Aus der Ribose wird dadurch eine **Desoxyribose**.

## Die Synthese von Pyrimidinen

Der heterozyklische Pyrimidinring wird **unabhängig von der Ribose synthetisiert** und erst später mit dieser verbunden.

Die **Grundstruktur des Rings** entsteht aus den Atomen von drei Molekülen:
- Aspartat stellt mit drei Kohlenstoffatomen und einem Stickstoffatom den größten Teil.
- Glutamin liefert das zweite Stickstoffatom.
- Kohlendioxid gibt das fehlende Kohlenstoffatom.

Vor der Reaktion mit dem Aspartat bilden Glutamin und Kohlendioxid unter ATP-Verbrauch **Carbamoylphosphat** ($H_2N$-$CO$-$O$-$PO_3H_2$), dessen Stickstoff und Kohlenstoff in den Ring wandern.

Das **Ergebnis der Ringsynthese** ist Orotsäure, die mit PRPP zu Orotidinmonophosphat verknüpft wird und durch Abspaltung der Säuregruppe zum Nucleotid Uridinmonophosphat (UMP) mit der **ersten Pyrimidinbase** Uracil wird.

UMP wird umgewandelt in Cytidinmonophosphat (CMP) mit Cytosin als Base und Thymidinmonophosphat (TMP) mit Thymin als Base.

Die **Desoxynucleotide** entstehen wieder durch Reduktion des C2-Atoms des Zuckerbestandteils.

## 4.8.7  Die Biosynthese von Polymeren

Monomere Bausteine lassen sich zu Polymeren kombinieren. Obwohl Polymere verschiedene Typen von Verbindungen enthalten können, ist stets eine Substanzgruppe vorherrschend, sodass sich vier **Arten von Polymeren** ergeben:
- Polysaccharide,
- Lipide,
- Nucleinsäuren,
- Proteine.

## Polysaccharide

Die **Monomere** für Polysaccharide sind Monosaccharide oder Einfachzucker.

Die **Verknüpfung** der Monomere geschieht über die Kondensation zweier Hydroxylgruppen unter Abspaltung von Wasser. Es ergibt sich eine **glykosidische Bindung**. Je nach stereochemischer Orientierung der Hydroxylgruppe am beteiligten C1-Atom wird zwischen α-glykosidischer Bindung und β-glykosidischer Bindung unterschieden.

Für die Reaktion muss einer der Partner in einer **aktivierten Form** vorliegen. Im Falle von Glucose sind dies:
- Uridindiphosphoglucose (UDPG) als Vorstufe für die Synthese von Glucosederivaten wie N-Acteylglucosamin und N-Acetylmuraminsäure.
- Adenosindiphosphoglucose (ADPG) als Vorstufe für die Glykogensynthese.

Die **Verlängerung einer Zuckerkette** verläuft nach dem Prinzip:

$$\text{UDPG / ADPG} + \text{Polymer}_{n\,\text{Einheiten}} \rightarrow \text{UDP / ADP} + \text{Polymer}_{n+1\,\text{Einheiten}}$$

Glykosidische Bindungen können auch zu anderen chemischen Verbindungen aufgebaut werden. Je nach der Art des beteiligten Atoms auf Seiten des Nicht-Zuckers (Aglykon) wird zwischen **verschiedenen glykosidischen Bindungen** unterschieden:
- **O-glykosidische Bindungen** verlaufen über ein Sauerstoffatom des Aglykons. Beispielsweise bei Glykoproteinen.
- **N-glykosidische Bindungen** verlaufen über ein Stickstoffatom des Aglykons. Beispielsweise an den Verknüpfungsstellen zwischen Base und Ribose in Nucleotiden.

## Lipide

Die **Bausteine** von Lipiden sind Fettsäuren oder Isoprene und Alkohole.

Die **Synthese von Gylcerolipiden** mit Glycerin als Rückgrat, an das Fettsäurereste angehängt sind, verläuft in mehreren Reaktionsblöcken:
1. Die **Synthese des Ausgangsstoffs** Glycerin-3-phosphat erfolgt entweder durch
   - Reduzierung von Dihydroxyacetonphosphat aus der Glykolyse oder
   - Phosphorylierung von Glycerin.
2. **Übertragung von Fettsäureresten** (Acylgruppen) von Coenzym A als Carrier auf die Kohlenstoffatome 1 und 2. Am C3-Atom bleibt die Phosphatgruppe erhalten. Es entsteht Phosphatidat.
3. Der **weitere Reaktionsverlauf** hängt vom gewünschten Produkt ab:
   - Für **Triacylglyceride** (Fette) wird die Phosphatgruppe abgespalten und ein dritter Fettsäurerest angehängt.
   - Für **Phospholipide** wird eine Kopfgruppe an das Phosphat gehängt.

## Nucleinsäuren

Die **Monomere** für Nucleinsäuren sind Nucleotide.

Die **Kettenbildung** erfolgt durch Phosphodiesterbindungen. Jede Phosphatgruppe weist in der Kette zwei Esterbindungen auf:
- Am **C3-Atom** des Zuckers, mit dem es bereits im Nucleotid verbunden war.
- Mit der Hydroxylgruppe am **C5-Atom** des Zuckers eines anderen Nucleotids.
   Die Nummern der Kohlenstoffatome verleihen den **Enden der Kette** ihre Bezeichnungen als 3'-Ende und 5'-Ende.

Die **Verbindung der Nucleotide** erfolgt durch spezielle Enzyme im Rahmen der Replikation der DNA (▶ Abschn. 5.2) bzw. der Transkription (▶ Abschn. 5.5) von Genen in RNA. Die Enzyme spalten von den Nucleotidtriphosphaten (beispielsweise ATP) ein Pyrophosphat ab und hängen mit der frei werdenden Energie das verbliebene Nucleotidmonophosphat (beispielsweise AMP) an das 3'-Ende der Kette an.

## Proteine

Die **Monomere** für Proteine sind Aminosäuren.

Die **Verknüpfung** der Aminosäuren findet durch **Kondensation** der Amino- gruppe einer Aminosäure und der Carboxylgruppe einer anderen Aminosäure statt. Es entsteht eine **Peptidbindung** (-CO-NH-).

Je nach Länge der entstehenden Kette werden die Moleküle in verschiedene **Kategorien** eingeordnet:

- **Oligopeptide** bestehen aus bis zu zehn Aminosäuren.
- **Polypeptide** sind Ketten aus elf bis 100 Aminosäuren.
- **Proteine** sind aus mehr als 100 Aminosäuren aufgebaut.

Die Grenzen stellen nur ungefähre Anhaltspunkte dar. Häufig werden auch Poly- peptide als Proteine bezeichnet und Proteine als Peptide.

Proteine können auf **zwei Wegen** synthetisiert werden:

- Im Rahmen der **Translation** (▶ Abschn. 5.7) nach den Vorgaben der Gene an den Ribosomen. Die meisten Proteine entstehen auf diese Weise.
- Als **nichtribosomales Peptid** an spezifischen Multienzymkomplexen (nichtribo- somale Peptidsynthetasen). Jeder Komplex kann nur ein bestimmtes Produkt herstellen, das aber nicht den Einschränkungen der Translation unterliegt. So können auch ungewöhnliche oder D-Aminosäuren in das Peptid eingebaut werden.

  Nichtribosomale Peptide übernehmen häufig besondere Aufgaben. Zu ihnen gehören beispielsweise einige Antibiotika, Toxine und Pigmente.

Häufig werden Proteine noch durch spezielle Enzyme mit **anderen Substanzen** ver- bunden:

- **Lipoproteine** sind mit Lipiden verknüpft. Sie sind beispielsweise in der Plasma- membran anzutreffen (▶ Abschn. 3.2).
- **Glykoproteine** sind mit Zuckern verbunden. Sie kommen beispielsweise in der Zellwand von Bakterien vor (▶ Abschn. 3.2).

## 4.9  Besondere Synthesen bei Pilzen

Mikroorganismen stellen eine Reihe von Substanzen her, die als **sekundäre Stoff- wechselprodukte** oder **Sekundärmetabolite** nicht für das Überleben notwendig sind, sondern stattdessen zusätzliche Aufgaben erfüllen.

Bei den mikroskopischen Pilzen sind vor allem einige Produkte von Schimmel- pilzen **medizinisch relevant:**

- **Mykotoxine oder Schimmelpilzgifte.** Die Gruppe umfasst rund 200 Stoffe aus verschiedenen chemischen Substanzgruppen. Sie wirken neurotoxisch, karzino- gen, mutagen, teratogen, schädigen das Immunsystem, Organe wie Leber und

Nieren, verursachen Hautausschläge, lösen allergische Reaktionen aus und attackieren Enzyme des Stoffwechsels.

Zu den Mykotoxinen gehören die Aflatoxine: Sie wurden nach dem Schimmelpilz *Aspergillus flavus* benannt, werden aber von vielen Vertretern der Gattung *Aspergillus* und von anderen Schimmelpilzen produziert. Es gibt mindestens 20 verschiedene Aflatoxine. Am gefährlichsten ist Aflatoxin $B_1$, das karzinogen wirkt und die Leber angreift. Aflatoxine kommen in Heu und Getreide vor, auch Erdnüsse, Mohn, Pistazien, Haselnüsse und Gewürze können belastet sein. Aflatoxine werden vermutlich auch als biologischer Kampfstoff produziert.

— **Antibiotika**. Mit Antibiotika bekämpfen Schimmelpilze (aber auch Bakterien) konkurrierende Mikroorganismen. Chemisch gehören sie sehr unterschiedlichen Stoffen an wie Glykopeptiden, Aminoglykosiden, Peptiden, Sulfonamiden, Chinolonen, Polyketiden und β-Lactamen.

Antibiotika wirken bakteriostatisch, indem sie die Vermehrung von Bakterien hemmen, ohne diese zu töten, oder bakterizid, indem sie die Bakterienzellen abtöten.

Hauptangriffspunkte für medizinisch relevante Antibiotika sind Strukturen und Prozesse, die sich von den entsprechenden Gegenstücken bei Eukaryoten unterscheiden: die Synthese der Zellwand, der Proteine am Ribosom sowie der genetische Apparat.

## Literatur

Fritsche O (2015) Biologie für Einsteiger. Springer, Heidelberg
Munk K (2000) Grundstudium Biologie – Mikrobiologie. Spektrum Akademischer, Heidelberg

# Genetik

## Inhaltsverzeichnis

© Der/die Herausgeber bzw. der/die Autor(en), exklusiv lizenziert an Springer-Verlag GmbH, DE, ein Teil von Springer Nature 2024
O. Fritsche, *Mikrobiologie*, Kompaktwissen Biologie, https://doi.org/10.1007/978-3-662-70471-4_5

**Worum geht es?**
Proteine gestalten als Strukturelemente die Formen und Aktivitäten einer Zelle mit und katalysieren als Enzyme die chemischen Reaktionen des Energie- und Baustoffwechsels. Welches Aussehen eine Zelle hat und über welche Fähigkeiten sie verfügt, hängt darum wesentlich von ihrer Proteinausstattung ab. Die Baupläne der Proteine und einiger aktiver RNA-Moleküle sind in den Genen festgelegt, sodass die Eigenschaften jeder Zelle von ihren Genen und deren Aktivität festgelegt wird. Dieses Kapitel fasst zusammen, wie Gene aufgebaut sind, wie sie abgelesen und ihre Anweisungen umgesetzt werden, wie sie vermehrt und an andere Zellen weitergegeben werden.

**5**

## 5.1 Die Organisation des bakteriellen Erbmaterials

### 5.1.1 DNA und RNA

**Desoxyribonucleinsäure (DNA)**

**Träger der Erbinformation** sind Moleküle von Desoxyribonucleinsäure (DNA).

Die DNA besteht aus vier verschiedenen **Nucleotidbausteinen**, die sich in den Stickstoffbasenanteilen unterscheiden:

- Purinbasen bestehen aus einem stickstoffhaltigen Fünferring und einem Sechserring:
  - Adenin (A),
  - Guanin (G).
- Pyrimidinbasen weisen nur einen stickstoffhaltigen Sechserring auf:
  - Thymin (T),
  - Cytosin (C).

Die Reihenfolge der Basen wird als **Sequenz** bezeichnet. Sie codiert die genetische Information.

Der **Aufbau eines DNA-Moleküls** ist bei allen Zellen grundsätzlich gleich (◘ Abb. 5.1):

- **Rückgrat.** Die Zuckereinheiten (bei DNA handelt es sich um Desoxyribose) und die Phosphatreste der Nucleotide sind über Esterbindungen zu einem langen Faden verbunden, von dem die Basen senkrecht abstehen. Da die Verbindung zwischen den Zuckereinheiten aus einem Phosphatrest und zwei Esterbindungen besteht, spricht man von einer Phosphodiesterbindung. Der Faden wird auch als Rückgrat bezeichnet.
- **Richtung.** Jede Zuckereinheit trägt an ihrem 5′-Kohlenstoffatom eine Phosphatgruppe. Das 3′-Kohlenstoffatom ist mit dem Phosphatrest des nächsten Nucleotids verbunden. Beim letzten Nucleotid befindet sich an dieser Stelle eine Hydroxylgruppe. Dadurch erhält der gesamte DNA-Faden eine Richtung mit einem 5′-Ende und einem 3′-Ende.

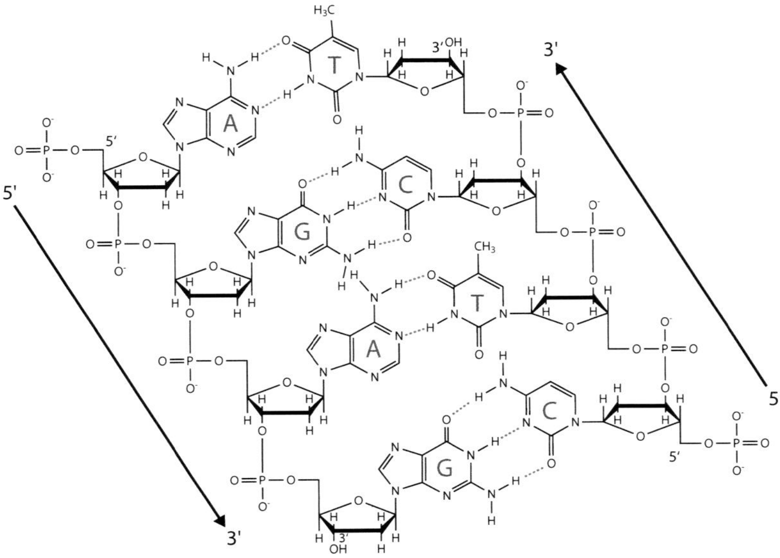

**■ Abb. 5.1** Komplementäre Basenpaarungen in DNA (verändert aus Fritsche: Biologie für Einsteiger)

- **Basenpaarung**. Die Basen zweier DNA-Stränge können sich zu komplementären Basenpaaren zusammenfinden. Dabei bilden Adenin und Thymin ein Paar, das über zwei Wasserstoffbrückenbindungen verknüpft ist, Cytosin und Guanin bilden ein Paar mit drei Wasserstoffbrückenbindungen. Die Basenpaarung findet nur statt, wenn die Basenabfolgen zueinander passen (komplementär sind) und die beiden DNA-Stränge antiparallel zueinander verlaufen, also ein Strang von 3′ nach 5′ und der andere von 5′ nach 3′.

Miteinander über Basenpaare verbundene DNA-Stränge bilden als doppelsträngige DNA (dsDNA) eine **Doppelhelix** (■ Abb. 5.2). Die Basen liegen mittig im Bereich der Achse und werden vom außen liegenden Rückgrat umgeben. Es ergeben sich zwei spiralig verlaufende Vertiefungen: die große Furche und die kleine Furche. Die Drehrichtung der Doppelhelix ist rechtsgängig (im Uhrzeigersinn).

Die beiden DNA-Stränge eines Doppelstrangs können durch spezielle Enzyme oder physikalisch durch Erwärmung ganz oder abschnittsweise in Einzelstränge (ssDNA) getrennt werden. Diese **Trennung der Stränge** wird auch als Schmelzen oder Denaturieren bezeichnet.

Der Hauptteil der DNA liegt in Bakterien als **Chromosom** vor, das in der Zelle den Nucleoid genannten Kernbereich einnimmt (▶ Abschn. 3.2).

Das Chromosom ist durch verschiedene Maßnahmen zu einer kompakten Form **verdichtet** (▶ Abschn. 3.2):

- **Histonähnliche Proteine** binden die DNA. Sie unterteilen das Chromosom dadurch in Schleifen, die relativ unabhängig voneinander behandelt werden können.

5

**◻ Abb. 5.2**    DNA-Doppelhelix
(aus Fritsche: Biologie für
Einsteiger)

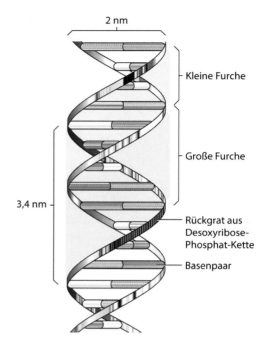

- Der Doppelstrang wird zu einer **Superhelix** weiter verdrillt. Diese **Super-spiralisierung** kontrollieren **Topoisomerasen**: Typ II zerschneidet vorüberge-hend beide DNA-Stränge und führt Superspiralen ein, Typ I kappt nur einen Strang und entfernt Superspiralen. Die Superhelix windet sich gegen den Uhr-zeigersinn und damit gegen die Drehrichtung der Doppelhelix (negative Super-spiralisierung).

## Ribonucleinsäuren (RNA)

Im **Aufbau** unterscheiden sich Ribonucleinsäuren in einigen Details von Desoxy-ribonucleinsäuren:

- RNA enthält als **Zuckereinheit Ribose**. Im Unterschied zur Desoxyribose ist bei dieser am 2′-Kohlenstoffatom eine Hydroxylgruppe anstelle eines Wasser-stoffs gebunden.
- In RNA ersetzt die **Base Uracil** (U) das Thymin aus DNA. Die beiden Basen sind äquivalent zueinander und zeigen bei Basenpaarungen das gleiche Verhal-ten.
- RNA liegt **meistens einzelsträngig** vor. Doppelsträngige Abschnitte haben in der Regel eine besondere Funktion, indem sie beispielsweise die Anlagerung eines Enzyms verhindern.

Ein häufiges Motiv in der räumlichen Konfiguration von RNA-Molekülen ist die **Haarnadelstruktur**. Sie entsteht bei einzelsträngigen RNA-Fäden mit Sequenz-abschnitten, die einmal in 5′-nach-3′-Richtung und einmal in 3′-nach-5′-Richtung komplementär zueinander sind und daher Basenpaare miteinander bilden können.

Stränge von DNA und RNA können miteinander zu **gemischten Doppel-strängen** hybridisieren.

RNA-Moleküle speichern in lebenden Zellen nicht das Erbmaterial (aber bei manchen Viren). Stattdessen übernehmen sie zahlreiche andere **Aufgaben:**
- **Arbeitskopie der Gene.** Die Boten-RNA oder mRNA (*messenger* RNA) fungiert als Arbeitskopie der DNA und Vorlage für die Proteinsynthese.
- **Enzymatische Aktivitäten.** Die rRNA (ribosomale RNA) katalysiert Teilschritte bei der Proteinsynthese im Ribosom.
- **Molekülcarrier.** Die tRNA (Transfer-RNA) transportiert für die Proteinsynthese Aminosäuren zu den Ribosomen und passt sie nach Vorgaben der mRNA ein.
- **Regulation der Genexpression.** Verschiedene kleine RNAs wie miRNA (*micro* RNA) und siRNA (*small interfering* RNA) kontrollieren die Umsetzung der Geninformation in Proteine.

### 5.1.2  Das bakterielle Genom

Das **Genom** ist die **Gesamtheit der Erbinformation** eines Organismus. Bei Bakterien setzt es sich häufig aus mehreren Komponenten zusammen:
- Ein **Chromosom** (selten mehrere). Es umfasst den weitaus größten Teil des Erbmaterials und trägt alle Gene, die wichtig für das Überleben des Organismus sind.
- **Plasmide.** Dabei handelt es sich um unabhängige, in der Regel ringförmige DNA-Stücke, die Gene für zusätzliche, optionale Eigenschaften tragen, beispielsweise für Antibiotikaresistenzen.

### Das Chromosom

Die **Chromosomen** der meisten Bakterien sind ringförmig, bilden also ein geschlossenes Molekül. Wenige Bakterien wie beispielsweise *Borrelia burgdorfei* (Erreger der Lyme-Borreliose) besitzen lineare Chromosomen, deren Moleküle einen Anfang und ein Ende aufweisen. Einige Bakterien verfügen über ringförmige und lineare Chromosomen, darunter *Agrobacterium tumefaciens.*

Die **Größe des Genoms** wird mit der Anzahl der Basen (bei einzelsträngiger DNA oder RNA wie bei einigen Viren) oder Basenpaare (bei doppelsträngiger DNA) mit der Abkürzung b angegeben, meistens in Tausenden (kilo, k) Basenpaaren (kb). Als Faustregel besitzen einfache Organismen kleinere Genome, komplexere Arten umfangreichere Genome. Die kleinsten Genome haben Parasiten, die zahlreiche Gene verloren haben und zum Überleben auf die Leistungen ihres Wirts angewiesen sind.

Die **Größe des Chromosoms** variiert:
- Bei Bakterien umfasst das Chromosom zwischen 580 kb (*Mycoplasma genitalium*) und 9400 kb.
- Bei Archaeen ist es zwischen 935 kb und 6500 kb groß.
- Bei Eukaryoten haben die Chromosomen zwischen 2900 und über 4 Mio. kb.

## Plasmide

Die **Anzahl und Größe der Plasmide** ist unterschiedlich. Manche Bakterien wie *Mycobacterium tuberculosis* tragen kein einziges Plasmid, andere besitzen zahlreiche verschiedene Plasmide, etwa *Borrelia burgdorferi* mit 21 Plasmiden. Nach der Anzahl der Kopien unterscheidet man zwischen *low-copy-* und *high-copy-*Plasmiden. Die Größen reichen von einigen Tausend kb bis zu mehreren Hundert kb.

**Episome** sind eine spezielle Gruppe von Plasmiden, die sich in das Chromosom integrieren können. Ein Beispiel ist das F-Plasmid (▶ Abschn. 5.9.1).

Damit verschiedene Arten von Plasmiden nebeneinander in der gleichen Zelle existieren können, müssen sie kompatibel zueinander sein, sonst wird eines der Plasmide zerstört. Die Plasmide lassen sich somit in mehrere **Inkompatibilitätsgruppen** einordnen.

Zwischen Plasmiden und Chromosomen gibt es mehrere **Unterscheidungskriterien**, für die aber jeweils vereinzelte Ausnahmen existieren:
- **Größe.** Plasmide sind in der Regel deutlich kleiner als Chromosomen.
- **Essenzielle Gene.** Gene, die unter normalen Bedingungen überlebensnotwendig sind, liegen auf dem Chromosom, nicht auf Plasmiden.
- **Kopienzahl.** Chromosomen liegen nur als einzelnes Exemplar in der Zelle vor, Plasmide häufig in mehreren Kopien.
- **Replikationszeitpunkt.** Die Vermehrung des Chromosoms ist mit der Zellteilung gekoppelt, bei Plasmiden ist sie unabhängig.

### 5.1.3 Das Konzept des Gens

Ein **Gen** ist ein DNA-Abschnitt mit der Information für die Synthese eines aktiven RNA-Moleküls. In den meisten Fällen handelt es sich dabei um eine Boten-RNA oder mRNA (*messenger RNA*), nach deren Anleitung ein Protein hergestellt wird. Andere Typen von aktiver RNA regulieren die Aktivität von Genen oder wirken als Katalysatoren, beispielsweise bei der Translation im Ribosom.

Ein Gen kann in **verschiedenen Varianten** auftreten, die **Allele** genannt werden.

Nach den **Aufgaben der Gene** lassen sich verschiedene Typen unterscheiden:
- **Strukturgene** tragen die Information für Proteine und RNA-Moleküle, die als Baumaterial verwendet werden oder als Enzym chemische Reaktionen katalysieren.
- **Regulatorgene** tragen die Information für Proteine, mit denen die Zelle die Transkription anderer Gene kontrolliert. Hierzu zählen Repressoren und Transkriptionsfaktoren.

Für die **Bezeichnung eines bakteriellen Gens** gelten mehrere Regeln:
- Grundlage sind der Name des codierten Proteins oder das markante Molekül eines Stoffwechselwegs.
- Die Bezeichnung besteht aus drei Buchstaben, die klein und kursiv geschrieben werden.

- Tragen mehrere Gene für Proteine eines gemeinsamen Stoffwechselwegs die gleiche Drei-Buchstaben-Bezeichnung, werden sie durch einen zusätzlichen Großbuchstaben unterschieden.

Beispiel: Die Gene *lacZ*, *lacY* und *lacA* codieren für Proteine des Lactoseabbaus.
Die **Namen der zugehörigen Proteine** werden groß und mit aufrechten Buchstaben geschrieben.
Beispiel: LacY, LacZ und LacA.

## Aufbau eines Gens

Ein typisches Gen weist **mehrere Komponenten** auf:
- Die **Transkriptionseinheit** enthält die Information für die aktive RNA und damit beispielsweise für das zu synthetisierende Protein. Ihre DNA-Sequenz wird durch die Transkription in ein RNA-Molekül umgesetzt.
  Codiert die Sequenz für ein Protein, bezeichnet man den Bereich mit der Bauanleitung, der mit einem Startcodon beginnt und mit einem Stoppcodon endet, als **offenen Leserahmen** oder **offenes Leseraster** (*open reading frame*, ORF).
- **Kontrollsequenzen oder regulatorische Bereiche** steuern die Aktivität des Gens, indem sie die Transkriptionsrate beeinflussen:
  - Ein **Promotor** ist bei allen Genen zu finden. Er dient als Andockstelle für die Transkriptionsfaktoren, welche die Anlagerung des Enzyms RNA-Polymerase vermitteln. Transkriptionsfaktoren und RNA-Polymerase bilden zusammen den Transkriptionskomplex. Der Promotor befindet sich vor der Transkriptionseinheit auf der 5'-Seite des Gens.
  - **Cis-Elemente** regulieren die Transkriptionsrate eines Gens, das sich auf dem gleichen DNA-Molekül befindet. Sie sind nicht bei allen Genen vorhanden und kommen häufiger bei Eukaryoten als bei Prokaryoten vor.
    - **Enhancer** erhöhen die Transkriptionsrate, indem sie die Anlagerung des Transkriptionskomplexes an den Promotor unterstützen. Der Enhancer kann sich weit vor oder hinter dem regulierten Gen auf der DNA befinden, er muss aber durch eine Biegung oder die Supercoilstruktur in die räumliche Nähe des Promotors gelangen.
    - **Silencer** setzen die Transkriptionsrate herab. Sie müssen wie die Enhancer in räumliche Nähe des Promotors gelangen.

Die mRNA eines Gens, das nur **einen einzigen offenen Leserahmen** umfasst, wird als monocistronisch bezeichnet.

## Funktionelle Kombinationen von Genen

In einem Operon sind **mehrere Gene räumlich zu einer Funktionseinheit** zusammengefasst, in der typischerweise folgende Komponenten enthalten sind:
- Ein **Promotor** für die Bindung der Transkriptionsfaktoren und der RNA-Polymerase.
- Ein **Operator** als regulativer Abschnitt, an den Repressoren oder Aktivatoren binden und so die Transkriptionsrate kontrollieren.

— **Mehrere offene Leserahmen** für Proteine, die in vielen Fällen eine gemeinsame Aufgabe erfüllen und deshalb gleichzeitig benötigt werden. Die Sequenzen befinden sich direkt hintereinander auf der DNA und werden gemeinsam in eine mRNA transkribiert.

Die mRNA, die bei der Transkription eines Operons entsteht, umfasst **alle seine offenen Leserahmen** und wird als polycistronisch bezeichnet.

Ein Regulon ist eine **Funktionseinheit räumlich getrennter Gene**. Die dazugehörenden Gene und Operons liegen nicht hintereinander auf dem DNA-Strang, sondern sind an verschiedenen Stellen lokalisiert. Ihre Transkription wird aber durch das gleiche regulatorische Protein kontrolliert, und die Proteine sind im gleichen Stoffwechselweg aktiv.

## 5.2 Die Replikation der DNA

Als Replikation bezeichnet man die **Verdopplung der DNA**. Die Chromosomen und die Plasmide werden jeweils unabhängig voneinander repliziert.

Die Verdopplung der DNA erfolgt **semikonservativ**, jeder neue Doppelstrang besteht also aus einem alten und einem neuen DNA-Faden.

### 5.2.1 Die Replikation des bakteriellen Chromosoms

Die Replikation verläuft in **drei Phasen**:
1. **Initiation.** Die DNA wird gelockert, und die Stränge der Doppelhelix werden am Relikationsursprung voneinander getrennt. Der Replisom genannte Enzymkomplex lagert sich an die DNA.
2. **Elongation.** Anhand der Vorlage der bestehenden Einzelstränge werden neue DNA-Stränge mit komplementären Basen gebildet.
3. **Termination.** Die Synthese der neuen Stränge wird abgeschlossen. Einige Stellen werden chemisch modifiziert. Enzyme komprimieren die DNA durch Superspiralisierung.

#### Initiationsphase
**Startpunkt der Replikation** ist der **Replikationsursprung** (*ori*). Bei *Escherichia coli* wird er als *oriC* bezeichnet. Es handelt sich um eine 245 Basenpaare lange Sequenz mit hohem Anteil an Adenin und Thymin.

Die **Kontrolle über den Start** der Initiation üben zwei Proteine aus:
— DnaA aktiviert die Initiation.
— SeqA hemmt die Initiation.

Ist die Replikation einmal initiiert, kann sie nicht mehr abgebrochen werden.

Der **Ablauf der Initiation** lässt sich in mehrere Schritte unterteilen, von denen die ersten die Aufgabe haben, die **Doppelhelix am Replikationsursprung** aufzutrennen:

1. **Blockade durch SeqA.** Direkt nach einer Zellteilung befinden sich am Replikationsursprung nur an den Adeninresten des ursprünglichen DNA-Strangs Methylgruppen. SeqA hat eine hohe Bindungsaffinität für solche hemimethylierten Replikationsursprünge. Durch die Bindung blockiert das Protein die Initiation. Das Enzym Desoxyadenosin-Methylase (Dam) methyliert nach und nach auch den neu gebildeten Strang, wodurch die Bindung des SeqA gelockert wird, sodass es sich gelegentlich ablöst.

2. **Bindung von aktivem DnaA.** Das Protein DnaA ist aktiv, sobald es ATP gebunden hat (DnaA-ATP). Wenn sich SeqA von der DNA gelöst hat, lagert sich DnaA-ATP an einen DnaA-Box genannten Bereich im Replikationsursprung an. Als Bindestelle dienen sich wiederholende (repetitive) Sequenzen von neun Basenpaaren Länge.

3. **Öffnen der Doppelhelix.** Die Bindung von DnaA und einigen Hilfsproteinen bringt eine mechanische Spannung in die Doppelhelix, wodurch sich die beiden Stränge lokal voneinander lösen.

4. **Einbau der Helicase.** Die Proteine DnaB und DnaC lagern sich in den einzelsträngigen Bereich um die DNA-Moleküle. DnaB ist ringförmig und wird dafür von DnaC (Helicaseladungskomplex) geöffnet. Danach löst sich DnaC wieder ab. Im Ergebnis umgibt beide DNA-Stränge jeweils ein Exemplar von der DNA-Helicase DnaB.

Zu diesem Zeitpunkt hat sich am Replikationsursprung eine **Replikationsblase** gebildet, in deren Bereich die beiden DNA-Stränge voneinander getrennt sind. Einzelstrangbindende Proteine oder SSB-Proteine (*single-strand DNA-binding proteins*) verhindern, dass sich die Stränge wieder vereinigen. Die Übergangsstellen zwischen Doppel- zu Einzelsträngen werden als Replikationsgabeln bezeichnet. In jeder Gabel befindet sich eine Helicase.

Der Zweck der folgenden Schritte ist die **Vorbereitung der DNA-Verdopplung**. Sie finden an beiden Replikationsgabeln statt:

5. **Priming.** Die DNA-Polymerase zur Verdopplung der DNA kann eine bestehende Kette verlängern, aber keine neue Kette starten. Deshalb bindet eine spezielle RNA-Polymerase, die Primase (DnaG), an die DNA und ergänzt die beiden DNA-Einzelstränge um kurze RNA-Stücke mit den komplementären Basen. Diese RNA-Sequenzen sind etwa zehn Nucleotide lang und werden RNA-Primer genannt.

6. **Binden der DNA-Polymerase.** Die DNA-Polymerase III bindet an den Hybridstrang aus DNA und RNA-Primer. Eine Proteinklammer verhindert, dass sich das Enzym vorzeitig wieder ablöst. Die DNA-Polymerase beginnt am 3′-Ende des RNA-Primers mit der Synthese neuer DNA.

## Elongationsphase

Die Ergänzung der beiden DNA-Einzelstränge zu zwei Doppelsträngen erfolgt durch einen Enzymkomplex, der als **Replisom** bezeichnet wird. Er umfasst eine ganze Reihe von Enzymen:

- Die **Topoisomerase II** oder **DNA-Gyrase** bewegt sich vor dem übrigen Komplex die DNA entlang, zerschneidet die Doppelstränge und löst damit die Superspiralisierung auf und schließt die Schnittstelle wieder.
- Die **Helicase** trennt die beiden Stränge der Doppelhelix voneinander.
- Die **Primase** erstellt dort, wo es nötig ist, kurze RNA-Primer.
- Die **DNA-Polymerasen I und III** synthetisieren die neuen DNA-Stränge.
- Die **RNase H** (auch RNAse H) baut nicht mehr benötigte RNA-Primer ab.
- Die **Ligase** schließt Lücken im Rückgrat des neuen DNA-Fadens.
- **Kleine Hilfsproteine** übernehmen weitere Aufgaben, beispielsweise hält die gleitende Klammer die DNA-Polymerase an der DNA, und SSBs sorgen dafür, dass die von der Helicase getrennten Stränge vereinzelt bleiben, und schützen sie vor dem Abbau durch Nucleasen.

Der **Verlauf der Elongation** erfolgt bidirektional, also in beide Richtungen gleichzeitig. In beiden Replikationsgabeln finden die gleichen Schritte statt (◘ Abb. 5.3):
1. **Entdrillung** des Doppelstrangs durch die Topoisomerase.
2. **Auftrennung** des Doppelstrangs durch die Helicase.
3. **Synthese** eines komplementären neuen DNA-Strangs durch die DNA-Polymerase III.
4. **Entfernung der RNA-Primer**.

Bei der Neusynthese (Schritt 3) ergibt sich ein **Problem durch die Arbeitsrichtung der DNA-Polymerasen**. Sie bewegen sich auf dem Vorlagestrang lesend in 3′-nach-5′-Richtung, können aber den neuen Strang nur in 5′-nach-3′-Richtung synthetisieren, da sie neue Nucleotidbausteine immer am 3′-Ende eines bestehenden Strangs anfügen. Weil die beiden Stränge der ursprünglichen Doppelhelix antiparallel zueinander liegen, verläuft der eine Strang in die problemlose 3′-nach-5′-Richtung (Leitstrang), der andere aber in die unmöglich kontinuierlich zu bearbeitende 5′-nach-3′-Richtung (Folgestrang).

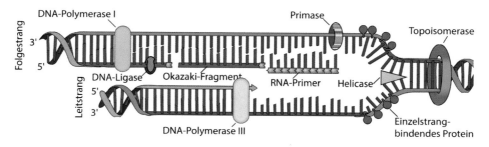

◘ **Abb. 5.3**   Abläufe an einer Replikationsgabel (aus Fritsche: Biologie für Einsteiger)

5. Die **Ergänzung der beiden Stränge** erfolgt auf unterschiedliche Weisen:
   - Am **Leitstrang** (3′-nach-5′-Richtung) setzt die DNA-Polymerase III am RNA-Primer aus der Initiation an und ergänzt den gesamten Strang durchgehend bis zum Ende der Replikation mit komplementären Nucleotiden.
   - Am **Folgestrang** (5′-nach-3′-Richtung) erfolgt die Synthese stückchenweise:
     1. **Wiederholtes Priming.** Die Primase erstellt immer wieder ein Stückchen hinter der Helicase einen RNA-Primer.
     2. **Diskontinuierliche DNA-Synthese.** Die DNA-Polymerase III setzt an diesem Primer an und arbeitet in 3′-nach-5′-Richtung. Dabei folgt sie nicht der Helicase und der Replikationsgabel, sondern bewegt sich in die entgegengesetzte Richtung. Sobald sie auf einen der früheren RNA-Primer stößt, löst sie sich von der DNA. Es entstehen DNA-Stücke von 1000 bis 2000 Nucleotiden Länge, die als Okazaki-Fragmente bezeichnet werden. Im Replisom arbeiten zwei Polymerasen, die durch einen γ-Komplex zusammengehalten werden.
     3. **Ersetzen der RNA-Primer.** Das Enzym RNase H entfernt die RNA-Primer. Die DNA-Polymerase I schließt die Lücke, indem sie am 3′-Ende des angrenzenden Okazaki-Fragments ansetzt.
     4. **Schließen der Lücken.** Das Enzym DNA-Ligase verbindet die Rückgrate der Fragmente miteinander, indem sie zwischen deren 3′-OH-Gruppen und den 5′-Phosphatgruppen Phosphodiesterbindungen ausbildet.

Während der Elongation erfährt die DNA wegen der unterschiedlichen Abläufe an den beiden Strängen eine **semidiskontinuierliche Verdopplung**.

Es ist noch nicht abschließend geklärt, ob die Replikationskomplexe auf der DNA entlang wandern oder das Replisom an der Plasmamembran fixiert ist und das Chromosom durch den Enzymkomplex gezogen wird.

## Terminationsphase

Die Elongation verläuft so lange, bis die Enzymkomplexe auf spezielle **Terminationssequenzen** im Chromosom stoßen. Das Chromosom von *Escherichia coli* weist zehn Terminationssequenzen auf, von denen bei jeder Replikation nur zwei genutzt werden: eine für jede Elongationsrichtung.

Damit eine Terminationssequenz den weiteren Fortschritt eines Replikationskomplexes wirklich stoppt, muss sie das **Protein Tus** (*terminus utilization substance*) binden. Tus hemmt die Helicase DnaB und stoppt die Polymerase. Das Replisom löst sich anschließend auf.

Nach der Termination bilden die beiden entstandenen Chromosomen zwei Ringe, die wie Kettenglieder miteinander verbunden sind. Für die **Trennung** dieser als Catenan bezeichneten Struktur gibt es zwei Möglichkeiten:
- Die Topoisomerase IV vom Typ II trennt vorübergehend eines der Chromosomen durch und schließt es nach der Trennung wieder.
- Die Enzyme XerC und XerD kappen die Einzelstränge nacheinander, sodass zwischendurch eine X-förmige sogenannte Holliday-Struktur entsteht, aber keines der Chromosomen völlig zerschnitten wird.

Die getrennten Chromosomen wandern zu den entgegengesetzten Zellpolen.

4

## Zeitplan der Replikation

Die Replikation der DNA dauert bei *Escherichia coli* etwa 40 min, die Trennung der Tochterzellen etwa 20 min. Die **Dauer eines vollständigen Verdopplungszyklus** beträgt damit rund 60 min. Die Generationszeit liegt dagegen bei nur 20 min. Die Zelle muss daher während der laufenden Elongationsphase der Replikation bereits die nächste Replikation initiieren.

### 5.2.2  Die Replikation der Plasmide

Plasmide nutzen für ihre Replikation **Enzyme der Wirtszelle**. Ihre Verdopplung ist aber nicht mit der Replikation des Chromosoms gekoppelt, sie sind autonom replizierend.

Ringförmige Plasmide werden nach einer von **zwei Methoden** repliziert:
- **Bidirektional**, ähnlich wie das Chromosom.
- **Unidirektional** nach dem *rolling-circle*-Prinzip.

Bei der *rolling-circle*-**Replikation** wird zunächst nur ein Strang der Doppelhelix um einen neuen Strang ergänzt:
1. **Schneiden des (+)-Strangs.** Das Replikationsinitiatorprotein RepA bindet an den Replikationsursprung auf dem Plasmid und zerschneidet einen der beiden DNA-Stränge. Dieses ist der (+)-Strang. RepA bleibt fest an dessen 5′-Ende gebunden.
2. **Ergänzung des (−)-Strangs.** Die DNA-Polymerase III lagert sich an das 3′-Ende des (+)-Strangs und nutzt dieses als Primer. Sie liest kontinuierlich den (−)-Strang und synthetisiert einen komplementären neuen (+)-Strang. Der alte (+)-Strang wird dabei vom Plasmid abgerollt. Er wird jetzt noch nicht ergänzt, sondern liegt als Einzelstrang vor, der von SSBs geschützt wird.
3. **Ablösung und Ergänzung des alten (+)-Strangs.** Wenn der neue (+)-Strang fertig ist, wird der alte (+)-Strang zu einem einzelsträngigen Ring geschlossen und freigesetzt. Die Primase setzt an seinem Replikationsursprung einen RNA-Primer, von dem aus DNA-Polymerasen, RNase und DNA-Ligase den fehlenden (−)-Strang ergänzen.

## 5.3  Mutationen

Mutationen sind vererbbare Veränderungen der Nucleotidsequenz.

### 5.3.1  Arten von Mutationen

Es gibt unterschiedliche Prozesse, die eine Nucleotidsequenz verändern. Daher lassen sich Mutationen nach **verschiedenen Kriterien** kategorisieren.

In **Bezug auf die Nucleotidsequenz** werden folgende Mutationen unterschieden:
- **Punktmutationen** betreffen den Austausch eines einzelnen Nucleotids:
  - Bei einer **Transition** wird ein Purinnucleotid gegen ein anderes Purinnucleotid oder ein Pyrimidinnucleotid gegen ein anderes Pyrimidinnucleotid getauscht.
  - Bei einer **Transversion** wird ein Purinnucleotid durch ein Pyrimidinnucleotid ersetzt oder umgekehrt.
- Bei einer **Insertion** werden ein oder mehrere Nucleotide in die DNA eingefügt.
- Bei einer **Deletion** gehen ein oder mehrere Nucleotide aus der DNA verloren.
- Bei einer **Inversion** löst sich ein Abschnitt der Doppelhelix aus dem Strang und gliedert sich an der gleichen Stelle mit umgekehrter Ausrichtung wieder ein.

In **Bezug auf die Wirkung einer Mutation** gibt es folgende Möglichkeiten:
- **Stille oder stumme Mutationen** wirken sich nicht auf die Reihenfolge der Aminosäuren im codierten Protein aus. Sie haben somit keine Folgen. Stille Mutationen treten beispielsweise bei einer synonymen Substitution eines Nucleotids auf, wenn die veränderte Sequenz also die Information für die gleiche Aminosäure trägt. So ist der Wandel von GAG auf der DNA zu GAT ohne Bedeutung, da beide Sequenzen den Einbau der Aminosäure Leucin bewirken.
- **Missense-Mutationen** bewirken den Einbau einer anderen Aminosäure. Beispielsweise codiert CTC in der DNA für Glutamat, CTG aber für Aspartat. Die Folgen können unterschiedlich sein:
  - **Keine Änderung der Proteinfunktion.** Kommt der Aminosäure im Protein keine große Bedeutung zu, oder handelt es sich um eine strukturell und funktionell ähnliche Aminosäure (ein konservativer Austausch), ergeben sich für das Protein und die Zelle keine Konsequenzen.
  - **Änderung der Proteinfunktion.** Beeinflusst die Mutation die Funktion des Proteins, gibt es mehrere Untervarianten:
    - **Verminderung der Aktivität.** Das Protein kann teilweise oder ganz funktionsuntüchtig sein. Den letzteren Fall bezeichnet man als **Funktionsverlustmutation**.
    - **Erhöhung der Aktivität.** Das Protein kann in seltenen Fällen seine Aufgabe besser erfüllen, beispielsweise als Enzym die Reaktion schneller katalysieren.
    - **Entwicklung einer neuen Aktivität.** Nach einer **Funktionsgewinnmutation** verfügt das Protein über eine neue Fähigkeit. Beispielsweise kann ein Enzym zusätzliche Substrate verarbeiten oder eine andere Art von Reaktion katalysieren.
- **Rasterschub-** oder **Frameshift-Mutationen** entstehen bei Insertionen und Deletionen, wenn die Anzahl der zusätzlichen beziehungsweise verlorenen Nucleotide nicht durch drei (die Anzahl der Nucleotide, die den Code für eine Aminosäure tragen) teilbar ist. Als Folge der Leserasterverschiebung wird die gesamte restliche DNA-Sequenz des Gens beginnend mit dem Ort der Mutation falsch in Aminosäuren umgesetzt, sodass kein funktionelles Protein entsteht.

- **Knockout-Mutationen** führen zum völligen Verlust einer Funktion. Sie können durch größere Veränderungen an der DNA verursacht werden, aber auch durch eine Punktmutation, bei welcher ein vorzeitiges Stoppsignal für die Umsetzung der Sequenz zu einem Protein entsteht. In diesem Fall spricht man von einer Nonsense-Mutation.
- Eine **Reversion** ist eine Mutation, die eine vorhergehende Mutation rückgängig macht.
- Bei einer **Suppression** unterdrückt eine zweite Mutation die Auswirkungen einer vorhergehenden Mutation.

Jede Art von Mutation verändert den **Genotyp**, also die Erbinformation in Form der DNA-Sequenz. Der **Phänotyp** als die Gesamtheit aller beobachtbaren Eigenschaften wird nicht von allen Mutationen beeinflusst.

## 5.3.2 Ursachen von Mutationen

Mutationen können verschiedene Ursachen haben:
- **Spontane Mutationen** entstehen ohne Einwirkung von außen:
  - **Tautomere Umlagerungen.** Während der Replikation kann ein Proton durch den quantenmechanischen Tunneleffekt den Ort im Molekül wechseln. Dadurch wandeln sich Aminogruppen (-NH2), Iminogruppen (=NH), Ketogruppen (=O) und Hydroxylgruppen (-OH) ineinander um, was neue Wasserstoffbrückenbindungen und damit andere Basenpaarungen bedingt.
  - **Desaminierungen.** Cytosine verlieren spontan eine Aminogruppe und wandeln sich zu Uracil. Bei der Rekombination wird aus einem GC-Paar ein AT-Paar.
  - **Purinverlust.** Bei Adenin und Guanin bricht die Bindung vom Zucker zur Base, die verloren geht. Die apurinische Stelle verursacht Probleme bei der Replikation und bei der Translation.
  - **Chemische Veränderungen durch Stoffwechselprodukte.** Substanzen wie S-Adenosylmethionin oder Radikale aus dem Metabolismus können mit der DNA reagieren und sie chemisch verändern. Es kann zu Punktmutationen, aber auch zu Inversionen und Deletionen kommen.
  - **Transponierbare Elemente.** DNA-Abschnitte, die ihren Ort ändern, können Gene, in die sie springen, inaktivieren, das Leseraster verschieben, Teile des Chromosoms invertieren oder sogar zu dessen Bruch führen.
- **Induzierte Mutationen** werden durch Mutagene hervorgerufen. Diese können unterschiedlicher Natur sein:
  - **Chemische Verbindungen.** Sie wirken auf verschiedene Weisen:
    - **Basenanaloga** lagern sich in den Stapel der Nucleotidbasen und nehmen bei der Replikation funktionslos den Platz einer Base ein. Es entsteht eine Punktmutation.
    - **Alkylübertragende Substanzen** verhindern die korrekte Basenpaarung, indem sie eine Base chemisch mit einer Alkylgruppe wie beispielsweise einer Methylgruppe modifizieren. Es entsteht eine Punktmutation.

- **Desaminierende Substanzen** entfernen eine Aminogruppe von einer Base und verhindern dadurch die korrekte Paarung. Es entsteht eine Punktmutation.
- **Acridinderivate** verformen die Doppelhelix, wodurch es zu Leserasterverschiebungen kommt.
- **Elektromagnetische Strahlung.** Sie löst mit ihrer Energie chemische Reaktionen aus:
  - **Ultraviolette Strahlung** verknüpft benachbarte Pyrimidine zu Dimeren, wodurch die Replikation gestört wird. Häufig tritt dies mit Thyminen auf, die zu einem Thymindimer werden.
  - **Röntgenstrahlung und Gammastrahlung** spalten Bindungen in Molekülen und wirken ionisierend. Die entstehenden Radikale zerstören die DNA.
- Während der **Replikation** unterlaufen der Polymerase Fehler, sodass sie nicht das passende komplementäre Nucleotid einbaut. Besonders die hohe Mutationsrate bei Viren mit einem RNA-Genom geht auf diese Fehlerquelle zurück.

Die **Häufigkeit von Mutationen** wird durch zwei Werte angegeben:
- Die **Mutationsrate** gibt an, wie viele Mutationen pro Zellteilung auftreten. Sie kann sich auf ein bestimmtes Gen oder das gesamte Genom beziehen.
- Die **Mutationsfrequenz** gibt den Anteil der mutierten Zellen an der Gesamtpopulation an.

Bezogen auf ein einzelnes Nucleotid bewegt sich die **Mutationsrate bei Bakterien** im Bereich von $10^{-8}$ bis $10^{-11}$. Es tritt also nur ein Fehler auf 100 Mio. bis 100 Mrd. Nucleotide bei der Replikation auf, bei einer Genomgröße von 4,6 Mio. Basenpaaren für *Escherichia coli*.

Bakterienstämme mit außergewöhnlich hoher Mutationsrate werden als **Mutatorstämme** bezeichnet.

### 5.3.3 Test auf Mutagenität

Die mutagene Wirkung einer chemischen Substanz wird mit dem **Ames-Test** nachgewiesen:
1. Ein Bakterienstamm, der aufgrund einer Punktmutation eine bestimmte Aminosäure nicht mehr synthetisieren kann (eine Mangelmutante), wird auf einen Nährboden ohne die betreffende Aminosäure gebracht.
2. Die Zellen werden der Testsubstanz ausgesetzt, indem beispielsweise ein getränktes Filterpapier aufgebracht wird.
3. Ist die Testsubstanz mutagen, löst sie bei einigen Zellen eine Reversion oder Suppression der Punktmutation aus, sodass die erneut mutierte Zelle die Aminosäure wieder herstellen und damit auf dem Nährboden wachsen kann. Es entstehen Kolonien von Revertanten.

**Übliche Mangelmutanten** für den Test sind Stämme von *Escherichia coli* mit einer Tryptophan-Auxotrophie oder *Salmonella typhimurium* mit einer Histidin-Auxotrophie.

Zur Überprüfung der **mutagenen Wirkung von Substanzen auf den Menschen** werden die Verbindungen vor dem Test mit Leberextrakt vermischt. Die Enzyme der Leber wandeln die Testsubstanz ähnlich wie im echten Organ um und produzieren dabei gegebenenfalls mutagene Stoffwechselprodukte.

### 5.3.4  Reparaturmechanismen

Die Bakterienzelle besitzt mehrere **Mechanismen zur Reparatur** geschädigter oder mutierter DNA:

Schon **während der Replikation** finden Korrekturen statt:

- **Korrekturlesefunktion.** Die DNA-Polymerasen I und III erkennen fehlerhaft eingebaute Basen und entfernen sie mit einer 3'-nach-5'-Exonucleasen-Aktivität. Anschließend wird das richtige Nucleotid eingesetzt.
- **Rekombinationsreparatur.** Diese Methode schließt Lücken, die während der Replikation durch schadhafte Sequenzen verursacht werden. Die eigentliche Reparatur des Schadens erfolgt durch einen der anderen Mechanismen.

   Beispiel: Trifft die Replikationsgabel auf eine beschädigte Stelle wie etwa ein Thymindimer, überspringt die DNA-Polymerase III den Bereich und setzt an einem neuen RNA-Primer dahinter neu an. Das Protein RecA bindet an die Lücke und den entsprechenden Abschnitt des anderen Strangs, der bereits repliziert wurde. Aus diesem Doppelstrang wird das DNA-Stück entfernt, das in die Lücke passt, und dort eingesetzt (eine Rekombination). Die DNA-Polymerase I füllt die neu entstandene Lücke auf.

Für **nachträgliche Korrekturen** sind verschiedene Systeme zuständig:

- **Fehlerfreie Reparatursysteme** beheben einen begrenzten Schaden zuverlässig:
  - **Methylabhängige Fehlpaarungsreparatur.** Die Enzyme MutS, MutL und MutH erkennen Fehlstellen in neuen DNA-Strängen, die noch nicht methyliert wurden. Sie führen in der Nähe einen Schnitt in den fehlerhaften Strang ein. Exonucleasen bauen ein Stück ab, und die DNA-Polymerase I schließt die Lücke.
  - **Photoreaktivierung.** Das Enyzm Photolyase wird durch Licht aktiviert. Es trennt Pyrimidindimere wieder voneinander.
  - **Nucleotidexzisionsreparatur.** Eine Endonuclease schneidet ein zwölf bis 13 Nucleotide langes Stück eines Strangs mit einem Fehler aus. Die DNA-Polymerase I füllt die Lücke wieder auf.
  - **Basenexzisionsreparatur.** Bei bestimmten Fehlern trennen Glykosylasen zunächst nicht das ganze Nucleotid, sondern nur die fehlerhafte Base ab. Es entsteht eine abasische oder AP-Stelle (apurinisch oder apyrimidinisch). Eine AP-Endonuclease schneidet den Strang an, und die DNA-Polymerase ersetzt den fehlerhaften Bereich.
- **Fehleranfällige Systeme** gehen das Risiko ein, selbst Mutationen zu verursachen, um einen großen Schaden zu beheben:

– **SOS-Antwort.** Diese Überlebensreaktion wird aktiv, wenn die DNA an vielen Stellen einzelsträngig ist, beispielsweise durch Bestrahlung mit UV-Licht während der Replikation. Sie verläuft in mehreren Stufen:

1. RecA bindet an die einzelsträngigen Bereiche.
2. Die große Zahl der gebundenen RecA-Proteine bewirkt, dass sich deren Coproteaseaktivität bemerkbar macht. RecA unterstützt die Selbstspaltung des Repressors LexA.
3. Normalerweise hemmt LexA die Expression der SOS-Gene. Als Folge der Selbstspaltung werden die Gene abgelesen und die zugehörigen Proteine produziert.
4. Die SOS-Proteine beheben den Schaden, wobei die Zelle in Kauf nimmt, dass durch den Prozess viele Mutationen in die DNA gebracht werden.
   Zu den SOS-Proteinen gehören die DNA-Polymerasen IV und V, die über Schäden in den Nucleotiden hinweg arbeiten können, indem sie an nicht lesbaren Stellen beliebige Nucleotide einbauen (Transläsionsreplikation).

Häufig erkennt die Zelle Fehler in der DNA während der Transkription, wenn die RNA-Polymerase an dem Defekt stoppt. Es folgt eine **transkriptionsgekoppelte Reparatur**, beispielsweise durch die Nucleotidexzision.

## 5.4 Mobile genetische Elemente

In der Regel befinden sich Gene immer an einem spezifischen **Genort** auf dem Chromosom oder Plasmid.

Transponierbare genetische Elemente sind **Gene, die ihren Genort verändern** können. Sie werden auch als springende Gene bezeichnet. Der Sprung kann zu einem neuen Ort auf dem gleichen Chromosom oder Plasmid führen, das Ziel kann sich aber auch auf einem anderen DNA-Molekül befinden.

Verschiedene transponierbare Elemente haben **gemeinsame Eigenschaften**:

- Sie können nur innerhalb eines größeren DNA-Moleküls wie dem Chromosom oder einem Plasmid existieren, sind also **nicht autonom.**
- Sie umfassen ein Gen für das Enzym **Transposase**, das den Wechsel von einem Ort zum anderen katalysiert.
- Sie weisen am Anfang und am Ende eine *inverted repeats* (IR) genannte umgekehrte Sequenzwiederholung auf.

Die *inverted repeats* fungieren als Erkennungsmerkmal für die Transposase. Sie zeichnen sich durch bestimmte Eigenschaften aus:

- IR bestehen aus zwei jeweils zehn bis 50 Basenpaare langen DNA-Abschnitten, die räumlich voneinander getrennt sind und wie eine Klammer das oder die transponierbaren Gene umschließen.

— Die Abschnitte am Anfang und am Ende sind gleich, aber um 180° gedreht, sodass sie auf jedem Einzelstrang komplementär zueinander sind.
   Beispiel:
   5′...AATCGAT...............ATCGATT...3′
   3′...TTAGCTA...............TAGCTAA...5′

Es gibt **verschiedene Arten** von transponierbaren Elementen:
— **Insertionssequenzen oder IS-Elemente.** Der springende DNA-Abschnitt ist zwischen 700 und 2000 Basenpaare lang und trägt nur das Gen für die Transposase.
— **Transposons** tragen zusätzlich zu dem Transposasegen weitere Gene.
   – **Zusammengesetzte Transposons** entstehen, wenn zwei Insertionssequenzen ein Gen (z. B. für eine Antibiotikaresistenz) flankieren. Die inneren IR können dann degenerieren, sodass das Transposon fortan mit den äußeren IR als Ganzes übertragen wird.
   – **Komplexe Transposons** tragen das Gen für eine Resolvase, die an *res*-Sequenzen des Elements schneidet und dadurch eingeschlossene Wirts-DNA (Cointegrat) wieder entfernt.
   – **Konjugative Transposons** können durch Konjugation von einer Zelle auf eine andere übertragen werden.
— **Phagen.** Viren, die sich als Provirus in das Genom des Wirts integrieren.

Es gibt zwei **unterschiedliche Typen** einer Transposition:
— **Replikative Transposition.** Die Transposase erstellt eine Kopie des Elements und integriert sie am Zielort in die DNA. Das Original verbleibt an seinem Platz.
— **Nichtreplikative Transposition.** Die Transposase schneidet das Element an seinem Ursprungsort aus und setzt es am Zielort ein. An der Ursprungsstelle verbleibt keine Kopie.

Der **Mechanismus der Transposition** verläuft über mehrere Schritte:
1. **Erkennung.** Die Transposase wird synthetisiert und erkennt die *inverted repeats*.
2. **Einzelstrangschnitte.** Das Enzym führt an den IRs und im Zielbereich Einzelstrangbrüche in der DNA ein. Im Zielbereich sind die Schnitte an den beiden Strängen der Doppelhelix versetzt.
3. **Sprung.** Das Element schneidet sich am Ursprungsort selbst aus (nichtreplikative Transposition) oder kopiert sich (replikative Transposition) und wird am Zielort eingesetzt.
4. **Reparatur.** Die einzelsträngigen Bereiche vor und hinter dem Element, die durch den versetzten Schnitt entstanden sind, werden aufgefüllt. Dadurch sind sie doppelt vorhanden (duplizierte Sequenzen).

Verlässt ein transponierbares Element einen Ort auf der DNA, bleibt die duplizierte Sequenz zurück, deren Teile dann direkt hintereinander liegen. Solche Abschnitte sind daher ein **Hinweis auf ein früher vorhandenes IS-Element oder Transposon**.

Die **Folgen einer Transposition** können unterschiedlich ausfallen:
- Springt das Element **in den offenen Leserahmen** eines Strukturproteins, wird dieses unbrauchbar.
- Liegt das Ziel **im Bereich der regulatorischen Sequenz** eines Gens, kann dessen Aktivität gesteigert werden (wenn etwa ein Repressor nicht mehr binden kann) oder auch vermindert (z. B. wenn der Transkriptionskomplex nicht mehr binden kann).

Die **Gene innerhalb eines Transposons** vermitteln häufig eine Antibiotikaresistenz oder sie codieren für Enzyme selten benötigter Stoffwechselwege wie den Abbau von Benzol.

## 5.5  Die Transkription

Das Umschreiben der DNA-Sequenz eines Strukturgens in eine komplementäre RNA wird als **Transkription** bezeichnet.

Das Anfertigen der RNA-Kopie hat mehrere **Vorteile**:
- Die RNA ist kürzer und damit einfacher zu verwenden.
- Die RNA kann als Arbeitskopie belastet werden, während die DNA geschützt bleibt.

Die Transkription erfolgt in **drei Phasen**:
1. **Die Initiation** bereitet den Prozess vor.
2. Während der **Elongation** wird die komplementäre RNA gebildet.
3. Mit der **Termination** endet der Prozess.

Das **zentrale Enzym** der Transkription ist die RNA-Polymerase.

### 5.5.1  Die RNA-Polymerase

Bakterien haben **nur einen Typ von RNA-Polymerase**. Es handelt sich dabei aber um ein anderes Enzym als die Primase aus der Replikation, die ebenfalls anhand einer DNA-Vorlage eine RNA synthetisiert.

Das Holoenzym setzt sich aus **zwei Komponenten** zusammen:
- Die **Core-Polymerase** ist ein Proteinkomplex, der alle Komponenten für die RNA-Synthese enthält. Die Core-Polymerase sorgt für die Aktivität der Transkription.
- Die **Sigma-Faktoren** oder **σ-Faktoren** sind Proteine, die nur für die Initiation benötigt werden. Die Zelle verfügt über verschiedene Sigma-Faktoren, aus denen sie in Abhängigkeit von den Umweltbedingungen auswählt. Jeder Sigma-Faktor ist an bestimmte Promotoren und damit Gene angepasst. Die Sigma-Faktoren sorgen für die Spezifität der Transkription.

## Erkennung der Startregion

Die verschiedenen Sigma-Faktoren erkennen unterschiedliche **Consensussequenzen**, die bei den Promotoren innerhalb einer Genklasse gleich oder sehr ähnlich sind. In Datenbanken werden als Consensussequenz die Nucleotidfolgen des sense-Strangs der DNA, der später als Matrizenstrang dient, aufgeführt, während in der Realität die Promotoren doppelsträngig sind.

Die **Lage der Consensussequenzen** wird relativ zum Startpunkt der Transkription angegeben. Die erste Base, die in RNA transkribiert wird, trägt die Nummer $+1$. Davor liegende Basen erhalten negative Nummern. Häufig befinden sich Consensussequenzen in kurzen Bereichen um die Positionen $-10$ und $-35$. Die Sequenz um $-10$ wird auch als Pribnow-Box bezeichnet und hat häufig die Abfolge 5'-TATAAT-3'. Manche Sigma-Faktoren erkennen jedoch Sequenzen in anderen Regionen.

Die **Erkennung** geschieht durch nichtkovalente Wechselwirkungen zwischen den Aminosäureresten des Sigma-Faktors und den Seitengruppen der Nucleotide im Bereich der großen und kleinen Furche der Doppelhelix.

Zwischen den Sigma-Faktoren für verschiedene Genklassen herrscht **Konkurrenz um die Core-Polymerasen**. Ein Faktor ist für die essenziellen Gene zuständig, der bei *Escherichia coli* die Kennung $\sigma^{70}$ trägt. Andere Faktoren sorgen für die Expression hitzeschockinduzierter Gene oder für Chemotaxis und Mobilität.

## 5.5.2 Ablauf der Transkription

Die Transkription verläuft in drei Phasen (❏ Abb. 5.4):
1. **Initiation.** Mithilfe des Sigma-Faktors erkennt die RNA-Polymerase das abzulesende DNA-Stück und bindet daran. Das Enzym öffnet die Doppelhelix, sodass die Nucleotidsequenz offenliegt.
2. **Elongation.** Die RNA-Polymerase erstellt nach der DNA-Matrize eine komplementäre RNA-Kopie.
3. **Termination.** Die RNA-Polymerase und die synthetisierte RNA lösen sich von der DNA.

## Initiationsphase

Die Initiation der Transkription erfolgt in mehreren Schritten:
1. **Erkennung des Promotors.** Die RNA-Polymerase mit Sigma-Faktor lagert sich probeweise zufällig an verschiedene DNA-Abschnitte und löst sich wieder. Stößt sie dabei auf einen Promotor mit passender Consensussequenz, bleibt sie länger an der DNA haften.
2. **Bindung der RNA-Polymerase.** Die RNA-Polymerase bildet mit der DNA einen sogenannten geschlossenen Komplex, bei dem die Stränge der Doppelhelix verbunden bleiben.
3. **Öffnung der DNA.** Die RNA-Polymerase trennt mit ihrer Helicaseaktivität die DNA-Stränge auf der Länge von etwa einer Windung der Doppelhelix. Es entsteht der offene Komplex, in dem das Enzym fester gebunden wird.

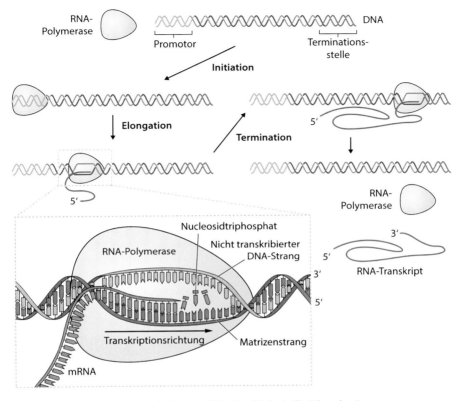

**Abb. 5.4**  Schema der Transkription (aus Fritsche: Biologie für Einsteiger)

4. **Start der Transkription**. Ein Ribosenucleotidtriphosphat (rNTP) als erster Baustein der RNA-Kette lagert sich an die DNA-Position +1. In der Regel handelt es sich um ein Purin, also ATP oder GTP. Das Enzym hängt die nachfolgenden Bausteine (ATP, GTP, CTP und UTP) der Reihe nach an, wobei die Abspaltung der Pyrophosphatgruppen die Energie für die Knüpfung der Phosphodiesterbindung liefert.

5. **Ablösung des Sigma-Faktors**. Wenn die RNA-Kette etwa neun Nucleotide lang ist, löst sich der Sigma-Faktor ab.

## Elongationsphase

Während der Elongation gleitet die RNA-Polymerase innerhalb einer 17 Basenpaare großen Transkriptionsblase in 3′-nach-5′-Richtung über den Matrizenstrang, an dem die RNA-Kette wächst. Sie **verlängert die Kette** um etwa 45 Bausteine pro Sekunde.

Die **Entscheidung für oder gegen den Einbau eines** Nucleotids fällt aufgrund der Wasserstoffbrückenbindungen zur Base auf der DNA-Matrize. Lagert sich der fal-

sche Baustein an, stockt die RNA-Polymerase, bis sich das Nucleotid wieder abgelöst hat. Trotzdem liegt die Fehlerquote bei etwa einem falschen Nucleotid auf
10.000 Basen.

Die **Superspiralisierung** wird wie bei der Replikation vor der Transkriptionsblase durch Enzyme aufgehoben und hinter der Blase wieder hergestellt.

Bei RNA-Ketten, auf denen die Information für den Bau eines Proteins liegt,
setzt die **Translation** in eine Aminosäurekette bereits ein, während die Transkription noch läuft.

## Terminationsphase

Das Signal für die Beendigung der Transkription liegt hinter dem Ende des codierenden DNA-Abschnitts und hat die Gestalt einer **besonderen DNA-Sequenz**.

Die Sequenz stoppt auf einem von **zwei bisher bekannten Wegen** die Transkription:

— **Rho-unabhängige Termination.** Die Sequenz für das Ende der Transkription
  wird auch als intrinsischer Terminator bezeichnet. Sie besteht aus GC-reichen
  *inverted repeats*, die eine kurze wiederholungsfreie Sequenz umschließen. Darauf folgen auf der DNA mehrere Adenine.
  **Der Ablauf der Termination** resultiert aus den Eigenschaften der Basen:
  1. Sobald sie in RNA umgeschrieben wurden, verbinden sich die komplemen-
     tären Nucleotide der *inverted repeats* zu einer Haarnadelstruktur. Die
     RNA-Polymerase wird dadurch gestoppt.
  2. Die Wasserstoffbrückenbindungen der AU-Paare, die nun den Komplex zu-
     sammenhalten, sind nicht stark genug. Die RNA-Polymerase und das Tran-
     skript lösen sich von der DNA und voneinander.
— **Rho-abhängige Termination.** Auf der DNA befinden sich GC-reiche, nicht
  wiederholende Transkriptionspausestrukturen genannte Sequenzen, an denen
  die RNA-Polymerase langsamer wird oder ganz zum Stoppen kommt. Die
  Interaktion mit einem Protein, das bei *Escherichia coli* als Rho (ρ) bezeichnet
  wird, beendet dann die Transkription:
  1. Wenn die Transkriptionspausestruktur in RNA umgeschrieben ist, lagern
     sich Rho-Monomere an diesen Bereich der RNA und vereinigen sich zu
     einem Hexamer.
  2. Der Hexamer wickelt mit Energie aus der Spaltung von ATP die RNA um
     sich herum, bis er auf die RNA-Polymerase am DNA-Strang trifft.
  3. Durch den Kontakt löst das Rho-Protein die Polymerase von der DNA ab.
     Das Transkript löst sich.

**Nach der Termination** steht die RNA-Polymerase für eine weitere Transkription
bereit. Das Transkript wird entweder in der Translation als Vorlage für die Proteinsynthese verwendet, oder es ist selbst als RNA mit einer bestimmten Aufgabe aktiv.

Bei **Operonen** werden alle Gene in ein einziges polycistronisches RNA-Molekül
transkribiert.

### 5.5.3 Typen von RNA

Durch Transkription entstehen RNA-Moleküle mit unterschiedlichen Aufgaben:
- **Boten-RNA oder Messenger-RNA (mRNA)** trägt den Bauplan für ein Protein. Sie ist im Schnitt 1000 bis 1500 Basen lang und wird nach erfolgter Proteinproduktion wieder abgebaut.
- **Ribosomale RNA (rRNA)** ist in Ribosomen als Katalysator an der Synthese von Proteinen beteiligt. Es gibt drei Varianten: 5S rRNA (je nach Art um 120 Basen), 16S rRNA (um 1500 Basen) und 23S rRNA (um 2900 Basen).
- **Transfer-RNA (tRNA)** vermittelt nach den Vorgaben der mRNA die Aminosäuren zum Bau der Proteine. Es gibt verschiedene Varianten, die jeweils etwa 80 Basen groß sind.
- **Kleine RNA (sRNA)** ist an der Kontrolle von Transkription und Translation beteiligt. Die verschiedenen Typen sind kürzer als 100 Basen.
- **Transfer-Messenger-RNA (tmRNA)** löst schadhafte mRNA aus Ribosomen aus und markiert das zugehörige Protein für den Abbau. Die Länge liegt bei 300 bis 400 Basen.
- **Katalytische RNA** ist meistens mit einem Proteinanteil assoziiert, der aber nur der Stabilisierung dient.

### 5.5.4 Regulation der Transkription

Zellen überwachen sowohl ihren **internen Zustand als auch die herrschenden Umweltparameter** und passen sich entsprechend an.

Dazu steuern sie die Genexpression auf **mehreren Ebenen**:
- **Veränderungen der Nucleotidsequenz** sind eine lang andauernde Maßnahme. Bestimmte Umbauten der DNA verhindern, dass Gene abgelesen werden können. Beispielsweise unterdrücken manche Krankheitserreger durch Inversion von DNA-Abschnitten die Produktion verräterischer Oberflächenstrukturen.
- Die **Kontrolle der Transkription** ermöglicht einem Bakterium, innerhalb von Minuten auf Veränderungen zu reagieren, indem Gene nach Bedarf an- oder abgeschaltet werden.
- Die **Lebensdauer der mRNA** bestimmt, in welchen Mengen ein Protein produziert wird. Kleine regulatorische RNA-Moleküle kontrollieren den Abbau durch RNasen.
- Die **Kontrolle der Translation** erlaubt der Zelle eine Feinabstimmung der Genexpression, die beispielsweise bei der Synthese der Proteine für den Aminosäurestoffwechsel wichtig ist.
- Die **posttranslationale Modifikation** beeinflusst die Aktivität eines Proteins. Im Extremfall wird es mit einer Markierung für den Abbau versehen.

Häufig greifen mehrere Ebenen in **integrierten Regelkreisen** ineinander.

## Allgemeine Mechanismen der Transkriptionskontrolle

Gene, die der Organismus auf alle Fälle für das Überleben braucht, werden durch **konstitutive Genexpression** ständig abgelesen. Bei vielen anderen Genen hängt die Aktivität dagegen von den jeweiligen Lebensbedingungen ab.

Ihren **inneren Zustand** kontrollieren Zellen über zwei Komponenten:

- **Regulatorische Sequenzen oder Operatoren** sind die vorgegebenen Bindestellen für regulatorische Proteine auf der DNA. Sie befinden sich in der Nähe oder innerhalb eines Promotors.

    Die Bindung kann unterschiedliche Bedeutung für die Expression der Zielgene haben:
    - Die Bindung an eine Operatorsequenz **verringert die Expression** der zugehörigen Gene.
    - Die Bindung an eine Aktivatorsequenz **erhöht die Expression** ihrer Gene.
- **Regulatorische Proteine** können spezifisch eine Substanz binden, die als Ligand bezeichnet wird, wodurch sich die Affinität des Proteins zu einer zugehörigen regulatorischen Sequenz auf der DNA ändert.

    Es gibt zwei **unterschiedliche Typen** von regulatorischen Proteinen:
    - **Repressoren** oder **Repressorproteine** blockieren die Transkription der Zielgene, wenn sie an die DNA binden (Repression).

        Nach ihrem Bindungsverhalten werden zwei Subtypen unterschieden:
    - **Repressoren, die alleine an die regulatorische Sequenz binden.** Sie blockieren die Transkription, solange die Konzentration ihrer Liganden gering ist. Bindet ein Ligand (der Induktor) an den Repressor, löst er sich von der DNA und gibt die Genexpression frei. Dieser Regulationsmechanismus wird als Induktion bezeichnet und wird beispielsweise beim *lac*-Operon eingesetzt. Er sorgt dafür, dass ein Gen nur dann in größerem Maße aktiv ist, wenn dessen Produkte wirklich gebraucht werden.
    - **Repressoren, die ohne Ligand nicht an die DNA binden**, sodass die Genexpression ablaufen kann. Erst die Kombination mit ihrem Liganden (den Corepressor) bringt sie an die regulatorische Sequenz, woraufhin die Transkription unterbunden ist. Die Hemmung tritt somit erst bei höheren Konzentrationen des Liganden ein. Sinkt seine Konzentration in der Zelle, löst sich der Ligand vom Repressor, der daraufhin die DNA und die Transkription wieder freigibt (Derepression). Unter anderem wird das *trp*-Operon mit diesem Mechanismus reguliert. Er verhindert, dass der jeweilige Prozess übermäßig abläuft, indem dieser durch sein eigenes Endprodukt gehemmt wird.
    - **Aktivatoren** oder **Aktivatorproteine** aktivieren die Transkription, wenn sie an die regulatorische Sequenz binden. Dafür müssen sie in der Regel zuvor einen Induktor gebunden haben. Löst sich der Induktor vom Aktivator, verlässt dieser die regulatorische Sequenz, und die Transkription kommt zum Erliegen. Ein Beispiel für diesen Mechanismus ist die Regulation des *mal*-Operons.

**Äußere Parameter** wie Temperatur, pH-Wert und die Konzentration chemischer Substanzen, die nicht durch die Membran gelangen, nimmt die Zelle über Signaltransduktion auf. Ein weit verbreiteter Mechanismus ist das Zweikomponenten-system der Signaltransduktion.

Die beiden **Teile des Zweikomponentensystems** sind:

- Eine **Sensorkinase**, welche die Membran durchspannt. Auf der Außenseite trägt dieses Protein eine Sensordomäne, mit der es den Wert eines Umweltpara-meters messen kann. Verändert sich der Wert, bewirkt dies eine Konformations-änderung des Proteins, sodass in der Kinasedomäne im Cytoplasma ein Histidinrest phosphoryliert wird.
- Der Phosphatrest wird weitergereicht an den **Antwortregulator**. Das Protein wirkt wie ein Repressor oder Aktivator, indem es im phosphorylierten Zustand an eine regulatorische DNA-Sequenz bindet und die Genexpression hemmt oder initiiert.

Eine Phosphatase setzt das System wieder durch Abspaltung des Phosphatrests zu-rück.

## Beispiel Lactose-Operon

Das System zur Aufnahme und Verwertung von Lactose wird bei *Escherichia coli* nur dann in größeren Mengen produziert, wenn Lactose im Medium vorhanden ist. Das *lac*-Operon oder Lactose-Operon, in dem die Gene für die entsprechenden Proteine zusammengefasst sind, wird somit erst **durch Induktion exprimiert** (◘ Abb. 5.5). Wenn das Substrat des Stoffwechselwegs der Induktor ist, bezeichnet man den Vorgang als Substratinduktion.

◘ **Abb. 5.5** Regulation des Lactose-Operons in Ab-wesenheit (**a**) und Anwesen-heit (**b**) von Lactose (aus Fritsche: Biologie für Einsteiger)

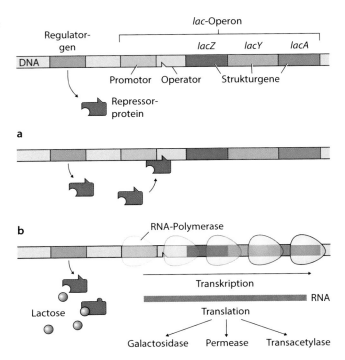

Das *lac*-Operon umfasst folgende Gene:
- *lacZ* codiert für das Enyzm β-Galactosidase (LacZ), das zwei Aktivitäten hat:
  - Es spaltet Lactose in Galactose und Glucose.
  - Es wandelt Lactose in die isomere Form Allolactose um.
- *lacY* codiert für das Transportprotein β-Galactosid-Permease (LacY), durch welches Lactose in die Zelle gelangt.
- *lacA* codiert für das Enzym β-Galactosid-Transacetylase oder Thiogalactosid-Transacetylase (LacA), dessen Funktion unbekannt ist.
- *lacI* codiert das Repressorprotein LacI für das Operon.

**5**

Außerdem besitzt das Operon einen Promotor und drei Operatoren für die Strukturgene sowie einen eigenen Promotor für die konstitutive Expression des Repressors.

In **Abwesenheit von Lactose** ist die Genexpression des *lac*-Operons weitgehend unterdrückt:
- **Repression.** Der Repressor LacI wird ständig exprimiert und bindet als Tetramer an zwei der Operatoren für die Strukturgene. Dadurch kann sich die RNA-Polymerase nicht an die DNA anlagern, und die Transkription ist unterdrückt.

Bei **Hinzugabe von Lactose** kommt es zur Induktion der Genexpression:
- **Minimale Expression.** Das Operon wird trotz der Repression ständig auf einem sehr niedrigen Niveau exprimiert. Dadurch wird stets eine geringe Menge Permease produziert, die einige Lactosemoleküle in die Zelle lässt, sobald der Milchzucker im Medium auftaucht. Schätzungsweise zehn Moleküle β-Galactosidase stehen bereit, um Lactose zu Allolactose umzuwandeln.
- **Induktion.** Allolactose wirkt als Induktor. Sie bindet an den Repressor und löst ihn von den Operatorsequenzen.
- **Transkription.** Der Sigma-Faktor kann die nun frei zugängliche Consensussequenz erkennen und mit der RNA-Polymerase die Transkription der *lacZYA*-Strukturgene einleiten.

Die **Genexpression kann verstärkt** werden durch ein Aktivatorprotein:
- **Energiemangel.** Wenn der Energiestatus der Zelle sinkt, reichert sich im Cytoplasma zyklisches AMP (cAMP) an, das durch einen Ringschluss zwischen dem 5′-Phosphat und der 3′-OH-Gruppe der Ribose aus einem AMP (dem energiearmen Verwandten des ATP mit einer einzigen Phosphatgruppe) entsteht.
- **Bildung eines Aktivators.** cAMP verbindet sich mit dem cAMP-Rezeptorprotein CRP (auch CAP genannt für *catabolite activator protein*). Der cAMP-CRP-Komplex ist ein Aktivator für viele Gene, darunter das *lac*-Operon.
- **Beschleunigung der Transkription.** Der cAMP-CRP-Komplex bindet im Bereich von −60, knapp vor dem Operator, und bedeckt einen DNA-Abschnitt, der die Bewegung der RNA-Polymerase hemmt. Dadurch läuft die Transkription der Strukturgene schneller ab.

**Voraussetzung für die Wirkung** des cAMP-CRP-Komplexes ist die vorhergehende Induktion der Transkription durch Lactose/Allolactose, da der Komplex in dem Abschnitt an die DNA bindet, der sonst durch den Repressor LacI bedeckt ist.

Die Aktivierung des *lac*-Operons wird von der Zelle durch einen stärkeren Mechanismus außer Kraft gesetzt, wenn ein **besserer Energielieferant als Lactose** zur Verfügung steht. Glucose löst diese sogenannte Katabolitexpression aus.

## Tetracyclingesteuerte Genregulation

Die Resistenz gegen Tetracyclin und davon abgeleitete Antibiotika unterliegt bei Enterobakterien wie *Escherichia coli* einer strengen Regulation.

Das System besteht aus zwei Komponenten, deren Gene auf der DNA hintereinander liegen, aber in entgegengesetzte Richtungen abgelesen werden:

- Regulator. Das Gen *tetR* codiert für das Repressorprotein TetR.
- In Abwesenheit von Tetracyclin wird ein wenig TetR synthetisiert, das an die *tet*-Operatoren bindet und damit die Expression beider *tet*-Gene unterdrückt.
- Befindet sich Tetracyclin im Medium, gelangt es durch passive Diffusion auch in die Zelle. Dort bindet es mit hoher Affinität an das TetR-Protein, wodurch es eine Konformationsänderung auslöst. Im Komplex mit dem Antibiotikum löst sich TetR von der DNA, und die Expression der Gene findet statt.
- Resistenz. Das Gen *tetA* codiert für das Resistenzprotein TetA. Dieses lagert sich in die Plasmamembran und transportiert im Antiport mit Protonen aktiv Tetracyclinmoleküle aus der Zelle. Die Energie entstammt der protonenmotorischen Kraft.

Das Repressorprotein ist extrem spezifisch für die Sequenz der *tet*-Operatoren und ungewöhnlich affin für das Antibiotikum. Die Bakterienzelle erreicht dadurch, dass die Resistenzproteine zwar nur in Anwesenheit von Tetracyclin gebildet werden, aber bereits auf geringe Konzentrationen ansprechen. Aufgrund dieser Eigenschaften wird die Kombination von *tetR*-Repressor und *tet*-Operatoren auch gentechnisch häufig als Schalter für die Expression von Genen in anderen Bakterien und Eukaryoten eingesetzt.

## Katabolitrepression

**Katabolitrepression** ist die Hemmung von Genen für andere Stoffwechselwege, wenn ein geeigneteres Substrat verfügbar ist.

Beispielsweise wirkt Glucose der Aktivierung des *lac*-Operons entgegen, indem sie die Aufnahme des Induktors Lactose blockiert. Der Prozess wird als **Induktorausschluss** bezeichnet.

Der Induktorausschluss des *lac*-Operons durch Glucose läuft über einen **indirekten Mechanismus** ab:

1. **Aktivierung des Hemmstoffs.** Glucose wird über das Phosphoenolpyruvat-Phosphotransferase-System (PEP-PTS) aufgenommen (▶ Abschn. 3.2). Dabei wird eine Phosphatgruppe vom Phosphoenolpyruvat auf das Enzym EIIA und dann auf Glucose übertragen. In Anwesenheit von Glucose liegt EIIA daher vorwiegend unphosphoryliert vor.

2. **Deaktivierung der Permease.** Unphosphoryliertes EIIA hemmt die Permease für Lactose LacY, die dadurch keine Lactose mehr in die Zelle aufnimmt.
3. **Hemmung des Operons.** Ohne Lactose bleibt das *lac*-Operon gehemmt.

In **Abwesenheit von Glucose** ist das EIIA-Protein vorwiegend phosphoryliert und stoppt nicht die Aufnahme von Lactose.

Liegen **zwei verschiedene Energiequellen im Medium** vor, zeigt die Wachstumskurve ein sogenanntes diauxisches Wachstum:

1. **Die erste Phase exponentiellen Wachstums** wird durch den Abbau der höherwertigen Substanz (beispielsweise Glucose) angetrieben. Sie hält an, bis diese aufgebraucht ist.
2. Es folgt eine **Plateauphase nahezu ohne Wachstum.** Die Zellen exprimieren in dieser Zeit die Gene für den Abbau der weniger guten Substanz.
3. **Die zweite Phase exponentiellen Wachstums** wird mit der minderwertigen Quelle (z. B. Lactose) betrieben.

## Regulation durch kombinierte Aktivator-Repressor-Proteine

Eine große Familie von Genen wird durch Regulatorproteine kontrolliert, die in zwei **unterschiedlichen Konformationen verschiedene Wirkung** entfalten. Ein Beispiel hierfür ist die Regulation des *ara*-Operons, dessen Enzymprodukte den Abbau des Zuckers Arabinose katalysieren:

- **Als Repressor.** Ist keine Arabinose vorhanden, bindet das lang gestreckte Regulatorprotein AraC an zwei regulatorische Sequenzen (*araO$_2$* und *araI$_1$*), die relativ weit entfernt voneinander liegen. Dies hat zwei Folgen:
  - Die DNA bildet eine Schleife, in welcher der Promotor für das Regulatorgen *araC* sowie die Bindestelle für den Transkriptionsverstärker cAMP-CRP liegen. In dieser Form kann die DNA weder die RNA-Polymerase noch den cAMP-CPR-Komplex binden.
  - Der Repressor blockiert eine der Bindungsstellen für seine eigene aktivierende Form (*araI$_1$*) für die Expression der Strukturgene *araBAD*.

    Damit unterdrückt das Repressorprotein seine eigene Synthese (ein Prozess, der Autoregulation genannt wird) und die Transkription der Strukturgene.
- **Als Aktivator.** Bindet Arabinose an das Regulatorprotein AraC, verbiegt es sich zu einer kompakten Struktur, die an zwei benachbarte regulatorische Sequenzen (*araI$_1$* und *araI$_2$*) vor dem Promotor der Strukturgene bindet. Es erleichtert der RNA-Polymerase den Start der Transkription dieser Gene.

    Zudem bleibt die DNA gestreckt, sodass auch der Promotor für das regulatorische Gen *araC* erreichbar ist. Dessen Transkription wird durch den cAMP-CRP-Komplex gefördert.

## Regulation durch Attenuation

Attenutation ist eine **Möglichkeit der Feinregulation der Transkription.** Dabei überprüft die anlaufende Translation, ob die Transkription der Strukturgene überhaupt sinnvoll ist und stoppt den Prozess andernfalls.

Attenuation ist an der **Kontrolle vieler Operons** für die Synthese von Aminosäuren beteiligt, aber auch für die Synthese von Pyrimidinen.

Das am besten untersuchte Beispiel ist die **Regulation des Tryptophan-Operons** (*trp*) von *Escherichia coli*, das für mehrere Enzyme der Tryptophansynthese codiert.

Die **Hauptkontrolle des *trp*-Operons** übernimmt ein Repressorprotein, das durch den Corepressor Tryptophan zum aktiven Holorepressor wird und durch Binden am Operator die Transkription blockiert.

Findet keine Repression durch den Repressor statt, passt die **Feinkontrolle durch Transkriptionsattenuation** die Expression an die genaue Konzentration von Tryptophan an:

- Wenn **ausreichend Tryptophan** in der Zelle vorhanden ist, wird die Transkription der Gene abgebrochen:
  1. **Beginn von Transkription und Translation.** Die RNA-Polymerase beginnt mit der Transkription. Dabei setzt sie zuerst eine Leitsequenz (auch Leader-Sequenz oder 5′-UTR genannt) zwischen dem Operator und den Strukturgenen um. Diese Leitsequenz enthält vier Sequenzen, die sich paarweise zu Haarnadelstrukturen falten können. Die Sequenz 1 enthält außerdem zweimal das Signal für den Einbau von Tryptophan.
  2. **Kontrolle der Tryptophankonzentration.** Gleich nach Beginn der Transkription lagert sich ein Ribosom an die entstehende mRNA und beginnt mit der Translation. Weil ausreichend tRNAs mit Tryptophan vorhanden sind, passiert das Ribosom problemlos Sequenz 1.
  3. **Verzögern der Translation zwischen Sequenz 1 und 2.** Zwischen Sequenz 1 und 2 stößt das Ribosom auf ein Stoppsignal für die Translation. Es hält an, wobei es Sequenz 2 bereits verdeckt.
  4. **Bildung der Attenuator-Haarnadel.** Durch die Verzögerung können die Sequenzen 3 und 4 eine Haarnadelstruktur ausbilden, die sogenannte Attenuator-Haarnadelstruktur oder Terminator-Haarnadelstruktur.
  5. **Beendigung von Transkription und Translation.** Die 3–4-Haarnadelstruktur interagiert mit der RNA-Polymerase und löst sie von der DNA. Das Ribosom fällt von der bereits gebildeten RNA ab.
- Wenn in der Zelle ein **Mangel an Tryptophan** herrscht, läuft die Transkription ungestört ab:
  1. **Beginn von Transkription und Translation.** Die RNA-Polymerase beginnt die Transkription.
  2. **Kontrolle der Tryptophankonzentration.** Da tRNAs mit Tryptophan selten sind, braucht das Ribosom für die Bearbeitung der Sequenz 1 des Leitstrangs länger.
  3. **Verzögern der Translation in Sequenz 1.** Das Ribosom stockt in Sequenz 1, sodass es nicht Sequenz 2 verdecken kann.
  4. **Bildung der Anti-Attenuator-Haarnadel.** Durch die Verzögerung können die Sequenzen 2 und 3 eine Haarnadelstruktur ausbilden, die Anti-Attenuator-Haarnadelstruktur genannt wird. Sie ist stabiler als die Haarnadel der Sequenzen 3 und 4, die nicht mehr entstehen kann, weil Sequenz 3 nun schon belegt ist.

5. **Fortführung von Transkription und neue Translation.** Die 2–3-Haarnadel interagiert nicht mit der RNA-Polymerase, sodass die Transkription fortläuft. Das Ribosom fällt von der Sequenz 1 ab, aber ein neues Ribosom bindet an einer anderen Stelle für die Translation der Strukturgene.

## Regulation durch stringente Kontrolle

Bei einem plötzlichen Wechsel von guten Wachstumsbedingungen zu **Nährstoffmangel** stoppt die Zelle die Synthese der RNA-Moleküle für die Proteinbiosynthese, indem sie die RNA-Polymerase hemmt.

Das **Signal für die Hemmung** entsteht im Ribosom und wandert zur RNA-Polymerase:

1. **Binden einer leeren tRNA im Ribosom.** Bei Aminosäuremangel kann es passieren, dass eine tRNA ohne angehängte Aminosäure an die A-Stelle für die Zulieferung von Aminosäuren bindet.
2. **Bildung von ppGpp als Signal.** Das Protein RelA ist mit dem Ribosom assoziiert und überträgt eine Phosphatgruppe von ATP auf GTP. Es entsteht Guanosintetraphosphat (ppGpp) als Signalnucleotid oder Alarmon.
3. **Hemmung der RNA-Polymerase.** Das ppGpp lagert sich an die RNA-Polymerase und mindert deren Affinität für die Promotoren der Gene für rRNA und tRNA.

## Regulation durch den Sigma-Faktor

Manche Gene und Operons sind zu **Regulons genannten Funktionseinheiten** zusammengefasst, deren Expression gemeinsam reguliert wird, obwohl sie auf dem Chromosom weit verteilt liegen.

Regulons können **auf verschiedene Weisen gesteuert** werden:

— Durch einen gemeinsamen Repressor (z. B. den Tryptophanrepressor TrpR) oder Aktivator (z. B. cAMP-CRP).
— Durch einen gemeinsamen Sigma-Faktor, dessen Expression stellvertretend für alle Einzelgene und Operons des Regulons kontrolliert wird.

Für die **Kontrolle der Aktivität eines Sigma-Faktors** gibt es mehrere Möglichkeiten:

— **Anti-Sigma-Faktoren** sind Proteine, die spezifisch an ihren Sigma-Faktor binden und verhindern, dass er sich an seine Core-RNA-Polymerase lagern kann.
   In manchen Fällen binden Anti-Anti-Sigma-Faktoren unter bestimmten Bedingungen die Anti-Sigma-Faktoren, sodass die Sigma-Faktoren frei werden und aktiv sein können. *Bacillus subtilis* startet auf diese Weise die Expression vieler Enzymgene für die Sporenbildung, sobald die Vorspore fertig ist.
— Die **Hemmung der Translation** der mRNA für einen Sigma-Faktor verhindert dessen Aktivität, bei Bedarf kann er aber schnell produziert werden. Die Hemmung erfolgt beispielsweise durch eine Sekundärstruktur wie eine Schleife in der mRNA, die das Anlagern an ein Ribosom blockiert. *Escherichia coli* reguliert auf diese Weise die Synthese der Hitzeschockproteine. Die mRNA für den

zuständigen Sigma-Faktor hat am 5′-Ende eine blockierende Sekundärstruktur, die sich bei Temperaturen über 42 °C auflöst und die Translation erlaubt.
- Der **Abbau durch Proteasen** verhindert, dass sich Sigma-Faktoren anreichern, die eigentlich nur in geringem Maße produziert werden.

## Regulation durch DNA-Umlagerungen

DNA-Umlagerungen entsprechen **erwünschten Mutationen**, die teilweise absichtlich durch spezielle Enzyme herbeigeführt werden. Sie schalten Gene vollständig an oder aus.

Manche Mikroorganismen vollziehen einen **Phasenwechsel oder eine Phasenvariation**, bei welcher sie die Proteine auf ihrer Oberfläche verändern. Auf diese Weise versuchen beispielsweise Pathogene, dem Immunsystem zu entgehen, was als **Immunevasion** bezeichnet wird.

Auf der Ebene der Gene gibt es verschiedene **Mechanismen** für einen Phasenwechsel:
- **DNA-Inversion.** Ein DNA-Abschnitt wird ausgeschnitten und umgedreht wieder in das Chromosom eingebaut. Durch diese Wendung ändert sich seine Aktivität: Konnten seine Gene vorher exprimiert werden, ist dies nun nicht mehr möglich. Waren sie dagegen vor der Inversion still, werden sie nun aktiv.
  - Beispiel: Phasenvariation der Flagellenproteine von *Salmonella enterica*:
    - Die Gene für einen Repressor und der Promotor für das Flagellinprotein H2 befinden sich auf einem invertierbarem Bereich. Im aktiven Zustand werden H2 und der Repressor, der die Gene für H1 unterdrückt, produziert.
    - Nach der Inversion sind die Gene für den Repressor und H2 inaktiv. H2 wird nicht mehr synthetisiert, dafür wird aber wegen des Ausfalls des Repressors das Protein H1 produziert.
  - Die Inversion wird durch ein spezielles Enzym, die Hin-Rekombinase oder Hin-Invertase, katalysiert. Eine von 1000 bis 100.000 Zellen pro Generation führt den Prozess durch.
- **Verrutschen bei der Replikation (*slipped-strand mispairing*).** Die dafür vorgesehenen Gene tragen aufeinanderfolgende Sequenzwiederholungen von einigen Basenpaaren. Die Zahl der Basenpaare innerhalb einer solchen Einheit ist nicht durch drei teilbar. Während der DNA-Replikation kann eine Insertion oder Deletion einer Wiederholungseinheit stattfinden. Da dies einer Insertion oder Deletion einer Basenzahl entspricht, die nicht durch drei teilbar ist, wird dadurch das Leseraster verschoben, und die betroffenen Gene codieren meistens nicht mehr für ein funktionsfähiges Protein. Handelte es sich um ein Oberflächenprotein, verändert sich dadurch der Phänotyp des Organismus, sodass er vom Immunsystem eventuell nicht mehr erkannt wird.
  - Beispiel: Der Erreger der Gonorrhoe, *Neisseria gonorrhoeae*, variiert die Kombination seiner elf Oberflächenproteine der *opa*-Multigenfamilie über das Ein- und Ausschalten der Gene durch Verschiebungen.

## Integrierte Regelkreise

Die Regelmechanismen auf Ebene der Gene und der Proteine sind zu **übergeordneten Regelkreisen** mit mehreren Feedbackkontrollen kombiniert.

Solche komplexen Netze steuern **komplizierte vielstufige Prozesse**:
- Stoffwechselwege wie die Assimilation von Stickstoff,
- Entwicklungsprozesse wie die Sporulation,
- den Wechsel zwischen lytischen und lysogenen Zyklus bei Viren.

**Beispiele** für übergeordnete Regelungen:
- **cAMP-CRP-System.** Kontrolliert in Abhängigkeit vom Niveau der verfügbaren Energie in der Zelle Teile des Energiestoffwechsels wie die Aufnahme und den Abbau von Lactose.
- **Stickstoffassimilation.** *Escherichia coli* kontrolliert seinen Stickstoffhaushalt über ein komplexes System, das die Genexpression und die Enzymaktivität steuert.

  Die wesentlichen Punkte sind:
  - Als Indikator für die Versorgung der Zelle mit Stickstoff dient das Verhältnis von α-Ketoglutarat (wenig Stickstoff) zu Glutamin (viel Stickstoff).
  - Reguliert werden das Enzym Glutamin-Synthetase, das Ammonium ($NH_4^+$) an Glutamat hängt und den Stickstoff damit fixiert, sowie sein Gen *glnA*.
  - Die zentrale Rolle bei der Regulation kommt dem Protein GlnB zu:
    - Auf genetischer Ebene bestimmt es die Expression von *glnA* und damit die Menge der Glutamat-Synthetase in der Zelle. Dafür veranlasst GlnB die Phosphorylierung (Aktivierung) oder Dephosphorylierung (Inaktivierung) des Induktors der Regulatorgene für den Stickstoffstoffwechsel.
    - Auf enzymatischer Ebene lässt GlnB bereits vorhandene Glutamat-Synthetase durch Anhängen einer AMP-Gruppe inaktivieren oder durch deren Ablösung aktivieren.
    - Die Entscheidung trifft GlnB danach, ob es selbst von anderen Enzymen mit einer UMP-Gruppe bestückt wurde (was Aktionen zur Aufnahme von Stickstoff bewirkt) oder nicht (was die Stickstoffassimilation stoppt).

## Quorum sensing

Über Quorum sensing nehmen Bakterien wahr, ob sie eine bestimmte **Zelldichte** erreicht haben.

Der Mechanismus hinter der Dichtemessung ist eine chemische Konzentrationsmessung:
1. **Autoinduktorsynthese.** Jede Zelle produziert ein Autoinduktor genanntes kleines Molekül.
2. **Sezernierung.** Den Autoinduktor gibt sie in das Medium ab.
3. **Transkriptionsstart.** Bei einer hinreichenden Konzentration im Medium gelangt so viel Autoinduktor in die Zelle, dass er über regulatorische Proteine die Expression der Zielgene startet.

Quorum sensing tritt bei **verschiedenen Arten und zu unterschiedlichen Zwecken** auf:

- In den **Leuchtorganen** einiger Tiere wie beispielsweise Tintenfischen leuchten Zellen von *Vibrio fischeri* durch Biolumineszenz, wenn die Zelldichte hinreichend hoch ist.
- *Pseudomonas aeruginosa* steuert über Autoinduktoren die Synthese seiner **virulenten Exoenzyme** wie Proteasen. Nur bei einem konzertierten Angriff kann der Erreger die Immunabwehr des Wirts überrumpeln.
- Bei *Staphylococcus* hängt die Produktion der **extrazellulären Toxine** vom Quorum sensing ab.
- *Escherichia coli* reguliert die **Zellteilung** nach der Zelldichte.
- Manche Bakterien **kommunizieren über Artgrenzen** mit Autoinduktoren. Beispielsweise besitzt *Vibrio harveyi* ein artspezifisches System und einen Autoinduktor, den auch andere Arten als Signal akzeptieren.

### 5.5.5 Hemmung der Transkription durch Antibiotika

**Rifamycin** greift spezifisch die β-Untereinheit der bakteriellen RNA-Polymerase an und verhindert die Bildung des offenen Komplexes mit der DNA. Transkriptionen, die sich bereits in der Elongationsphase befinden, sind nicht betroffen. Rifamycine wirken bakterizid gegen Gram-positive Bakterien und werden vor allem bei Tuberkulose und Lepra, aber auch bei chronischer Mittelohrentzündung eingesetzt.

**Actinomycin D** lagert sich interkalierend zwischen die Basenpaare der DNA und blockiert die kleine Furche, sodass die Elongation gestoppt wird. Da es die DNA angreift, ist es nicht spezifisch für Prokaryoten, sondern attackiert auch die Transkription bei Eukaryoten wie dem Menschen. Es wird daher nur in der Krebstherapie eingesetzt.

### 5.6 Aufbau der mRNA

Die mRNA als Transkript setzt sich bei Bakterien aus mehreren **funktionellen Abschnitten** zusammen:

- Eine **Leitsequenz am 5′-Ende**, die nicht translatiert wird. Sie umfasst verschiedene Unterabschnitte, die getrennte Aufgaben erfüllen:
  - **Regulation der Genexpression.** Durch Bildung bestimmter räumlicher Strukturen wie Haarnadelschleifen können die Transkription (z. B. bei der Attenuation) sowie die Translation (z. B. als Riboswitch) kontrolliert werden.
  - **Bindung an das Ribosom.** Die Shine-Dalgarno-Sequenz dient als Erkennungs- und Bindungsstelle für die kleine Untereinheit des Ribosoms.
- Der **offene Leserahmen** enthält den Bauplan für das Protein, das bei der Translation produziert wird.
- Eine **Endsequenz am 3′-Ende** wird nicht translatiert, sondern ist ebenfalls an der Kontrolle der Genexpression beteiligt. Beispielsweise beendet sie die Transkription durch Ausbilden einer Haarnadelstruktur oder durch Binden des Rho-Hexamers.

## 5.7    Die Translation

Noch während die Transkription läuft, beginnen Ribosomen damit, die Nucleotidabfolge der mRNA nach dem genetischen Code in eine Aminosäurekette umzusetzen. Dieser Vorgang wird als **Translation** bezeichnet. An seinem Ende steht ein Protein, das anschließend noch in seine natürliche räumliche Konformation gefaltet werden muss.

Häufig arbeiten **mehrere Ribosomen gleichzeitig** an einem mRNA-Strang. Im Elektronenmikroskop erscheinen sie als Polyribosomen oder Polysomen, die wie Perlen auf einer Kette hintereinander liegen.

**5**

### 5.7.1    Der genetische Code

Jeweils drei Nucleotidbasen der mRNA bilden im genetischen Code ein Triplett oder **Codon**.

Der genetische Code (◨ Abb. 5.6) **übersetzt die Basenfolge** jedes Codons nach bestimmten Regeln:

- Die meisten Codons stehen für eine bestimmte **Aminosäure**. Für die Übersetzung wird das Basentriplett auf der mRNA von 5′ nach 3′ gelesen. Beispielsweise codiert ACG die Aminosäure Threonin.

    Für manche Aminosäuren gibt es mehrere Codons. Meistens unterscheiden sich die Tripletts nur in der dritten Base. Diese Mehrdeutigkeit wird als Degeneration des genetischen Codes bezeichnet.

◨ **Abb. 5.6**    Der genetische Code (aus Fritsche: Biologie für Einsteiger)

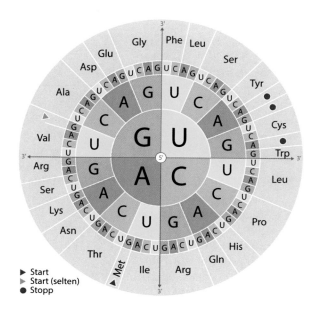

- Startcodons stehen für den **Beginn der Translation**. In den meisten Fällen übernimmt das Triplett AUG diese Aufgabe, seltener GUG und in absoluten Ausnahmefällen UUG oder CUG.
  Jedes mögliche Startcodon codiert zusätzlich eine Aminosäure, in welche es übersetzt wird, wenn die Translation bereits angelaufen ist. AUG steht beispielsweise für Methionin.
- Stoppcodons stehen für das **Ende der Translation**. Ihre Tripletts lauten: UAA, UAG und UGA. Den Stoppcodons ist keine Aminosäure zugeordnet.

Der genetische Code ist **annähernd universell**, also in allen Organismen fast gleich. Es gibt aber einige Ausnahmen:
- Prokaryoten, die in ihren Proteinen Selenocystein (Sec) und Pyrrolysin (Pyl) verwenden, nutzen hierfür die Stoppcodons UGA (Sec) und UAG (Pyl).
- Ciliaten und manche Grünalgen codieren Glutamin zusätzlich mit UAG und UAA.
- Einige *Candida*-Pilze interpretieren CUG als Codon für Serin statt Leucin.
- Mitochondrien übersetzen bis zu sieben Codons anders als die Ribosomen im Cytoplasma.


### 5.7.2 tRNAs als Übersetzer

Die **Dolmetscherfunktion und den Antransport der** Aminosäuren zum Ribosom als Ort der Proteinsynthese übernehmen Transfer-RNAs oder tRNAs.
  In der Zelle gibt es je nach Organismus bis zu 41 verschiedene tRNAs, die alle weitgehend **gemeinsame Eigenschaften** haben:
- **Struktur**. tRNAs bestehen aus 73 bis 95 Nucleotiden, die teilweise ungewöhnliche Basen tragen. Durch Paarung komplementärer Basenfolgen entstehen doppelsträngige Abschnitte, die Schleifen oder Arme genannt werden (◘ Abb. 5.7). In der zweidimensionalen Darstellung wird das Molekül oft als Kleeblattstruktur dargestellt, in der realen räumlichen Konfiguration ist es eher L-förmig.
- **Anticodon**. Die mittlere Schleife trägt an ihrer Spitze ein Triplett mit der Erkennungssequenz für das Codon – das sogenannte Anticodon. Die Basen des Anticodons sind komplementär zu den Basen des passenden Codons. Nach der Wobble-Hypothese hat die dritte Base dabei eine geringere Bedeutung als die ersten beiden Basen. Sie hat aufgrund der Krümmung der tRNA-Schleife weniger Kontakt zur mRNA.
- **Aminosäure**. Am 3'-Ende aller tRNAs – dem Akzeptorarm – lautet die Schlusssequenz CCA, woran sich eine ganz bestimmte Aminosäure anschließt, die zum jeweiligen Anticodon passt. tRNAs, die eine Aminosäure tragen, werden allgemein als Aminoacyl-tRNAs bezeichnet.

Die Umsetzung des genetischen Codes findet genau genommen bei der **Beladung der tRNA mit einer Aminosäure**, die zu ihrem Anticodon passt, statt. Diesen Vorgang katalysieren spezifische Aminoacyl-tRNA-Synthetasen.

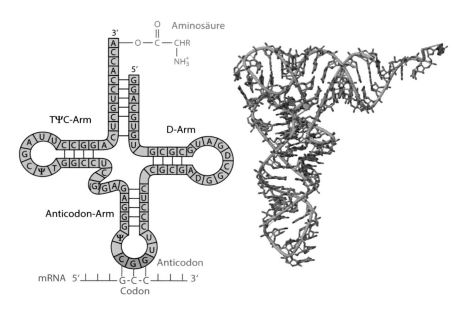

**◘ Abb. 5.7**   tRNA zweidimensional in Kleeblattform (links) und dreidimensional (rechts) (aus Fritsche: Biologie für Einsteiger)

Es gibt **für jede Aminosäure eine spezielle Synthetase**, die sowohl die Aminosäure als auch die passenden tRNA-Moleküle erkennt und über eine Esterbindung miteinander verknüpft. Einige Bakterien besitzen keine eigene Synthetase für Glutamin und Asparagin. Sie modifizieren stattdessen nachträglich Glutamatreste bzw. Aspartatreste, die bereits mit einer tRNA verknüpft sind.

**Nachträgliche chemische Veränderungen** der Aminosäure kann das Ribosom nicht erkennen.

### 5.7.3   Ribosomen

Die Synthese der Proteine findet an den **Ribosomen**, Komplexen aus Proteinen und RNA-Molekülen, statt.

Die Ribosomen von Bakterien gehören zum **70S-Typ**. Das „S" steht für Svedberg, eine Einheit für die Sedimentationsgeschwindigkeit (▶ Abschn. 3.2).

Ribosomen bestehen aus zwei **Untereinheiten**:

━ Die **kleine Untereinheit** (30S) umfasst:
   – 21 Proteine (S1 bis S21, S für *small*),
   – ein Molekül 16S-rRNA.

━ Die **große Untereinheit** (50S) umfasst:
   – 31 Proteine (L1 bis L34, drei Zahlen werden nicht verwendet, L für *large*),
   – ein Molekül 5S-rRNA,
   – ein Molekül 23S-rRNA.

Die **Aufgabenverteilung im Ribosom** weist den rRNA-Molekülen die größere Bedeutung bei der Formgebung sowie die vollständige katalytische Funktion zu. Die Proteine fungieren vor allem als Gerüst für die Anordnung der rRNAs und interagieren mit den tRNAs, die Aminosäuren für das wachsende Protein anliefern.

Die **enzymatische Aktivität des Ribosoms** als Peptidyltransferase, die Aminosäuren über Peptidbindungen miteinander verknüpft, liegt in der großen Untereinheit. Das 23S-rRNA-Molekül ist ein Ribozym – eine katalytische RNA.

Für die Bindung der tRNAs verfügt jedes Ribosom über drei Bindestellen:

- **A-Stelle.** Neue tRNAs, die mit einer Aminosäure beladen sind, lagern sich an die Akzeptorstelle, Aminoacylstelle oder A-Stelle.
- **P-Stelle.** In der Mitte befindet sich die Peptidyl-tRNA-Stelle oder P-Stelle, an welcher die tRNA mit der wachsenden Peptidkette zu finden ist.
- **E-Stelle.** An der Austrittsstelle oder E-Stelle löst sich die leere tRNA wieder vom Ribosom.

Die **Wichtigkeit der Ribosomen** für die Zelle ist daran zu erkennen, dass jede Zelle von *Escherichia coli* etwa 18.000 bis 20.000 Ribosomen besitzt. Viele Mikroorganismen verfügen über mehrere Kopien der Gene für die rRNAs auf ihren Chromosomen.

### 5.7.4 Ablauf der Translation

Die Translation verläuft in **drei Phasen**:
1. **Initiation.** Die Moleküle lagern sich zum Translationskomplex zusammen.
2. **Elongation.** Die Peptidkette wächst Aminosäure für Aminosäure heran.
3. **Termination.** Das Polypeptid wird freigesetzt, und die beiden Untereinheiten des Ribosoms trennen sich voneinander.

#### Initiationsphase

Außerhalb der Translation liegen die große und die kleine **Untereinheit des Ribosoms** getrennt vor.

Die **Kombination der beiden Untereinheiten und die korrekte Anlagerung der mRNA** erfolgen mithilfe von speziellen Proteinen, den **Initiationsfaktoren (IF)**.

Am besten sind die **Schritte der Initiation** bei *Escherichia coli* untersucht:
1. **Anlagerung der 30S-Untereinheit an die mRNA.** Der Initiationsfaktor 3 (IF3) führt die 30S-Untereinheit an die mRNA heran. Er verhindert außerdem, dass sich die beiden Untereinheiten zu früh verbinden.

   Die korrekte Position erkennt das Ribosom an der sogenannten Shine-Dalgarno-Sequenz, einem Teil der Ribosomenbindungsstelle, die komplementär zu einem Abschnitt am 3′-Ende der 16S-rRNA ist. Die Shine-Dalgarno-Sequenz befindet sich wenige Basen stromaufwärts (in 5′-Richtung) vom Startcodon und hat die Consensussequenz 5′-AGGAGGU-3′.

   Sobald der Kontakt zwischen der Ribosomenbindungsstelle und der 16S-rRNA korrekt hergestellt ist, befindet sich das Startcodon AUG (oder GUG) in der späteren P-Stelle des Ribosoms.

2. **Beladen mit der Start-tRNA.** Dieser Prozess verläuft in mehreren Teilschritten:
   1. Der Initiationsfaktor 1 (IF1) besetzt die spätere A-Stelle des Ribosoms. Dadurch ist sichergestellt, dass die Start-tRNA nicht an die A-Stelle gerät.
   2. Der Initiationsfaktor 2 (IF2) bindet GTP und führt die Start-tRNA in die spätere P-Position.

      Die Start-tRNA trägt kein herkömmliches Methionin als Aminosäure, sondern ein Formylmethionin (fMet), bei dem die Aminogruppe durch eine Formylgruppe (-CHO) maskiert ist. Auf diese Weise wird gewährleistet, dass das Formylmethionin ausschließlich mit seiner Carboxylgruppe eine Peptidbindung zur nächsten Aminosäure aufbaut und das Peptid dadurch die korrekte Richtung bekommt.
   3. IF3 löst sich von der 30S-Untereinheit.
3. **Schließen mit der großen Untereinheit.** Die 50S-Untereinheit stülpt sich auf die beladene 30S-Untereinheit. Dabei wird GTP hydrolysiert, und die beiden Initiationsfaktoren IF1 und IF2 werden freigesetzt.

**Am Ende der Initiationsphase** liegt das Ribosom als arbeitsfähiges 70S-Ribosom vor. In der P-Stelle befindet sich die Start- oder Initiator-tRNA mit Formylmethionin als erster Aminosäure. Die A- und die E-Stelle sind leer.

## Elongationsphase

Die Elongation verläuft **aus Sicht des Ribosoms zyklisch.** Mit jedem Durchlauf wird die Peptidkette um eine Aminosäure verlängert.

Als **Hilfsprotein** wirkt der Elongationsfaktor EF-Tu. Er kann sich an jede Aminoacyl-tRNA lagern, mit Ausnahme der Initiator-tRNA, die fMet als Aminosäure trägt. Zusätzlich bindet er GTP als Energielieferanten.

Der Zyklus umfasst **mehrere Prozesse:**
1. **Bindung einer Aminoacyl-tRNA in der A-Stelle.** Verschiedene Komplexe von EF-Tu-GTP-Aminoacyl-tRNA gelangen an das Ribosom und werden in der richtigen Ausrichtung zur A-Stelle gelenkt.
   – Passen die Sequenzen nicht zueinander, verlässt das Molekül wieder das Ribosom.
   – Ergibt die Paarung des Codons der mRNA mit dem Anticodon der tRNA eine Komplementarität, verbleibt die Aminoacyl-tRNA im Ribosom.
2. **Ausbildung der Peptidbindung.** Ist die A-Stelle mit der passenden Aminoacyl-tRNA besetzt, bricht die 23S-rRNA der großen Untereinheit die Peptidbindung zwischen der tRNA in der P-Stelle und deren Aminosäure auf und verbindet diese Aminosäure stattdessen über eine neue Peptidbindung mit der Aminosäure an der A-Stellen-tRNA.

   Während des Bindungswechsels wird das GTP am EF-Tu hydrolysiert, und EF-Tu-GDP löst sich vom Ribosom.

   In der P-Stelle befindet sich nun eine tRNA ohne Aminosäure, in der A-Stelle eine tRNA, an deren 3′-Ende ein Peptid gebunden ist.
3. **Translokation der mRNA.** Die Verschiebung der mRNA relativ zum Ribosom erfolgt in Teilschritten:
   1. Der GTP-bindende Elongationsfaktor EF-G bindet an das Ribosom.

2. Die Hydrolyse von GTP liefert die Energie für eine Konformationsänderung von EF-G, welche die RNA verschiebt, sodass die angehefteten tRNAs eine Position weiter rutschen. Die inzwischen unbeladene tRNA von der P-Stelle gelangt in die E-Stelle. Die tRNA mit dem Peptid wandert von der A-Stelle in die P-Position.
3. Die unbeladene tRNA von der E-Stelle und EF-G-GDP lösen sich ab.

## Terminationsphase

Das **Ende der Translation** wird nicht durch das Ende der mRNA vorgegeben, sondern durch eines der Stoppcodons.

Die Termination erfordert **neue Hilfsproteine**, die als Freisetzungsfaktoren, Terminationsfaktoren oder Release-Faktoren (RF) bezeichnet werden.

Die **Terminationsprozesse** lösen den Translationskomplex auf:
1. **Erscheinen eines Stoppcodons im Ribosom.** Bewegt sich eines der Stoppcodons in die A-Stelle des Ribosoms, wird der Elongationszyklus abgebrochen, da es keine tRNA mit einem passenden Anticodon gibt.
2. **Binden eines Freisetzungsfaktors.** Anstelle einer tRNA besetzt ein Freisetzungsfaktor die A-Stelle. RF1 für die Stoppcodons UAG und UAA, RF2 für die Codons UAA und UGA.
3. **Abspaltung des Peptids.** Der Freisetzungsfaktor transportiert genau ein Wassermolekül in das ansonsten wasserfreie Reaktionszentrum des Ribosoms. Damit kann die 23S-rRNA die Peptidbindung des Peptids zur tRNA hydrolysieren, Das Protein löst sich vom Ribosom.
4. **Ablösung des Freisetzungsfaktors.** Der Freisetzungsfaktor RF3 trennt RF1 oder RF2 vom Ribosom.
5. **Trennung der Ribosomuntereinheiten.** Ein Ribosomen-Recycling-Faktor und EF-G-GTP spalten durch GTP-Hydrolyse die beiden ribosomalen Untereinheiten und die mRNA voneinander. IF3 an der 30S-Untereinheit verhindert, dass sich der Komplex zu früh neu ausbildet.

Die **Geschwindigkeit der Translation** von *Escherichia coli* erreicht bis zu 20 Aminosäuren pro Sekunde. Dabei liegt die Fehlerquote bei 0,1 %.

## Lösen hängender Ribosomen

Spaltet eine RNase vorzeitig das Stoppcodon einer mRNA ab, ist **keine normale Termination mehr möglich**, und das Peptid bleibt an der mRNA hängen.

Eine **tmRNA** löst den Komplex auf. Das Molekül hat zwei Domänen:
- Eine Domäne **ähnelt einer herkömmlichen tRNA** und trägt eine Aminosäure.
- Die andere Domäne **ähnelt einer mRNA**, die für eine etwa zwölf Aminosäure lange Peptidsequenz codiert, die als Proteolyse-Tag bezeichnet wird und das Peptid für den sofortigen Abbau markiert.

Der **Mechanismus** verläuft zweistufig:
1. Die tRNA-ähnliche Domäne nimmt die A-Stelle ein, und das Peptid wird auf die Aminosäure übertragen.

2. Die mRNA-ähnliche Domäne übernimmt die Funktion des fehlenden mRNA-Stücks. tRNAs lesen die Basensequenz ab, und das Ribosom produziert den Proteolyse-Tag. Dieser endet mit einem Stoppcodon, sodass eine regelkonforme Termination stattfinden kann.

Das Peptid wird an seinem Proteolyse-Tag von einem Helferprotein erkannt und zum Abbau einer Protease zugeführt.

### 5.7.5 Regulation der Translation

Die Regulation der Genexpression auf Ebene der Translation stellt in erster Linie eine Feineinstellung dar.

#### Regulation der Ribosomenzahl

Die Proteine der Ribosomen regulieren die **Translation der mRNA ihres eigenen Operons.** Liegt ein ribosomales Protein frei in der Zelle vor, bindet es in der Nähe des Operons der mRNA. Dadurch ist die Anlagerung des Ribosoms blockiert und die mRNA wird nicht mehr translatiert. Als Konsequenz werden keine überschüssigen Proteine für das Ribosom synthetisiert.

#### Regulation durch Riboswitches

Riboswitches sind **regulatorische Abschnitte auf der mRNA**, die nicht translatiert werden.

Sie nehmen räumliche Konformationen an, in denen sie **bestimmte Substanzen gezielt** erkennen und binden können.

Durch die Bindung ändert sich die Konformation der mRNA, sodass die Shine-Dalgarno-Sequenz verdeckt wird und die **Translation nicht initiiert** werden kann.

Bildet sich eine Haarnadelstruktur, kann außerdem die **laufende Transkription abgebrochen** werden.

#### Regulation durch kleine RNAs

Die kleinen regulatorischen RNAs gehören nicht zu den mRNAs, rRNAs oder tRNAs. Ihre Gene werden transkribiert, aber die RNA-Moleküle codieren nicht für Proteine, sondern sind selbst aktiv als **posttranskriptionelle Regulatoren** aktiv.

Der **Wirkmechanismus** basiert auf der Anlagerung der kleinen RNA an komplementäre Abschnitte auf der Ziel-mRNA, sodass sich doppelsträngige Abschnitte bilden. Die kleine RNA fungiert damit als antisense-RNA, deren Sequenz das Gegenstück (anti…) zur codierenden (…sense) Sequenz der mRNA ist. Die Doppelstrangabschnitte verhindern, dass sich ein Ribosom anlagern kann. Stattdessen beginnt eine Ribonuclease, die mRNA abzubauen. Die Translation ist damit verhindert.

Die **Expression der kleinen RNAs** unterliegt den gleichen Transkriptionskontrollen wie Strukturproteine. Beispielsweise wird in *Escherichia coli* die Synthese der sRNA *rhyB* durch den Repressor Fur unterdrückt, solange die Eisenkonzentration hoch ist. Die Produktion von eisenhaltigen Enzymen und Speicherproteinen für Eisen läuft dann auf Hochtouren. Wird das Metall knapp, wird das *rhyb*-Gen dereprimiert, und die kleine RNA blockiert als antisense-RNA deren mRNAs, sodass keine unnötigen eisenverbrauchenden Prozesse mehr ablaufen.

## 5.7.6 Hemmung der Translation durch Antibiotika

Da sich die Ribosomen und die Hilfsproteine der Translation bei Bakterien von denen der Eukaryoten unterscheiden, ist die Translation ein geeignetes **Angriffsziel für Antibiotika**:
- **Blockade der Vereinigung von kleiner und großer Untereinheit**:
  - **Streptomycin** ist ein Aminoglykosid, das von Streptomyceten gebildet wird. Es bindet im Bereich der späteren A-Stelle an die 16S-rRNA der kleinen Untereinheit sowie an das Protein S12. Dadurch verhindert es die Anlagerung der großen Untereinheit und blockiert die Initiation.
- **Blockade der A-Stelle**:
  - **Tetracyclin** hat ein vierfaches Ringsystem als Basis. Es wird von Streptomyceten produziert. Es bindet an die 16S-rRNA der 30S-Untereinheit und verhindert die Anlagerung der Aminoacyl-tRNA an die A-Stelle.
- **Hemmung der Peptidyltransferaseaktivität**:
  - **Chloramphenicol** ist ein Produkt von Streptomyceten. Es besetzt das aktive Zentrum der 23S-rRNA in der 50S-Untereinheit. Damit blockiert es die Umsetzung der Peptidbindung.
  - **Erythromycin** wird von *Streptomyces erythraeus* synthetisiert. Es ist ein Glykosid, das zu den Makrolidantibiotika (Moleküle mit unterschiedlich großen Ringsystemen, die eine intramolekulare Estergruppe -C-CO- enthalten) gehört. Erythromycin bindet in der großen Untereinheit im Bereich der Peptidyltransferaseaktivität an das L15-Protein und löst dadurch eine Translokation aus, bei welcher die Peptidyl-tRNA aus der P-Stelle verschoben wird, ohne das Peptid weiterzureichen.
- **Blockade von Hilfsproteinen**:
  - **Fusidinsäure** aus dem Pilz *Fusidium coccineum* bindet an den Elongationsfaktor EF-G.
- **Fehlübertragung des Peptids**:
  - **Puromycin** wird von *Streptomyces alboniger* produziert. Es gehört zu den Nucleosiden und leitet sich vom Adenosin ab. Puromycin betreibt molekulare Mimikry, da es dem 3′-Ende der Tyrosyl-tRNA ähnelt und statt dieser die A-Stelle des Ribosoms besetzt. Die Peptidkette wird auf das Puromycin übertragen, was eine verfrühte Termination bewirkt.

**Resistenzen gegen Antibiotika** können durch verschiedene Mechanismen vermittelt werden:
- **Mutationen der Bindestelle** verhindern die Anlagerung des Antibiotikums (z. B. gegen Streptomycin, Tetracyclin, Erythromycin).
- **Chemische Veränderungen der ribosomalen Moleküle** blockieren die Bindestelle oder verringern die Affinität für das Antibiotikum (z. B. die enzymatische Methylierung der 23S-rRNA gegen Erythromycin).

- **Chemische Veränderungen der Antibiotika** können diesen ihre Wirksamkeit rauben (z. B. durch Acetylierung von Chloramphenicol durch eine Acetyltransferase).
- **Schutzproteine** entfernen Antibiotika aktiv unter Energieverbrauch vom Ribosom (z. B. *ribosome protecting proteins* gegen Tetracyclin).
- **Aktiver Transport des Antibiotikums aus der Zelle** (z. B. durch eine Tetracyclin-Effluxpumpe).

## 5.8 Posttranslationale Prozesse

**5**

Häufig muss die Peptidkette **nach der Translation** noch einen oder mehrere Prozesse durchlaufen, bis das fertige Protein seiner Aufgabe nachkommen kann:
- chemische Modifikationen,
- Faltung der Kette,
- Einbau in die Membran,
- Export aus der Zelle,
- Abbau des Proteins.

## 5.8.1 Chemische Modifikationen

Nach der Translation nehmen Enzyme an einigen Proteinen **chemische Veränderungen** vor:
- **Entfernung der Formylgruppe.** Eine Methionin-Deformylase spaltet die Formylgruppe von der Startaminosäure am N-Terminus ab. Zurück bleibt ein normaler Methioninrest.
- **Entfernung des Formylmethionins.** Die Methionyl-Aminopeptidase entfernt die gesamte Startaminosäure fMet.
- **Abspaltung von Signalsequenzen.** Aminosäuresequenzen, die das Protein für den Export oder den Einbau in eine Membran kennzeichnen, werden abgespalten.
- **Aktivierung durch Spaltung.** Proteasen spalten das inaktive Vorläuferprotein und aktivieren das eigentliche Protein.
- **Anhängen chemischer Gruppen.** Bestimmte Aminosäurereste können nachträglich mit Acetylgruppen, AMP, Phosphaten, Zuckerresten, Zuckerketten oder prosthetischen Gruppen versehen werden. Beispielsweise erhält die Pyruvat-Dehydrogenase nach der Translation ihre Liponsäuregruppe.
- **Umwandlung von einzelnen Aminosäureresten.** Die Seitenketten einzelner Aminosäuren werden modifiziert, sodass Aminosäuren entstehen, für die es im genetischen Code kein Codon gibt. Beispielsweise wird Serin zu O-Phosphoserin und Glutamat zu Carboxyglutamat.
- **Einbau in ein bestehendes Makromolekül.** So werden einige periplasmatische Proteine kovalent mit dem Peptidoglykan der Zellwand verbunden.

## 5.8.2  Proteinfaltung

Die Peptidkette muss nach der Translation für jedes Protein eine ganz **bestimmte räumliche Struktur** einnehmen. Dies geschieht durch die korrekte Faltung des Moleküls.
Die **Faltung des Proteins** erfolgt auf einem von zwei Wegen:
- **Von selbst.** Manche Proteine nehmen spontan die richtige Konfiguration ein.
- **Durch Hilfsproteine.** Sogenannte Chaperone (auch Chaperonine genannt) unterstützen das Protein bei der Faltung und lösen sich anschließend wieder ab.

Zu den Chaperonen gehören auch die **Hitzeschockproteine**, die bei hohen Temperaturen besonders aktiv sind, um die Vielzahl der denaturierten Proteine neu zu falten. Die bekanntesten Vertreter sind GroEL (auch HSP60 genannt), GroES, DnaK (auch als HSP70 bezeichnet) und der Triggerfaktor.

## 5.8.3  Einbau in die Membran

Membranproteine müssen in ihre **Zielmembran** intergiert werden. Als Ziel in Frage kommen:
- bei allen Bakterien die **Plasmamembran**,
- bei Gram-negativen Bakterien die **äußere Membran**,
- bei speziellen Bakterien **zusätzliche Membranen**, beispielsweise die Thylakoidmembran der Cyanobakterien.

Die **Peptidkette von Membranproteinen** weist einige Besonderheiten auf:
- **Signalsequenz.** Eine Folge von 15 bis 30 hydrophoben Aminosäuren stellt den Kontakt zur Membran her und erleichtert den Eintritt der Kette in die Membran.
- **Membrandurchspannende hydrophobe Sequenzen.** Abschnitte von 20 bis 25 hydrophoben Aminosäuren haben die starke Tendenz, im hydrophoben Bereich der Membran zu bleiben.

Bei *Escherichia coli* ist für den **unterstützten Einbau** das SecYEG-Translocon genannte System zuständig. Es arbeitet mit einem Signalerkennungspartikel (*signal recognition particle*, SRP) zusammen, das sich aus dem Protein Ffh und einem kleinen RNA-Molekül *ffs* zusammensetzt.
Je nach Protein sieht der **Ablauf** leicht unterschiedlich aus:
- Bei der **cotranslationalen Insertion** wird das Protein während der laufenden Translation in die Membran geschleust:
    1. **Bindung der Peptidkette.** Das SRP bindet noch während der Translation der mRNA an die Signalsequenz der wachsenden Peptidkette.
    2. **Translationsstopp.** Durch die Bindung des SRP legt das Ribosom bei der Translation eine Pause ein.

3. **Transport an die Membran.** Der entstandene Komplex bindet an das Membranprotein FtsY.
4. **Cotranslationale Insertion.** Die Translation setzt wieder ein, und das entstehende Protein wird währenddessen sofort in die Membran eingebaut. Dabei gibt es zwei Varianten:
   – Das Membranprotein integriert sich ohne weitere Hilfe in die Membran.
   – Es wird vom SecYEG-Translocon in die Membran eingebaut.
- Bei der **posttranslationalen Insertion** wird zuerst die Translation beendet und die fertige Peptidkette vom SecYEG-Translocon in die Membran integriert. Für den **Einbau in die äußere Membran** ist bislang kein System bekannt.

### 5.8.4   Export aus der Zelle

Proteine, deren Ziel das Periplasma, die äußere Membran oder die Umgebung ist, müssen **vollständig durch die Plasmamembran** geschleust werden. Diese Proteine sind ebenfalls durch eine Signalsequenz gekennzeichnet.

Für den Sekretion gibt es **verschiedene Wege**:
- Die **Sec-abhängige Sekretion** bedient sich des gleichen Translocons wie die Insertion von Membranproteinen. Der Ablauf ist aber etwas anders:
  1. **Vollständige Translation.** Die Peptidkette wird fertig synthetisiert und vom Ribosom freigegeben.
  2. **Zwischenstabilisierung.** Das Triggerfaktor genannte Chaperonprotein verhindert eine vorzeitige Faltung.
  3. **Transport zur Membran.** Das Protein SecB bindet das Präprotein und transportiert es zu SecA, das am SecYEG-Translocon angelagert ist.
  4. **Pressen durch die Membran.** SecA presst das Präprotein unter ATP-Verbrauch in Schritten von jeweils 20 Aminosäuren durch den Kanal von SecYEG.
  5. **Abspaltung der Signalsequenz.** Eine Signalpeptidase im Periplasma spaltet die Signalsequenz ab.
  6. **Freisetzung des Proteins.** Das Protein löst sich vom Translocon. Bei Bedarf unterstützen periplasmatische Chaperone es bei der Faltung.
- Das **TAT-Translokationssystem** schleust bereits gefaltete Proteine aus der Zelle. Es erkennt seine Proteine an einer speziellen Signalsequenz mit zwei aufeinanderfolgenden Argininresten (TAT steht für *twin arginine translocase*). Die Energie für den Transport liefert die protonenmotorische Kraft.

Der **Export durch die äußere Membran** Gram-negativer Bakterien erfolgt über besondere Sekretionssysteme:
- **Typ I**. Das System bietet einen durchgehenden Transportkanal, der das Cytoplasma mit dem Außenmedium verbindet. Es besteht aus drei Komponenten:
  – In der Plasmamembran befindet sich ein substratspezifisches Protein vom ABC-Typ (► Abschn. 2.2).
  – Im Periplasma schließt sich ein weiteres substratspezifisches Protein für die Kopplung an.

– Das Kanalprotein TolC ist unspezifisch. Es durchspannt mit einem α-helikalen Tunnel das Periplasma und mit einem β-Fass-Kanal die äußere Membran.

Zu den Typ-I-Systemen gehört das Hly-System, das Hämolysin aus der Zelle transportiert.

— **Typ II.** Dieses System hat sich ausgehend vom Typ-IV-Pilus entwickelt, mit dem Myxokokken gleiten. Es besteht aus einer Art Kolbenstruktur, die in der Plasmamembran verankert ist, und einer Pore in der äußeren Membran.

Proteine für den Export werden zuerst mit dem Sec-System in das Periplasma befördert und dort vom Kolben durch die Pore gedrückt.

Das Endotoxin A von *Pseudomonas aeruginosa* verlässt die Zelle auf diese Weise.

— **Typ III.** Das System injiziert wie mit einer Nadel Proteine direkt aus dem bakteriellen Cytoplasma in das Cytoplasma der Wirtszelle. Die Proteine sind mit den Proteinen der bakteriellen Flagelle verwandt.

((Das Makro spinnt wieder. Dieser Satz ist Teil des Aufzählungspunkts „Typ III", soll aber in eine neue Zeile gesetzt werden.)) Salmonellen übertragen mit dem Typ-III-System ihre Sip-Proteine.

— **Typ IV.** Die Proteinkomponenten ähneln dem Konjugationssystem von Bakterien für den DNA-Austausch. Sie schleusen Proteine aus dem bakteriellen Cytoplasma oder aus dem Periplasma in das Innere der Zielzelle.

*Agrobacterium tumefaciens* überträgt sein Ti-Plasmid mit diesem System. Der Keuchhustenerreger *Bordetella pertussis* sekretiert sein Toxin mit dem Typ IV.

— **Typ V.** Eine einzige Proteinkomponente bildet einen Kanal in der äußeren Membran, durch den Proteine, welche zuvor vom Sec-System aus der Zelle geschleust wurden, das Periplasma verlassen können.

Die Proteasen von Gonokokken und *Haemophilus influenzae* gelangen mit Typ-V-Systemen in die Umgebung.

— **Typ VI.** Eine phagenähnliche, nadelförmige Struktur injiziert Proteine direkt vom bakteriellen Cytoplasma in das Cytoplasma der Zielzelle.

*Vibrio cholerae* nutzt diesen Mechanismus.

### 5.8.5 Abbau von Proteinen

Proteine, die beschädigt sind oder nicht die korrekte dreidimensionale Struktur aufweisen, werden abgebaut. Auch viele funktionstüchtige Proteine haben nur eine begrenzte Lebensdauer.

Die **mittlere Zeit bis zum Abbau** lässt sich bei manchen Proteine an der N-terminalen Aminosäure ablesen, die dann als **Degron** bezeichnet wird. Bei *Escherichia coli* gibt es zwei Degrontypen mit deutlich unterschiedlichen Halbwertszeiten:

— Arginin, Lysin, Phenylalanin, Leucin, Tryptophan und Tyrosin kennzeichnen Proteine mit Halbwertszeiten um 2 min.

— Alle anderen Aminosäuren markieren Proteine mit mehr als 10 h Halbwertszeit.

**Fehlgefaltete Proteine** exponieren Abschnitte, die sonst im Inneren des Proteins verborgen wären. Sie können eventuell von Chaperonen neu gefaltet werden, oder sie werden von Proteasen und Peptidasen zerschnitten.

In Bakterien übernehmen häufig **Clp-Proteasen** den Abbau. Sie besitzen einen substratspezifischen Cap-Komplex und eine universelle ClpP-Protease.

## 5.9 Der Transfer von Erbmaterial

Die **Weitergabe von Genen** von einem Organismus auf einen anderen kann in zwei verschiedene Richtungen verlaufen:
- Beim **vertikalen Gentransfer** wird das Material von den Eltern auf die Nachkommen übertragen. Es bleibt damit innerhalb der gleichen Art.
- Beim **horizontalen Gentransfer** wandert das Material zu einem Organismus, der kein Nachkomme ist. Der Empfänger kann sogar einer anderen Art angehören als der Spender.

Der **vertikale Gentransfer** findet bei der Fortpflanzung statt.

Für den **horizontalen Gentransfer** gibt es verschiedene Mechanismen:
- **Konjugation** ist ein Austausch von DNA zwischen Zellen über einen direkten Kontakt.
- **Transformation** ist die Aufnahme frei vorliegender („nackter") DNA durch eine Zelle.
- **Transduktion** ist die Übertragung von DNA durch Viren.

Neu erworbene DNA kann eine Zelle durch Rekombination **in ihr eigenes Chromosom integrieren**.

### 5.9.1 Konjugation

Konjugation ist die **Übertragung von Genmaterial** von einer Donorzelle über eine Cytoplasmabrücke auf eine Empfängerzelle oder Rezipientenzelle. Die Empfängerzelle wird nach der Konjugation Transkonjugant genannt. Da die Konjugation ein parasexueller Vorgang ist, bei dem Erbmaterial nur in eine Richtung wandert, wird auch von „männlichen" und „weiblichen" Zellen gesprochen.

Die beteiligten Organismen einer Konjugation brauchen nicht zur gleichen oder zu verwandten Arten zu gehören. Es wurden schon **Übertragungen zwischen sehr unterschiedlichen Zellen** beobachtet:
- Zwischen Gram-negativen und Gram-positiven Bakterien.
- Von Bakterienzellen auf Pflanzenzellen. Beispielsweise das Ti-Plasmid von *Agrobacterium tumefaciens*.
- Von Bakterienzellen auf Pilzzellen. Beispielsweise von *Escherichia coli* auf *Saccharomyces cerevisiae*.
- Von Bakterienzellen auf Säugetierzellen. Beispielsweise von *Escherichia coli* auf Hamstereizellen.

Die Fähigkeit, eine Konjugation als Donorzelle einzuleiten, hängt von Proteinen ab, die nicht zur genetischen Standardausstattung eines Bakteriums gehören. **Träger für die Gene des Konjugationsapparats** sind:
- Konjugative Plasmide. Diese tragen die zuständigen Gene in einer *tra*-Region (für „Transfer").
- Konjugative Transposons.

Die konjugativen Elemente tragen **zusätzliche Gene**, die für verschiedene Funktionen zuständig sein können, darunter:
- Antibiotikaresistenzen.
- Stoffwechselwege, beispielsweise für die Synthese von Toxinen.
- Systeme zur Kolonialisierung eines Wirts.
- Systeme zur Errichtung einer Symbiose, beispielsweise für Wurzelknöllchen.

## Konjugation mit dem F-Plasmid

Das **F-Plasmid** ist ein gut untersuchtes **konjugatives Plasmid von *Escherichia coli***. Es wird auch Fertilitätsfaktor oder F-Faktor genannt. Eine Zelle mit dem F-Plasmid ist eine Donorzelle oder $F^+$-Zelle. Hat sich das Plasmid in das Chromosom integriert, bleibt die Zelle ein Donor und wird als Hfr-Zelle (*high frequency of recombination*) bezeichnet. Alle Zellen ohne F-Plasmid sind mögliche Empfängerzellen oder $F^-$-Zellen.

Das F-Plasmid verfügt über **mehrere Genbereiche**:
- Zwei **Replikationsursprünge**: *oriV* für die gewöhnliche Replikation des Plasmids, *oriT* für die Replikation während des Transfers bei einer Konjugation.
- Die **Transferregion** macht etwa ein Drittel des Plasmids aus und codiert für rund 40 Gene.
- Transponierbare Elemente mit **zusätzlichen Genen**.

Der **Konjugationsprozess** geht vom Donor aus:
1. **Kontaktaufnahme.** Der Donor bildet einen einzigen langen Pilus aus, der auch als Sexpilus bezeichnet wird. Der Pilus wächst auf eine Empfängerzelle zu und heftet sich an Rezeptoren auf der Oberfläche. Spezielle Tra-Oberflächenproteine verhindern die Kontaktaufnahme zwischen zwei $F^+$-Zellen.
2. **Annäherung.** Der Pilus verkürzt sich durch Abbau auf der Donorseite, sodass sich die beiden Zellen aufeinander zu bewegen.
3. **Ausbildung einer Konjugationsbrücke.** Sobald sich die äußeren Membranen berühren, stabilisieren Bindeproteine das Paar. Die Plasmamembranen der beiden Zellen verschmelzen an der Kontaktstelle lokal miteinander zu einer schmalen Brücke.
4. **Übertragung der DNA.** Die Donorzelle überträgt einen Strang des F-Plasmids auf die Empfängerzelle in einem Vorgang mit mehreren Teilprozessen:
   - Das Enzym TraI oder Relaxase schneidet einen der DNA-Stränge des F-Plasmids am *oriT* ein.
   - Mit dem 5′-Ende voran wird der DNA-Strang in die Empfängerzelle gefädelt.

**5**

- In der Donorzelle wird das Plasmid nach dem *rolling-circle*-Mechanismus repliziert: Der Transferstrang wird abgezogen, und die DNA-Polymerase III ersetzt ihn sofort mit dem unbeschädigten Strang als Vorlage.
- In der Empfängerzelle wird der ankommende DNA-Strang diskontinuierlich von der DNA-Polymerase repliziert. Eine kontinuierliche Replikation ist nicht möglich, da er mit dem 5′-Ende voran transferiert wird.
- Nach dem Ende der Übertragung wird die DNA wieder zu einem Ring geschlossen.
  Die Übertragung des rund 100 kb großen F-Plasmids dauert etwa 5 min.
5. **Trennen der Zellen.** Nach der Übertragung schließen die Zellen ihre Membranen wieder und trennen sich voneinander.

Im **Ergebnis** besitzen beide Zellen das F-Plasmid und sind damit F⁺-Zellen.

Außer der DNA des F-Plasmids werden manchmal auch andere, nichtkonjugative Plasmide übertragen. Solche **mobilisierbaren Plasmide** müssen einen *oriT* tragen. Beispiel: Das ColE1-Plasmid für das Toxin Colicin E1 und die zugehörige Immunität.

## Mobilisation des bakteriellen Chromosoms

Das F-Plasmid ist ein Episom, kann also durch Rekombination **in das bakterielle Chromosom integriert** werden. Das ist an allen Orten mit Insertionssequenzen möglich, die sowohl das Plasmid als auch das Chromosom besitzen.

Eine Zelle mit integriertem F-Plasmid wird als **Hfr-Zelle** bezeichnet. Es gibt verschiedene Hfr-Stämme, die sich im Insertionsort unterscheiden.

Geht eine Hfr-Zelle eine Konjugation mit einer F⁻-Zelle ein, kann es zur **Chromosomenmobilisation** kommen, bei der ein Teil des Chromosoms oder das ganze Chromosom übertragen wird:

- Die Konjugation verläuft wie mit einer F⁺-Zelle als Donor.
- Weil der *oriT* nun auf dem Chromosom liegt, wird ein Strang der chromosomalen DNA eingeschnitten und in die Empfängerzelle übertragen.
- Es gibt **zwei mögliche Ergebnisse** der Konjugation:
  - Wird das gesamte Chromosom übertragen, wandelt sich die Empfängerzelle in eine Hfr-Zelle mit dem gleichen Phänotyp (den gleichen Eigenschaften) wie die Donorzelle.
  - Bricht die Übertragung vorzeitig ab, weil der DNA-Faden reißt, sind die Gene des F-Plasmids nicht vollständig, da sie am Anfang und am Ende der transferierten DNA liegen. Die Zelle bleibt F⁻. Sie kann aber neue Eigenschaften entwickeln, wenn Teile ihres ursprünglichen Chromosoms durch homologe Abschnitte des übertragenen Strangs über Rekombination ersetzt werden.

Die Übertragung eines vollständigen Chromosoms dauert bei *Escherichia coli* etwa 100 min. Meistens wird die Konjugation vorher beendet.

**Löst sich ein integriertes F-Plasmid wieder aus dem Chromosom**, kann es dabei chromosomale DNA mitnehmen, wenn nicht die nächstliegenden Insertionssequenzen genutzt werden. Es wird dann F′-Plasmid, F′-Faktor oder F-prime genannt. Der Name des Gens wird an die Kennzeichnung angehängt. Beispielsweise F'*pro*, wenn das *pro*-Gen auf dem Plasmid liegt. Bei nachfolgenden Konjugationen wird das zusätzliche Genmaterial ebenfalls in die Empfängerzelle übertragen. In Bezug auf dieses Gen wird die Empfängerzelle dadurch diploid.

## Konjugation mit dem Ti-Plasmid

Die Bakterien *Agrobacterium tumefaciens* und *Agrobacterium rhizogenes* tragen häufig ein Ti-Plasmid in sich, von dem sie Teile **auf Pflanzenzellen übertragen** können. Diese induzieren dort tumorartige Wucherungen an den Wurzeln von dikotylen Pflanzen.

Das Ti-Plasmid ist zwischen 150 kb und 250 kb groß und umfasst mehrere **Gruppen von Genen**:

- Gene für den **Abbau von stickstoffreichen Opinen** (Produkte aus Ketosäuren und Aminosäuren).
- Das *tra*-**System** ist für die Übertragung des Plasmids bei der Konjugation zwischen Bakterien verantwortlich.
- Das *vir*-**System** sorgt für den Transfer der T-DNA in eine Pflanzenzelle.
- Die **T-DNA** wird in den Kern der Pflanzenzelle befördert. An ihren Enden befinden sich Wiederholungssequenzen als Markierung. Die T-DNA trägt als Gene:
  - Gene für die Synthese der pflanzlichen Wachstumshormone Auxin und Cytokinin.
  - Gene für die Synthese von Opinen.

Die Infektion findet in **Phasen** statt:
1. **Aktivierung des Plasmids.** Eine verletzte Pflanzenzelle gibt phenolische Verbindungen ab, die als Signalmoleküle für die Sensorkinase virA in der Zellhülle des Bakteriums fungieren. virA phosphoryliert virG, das die übrigen *vir*-Gene aktiviert.
2. **Konjugation zwischen Bakterium und Pflanzenzelle.** Die vir-Proteine schneiden das Ti-Plasmid am Beginn der T-DNA und erstellen eine Einzelstrangkopie, die sie über eine Konjugationsbrücke in die Pflanzenzelle transportieren.
3. **Integration in das pflanzliche Genom.** Das virE-Protein, das an die T-DNA gebunden ist, besitzt eine Sequenz, mit der es in den Zellkern der Pflanzenzelle transportiert wird. Dort integriert sich die T-DNA in eines der Chromosomen.
4. **Expression der T-DNA-Gene.** Die Synthese der Wachstumshormone führt zu den tumorartigen Wucherungen. Mit den produzierten Opinen kann die Pflanzenzelle nichts anfangen.
5. **Opine als Nahrungsquelle.** Die Bakterienzelle nimmt die Opine auf und kann sie mit den nicht übertragenen Genen zum Abbau der Opine als Energie- und Stickstoffquelle nutzen.

Das Ti-Plasmid kann auch mit anderen Genen beladen werden und wird daher zur gezielten **genetischen Veränderung von Pflanzen** eingesetzt.

## Konjugation zwischen Gram-positiven Bakterien

Die konjugativen Plasmide Gram-positiver Bakterien tragen **keine Gene für einen Sexpilus.**

Die **Initiative für die Konjugation** geht von den plasmidlosen Zellen aus:

1. Die plasmidlosen Zellen geben kurze Peptide als Pheromone in das Medium ab.
2. Plasmidtragende Zellen nehmen das Pheromon auf und synthetisieren Aggregationsproteine, die ein Zusammenlagern der Zellen fördern.

## Konjugation mit Transposons

Neben Plasmiden können auch konjugative Transposons eine Konjugation veranlassen. Zur Übertragung wird das Transposon aus dem Chromosom des Donors ausgeschnitten und wandert als geschlossener Ring zum Empfänger. Dort wird es in das Chromosom integriert.

**5**

### 5.9.2  Transformation

**Freie DNA-Fragmente und Plasmide** geraten durch den Tod und Zerfall einer Zelle in die Umgebung.

Zellen, die freie DNA aufnehmen können, werden als **kompetente Zellen** bezeichnet.

Transformation kommt **bei vielen Bakterien** vor, darunter Gram-positive Gruppen wie *Streptococcus* und *Bacillus* sowie Gram-negative Gruppen wie *Haemophilus* und *Neisseria*.

Der **Aufnahmemechanismus** verläuft bei Gram-positiven und -negativen Zellen unterschiedlich:

- Bei **Gram-positiven Bakterien** erfolgt die Aufnahme der DNA mithilfe eines als Transformosom bezeichneten Proteinkomplexes:
  1. Ein Teil des Transformosons bindet freie DNA im Medium.
  2. Liegt die DNA doppelsträngig vor, wird einer der Stränge von einer Nuclease abgebaut. Der andere wird in 18 kb langen Stücken durch eine Pore in die Zelle gezogen.
  
  Einige Arten bilden nur bei hohen Zelldichten ein Transformosom. Über ein Quorum sensing prüfen sie die Konzentration eines als Kompetenzfaktor bezeichneten kurzen Peptids. Über eine Phosphorylierungskaskade in der Zelle löst es die Expression eines speziellen Sigma-Faktors aus.
- Bei **Gram-negativen Bakterien** gibt es mehrere Abweichungen:
  - Sie führen kein Quorum sensing durch und geben dementsprechend keine Kompetenzfaktoren ab. Die Zellen sind entweder immer kompetent oder entwickeln die Kompetenz bei Nahrungsmangel.
  - Die Zellen nehmen nur DNA von verwandten Arten auf, was sie an spezifischen Sequenzen erkennen.
  - Die Aufnahme erfolgt durch einen Kanal in der äußeren Membran und einen DNA-Transporter in der Plasmamembran.

Bei **Bakterien, die keine natürliche Transformationskompetenz besitzen,** kann die Aufnahme von DNA künstlich durch elektrische Schocks (Elektroporation) oder

Chemikalien wie Calciumchlorid ($CaCl_2$) erzwungen werden. Die Behandlung macht die Plasmamembran zeitweise durchlässiger, was in der Gentechnik genutzt wird, um veränderte DNA in die Zellen einzubringen.

Wird durch den Vorgang **virale DNA in die Bakterienzelle** eingebracht, bezeichnet man dies als **Transfektion**. Der Begriff bezeichnet außerdem das Einschleusen von Fremd-DNA in eukaryotische Zellen.

### 5.9.3 Transduktion

Transduktion ist die **Übertragung von Genen durch Viren** (▶ Abschn. 2.5).

Es gibt zwei **Gründe**, warum eine Transduktion stattfindet:

- Die **natürliche Transduktion** ist ein zufälliger Prozess. Durch einen Fehler gerät chromosomale DNA in neu entstehende Viren und wird mit diesen verbreitet.
- Bei der **gentechnischen Transduktion** wird die virale DNA gezielt verändert und vom Virus in die Zielzelle eingebracht. Bei einem derart veränderten Virus spricht man von einem viralen Vektor.

Je nach Virentyp lassen sich zwei **Varianten von Transduktion** unterscheiden:

- **Allgemeine Transduktion** tritt auf, wenn ein virulenter Phage den lytischen Zyklus (▶ Abschn. 3.6) durchläuft und dabei fast beliebige chromosomale DNA-Abschnitte in die Capside verpackt.
- **Spezifische Transduktion** setzt den lysogenen Zyklus (▶ Abschn. 3.6) eines temperenten Phagen voraus und verpackt nur chromosomale DNA-Abschnitte, die direkt neben dem Insertionsort des Phagen liegen.

#### Mechanismus der allgemeinen Transduktion

1. **Replikation am Fließband.** Bei der Replikation der Phagen-DNA mit dem *rolling-circle*-Mechanismus entsteht ein langer DNA-Faden mit mehreren Kopien hintereinander (auch Concatamer genannt).
2. **Unzureichend spezifisches Schneiden.** Das Enzym zum Trennen der Kopien erkennt eine bestimmte Sequenz als Schneidesignal, beispielsweise die *pac*-Sequenz beim Phagen P22. Der zweite Schnitt am Ende der Kopie wird nur nach der DNA-Länge gesetzt.
3. Auf dem Chromosom gibt es mehrere Abschnitte, deren Sequenz dem Schneidesignal entspricht, sodass auch Stücke chromosomaler DNA mit der richtigen Länge produziert werden.
4. **Unkontrolliertes Verpacken.** Das Verpackungssystem überprüft nicht die Identität der DNA, sondern stopft jede passende DNA in ein Capsid. Es entstehen beim Zusammenbau Phagen mit Phagen-DNA und Phagen mit Stücken von Bakterien-DNA, sogenannte transduzierende Phagen oder transduzierende Partikel.
5. **Infektion neuer Zellen.** Die transduzierenden Phagen können nach der Freisetzung Wirtszellen befallen und die bakterielle DNA injizieren. In der neuen Zelle kann diese durch Rekombination den ursprünglichen DNA-Abschnitt im Chromosom ersetzen.

Der Fehler bei einer allgemeinen Transduktion produziert **unterschiedliche Phagen**, von denen einige nur ihr eigenes Erbmaterial transportieren, andere verschiedene Abschnitte der bakteriellen DNA.

Allgemeine Transduktion erfolgt beispielsweise mit den Phagen P1, der *Escherichia coli* befällt, und P22, dessen Wirt *Salmonella* ist.

### Mechanismus der speziellen Transduktion

1. **Integration in das Chromosom.** Die Phagen-DNA eines temperenten Phagen wird an einer spezifischen Stelle in das bakterielle Chromosom eingefügt. Die Erkennung erfolgt über Anheftungssequenzen oder *attachement sites*. Beispielsweise integriert sich der Lambda-Phage bei *Escherichia coli* mit seiner *att*P-Sequenz, die zur *att*B-Sequenz auf dem Chromosom passt, zwischen das Galactose-Operon *galKTE* und das Biotin-Operon *bioABFCD*. Den Einbau übernimmt eine Integrase des Phagen. Die Phagen-DNA ruht als Prophage, bis er reaktiviert wird.

2. **Fehlerhafte Exzision.** Das Ausschneiden (Exzision) erfolgt normalerweise durch erneute Rekombination der Anheftungssequenzen. In seltenen Fällen rekombinieren stattdessen andere homologe Abschnitte in der Phagen-DNA und dem Chromosom.

   Es entsteht ein ringförmiger DNA-Strang, der teilweise Phagen-DNA und teilweise bakterielle DNA trägt. Der Umfang muss im Bereich von 75 %–100 % der normalen Phagen-DNA liegen. Daher kann nur wenig benachbarte Bakterien-DNA mitgenommen werden, beispielsweise beim Lambda-Phagen nur *gal*- oder *bio*-Gene.

3. **Unkontrolliertes Verpacken.** Die DNA-Ringe werden durch Spaltung in lineare Form gebracht und ohne Überprüfung in das Capsid verpackt.

4. **Infektion neuer Zellen.** Die transduzierenden Phagen können die Hybrid-DNA in neue Wirtszellen injizieren. Die Hybrid-DNA kann sich dann durch Rekombination mit den gleichen Abschnitten wie bei der fehlerhaften Exzision in das Chromosom integrieren. Die mitgebrachte bakterielle DNA ist dadurch doppelt vorhanden (partiell diploid).

   Alleine aus der Hybrid-DNA kann kein aktiver Phage hervorgehen. Dafür muss die Zelle gleichzeitig mit einem Wildtyp-Phagen als Helferphagen infiziert sein.

Der Fehler bei einer speziellen Transduktion betrifft **alle entstehenden Phagen**, die damit das gleiche bakterielle Genmaterial tragen.

Ein typischer Phage für spezielle Transduktion ist der λ- oder Lambda- Phage von *Escherichia coli*.

## 5.10    Rekombination

Bei der **Rekombination** ersetzt die Empfängerzelle ein Stück ihrer eigenen DNA durch das aufgenommene DNA-Fragment.

In Bakterien kommt nur **parasexuelle Rekombination** vor, bei der nicht das ganze Genom, sondern lediglich Teile neu zusammengestellt werden.

Zwei **Arten von Rekombination** werden unterschieden:

- **Homologe Rekombination** findet zwischen DNA-Abschnitten statt, deren Sequenzen homolog und damit fast identisch zueinander sind.
- **Ortsspezifische oder sequenzspezifische Rekombination** verlangt nur eine kurze Sequenzgleichheit von 10 bp bis 20 bp, die aber von einem Rekombinationsenzym erkannt werden muss.

Manchmal wird die Transposition (▶ Abschn. 5.4) auch als „illegale Rekombination" bezeichnet.

## 5.10.1 Homologe Rekombination

Vermittelt durch Rekombinationsenzyme lagern sich **homologe Abschnitte zweier DNA-Moleküle** nebeneinander und tauschen ihre Plätze.

Die **zentralen Komponenten** sind die Proteine des RecA-RecBCD-Komplexes.

Der **Mechanismus** nach dem Holliday-Modell verläuft in mehreren Schritten:

1. **Trennung des Donor-Doppelstrangs.** Der RecBCD-Komplex bindet an das Ende der Fremd-DNA. Die Proteine entwinden die Stränge und fahren an ihnen entlang.
2. **Gezielte Einzelstrangbrüche.** An sogenannten Chi-Sequenzen (*cross-over hotspot instigator*) von 8 bp Länge schneidet der RecBCD-Komplex einen der beiden Stränge.
3. **Bildung eines umhüllten Filaments.** RecA-Proteine lagern sich ausgehend vom Strangbruch um den DNA-Strang und lösen ihn vom heilen komplementären Strang. Es entsteht ein proteinumhülltes DNA-Filament.
4. **Stranginvasion.** Das DNA-Filament drückt sich zwischen die beiden Stränge eines homologen Abschnitts auf dem Chromosom. Es entsteht eine sogenannte D-Schleife mit einem Crossing-over an der Verzweigungsstelle.
5. **Verdrängung.** Der fremde Strang verdrängt den entsprechenden ursprünglichen Strang auf zunehmender Länge.
6. **Spaltung des verdrängten Strangs.** Der verdrängte Strang wird an der gleichen Position geschnitten, an welcher schon der fremde Strang seinen Einzelstrangbruch aus Schritt 2 hat.
7. **Bildung der Holliday-Struktur.** Die Schnitte werden von Ligasen über Kreuz geschlossen. Der verdrängte Strang wird mit dem Anfang der Fremd-DNA verbunden, der Invasionsstrang mit der zelleigenen DNA. Das Ergebnis wird als Holliday-Struktur bezeichnet.
8. **Auflösung der Holliday-Struktur.** Eine Endonuclease spaltet die bisher unbeteiligten Stränge der Fremd-DNA und der zelleigenen DNA. Eine Ligase verbindet sie miteinander.
9. **Wahrung der Ringform.** War die fremde Donor-DNA linear und die zelleigene Empfänger-DNA ringförmig, muss an einer anderen Stelle ein zweites Crossing-over stattfinden. Daraus gehen eine ringförmige DNA und ein lineares DNA-Stück hervor. Die lineare DNA wird abgebaut.

### 5.10.2  Ortsspezifische Rekombination

Die ortsspezifische Rekombination läuft mit **einem anderen Enzymapparat** ab:
1. Zwei kurze homologe Abschnitte lagern nebeneinander.
2. Eine Rekombinase, die für diese Sequenz spezifisch ist, führt an den beiden DNA-Strängen versetzte Schnitte ein.
3. Eine Ligase verknüpft die Enden über Kreuz.

Über ortsspezifische Rekombination integrieren sich manche **Phagen** wie beispielsweise Lambda in das Chromosom des Bakteriums.

Pathogene Bakterien schalten Gene für ihre Oberflächenproteine an oder aus, indem sie durch ortsspezifische Rekombination die Richtung der Gene umdrehen. Der Prozess wird als **Phasenvariation** bezeichnet und erschwert die Erkennung der Zellen durch das Immunsystem.

## 5.11  Abwehrmechanismen gegen fremde Gene

Der Einbau fremder Gene in das eigene Chromosom birgt für die Zelle verschiedene **Risiken**:
- Infektion mit Phagen,
- Expression nutzloser oder überflüssiger Gene,
- Inaktivierung oder Verlust eigener Gene.

Bakterien verfügen deshalb über mehrere **Schutzmechanismen**:
- **Restriktionsmodifikationssysteme** zerschneiden fremde DNA und schützen eigene DNA.
- **CRISPR/Cas-Systeme** bilden einen Speicher von Fremd-DNA, die früher bereits einmal die Zelle befallen hat.

### 5.11.1  Restriktionsmodifikationssysteme

Dieser Mechanismus kombiniert **zwei Prozesse**:
- **Restriktion.** Restriktionsendonucleasen oder Restriktionsenzyme genannte Enzyme spalten die Fremd-DNA. Jedes Restriktionsenzym erkennt eine spezifische DNA-Sequenz und spaltet an einer bestimmten Schnittstelle. Die Erkennungsstelle und die Schnittstelle können im gleichen DNA-Abschnitt oder räumlich voneinander getrennt auf der DNA liegen. Die geschnittene DNA wird von anderen unspezifischen Nucleasen weiter abgebaut.
- **Modifikation.** Durch Methylierung der eigenen DNA im Bereich der Erkennungsstellen für die eigenen Restriktionsenzyme schützt die Zelle ihr Chromosom. Es genügt, einen der beiden Stränge zu methylieren, um beide Stränge der Doppelhelix zu schützen.

Es gibt vier **Typen von Restriktionsmodifikationssystemen**:
- **Typ I** ist ein multifunktionelles Protein, das schneidet und methyliert. Es erkennt asymmetrische Sequenzen, die 100 oder mehr Basenpaare von der Schnittstelle entfernt liegen. Der Schnitt erfolgt nicht sequenzspezifisch, sondern an einem zufälligen Ort.
- **Typ II** verfügt über getrennte Enzyme für Restriktion und Modifikation. Die Erkennungsstelle ist palindromisch, die Schnittstelle liegt an oder nahe bei der Erkennungsstelle. In der Gentechnik wird vor allem dieser Typ eingesetzt.

  Beispiel: *Eco*RI von *Escherichia coli*. Schnittstelle: G↓AATTC, Methylierung: GA$^{Met}$ATTC.
- **Typ III** ist ein multifunktionelles Protein, das schneidet und methyliert. Die asymmetrische Bindestelle ist 24 bp bis 26 bp von der Erkennungsstelle entfernt.
- **Typ IV** schneidet im Gegensatz zu den anderen drei Typen modifizierte DNA.

Der **Schnitt eines Restriktionsenzyms** kann verschieden aussehen:
- **Gerade.** Wenn das Enzym beide Stränge der Doppelhelix an derselben Stelle durchtrennt, entstehen stumpfe oder glatte Enden, auf Englisch *blunt ends*.
- **Versetzt.** Schneidet das Enzym die beiden Stränge im Abstand von einem oder mehr Basenpaaren, endet jeder Strang mit einem „klebrigen Ende" (*sticky end*), an dem ein kurzes Stück einzelsträngiger DNA übersteht.

Der **Name von Restriktionsenzymen** wird nach einem bestimmten Muster gebildet:
- Der erste Buchstabe gibt die Gattung an. Beispiel: *E* für *Escherichia*.
- Der zweite und dritte Buchstabe stehen für die Art. Beispiel: *co* für *coli*.
- Diese drei Buchstaben werden kursiv geschrieben.
- Es folgt ein Kürzel für den Stamm. Beispiel R für *Escherichia coli* R (*rough*).
- Zum Schluss erfolgt eine Nummerierung, falls ein Stamm über mehrere Systeme verfügt.

Der Schutz durch Restriktionsmodifikationssysteme hat **Schwachpunkte**:
- Restriktionsenzyme erkennen und schneiden nur doppelsträngige DNA. Einzelsträngige Viren-DNA wird nicht attackiert.
- Viren können dem Abbau entgehen, wenn sie ihre DNA mit der wirtsspezifischen Modifikation versehen. Beispiele: T2, T4 und T6.
- Viren können die Restriktionsenzyme durch eigene Proteine hemmen. Beispiel: T3 und T7.

Restriktionsenzyme sind **beliebte Werkzeuge in der Gentechnik**, um DNA-Abschnitte in Plasmide oder Chromosomen einzufügen.

## 5.11.2 Das CRISPR/Cas-System

Etwa die Hälfte aller bisher sequenzierten Bakterien trägt auf dem Chromosom lange Cluster von kurzen DNA-Abschnitten, in denen sich kurze, sich wiederholende

Sequenzen und variable Sequenzen abwechseln (*clustered regularly interspaced short palindromic repeats*, **CRISPR**).

Diese CRISPR haben folgende **Eigenschaften**:
- Die sich wiederholenden Sequenzen hinter einer Leader-Sequenz sind 24 bp bis 48 bp lang und innerhalb eines Clusters immer gleich.
- Sie sind nahezu palindromisch, zeigen also in 3'-nach-5'-Richtung und in 5'-nach-3'-Richtung fast die gleiche Basenfolge. Ihre RNA kann dadurch leicht Haarnadelstruktur annehmen.
- Zwischen ihnen liegen Spacer-Sequenzen von 21 bp bis 72 bp Länge, deren Basenfolgen sehr unterschiedlich sind. Diese Sequenzen stammen von Fragmenten fremder DNA, die in der Vergangenheit in die Zelle gelangt ist und von dieser abgebaut wurde.

In der Nähe der CRISPR-Cluster befinden sich Gene für Proteine, die unter dem Kürzel **Cas**-Proteine (*CRISPR-associated*) zusammengefasst werden.

Zusammen erfüllt das CRISPR-Cas-System zwei **Funktionen**:
- Der Bakterienzelle verleiht es als **eine Art adaptives Immunsystem** Resistenz gegenüber Fremd-DNA, die anhand ihrer Sequenz frühzeitig erkannt und abgebaut wird.
- In der **Gentechnik** wird es genutzt, um beliebige DNA-Abschnitte in das Erbgut von Zielorganismen einzubringen.

Der **Resistenzmechanismus** des Systems ist noch nicht vollständig aufgeklärt, verläuft aber vermutlich über folgende Schritte (◩ Abb. 5.8):
1. **Akquisitionsphase.** Probeentnahme von eingedrungener Fremd-DNA.
    1. Fremde DNA von Phagen oder in Form eines Plasmids dringt in die Zelle ein.
    2. Das Cas-Protein Cas1 bindet an die Fremd-DNA.
    3. Cas2 schneidet aus der Fremd-DNA kleine Stücke, sogenannte Protospacer.
    4. Einbau von Fremd-DNA-Fragmenten in den CRISPR-Cluster. Die erste Wiederholungseinheit im CRISPR-Cluster wird dupliziert und der Spacer in den Platz zwischen den beiden entstandenen Abschnitten eingefügt. Mit jeder Probe von Fremd-DNA wächst der Cluster somit in der Länge.
2. **Bearbeitungsphase.** Synthese von Abwehrkomplexen.
    1. Der CRISPR-Cluster wird transkribiert zu einem langen Molekül prä-crRNA (CRISPR-RNA).
    2. Das RNA-Molekül bildet mit den palindromischen Sequenzen Haarnadelstrukturen. Cas-Enzyme schneiden hinter diesen Haarnadeln am Übergang zur einzelsträngigen Spacer-Sequenz.
    3. Die crRNA-Stücke bilden mit mehreren Cas-Proteinen Interferenzkomplexe.
3. **Interferenzphase.** Abwehr der Fremd-DNA bei erneutem Kontakt.
    1. Der Komplex mit der passenden crRNA erkennt und bindet die Fremd-DNA.
    2. Endonucleasen im Komplex wie Cas3 oder Cas9 zerschneiden die Fremd-DNA.

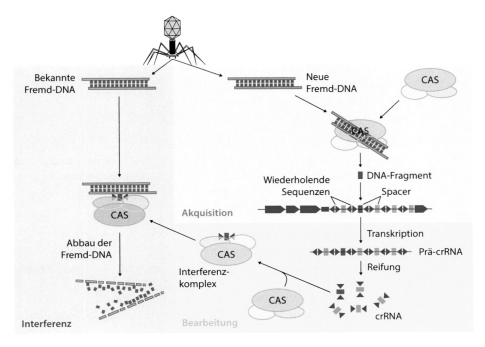

## 5.12 Besonderheiten der Archaeengenetik

Das Genmaterial von Archaeen weist **Ähnlichkeiten zu den Genen der anderen Domänen des Lebens** auf:
- Zu etwa 35 % sind die Gene in allen drei Domänen zu finden.
- Etwa 25 % kommen nur in Archaeen und Bakterien vor.
- Etwa 5 % sind auf Archaeen und Eukaryoten beschränkt.

### 5.12.1 Die Organisation des Genoms von Archaeen

**Ähnlichkeiten zu Eukaryoten**

Manche Komponenten des genetischen Apparats erinnern mehr an ihre eukaryotischen Gegenstücke als an die bakteriellen Moleküle:
- die DNA-bindenden Proteine,
- die RNA-Polymerase,
- die ribosomalen RNAs,
- Introns genannte Abschnitte in den Genen, die bei der Transkription in eine prä-mRNA überführt und vor der Translation durch Spleißen entfernt werden.

## Ähnlichkeiten zu Bakterien

Andere Eigenschaften entsprechen eher der bakteriellen Organisation:
- Das Chromosom ist ringförmig geschlossen.
- Meist ist nur ein Chromosom vorhanden.
- Viele Archaeen besitzen zahlreiche Plasmide.
- Die Gene sind häufig in Operons zusammengefasst.
- Archaeen besitzen nur wenig nichtcodierende DNA-Sequenzen.

## Für Archaeen spezifische Besonderheiten

Die Chromosomen der Archaeen sind bei einigen Arten, die in heißen und sauren Medien leben, in die gleiche Richtung verdrillt wie die Doppelhelix (positive Superspiralisierung). Das Molekül erhält dadurch eine größere Stabilität.

### 5.12.2  Die Genregulation bei Archaeen

Die Regulation der Transkription von Archaeen ähnelt teilweise **mehr dem Prozess von Bakterien** als jenem von Eukaryoten.

Archaeen nutzen mehrere **Wege zur Transkriptionskontrolle**:
- Repressor- und Aktivatorproteine, mit und ohne Corepressoren und Induktoren.
- Hilfsproteine TBP (TATA-*binding protein*) und TFB (*transcription factor* B), ohne welche die RNA-Polymerase nicht an den Promotor binden kann.
- Regulatorische Proteine mit Doppelfunktion als Repressor und Aktivator. Beispielsweise hängt es beim SurR-Protein für den Schwefelmetabolismus von *Pyrococcus furiosus* davon ab, an welcher Stelle innerhalb des Promotors es bindet, ob das Protein als Aktivator oder Repressor fungiert.

### 5.12.3  Der Abbau von Proteinen

Archaeen besitzen einen **Proteasom** genannten fassartigen Komplex, in den ein aufgefaltetes Protein eingeführt und in dem dieses gespalten wird.

### 5.12.4  Konjugation bei Archaeen

Die Konjugationssysteme von Archaeen unterscheiden sich deutlich von den Komplexen der Bakterien.

Zwei **Varianten von Konjugation** sind bislang bekannt:
- *Sulfolobus* zeigt eine unidirektionale Konjugation, die von einem Plasmid ausgelöst wird.
- *Haloferax* tauscht chromosomale Gene bidirektional aus. An dem Prozess ist kein Plasmid beteiligt.

## 5.12.5 Transduktion bei Archaeen

Bislang wurde Transduktion nur beim Phagen ΦM1 beobachtet, der *Methanobacterium thermoautotrophicum* vom Stamm Marburg befällt.

## 5.12.6 Abwehrmechanismen von Archaeen gegen fremde DNA

80 % bis 90 % der sequenzierten Archaeen verfügen über CRISPR-Strukturen.

## 5.13 Besonderheiten der Eukaryotengenetik

### 5.13.1 Die Organisation des eukaryotischen Genoms

Die **Eigenschaften eukaryotischer Chromosomen** sind in ▶ Abschn. 2.4 zusammengefasst.

An den **Enden der linearen Chromosomen** befinden sich **Telomere** genannte, sich wiederholende Sequenzen. Bei der Replikation werden die Telomere jedes Mal ein Stück kürzer, weil die DNA-Polymerase nicht hinreichend weit am Ende des DNA-Strangs ansetzen kann. Das Enzym Telomerase kann die Verkürzung rückgängig machen. Es ist eine reverse Transkriptase, die ein intrinsisches Stück RNA als Vorlage beinhaltet, nach welcher sie das 3'-Ende der DNA verlängert. Den anderen Strang ergänzen dann RNA-Primase und DNA-Polymerase.

Die **Bestimmung der DNA-Abschnitte** unterscheidet sich bei Pro- und Eukaryoten in einigen Punkten:
- **Prokaryoten** verwenden ihre DNA mit größerer Effizienz.
  - Die codierenden Bereiche liegen dicht beieinander und sind häufig zu Operons zusammengefasst.
  - Transponierbare Elemente sind bei Prokaryoten selten.
- **Eukaryoten** verfügen über weite Strecken nichtcodierender DNA (beim Menschen zu 95 %).
  - Zwischen ihren Genen befinden sich lange nichtcodierende Strecken, die der Regulation dienen oder Überbleibsel von integrierten Virengenomen sind.
  - Introns befinden sich innerhalb des Leserahmens eines Gens und werden mit diesem bei der Transkription in die prä-mRNA überführt, anschließend aber durch Spleißen von Enzymen herausgeschnitten.
  - Manche Gene liegen in mehreren Duplikaten vor, von denen nicht alle genutzt werden, sondern zu funktionslosen Pseudogenen verkümmert sind.

### 5.13.2 Besonderheiten der Transkription bei Eukaryoten

Das direkte RNA-Transkript der DNA-Matrize ist meistens eine **vorläufige prä-RNA**, die durch Spleißen (gezieltes Zerschneiden und gegebenenfalls Zusammenfügen) in die fertige Form gebracht wird.

Eukaryoten besitzen nicht nur eine, sondern **fünf RNA-Polymerasen**:
- **RNA-Polymerase I** ist für die Synthese der prä-rRNA als Vorläufer für die drei rRNAs 18S, 5,8S und 28S zuständig.
- **RNA-Polymerase II** katalysiert die Synthese der Prä-mRNA, die zur mRNA prozessiert wird. Außerdem stellt sie einige kleine RNAs her.
- **RNA-Polymerase III** produziert die tRNA, die 5S rRNA und einige kleine RNA-Moleküle.
- **RNA-Polymerase IV und RNA-Polymerase V** kommen nur bei Pflanzen vor, wo sie für siRNAs (*small interfering* RNA) zuständig sind.

Die Transkription findet im Zellkern statt und ist damit sowohl räumlich als auch funktionell **von der Translation getrennt**. Beispielsweise kann es deshalb keine Regulation durch Attenuation geben.

### 5.13.3 Besonderheiten der eukaryotischen prä-mRNA

Das **Transkript der Eukaryoten** unterscheidet sich von seinem prokaryotischen Pendant in einigen Punkten:
- Es ist **monocistronisch**, codiert also nur für ein einzelnes Protein.
- An ihrem 5′-Ende trägt die prä-mRNA eine **Cap-Struktur** genannte Sequenz von Methylguanosin, einem methylierten Guanosin. Die Cap-Struktur schützt die prä-mRNA vor dem enzymatischen Abbau und dient als Erkennungsstelle für die kleine Untereinheit des Ribosoms.
- In das offene Leseraster sind nichtcodierende **Introns** eingebettet.
- Am 3′-Ende befindet sich ein **Poly(A)-Schwanz** von 30 bis 200 Adeninnucleotiden Länge. Er schützt vor dem Abbau und hilft beim Transport der mRNA aus dem Zellkern.

### 5.13.4 Besonderheiten der Translation bei Eukaryoten

Die Translation bei Eukaryoten läuft grundsätzlich ähnlich wie bei Bakterien ab, ist aber im Detail komplizierter. Unter anderem gibt es folgende **Unterschiede**:
- Die **Ribosomen des Cytoplasmas sind größer** (80S) und ihre Untereinheiten aus mehr Molekülen aufgebaut:
  - 60S-Untereinheit: 49 Proteine sowie 28S-rRNA, 5,8S-rRNA und 5S-rRNA.
  - 40S-Untereinheit: 33 Proteine und 18S-rRNA.
- Diese Ribosomen liegen **frei im Cytoplasma oder gebunden an das endoplasmatische Reticulum** vor.
- Die **Anzahl der Ribosomen** liegt mit mehreren Millionen pro Zelle viel höher.

- Die **Zahl der Initiationsfaktoren** ist deutlich größer (beim Menschen gibt es etwa 45 Gene) und sie übernehmen mehr Aufgaben, beispielsweise lösen sie Schleifen und Haarnadeln auf, die sich in der mRNA gebildet haben.
- Es gibt auf der mRNA keine Shine-Dalgarno-Box als **Erkennungssequenz für das Ribosom.** Das Ribosom bindet an die sogenannte Cap-Gruppe aus Methylguanosin.
- Als **Startcodon** fungiert das erste Basentriplett vom 5'-Ende aus.
- Die **erste Aminosäure** ist ein unmethyliertes Methionin.

Die **Ribosomen und die Translation in den Mitochondrien und Chloroplasten** ähneln aber den bakteriellen Pendants.

### 5.13.5 Die Genregulation bei Eukaryoten

Es gibt **zahlreiche Unterschiede** in der Genregulation von Eukaryoten und Prokaryoten. Dazu gehören:
- Anders als Prokaryoten haben Eukaryoten **keine Operatoren.**
- Neben Promotoren regeln auch entfernte **Enhancer- und Silencer-Sequenzen** die Transkription.
- **Allgemeine Transkriptionsfaktoren** wie das TATA-bindende Protein unterstützen die RNA-Polymerasen beim Erkennen und Binden der Promotoren.
- Hinzu kommen **spezifische Transkriptionsfaktoren.**
- Eukaryoten besitzen viele **verschiedene Varianten kurzer RNAs**, die neben regulatorischen Aufgaben auch andere Funktionen übernehmen, beispielsweise als Katalysatoren chemischer Reaktionen.
- Als **epigenetischer Prozess** werden Gene durch chemische Modifikationen einzelner Nucleotide ein- oder ausgeschaltet. Der Aktivierungsgrad kann sogar an die Nachkommen weitergegeben werden.

### 5.13.6 Der Abbau von Proteinen

Proteine werden durch Anheften eines **Ubiquitin** genannten Peptids aus 76 Aminosäuren für den Abbau markiert. Diesen Tag erkennen Proteasomen. Die fassartigen Komplexe entfalten das Protein und ziehen es in ihr Inneres, wo die Kette gespalten wird.

### 5.13.7 Die Aufnahme von Fremd-DNA

Der Begriff „Transformation" bezeichnet bei tierischen Zellen die Wandlung einer normalen Zelle in eine Tumorzelle. Das Einbringen von fremder DNA in eine eukaryotische Zelle wird deshalb als „Transfektion" bezeichnet.

## 5.14    Besonderheiten der Virengenetik

### 5.14.1    Allgemeine Besonderheiten bei Viren

Bei Viren fungieren verschiedene **Varianten von Nucleinsäuren** als Träger der Erbinformation:
- **DNA:**
  - einzelsträngige DNA,
  - doppelsträngige DNA.
- **RNA:**
  - einzelsträngige RNA:
    - (+)-RNA kann wie mRNA direkt zu Proteinen translatiert werden.
    - Zu einer (−)-RNA muss vor der Translation ein komplementärer (+)-Strang erstellt werden.
  - doppelsträngige RNA.

### 5.14.2    Besonderheiten des Genoms

Viren, die Eukaryoten befallen, zeigen häufig **Anpassungen ihres Genoms an die eukaryotische Organisation der Gene**:
- **mRNA-typische Sequenzen.** Manche (+)-RNA-Viren tragen am 3′-Ende ihrer RNA einen Poly(A)-Schwanz und am 5′-Ende eine Cap-Struktur. Beispiel: Poliovirus.

### 5.14.3    Besonderheiten der Genexpression

- Die RNA-Vorlagen für die Translation sind manchmal **polycistronisch**, sodass das entstehende Peptid von einer Protease in die einzelnen Proteine geschnitten werden muss. Beispiel: Poliovirus.
- **Vorlage für die Transkription bei RNA-Viren:**
  - Von **(+)-RNA-Strängen** wird ein komplementärer (−)-Strang als Matrize für die Transkription der mRNA hergestellt. Beispiel: Poliovirus
  - **(−)-RNA-Stränge** dienen selbst als Vorlage für die Transkription in mRNA. Beispiel: Influenzavirus.
- **Lokalisation der Transkription:**
  - Die Transkription der Gene mancher eukaryotischer Viren findet **im Zellkern** statt. Beispiel: Influenzavirus, Herpes-simplex-Virus.
  - Der Transkriptionsort anderer eukaryotischer Viren ist ein **gesondertes Kompartiment**. Beispiel: Die Transkription der Polio-RNA ist in einem Vesikel des endoplasmatischen Reticulums lokalisiert.
- Für eine **latente Infektion** müssen Kontrollmechanismen die Genexpression der Gene des lytischen Zyklus unterdrücken. Beispiel: Herpes-simplex supprimiert die lytischen Gene mit LAT-RNA.

## 5.14.4 Besonderheiten der Replikation

— **Vorlage für die Replikation bei RNA-Viren:**
  – Für die Replikation von **(+)-RNA** muss zunächst eine RNA-abhängige RNA-Polymerase des Virus eine komplementäre (−)-Kopie als Matrize anfertigen.
  – Für die Replikation von **(−)-RNA** synthetisiert eine RNA-abhängige RNA-Polymerase einen komplementären (+)-Strang als Matrize für neue (−)-Stränge.
— Die **Replikation doppelsträngiger DNA-Viren** verläuft nach einem von zwei möglichen Mechanismen:
  – **bidirektional** wie die Replikation des bakteriellen Chromosoms,
  – nach dem Modell des *rolling circle*.
    Die notwendigen Enzyme können vom Wirt (wie beim Epstein-Barr-Virus) oder dem Virus selbst (wie beim Pockenvirus) stammen.
— **Lokalisation der Translation:**
  – Einige Viren, die Eukaryoten befallen, lassen die **Replikation in gesonderten Kompartimenten** ablaufen. Beispiel: Das Poliovirus induziert die Bildung spezieller Vesikel des endoplasmatischen Reticulums ohne Ribosomen.
  – Bei anderen eukaryotischen Viren findet die **Replikation im Zellkern** statt. Beispiele: Influenzavirus, Herpes-simplex-Virus.
— Manche viralen Polymerasen nutzen als **Primer Proteine** statt RNA-Stücke. Beispiele: Das VPg-Protein als Cap-Struktur am 5′-Ende der RNA von Polioviren ist ein Protein-Primer. Bei Influenzaviren dient eine Untereinheit des Nucleocapsidproteins NP als Primer.

## 5.14.5 Besonderheiten einzelner Viren

— **Influenzaviren:**
  – Influenzaviren besitzen ein **segmentiertes Genom** aus acht separaten (−)-RNA-Strängen.
    – Infizieren zwei oder mehr Viren eine Zelle, werden die Stränge beim Verpacken der Viren zufällig gemischt, sodass es zu neuen Rekombinationen kommt.
    – Die Stränge werden beim Zusammenbau der Viren zufällig in die Capside verpackt. Daher erhält ein großer Anteil nicht von jedem Strang eine Kopie und fällt als defekt aus. Die große Zahl neuer Viren gleicht den Verlust aus.
  – Bei Influenzaviren ist jeder RNA-Strang bereits im Capsid mit einer **RNA-Polymerase** versehen.
  – Die RNA-Stränge sind außerdem einzeln von **Nucleocapsidproteinen** (NP) bedeckt.
  – Als **Primer für die Transkription** werden RNA-Fragmente verwendet, die von prä-mRNA der Wirtszelle abgespalten werden (*cap snatching*).

**5**

— **Herpes-simplex-Virus:**
  – Das doppelsträngige DNA-Genom wandert in den Zellkern und schließt sich dort zu einem **Ring**, der ähnlich einem Plasmid neben den Chromosomen existiert.
  – Für eine **dauerhafte persistierende oder latente Infektion** muss das Virus langlebige Zellen wie Neuronen infizieren und deren Apoptose unterdrücken.

## 5.14.6  Modellsystem Bakteriophage T4

Der Phage T4 ist vom Bau ein **komplexes Virus** (▶ Abschn. 2.5), das *Escherichia coli* befällt und einen lytischen Zyklus (▶ Abschn. 3.6) durchläuft.

Sein **Genom** liegt als lineare, doppelsträngige DNA vor und umfasst 170 Gene auf 166 kb.

### Infektion der Wirtszelle

1. **Kontaktaufnahme.** Der Phage bindet mit seinen Schwanzfasern (▶ Abschn. 2.5, ▶ Abb. 2.15) das Porin OmpC in der äußeren Membran der Wirtszelle.
2. **Injektion der Phagen-DNA:**
   1. Bei Kontakt der Endplatte des Virus mit der äußeren Membran kontrahiert die Schwanzhülse.
   2. Ein Injektionsapparat durchstößt die äußere Membran und löst die Peptidoglykanschicht mit einer Lysozymaktivität auf.
   3. Der Schwanz stößt durch das Loch vor und durchdringt die Plasmamembran.
   4. Die Phagen-DNA wird mit bis zu 50 bar Druck in die Wirtszelle injiziert.

### Genexpression und Replikation

Die **Phagengene** werden nach einem bestimmten Zeitplan aktiviert:
1. **Frühe Gene** codieren für:
   – Enzyme zur Zerstörung der bakteriellen DNA. Die phageneigene DNA ist durch Methylgruppen an den Cytosinbasen geschützt.
   – Enzyme für eine schnellere DNA-Replikation.
   – Enzyme zur Methylierung der Cytosinbasen in der neuen DNA.
2. **Späte Gene** codieren für die Proteine des Capsids und der Schwanzstrukturen sowie einige Enzyme für die Synthese dieser Proteine.
3. **Zum Schluss** wird Lysozym für die Lyse der Zellwand produziert.

Die **Regulation der Genaktivität** übernehmen Regulatorproteine.

Die **Transkription und Translation** führen die wirtseigene RNA-Polymerase und Ribosomen durch. Vom Phagen stammen einige kleinere Komponenten wie tRNAs und ribosomale Proteine.

Die **Replikation** verläuft nach dem *rolling-circle*-Mechanismus. Dafür schließt sich der lineare DNA-Doppelstrang zunächst zu einem Ring. Die Polymerasen produzieren einen langen, durchgehenden neuen DNA-Strang, der das Genom mehrmals hintereinander trägt (Concatemer) und anschließend geschnitten wird.

## Assemblierung und Freisetzung

1. Die Phagen-DNA wird in die **Capside** verpackt.
   Das Volumen des Phagenkopfs reicht aus, um 103 % der Phagen-DNA auf-zunehmen. Jeder neue Phage erhält somit **einen kleinen Anteil der Gene doppelt** (dupliziert).
2. Die Köpfe werden auf die **Schwanzteile** gesetzt.
3. Die **Schwanzfasern** hängen sich an die Endplatten.

Der **Zusammenbau der Komponenten** erfolgt spontan, ohne Unterstützung durch Enzyme.
Durch **Lyse der Wirtszelle** werden etwa 200 neue Phagenpartikel freigesetzt.

### 5.14.7 Retroviren: Das HI-Virus

Das **Genom von Retroviren** besteht aus zwei (+)-RNA-Strängen mit dem gleichen Satz von Genen. Das Genom ist damit diploid. Beim Humanen Immunschwäche-virus (HIV) sind die beiden Stränge linear und umfassen 9,2 kb. Sie sind von Nuc-leocapsidproteinen geschützt.
   Die RNA-Stränge **ähneln eukaryotischer mRNA**:
— Am 5'-Ende tragen sie eine Cap-Struktur.
— Am 3'-Ende befindet sich ein Poly(A)-Schwanz.
— Eine tRNA aus der letzten zuvor infizierten Zelle ist als Primer nahe am 5'-Ende gebunden.

Drei **offene Leseraster** sind typisch für Retroviren:
— *gag* codiert Proteine des Capsids, Nucleocapsids und der Matrix, also der „Ver-packung".
— *pol* codiert die Enzyme reverse Transkriptase, Protease und Integrase.
— *env* codiert die Hüllproteine.
   Hinzu kommen **weitere Sequenzen**:
— Long Terminal Repeats (LTR) am Anfang und Ende des Genoms,
— eine Primerbindungsstelle,
— ein Promotor,
— regulatorische Sequenzen, auch als akzessorische Gene bezeichnet.

## Infektion der Wirtszelle

1. Kontaktaufnahme.
   1. Das Spike-Protein SU der viralen Hüllmembran stellt den Kontakt zum Oberflächenprotein CD4 eines T-Lymphocyten her.
   2. Durch eine Konformationsänderung streckt sich das Spike-Protein TM bis in die Plasmamembran der Wirtszelle. Gleichzeitig bindet SU an Chemo-kinrezeptoren (CCR) als Corezeptoren auf der Wirtszelle.
2. **Membranfusion.** Die Hüllmembran des Virus verschmilzt mit der Plasma-membran der Wirtszelle.

3. **Freisetzung der Core-Bestandteile.** Das Capsid gelangt in das Cytoplasma und löst sich auf. Dadurch werden die beiden RNA-Stränge mit den angehefteten Nucleocapsidproteinen, der reversen Transkriptase, der Integrase, der Protease und einigen akzessorischen Proteinen freigesetzt.

## Reverse Transkription

Das viruseigene Enzym reverse Transkriptase tauscht die RNA gegen doppelsträngige DNA um:
1. Die reverse Transkriptase erstellt an der RNA als Vorlage einen DNA-Strang. Dabei baut sie die nicht mehr benötigten RNA-Abschnitte ab (destruktive Replikation).
2. Anschließend synthetisiert sie den komplementären DNA-Strang, sodass die DNA nun doppelsträngig ist. Sie gelangt durch eine Kernpore in den Nucleus.
3. Die ds-DNA wird zum Ring geschlossen und über ortsspezifische Rekombination in das Wirtschromosom integriert. Das Virusgenom wird nun als Provirus bezeichnet.

Die **Fehlerrate** bei der reversen Transkription liegt bei ein bis zwei Fehlern pro Kopie.

## Genexpression und Replikation

Der Transkriptions- und Translationsapparat der Zelle exprimiert die viralen Gene wie zelleigene Gene.

## Assemblierung und Freisetzung

Die translatierten Proteine umgeben RNA-Transkripte, die das neue Genom darstellen. Die neuen Viren knospen sich von der Wirtszelle ab.

## Literatur

Fritsche O (2015) Biologie für Einsteiger. Springer, Heidelberg

# Mikrobielle Evolution

## Inhaltsverzeichnis

> **Worum geht es?**
> Die Evolution beschreibt die Veränderungen von Organismen im Laufe der Zeit, mit denen diese sich an wechselnde Lebensbedingungen anpassen. Grundlage hierfür sind Veränderungen des genetischen Materials. Im Gegensatz zu Tieren und Pflanzen kann dies bei Bakterien nicht nur durch Mutationen in ihrem Genom erfolgen, sondern sie haben zudem die Möglichkeit, untereinander Gene auszutauschen. Dies erschwert die Definition des Artbegriffs und die Unterscheidung verschiedener Bakterienarten.

## 6.1    Die Entwicklung der Mikroorganismen

**6**

### 6.1.1    Die chemische Evolution

Damit Leben überhaupt entstehen konnte, mussten verschiedene organische Verbindungen vorliegen und sich zu selbst erhaltenden und selbst vermehrenden Einheiten verbinden, was als **chemische Evolution** bezeichnet wird. Es gibt zahlreiche Modelle und Ansätze, die Prozesse zu erklären, aber noch keine schlüssige Theorie.

Die Entwicklung verlief jedoch wahrscheinlich in **aufeinander aufbauenden Schritten**:

1. **Synthese kleiner organischer Verbindungen.** Die ersten Grundbausteine des Lebens mussten abiotisch aus anorganischer Materie entstehen. Hierfür wurden verschiedene Wege vorgeschlagen:
   – **Reaktionen in der Ursuppe.** Unter ähnlichen Bedingungen wie in der Frühzeit der Erde reagieren anorganische Substanzen mit der Energie von Blitzen und ultravioletter Strahlung zu organischen Molekülen wie Fettsäuren und Aminosäuren.
   – **Kosmische Verbindungen.** Einige Substanzen wie Methan, Ameisensäure, Methanol, Ethanol, Essigsäure, Glykolaldehyd, Dihydroxyaceton und sogar Aminosäuren und Nucleobasen wurden bereits in Meteoriten nachgewiesen und könnten aus dem Weltall auf die Erde gekommen sein.
   – **Eisen-Schwefel-Welt.** An den Oberflächen von Eisensulfidmineralien kann die Reduktion des Eisens mit molekularem Wasserstoff genug Energie liefern, um einfache Biomoleküle zu synthetisieren und sogar zu Polymeren zu verbinden.
2. **Polymerisation zu Makromolekülen.** Auch für die Verbindung der Monomere zu komplexen Polymeren gibt es nur Vermutungen:
   – **Tonminerale als Katalysatoren.** Die Minerale in Tonen weisen elektrisch geladene Flächen auf, an welche sich Monomere anlagern und anreichern können. Im Experiment haben sich dadurch bereits Peptidketten aus mehr als 50 Aminosäuren gebildet.
   – **Chiralität durch Kristalle.** Die Chiralität einiger Moleküle (beispielsweise verwenden Zellen fast nur L-Aminosäuren in ihren Proteinen) lässt sich mit der Polymerisation an bestimmten Flächen von Kristallen wie Calcit erklären, die eine der möglichen sterischen Formen bevorzugen.

– **UV-Schutz in Gesteinen.** Kleine Hohlräume in Gesteinen könnten entstehende Makromoleküle vor der sofortigen Spaltung durch ultraviolettes Licht bewahrt haben.

– **RNA-Welt.** Ein guter Kandidat für ein frühes Lebensmolekül ist RNA. Es kann sowohl die Information für die Synthese anderer Moleküle tragen als auch als Ribozym selbst chemische Reaktionen katalysieren.

3. **Bildung zellartiger Strukturen.** Um die Konzentration der Biomoleküle auf Dauer zu gewährleisten, müssen sie zu zellartigen Strukturen zusammengefasst werden. Es existieren mehrere Hypothesen zur Entstehung der ersten Zellvorläufer:

 – **Koazervate.** In Salzwasser lagern sich biologische Makromoleküle zu getrennten Tröpfchen von mehreren Mikrometern Durchmesser zusammen. In diesen Tröpfchen können chemische Reaktionen ablaufen, wenn Substrate und Katalysatoren vorhanden sind.

 – **Mikrosphären.** Proteinoide genannte Polymere aus Aminosäuren bilden beim Erwärmen wachsende Tröpfchen, die von einer semipermeablen Membran umgeben sind. Auch in diesen Mikrosphären können chemische Reaktionen ablaufen.

 – **Protozellen.** Vesikel aus einfachen Fettsäuren, Fettalkoholen und Fettsäure-Glycerin-Estern – sogenannte Protozellen – sind im Temperaturbereich von 0 °C bis 100 °C stabil und können geladene Moleküle wie RNA je nach Bedingungen aufnehmen oder einschließen.

## 6.1.2 Die Entstehung des Lebens

Die **ältesten Hinweise auf Leben** sind bis zu 3,7 Mrd. Jahre alt:

– 3,7 Mrd. Jahre alt sind Grafitkügelchen mit einem leicht verringerten Anteil des Kohlenstoffisotops $^{13}C$ gegenüber dem häufigeren Isotop $^{12}C$. Kohlendioxidfixierende Enzyme binden leichter $^{12}C$ als $^{13}C$, was als **Isotopendiskriminierung** bezeichnet wird. Die Zellen bauen daher mehr $^{12}C$ ein, sodass dieses Isotop in Ablagerungen biologischen Ursprungs noch im wenig dominanter ist als bei rein abiotisch entstandenen Gesteinen.

– **Fossile Stromatolithen** sind Sedimentgesteine, die heutigen Stromatolithen ähneln und wie diese aus zahlreichen Lagen von Biofilmen hervorgegangen sind. Die Polymermatrix der Mikrobenmatten bindet Kalk, der aus Carbonaten und Hydrogencarbonaten des Wassers entsteht und sich zu Kalkstein verfestigt. Die ältesten, vermutlich biogen entstandenen Stromatolithen haben ein Alter von etwa 3,5 Mrd. Jahren.

– Manche organischen Substanzen werden als **Biosignaturen** oder **Biomarker** interpretiert. Beispielsweise Hopanoide (▶ Abschn. 2.3), die in 2,5 Mrd. Jahre altem Gestein gefunden wurden und möglicherweise aus der Membran photosynthetischer Bakterien stammen.

– Als **Mikrofossilien** bezeichnete Strukturen in Gestein, deren Aussehen an Zellen erinnert, entstanden vor rund 2 Mrd. Jahren. Sie ähneln filamentösen Prokaryoten oder Kolonien von Cyanobakterien.

Als **Energiequelle** für ihren Metabolismus kommen für die ersten Zellen verschiedene Möglichkeiten in Betracht:

— **Anaerobe Atmung.** Durch ultraviolette Strahlung von der Sonne entstanden oxidierte Verbindungen wie Nitrat und Sulfat, die im Rahmen einer anaeroben Atmung (▶ Abschn. 6.3) als Akzeptor für Elektronen von reduzierten Verbindungen wie Wasserstoff dienen konnten. Die reduzierten Substanzen drangen aus dem Gestein und Sediment ins Wasser. Neben Wasserstoff könnte es sich um Ammoniak, Schwefelwasserstoff, Methan und Eisenionen gehandelt haben. Das Mengenverhältnis der Schwefelisotope $^{34}S$ zu $^{32}S$ deutet auf eine Sulfatatmung vor 3,5 Mrd. Jahren hin.

— **Lichtgetriebene Protonenpumpe.** Ähnlich wie heutige Halobakterien mit ihrem Bakteriorhodopsin (▶ Abschn. 4.6.4) könnten frühe Zellen mit einem einzigen Molekül die Energie des einfallenden Lichts genutzt haben, um einen Protonengradienten aufzubauen.

— Die **oxygene Photosynthese** haben vermutlich Vorläufer der modernen Cyanobakterien vor mehr als 2,5 Mrd. Jahren entwickelt. Darauf weisen sogenannte Bändererze hin, die Lagen aus Eisenoxid enthalten. Das Eisen in älteren Sedimenten liegt hingegen reduziert vor.

### 6.1.3  Der letzte gemeinsame Vorfahr

Es ist ungeklärt, ob Leben auf der Erde nur einmal oder mehrmals entstanden ist. Es gilt aber als sicher, dass nur eine der entstandenen Lebensformen überdauert hat und der Ursprung aller heutigen Lebensformen ist. Dies wird als **monophyletische Abstammung** bezeichnet.

Der **Urvorfahr** oder **Last Universal Ancestor** (LUA) hat vermutlich vor rund 3,5 Mrd. Jahren zu Beginn des Archaikums existiert.

Er besaß eine Reihe von **Merkmalen**, die er an seine Nachkommen weitergegeben hat und die daher allen heutigen Lebensformen gemeinsam sind:

— **Biomoleküle.** Alle Organismen setzen auf Lipide, Proteine und Nucleinsäuren als Bausteine.

— **Zellstruktur.** Alle Organismen sind als membranumhüllte Zellen organisiert.

— **DNA als Erbmolekül.** Alle Organismen speichern ihre Erbinformation in Form von doppelsträngiger DNA.

— **Genetischer Code.** Alle Organismen setzen auf einen Code mit drei Basen pro Codon. Die Codetabelle ist bis auf wenige Abweichungen bei allen identisch.

— **Transkription und Translation.** Alle Organismen setzen ihre genetische Information mit den gleichen Prozessen um. Alle verwenden dafür mRNA, tRNAs und Ribosomen.

Die genannten Gemeinsamkeiten gelten als Indiz für die monophyletische Abstammung. Es ist extrem unwahrscheinlich, dass sich solch komplexe Eigenschaften unabhängig voneinander in getrennten Organismengruppen entwickelt haben.

## 6.1.4 Die Entstehung der eukaryotischen Urzellen

Nach der Entstehung des Lebens waren alle Zellen im Wesentlichen so aufgebaut wie heutige Bakterien. Erst nach etwa 2 Mrd. Jahren erschienen Zellen mit einem Zellkern, Mitochondrien und in einigen Fällen Chloroplasten – die **Vorläufer der heutigen eukaryotischen Zellen.**

Die **Endosymbiontentheorie** erklärt die Entstehung der Organellen damit, dass größere prokaryotische Zellen kleinere prokaryotische Zellen durch Phagocytose aufgenommen, aber nicht verdaut haben. Stattdessen gingen sie eine Endosymbiose ein, die beiden Partnern so viele Vorteile brachte, dass sich daraus der neue Zelltyp des Eukaryoten entwickelt hat.

Die Wandlung vom Prokaryoten zum Eukaryoten fand in ein bzw. zwei **aufeinanderfolgenden Phasen** statt:

1. **Bildung der Mitochondrien.** Bei der ersten erfolgreichen Endosymbiose inkorporierte die prokaryotische Vorläuferzelle vermutlich ein aerobes Proteobakterium, aus dem sich die Mitochondrien entwickelten.
2. **Bildung der Chloroplasten.** Die Vorfahren der photosynthetischen Eukaryoten nahmen später zusätzlich Cyanobakterien auf, aus denen die Chloroplasten hervorgegangen sind.

Folgende **Indizien** sprechen für die Richtigkeit der Endosymbiontentheorie:

- **Vermehrung durch Teilung.** Die Zelle kann keine neuen Mitochondrien und Chloroplasten synthetisieren. Die Organellen vermehren sich wie Bakterien durch Teilung und gelangen bei der Teilung der eukaryotischen Zelle in die Tochterzellen.
- **Eigenes genetisches Material.** Mitochondrien und Chloroplasten besitzen eigene DNA, auf der sich die Gene für einige organellenspezifische Proteine und RNAs befinden. Diese DNA ist wie bakterielle DNA als geschlossener Ring organisiert, enthält kaum repetitive Sequenzen und ist nicht auf Histone gewickelt.
- **Genetische Verwandtschaft.** Die DNA-Sequenzen der Organellen ähneln dem Genom von Proteobakterien bzw. Cyanobakterien, nicht aber dem Kerngenom.
- **Aufbau der Ribosomen.** Die Ribosomen von Mitochondrien und Chloroplasten sind wie bakterielle Ribosomen vom 70S-Typ. Die Ribosomen im eukaryotischen Cytoplasma sind vom größeren 80S-Typ. Die Sequenz der Organellen-16S-rRNA entspricht der Sequenz der bakteriellen rRNA.
- **Ablauf der Genexpression.** Die mRNA der Organellen besitzt wie bei Bakterien keine Cap-Struktur am 5'-Ende. Die Translation wird durch Initiationsfaktoren gestartet, wie sie bei Bakterien vorkommen.
- **Wirkung von Antibiotika.** Die Ähnlichkeiten zwischen den Organellen und Bakterien bewirken, dass Mitochondrien und Chloroplasten anfällig für Antibiotika wie Streptomycin oder Chloramphenicol sind, die entsprechende Strukturen angreifen.
- **Zusammensetzung der Doppelmembranen der Organellen.** Mitochondrien und Chloroplasten sind von zwei Membranen umgeben. Die äußere Membran ent-

spricht in ihrer Zusammensetzung einer typischen eukaryotischen Membran, die innere Membran ähnelt mehr der Plasmamembran von Bakterien. So enthält die innere Membran der Mitochondrien Cardiolipin, aber kein Cholesterin.

— **Rezente Beispiele von Endosymbiosen.** Das Pantoffeltierchen *Paramecium bursaria* kann Zellen der Alge *Chlorella lobophora* aufnehmen und als Endosymbionten beherbergen. Die Algenzellen sind aber auch eigenständig lebensfähig. Die Alge *Cyanophora paradoxa* besitzt dagegen Cyanellen genannte Endosymbionten, die noch große Ähnlichkeit mit frei lebenden Cyanobakterien haben, aber nicht mehr ohne Wirt leben können.

Im Laufe der Endosymbiose übertragen die Symbionten zunehmend Teile ihres Genoms an den Wirt, der die Gene in sein Genom integriert. Dieser **Verlust von Genen** wird als reduktive Evolution bezeichnet. Die codierten Proteine gelangen nach der Translation zurück in die Mitochondrien oder Chloroplasten.

## 6.2 Mechanismen der Evolution

Durch die Prozesse der Evolution verändern sich Arten, und es entstehen neue. Der Ablauf ist ein Wechselspiel von **Veränderungen und Auswahl** der vorteilhaften Varianten.

### 6.2.1 Verändernde Prozesse

Das Erbmaterial einer Zelle erfährt über zwei Wege **Veränderungen**:

— **Mutationen** (▶ Abschn. 5.3). Durch spontane oder induzierte Prozesse verändert sich der Genotyp als die Gesamtheit der genetischen Information der Zelle. Davon können einzelne Nucleotide oder ganze Abschnitte der DNA betroffen sein. Die Art der Veränderung ist dabei zufällig und nicht gezielt. Nur wenige Mutationen wirken sich auf den Phänotyp als die Summe der Eigenschaften eines Organismus aus.

Da Bakterienzellen nur ein Chromosom besitzen (also haploid sind), darf eine Mutation in der Regel nur dann die Funktion eines Gens verändern, wenn der betreffende **DNA-Abschnitt zuvor durch Duplikation verdoppelt** wurde. Ein Exemplar übernimmt dann weiterhin die ursprüngliche Funktion, während das andere für Experimente zur Verfügung steht.

— **Horizontaler Gentransfer** (▶ Abschn. 5.9). Bakterien verändern ihr Genom manchmal sprunghaft, indem sie von einer anderen Zelle DNA bekommen (Konjugation), freie DNA aus dem Medium aufnehmen (Transformation) oder durch einen Phagen neue DNA erhalten (Transduktion). Diese Ereignisse verändern häufig den Phänotyp des Bakteriums.

Durch **Rekombination** (▶ Abschn. 5.10) kann die fremde DNA in das zelleigene Chromosom integriert und damit dauerhaft übernommen werden.

Besonders die als **Plasmide** (▶ Abschn. 5.1.2) bezeichneten eigenständigen DNA-Moleküle verleihen Bakterien oft komplett neue Eigenschaften wie beispielsweise Resistenzen gegen Antibiotika.

Durch Mutationen und Gentransfer zwischen verschiedenen Bakterienarten verändert sich nicht nur der Genotyp der individuellen Zelle, sondern auch die **genetische Vielfalt der gesamten Population**. Die Gesamtheit aller Genvarianten bildet den **Genpool** der Population, auf den die einzelnen Zellen zugreifen können. Mutationen vergrößern den Genpool, indem sie neue Allele bilden, horizontaler Gentransfer bringt bereits bestehende Allele von anderen Arten in den Genpool ein.

Für den Genpool einer einzelnen Bakterienart ist die **Bedeutung des Gentransfers** vermutlich weitaus größer als der Beitrag aller Mutationen, die innerhalb der Art stattfinden. Durch den Gentransfer können Bakterien gewissermaßen auf die Mutationsergebnisse vieler Arten zurückgreifen. Nach Schätzungen verändern sich dadurch beispielsweise bei *Escherichia coli* im Schnitt 0,4 % des Genoms (entspricht 16 kb) in 1 Mio. Jahren. Bei den heutigen Stämmen sollen fast 20 % des Genoms von anderen Arten stammen.

## 6.2.2 Auswählende Prozesse

Die **Auswahl der Allele**, die innerhalb einer Population im Genpool verbleiben, erfolgt durch zwei Mechanismen:
- Die **natürliche Selektion** begünstigt Eigenschaften und Allele, die dem Organismus einen Vorteil für das Überleben und die Fortpflanzung verschaffen. Sie ist damit nicht zufällig, sondern spiegelt die Anpassungsfähigkeit an die jeweiligen Lebensumstände wider.

   Die Selektion greift immer am Phänotyp des gesamten Individuums an, da die Fähigkeit der Zelle, unter den gegebenen Bedingungen zu überleben und sich fortzupflanzen, entscheidend ist. Sie betrifft aber auch die einzelnen Allele, weil diese den entscheidenden Vorteil oder Nachteil vermitteln und entsprechend häufiger oder seltener an Tochterzellen weitergegeben werden. Ein erfolgreiches Allel kann durch horizontalen Gentransfer aber auch auf andere Zellen übergehen, wo es sich in einem anderen genetischen Kontext bewähren muss.
- **Gendrift** tritt ein, wenn sich die relative Häufigkeit der Allele (die Allelfrequenz) innerhalb des Genpools durch zufällige Prozesse verändert.

   Gendrift kommt beispielsweise vor, wenn ein Großteil einer Bakterienpopulation durch Antibiotika getötet wird. Die Population durchläuft dann einen genetischen Flaschenhals, da die wenigen überlebenden Individuen nur einen geringen, zufällig bestimmten Anteil des ursprünglichen Genpools beinhalten. Die Frequenz dieser Allele ist dadurch stark gestiegen, die genetische Variabilität insgesamt aber stark abgesunken.

Bakterien können ihre Fitness nicht dadurch erhöhen, dass sie alle denkbaren Allele aufnehmen und behalten. Da ihr Wachstum und ihre Vermehrung fast immer durch Mangel an Nährstoffen und Energie begrenzt werden, die Replikation des Erbmaterials aber ressourcenintensiv ist, unterliegt die **Zusammenstellung des Genoms einer einzelnen Zelle** einer Kosten-Nutzen-Analyse. Aktuell nicht benötigte Gene, die häufig auf Plasmiden lokalisiert sind, verliert die Zelle leicht und behält allenfalls wenige momentan überflüssige Plasmide. Auf diese Weise verbleibt das Genmaterial im Genpool und kann über horizontalen Gentransfer erneut auf andere Zellen übertragen werden.

## 6.3 Die Entstehung neuer Arten

### 6.3.1 Der Artbegriff bei Bakterien

Bei Bakterien sind Arten oder Spezies aus mehreren Gründen **schwer voneinander abzugrenzen**:
- **Phänologische Ähnlichkeit.** Verschiedene Gruppen ähneln sich in ihren morphologischen und physiologischen Eigenschaften sehr.
- **Genaustausch über Artgrenzen hinweg.** Über horizontalen Gentransfer tauschen auch deutlich abweichende Gruppen untereinander Gene aus.
- **Innerartliche genetische Variabilität.** Die genetische Variabilität innerhalb einer Art kann sehr groß sein. Beispielsweise besitzt der *Escherichia coli*-Stamm O157:H7 etwa 1400 Gene, die dem Stamm K-12 fehlen.

Wegen dieser Schwierigkeiten wird der **Genpool einer Art in zwei Kategorien unterteilt**:
- Der **Kerngenpool** umfasst alle Gene, die bei sämtlichen Vertretern der Art vorhanden sind. Sie stellen das Instrumentarium für das Überleben und die Vermehrung. Den Großteil dieser Gene machen Informationsgene aus. Dies sind Gene, deren Produkte (Proteine und RNAs) für die Transkription und Translation verantwortlich sind.
  Die Gene des Kerngenpools werden nur vertikal weitergegeben.
- Zum **flexiblen Genpool** zählen alle weiteren Gene, die nicht bei allen Stämmen der jeweiligen Art anzutreffen sind. Sie werden als operationelle Gene bezeichnet und sind in ihrer Aktivität vergleichsweise unabhängig voneinander. Hierzu gehören beispielsweise Gene für Stoffwechselwege und Virulenzfaktoren. Die Unterschiede in der Größe und Zusammensetzung der Genome zwischen den Stämmen gehen auf diesen Teil des Genpools zurück.
  Die Gene des flexiblen Genpools werden vertikal und auch horizontal weitergegeben.

Der Genpool wird auch als **Pangenom** bezeichnet, der das Kerngenom (den Kerngenpool) und Zusatzgene (den flexiblen Genpool) umfasst.
- Bei einem **offenen Pangenom** werden mit jedem neuen Stamm auch neue Zusatzgene entdeckt. Dies trifft beispielsweise auf *Escherichia coli* zu.

— Bei einem **geschlossenen Pangenom** ist die Anzahl der Zusatzgene beschränkt, sodass neu entdeckte Stämme keine unbekannten Zusatzgene besitzen. *Bacillus anthracis* hat ein geschlossenes Pangenom.

Die **Definition einer Bakterienart** stützt sich bei Bakterien auf zwei Säulen:
— **Phylogenetische Verwandtschaft.** Zu einer Bakterienart gehörende Bakterienstämme besitzen den gleichen Kerngenpool.
— **Phänologische Ähnlichkeit.** Die Individuen einer Art weisen die gleichen Merkmale auf und belegen die gleiche ökologische Nische. Dies betrifft beispielsweise ihren Zellbau und den Lebenszyklus. Außerdem stellen sie die gleichen Ansprüche an ihren Lebensraum und rufen als Pathogene dieselbe Krankheit hervor.

Zur **praktischen Unterscheidung von Arten** dienen gegenwärtig zwei ältere und eine modernere Methode:
— **DNA-Hybridisierung.** Zur Prüfung werden die DNA-Moleküle zweier Individuen in ihre Einzelstränge getrennt und miteinander vermischt. Wenn sich mindestens 70 % Hybridmoleküle bilden, gehören die Individuen zur gleichen Art.
— **rRNA-Ähnlichkeit.** Die Sequenz der 16S-rRNA von Zellen der gleichen Art muss zu mindestens 97 % übereinstimmen. Da die ribosomale RNA eine sehr konservative Sequenz aufweist, erfüllen aber auch unterschiedliche Arten häufig dieses Kriterium. Es wird daher vor allem unterstützend eingesetzt.
— **Sequenzübereinstimmung.** Wenn die Genomsequenzen vorliegen, wird die durchschnittliche Nucleotidübereinstimmung (*average nucleotide identity*, ANI) ermittelt. Stämme der gleichen Art weisen mindestens 95 % Übereinstimmung in einander entsprechenden Genen auf. Dieses Verfahren wird zunehmend häufiger angewandt und ersetzt die beiden anderen Methoden allmählich.

## 6.3.2  Die Anpassungsfähigkeit von Bakterien

**In Bakterienpopulationen breiten sich erfolgreiche Allele sehr schnell aus** und verändern leichter als bei Eukaryoten den Phänotyp aller Individuen. Die hohe Geschwindigkeit erklärt sich aus den Besonderheiten der Genetik und der Vermehrung der Bakterien:
— Die Zahl der Individuen ist meistens so groß, dass der **Genpool eine hohe Zahl verschiedener Allele** umfasst.
— **Das Genom ist haploid,** sodass die Veränderung eines Gens nicht durch ein unverändertes Gen auf einem anderen Chromosom ausgeglichen werden kann und sich somit sofort auf den Phänotyp auswirkt.
— **Bakterien leben meistens am Limit,** wodurch sich schon ein kleiner Vorteil merklich auswirken kann, indem die veränderte Zelle schneller wächst und sich früher teilt.
— **Die Generationszeiten sind so kurz,** dass ein besser angepasster Zelltyp innerhalb kurzer Zeit in der Population dominieren kann.
— **Über horizontalen Gentransfer** gelangen neue Allele auch in Zellen, die selbst nicht mutiert sind.

Bakterien passen sich aus den genannten Gründen sehr schnell an neue Umweltbedingungen an. Bei einer **Veränderung der Lebensumstände** genügt es, wenn wenige Zellen oder sogar nur eine einzelne Zelle die notwendigen Allele in sich vereinigt. Die Überlebenden werden zum Ausgangspunkt einer neuen, angepassten Population.

Beispielsweise scheint ein Bakterienstamm bei der Behandlung mit Antibiotika eine Resistenz zu entwickeln. Tatsächlich waren die Allele für die **Antibiotikaresistenz** schon vor der Therapie im Genpool vorhanden, aber erst durch die Konfrontation mit dem Medikament entstand ein Selektionsdruck, und die Allele verliehen den betreffenden Zellen einen Überlebensvorteil. Alle nicht resistenten Zellen starben ab, und die resistenten Individuen konnten sich als einzige rasant vermehren.

### 6.3.3 Mechanismen der Artbildung

Den Prozess, durch den eine neue Art entsteht, bezeichnet man als **Artbildung** oder **Speziation**.

Der **Startpunkt für eine neue Art** ist bei Bakterien eine einzelne Zelle, die durch Mutation eine neue Eigenschaft erworben hat, welche sie phänotypisch von anderen Zellen unterscheidet. Dabei kann es sich beispielsweise um die Fähigkeit handeln, eine neue Kohlenstoffquelle zu verwerten, die andere Bakterien der gleichen Ursprungsart nicht verstoffwechseln können.

Für den Fortgang der Speziation ist wichtig, dass die **neue Eigenschaft auf Dauer erhalten** bleibt. Die Wahrscheinlichkeit dafür ist höher, wenn die Mutation auf dem Chromosom liegt, da dessen Gene seltener verloren gehen als Gene auf Plasmiden, beispielsweise bei der Zellteilung.

Im Wesentlichen entspricht die Zelle anfangs noch den Zellen der Ursprungsart. Es handelt sich daher zunächst nur um einen **neuen Stamm**. Die Divergenz nimmt im Laufe der Zeit zu, wenn der Stamm weitere Veränderungen ansammelt, die ihn von den anderen Stämmen unterscheiden. Irgendwann sind sein Genotyp und sein Phänotyp so einzigartig, dass er die Kriterien für eine eigene Art erfüllt.

**Neue Merkmale, die eine Zelle über horizontalen Gentransfer** erhalten hat, führen seltener zur Speziation. Häufig behält die Zelle diese Eigenschaften nur so lange, wie es einen entsprechenden Selektionsdruck gibt. So verlieren die meisten antibiotikaresistenten Zellen ihre Widerstandskraft bald nach dem Absetzen des Medikaments wieder, weil es in Abwesenheit des Antibiotikums vorteilhaft ist, keine Ressourcen in die Resistenzstrukturen zu investieren. Die Resistenzgene verbleiben dennoch im Genpool, sind aber nur noch in wenigen Zellen vorhanden.

### 6.3.4 Verwandtschaftsbeziehungen als Stammbaum

Aus Vergleichen der DNA-Sequenz lässt sich ein phylogenetischer Stammbaum konstruieren, der die **Verwandtschaftsverhältnisse zwischen den Gruppen und Arten** angibt. Je länger die Verbindungslinie (die Äste) zwischen zwei Gruppen ist, umso mehr unterscheiden sich ihre Genome und desto entfernter sind sie miteinander verwandt.

An den **Verzweigungspunkten oder Knoten** eines Stammbaums hat sich eine gemeinsame Vorläuferart in zwei Arten aufgespalten, die sich unabhängig voneinander weiterentwickelt haben.

Um den ursprünglichsten gemeinsamen Vorfahren als **„Wurzel" des Stammbaums** zu finden, müssen die Sequenzen mit der Sequenz eines außenstehenden
Organismus als Referenz verglichen werden. Der Knoten, an dem sich dieser
Fremdorganismus von den Gruppen des Stammbaums getrennt hat, repräsentiert
den gesuchten Vorfahren.

Über den Vergleich der Sequenzen der ribosomalen RNA der kleinen Untereinheit (bei Prokaryoten 16s-rRNA, bei Eukaryoten 18S-rRNA) stellte Carl Woese
einen Stammbaum der Lebensformen auf, in dem die Organismen in **drei große
Domänen** unterteilt sind (▶ Abschn. 1.1, ▶ Abb. 2.1):

- Archaea,
- Bacteria,
- Eukarya.

**Horizontaler Gentransfer** findet auch zwischen Organismen verschiedener Domänen statt:

- Die Endosymbiose von Mitochondrien und Chloroplasten mit eukaryotischen
  Zellen beinhaltet auch die Wanderung von Organellengenen in das Kerngenom.
- Pathogene Bakterien transferieren DNA in ihren Wirt, beispielsweise *Agrobac-
  terium* in Zellen der befallenen Pflanze.
- In extremen Lebensräumen tauschen Archaea und Bacteria Gene untereinander
  aus.

Gene, die von einer anderen Art stammen, haben häufig ein anderes Verhältnis der
Basen GC zu AT als das übrige Genom. Solche DNA-Abschnitte sind damit ein
**Hinweis auf horizontalen Gentransfer**.

## 6.3.5 Molekulare Uhren

Als **molekulare Uhr** wird der Versuch bezeichnet, über die Unterschiede zwischen
DNA-Sequenzen im Genom verschiedener Arten zu bestimmen, über welchen
Zeitraum sich diese Arten getrennt voneinander entwickelt haben. Je mehr Unterschiede sich durch Mutationen angesammelt haben, desto länger liegt die Aufspaltung in zwei Arten zurück.

Um quantitative Angaben machen zu können, müssen einige **Voraussetzungen**
erfüllt sein:

- Alle verglichenen Sequenzen haben die gleiche **Funktion**. Mutationen in lebenswichtigen Genen führen eher zum Tod des Organismus als Veränderungen in
  vergleichsweise unwichtigen Genen. Daher hängt die Ganggeschwindigkeit der
  molekularen Uhr von der Funktion des Genprodukts ab.
- Die **Generationsdauer** ist bei allen verglichenen Arten annähernd gleich. Bei der
  Replikation in Vorbereitung der Zellteilung treten mehr Mutationen auf als
  während der normalen Arbeitsphase. Die Zahl der Teilungen beeinflusst deshalb die Mutationsrate.

**6**

- Die **Mutationsrate** ist bei allen verglichenen Arten gleich. Verfügen die Zellen einer Art über einen besseren Reparaturmechanismus oder unterlaufen ihr bei der Replikation weniger Fehler, sinkt dadurch ihre Mutationsrate, und die molekulare Uhr tickt langsamer.
- Die **Population** muss hinreichend groß sein, damit die Auswahl der Allele durch Selektion erfolgt und nicht durch zufällige Gendrift. Bezogen auf Mikroorganismen muss die Probe also ausreichend viele Zellen enthalten.

Sind diese Bedingungen erfüllt, muss die molekulare Uhr **kalibriert** werden. Dies geschieht idealerweise mithilfe eines Vergleichspaars, von dem der Zeitpunkt der Aufspaltung bekannt ist:
- **Fossilfunde.** Bei Pflanzen und Tieren bieten sich fossilierte Überreste an, deren Alter anhand der Fundschicht bekannt ist. Für Mikroorganismen ist dies nur in Ausnahmefällen möglich, wie etwa bei den Stromatolithen, deren Alter geophysikalisch über Isotopenverhältnisse bestimmt werden kann.
- **Probennahmen.** Die Mutationsraten von Bakterien und Viren sind so hoch, dass in vielen Fällen der Vergleich von Proben, die zu bekannten Zeitpunkten genommen wurden, für eine Kalibrierung zur Bestimmung kurzer Zeiträume ausreicht. Auf diese Wiese kann beispielsweise die Entstehung eines neuen Virenstamms zeitlich festgelegt werden, wenn die Entwicklung verwandter Stämme zum Vergleich herangezogen wird.

Die gefundenen **Mutationsraten** bewegen sich häufig im Bereich von 0,2 % bis 1 % pro Million Jahre.

Für eine **höhere Genauigkeit** der Zeitangaben werden die Ergebnisse aus den Vergleichen mehrerer Sequenzen miteinander kombiniert.

Die **Wahl der Vergleichssequenzen** hängt davon ab, wie lange die Trennung der Arten vermutlich zurückliegt:
- Bei **großen Zeiträumen** eignen sich am besten sehr konservative Sequenzen, die sich kaum verändern können, weil sie lebenswichtige Genprodukte codieren. Beispielsweise ist die Sequenz der ribosomalen RNA (rRNA) so streng konserviert, dass sie die Unterschiede zwischen den drei Domänen des Lebens – Bacteria, Archaea und Eukarya – aufzeigt, aber kaum Unterschiede innerhalb weit gefasster Bakteriengruppen wie etwa der Cyanobakterien.
- Bei **kürzeren Zeiträumen** ergeben Sequenzen, die mehr Variabilität erlauben, bessere Vergleiche. Beispielsweise nichtcodierende Bereiche oder mitochondrielle DNA für Vergleiche von Populationen der gleichen Art von Eukaryoten. Bei Bakterien sind etwa die Sequenzen der DNA-Gyrase geeignet.

Das Konzept der molekularen Uhr ist mit einigen **Problemen** behaftet:
- **Grundbedingungen nicht erfüllt.** Gerade bei Arten, die sich schon seit langer Zeit getrennt voneinander entwickeln, sind die oben genannten Voraussetzungen für quantitative Angaben nicht oder nur schlecht eingehalten. Besonders die Generationsdauern und die Mutationsraten unterscheiden sich bei Bakterien von Art zu Art sehr.

- **Stille Mutationen**. Der Großteil von Mutationen ist still, wirkt sich also nicht auf den Phänotyp aus und unterliegt damit keinem Selektionsdruck.
- **Abhängigkeit vom Selektionsdruck**. Ist die Fitness in Bezug auf ein Merkmal niedrig, wird sie eher durch eine Mutation erhöht, als wenn sie von Beginn an hoch war. Das Merkmal kann somit leicht verbessert werden, unterliegt also einem starken Selektionsdruck. Wegen der schlechten Ausgangslage erzielen viele Mutationen eine Verbesserung und können sich im Gen und in der Population durchsetzen. Obwohl die Mutationsrate eigentlich konstant bleibt, erscheint sie höher als bei Merkmalen mit einer ursprünglich hohen Fitness und die molekulare Uhr scheint schneller zu laufen.
- **Horizontaler Gentransfer**. Der Austausch von DNA bringt Sequenzen, die sich in einer anderen Art entwickelt haben, in das Genom von Bakterien.

# Systematik der Mikroorganismen

## Inhaltsverzeichnis

> **Worum geht es?**
> Die Systematik ordnet die Vielfalt der Organismen nach ihren Merkmalen und stellt in Stammbäumen deren Verwandtschaftsverhältnisse zueinander dar. Sie spiegelt damit den aktuellen Stand der Evolution (▶ Kap. 6) nach gegenwärtigem Kenntnisstand wider.

## 7.1    Klassifizierung und Nomenklatur

### 7.1.1    Die Einordnung von Mikroorganismen

Die Klassifizierung oder Taxonomie **ordnet die Organismen nach gemeinsamen Merkmalen** in Taxa (Singular: Taxon) genannte Kategorien.

Es wird unterschieden zwischen:

- **Formtaxa** umfassen Gruppen, die nicht oder nur entfernt miteinander verwandt sind und deshalb aus Sicht der Systematik keine gemeinsame Kategorie bilden. Die Gruppen weisen aber besondere Merkmale auf, weshalb das jeweilige Formtaxon aus praktischen Gründen weiter verwendet wird. Bei den Mikroorganismen trifft dies beispielsweise für die Protozoen (heterotrophe eukaryotische Einzeller) und die Deuteromyceten (Pilze ohne bekannte sexuelle Fortpflanzung) zu.
- **Echte Taxa** spiegeln Verwandtschaftsbeziehungen im Sinne der Systematik wider. Je nachdem, welches Kriterium für die Zuordnung gewählt wurde, ergeben sich allerdings voneinander abweichende und einander widersprechende Taxonomien.

#### Hierarchiestufen

Die Taxa sind **hierarchisch gegliedert.** Von der umfassendsten zur spezifischsten Kategorie lautet die Folge:

Domäne – Reich – Phylum (Stamm) – Klasse – Ordnung – Familie – Gattung – Art

Bei gut untersuchten Gruppen können **Zwischenkategorien** wie Unterklasse und Unterordnung hinzukommen.

Bei Bakterien und Viren lassen sich teilweise **innerhalb einer Art** noch Unterart oder Stamm und der Serotyp differenzieren.

#### Kriterien für die Zuordnung

Basis für die moderne Zuordnung sind **Vergleiche der DNA-Sequenzen** (▶ Abschn. 6.3.1). Die aktuellen Stammbäume von Bakterien und Archaeen stützen sich zum überwiegenden Teil auf die 16S-rRNA der kleinen Untereinheit des Ribosoms. Daraus ergeben sich häufig Gruppen, die in morphologischer und physiologischer Hinsicht sehr heterogen sind.

Aus praktischen Gründen erfolgt die **Identifikation eines kultivierten Stamms** häufig noch nach anderen, **phänotypischen Kriterien**:

- **Morphologie**. Unter dem Mikroskop lassen sich Merkmale wie Zellform (▶ Abschn. 2.1), Pigmentierung, Begeißelung (▶ Abschn. 2.1) und das Färbeverhalten (▶ Abschn. 11.3.2) unterscheiden.
- **Stoffwechsel**. Mit vorgefertigten biochemischen Reihentests lässt sich schnell nachprüfen, über welche Stoffwechselwege eine Kultur verfügt. Die Resultate ergeben für bestimmte Arten eine „bunte Reihe" und einen analytischen Profilindex.
- **Ökologische Nische**. Die notwendigen Anzuchtbedingungen für eine Zellkultur unterscheiden bereits zwischen verschiedenen Gruppen, beispielsweise zwischen strikt aeroben und strikt anaeroben Gruppen.
- **Verursachte Krankheit**. Das befallene Organ und die ausgelösten Beschwerden sind für viele Pathogene typisch.
- **Immunologisch**. Spezifische Antikörper reagieren nur mit ganz bestimmten Oberflächenstrukturen, in denen sich die einzelnen Serotypen einer Art unterscheiden.

Als **Standard für eine Art** gilt der sogenannte **Typus** oder **Typstamm**, den ausgesuchte Organisationen wie die Deutsche Sammlung von Mikroorganismen und Zellkulturen (DSMZ) in Form einer lyophilisierten (gefriergetrockneten) Reinkultur aufbewahren.

Eine **neue Art** muss durch eine Erstveröffentlichung im *International Journal of Systematic and Evolutionary Microbiology* (IJSEM) bekannt gemacht werden.

## 7.1.2 Die Benennung von Mikroorganismen

Die Nomenklatur gibt ein **verbindliches System zur Benennung** der Taxa und Arten vor, das sich nach den Regeln des Internationalen Codes der Nomenklatur von Bakterien (ICNB) richtet.

Einige Hierarchiestufen sind an den **Endungen** zu erkennen:

- Ordnung: … ales
- Unterordnung: … ineae
- Familie: … aceae

Neben den formalen Bezeichnungen gibt es für einige Taxa auch **eingedeutschte Ausdrücke**.

Beispiele:

- *Actinomycetes* – Actinomyceten
- *Pseudomonas* – Pseudomonaden
- *Bacillus* – Bazillen
- *Micrococcus* – Mikrokokken

Der **Artname ist aus zwei Komponenten** in lateinischer oder latinisierter Form zusammengesetzt, in Anlehnung an die binäre Nomenklatur von Carl von Linné:
1. Am Anfang steht der **Gattungsname**. Er beginnt mit einem Großbuchstaben und wird kursiv geschrieben.
   Beispiel: *Escherichia*.
2. Es folgt der **Artname**. Er wird klein und kursiv geschrieben.
   Beispiel: *coli*.
3. Die Angabe des **Stammes** ist optional. Er wird nicht kursiv geschrieben.
   Beispiel: K12.

## 7.2 Systematik der Bakterien (Bacteria)

Die Vertreter der Bakterien unterscheiden sich von den Organismen der beiden anderen Domänen durch einige **einzigartige Merkmale**:
- **Genexpressionsapparat** (▶ Abschn. 5.5 und 5.7). Bei Bakterien gibt es nur eine einzige RNA-Polymerase, die aus lediglich vier Untereinheiten aufgebaut ist. Archaeen und Eukaryoten besitzen mehrere RNA-Polymerasen mit höheren Anzahlen von Untereinheiten.

  Auch die ribosomalen RNAs und die Translationsfaktoren der Bakterien unterscheiden sich von den entsprechenden Komponenten der Archaeen und Eukaryoten.
- **Peptidoglykan** (▶ Abschn. 2.2). Nur Bakterien besitzen Peptidoglykan in ihren Zellwänden.
- **Antibiotika**. Die Unterschiede in den Strukturen und Prozessen machen Bakterien gegenüber Antibiotika und Toxinen empfindlicher als Zellen von Archaeen oder Eukaryoten.

### 7.2.1 Der Stammbaum der Bakterien

Grundlage des bakteriellen Stammbaums sind **Vergleiche der 16S-rRNA-Sequenzen**.

Danach werden die Bakterien in verschiedene **Phyla** eingeteilt, deren Vorläufer sich früh von den anderen Gruppen getrennt haben. Die Arten eines Phylums haben bestimmte Schlüsselmerkmale gemeinsam wie beispielsweise die oxygene Photosynthese der Cyanobakterien oder die Zellform der Spirochäten. In anderen Eigenschaften wie beispielsweise dem Lebensraum können die Arten auch innerhalb eines Phylums stark voneinander abweichen.

**Der bakterielle Stammbaum wächst und befindet sich in einem ständigen Wandel**. Bisher sind über 100 Phyla bekannt, und es werden mit neuen Methoden ständig weitere entdeckt. Gleichzeitig müssen aufgrund genauerer Untersuchungen immer wieder Gruppen aufgespalten oder neu zugeordnet werden.

## 7.2.2  Merkmale einiger Hauptgruppen der Bacteria

### Ursprüngliche thermophile Bakterien

Hierzu zählen thermophile Bakteriengruppen, deren Entwicklung schon früh von der anderer Gruppen getrennt verlaufen ist. Die Hyperthermophilen kommen in den gleichen Lebensräumen vor wie einige Archaeen. Vermutlich haben sie die Gene zum Überleben bei den hohen Temperaturen durch horizontalen Gentransfer (▶ Abschn. 5.9) von den Archaeen erworben.

- ■ **Phyla**
- ▬ **Aquificae.** Leben in extrem heißen Habitaten bis 95 °C. Oxidieren molekularen Wasserstoff und reduzierte Schwefelverbindungen unter anaeroben oder mikroaeroben Bedingungen.
  Innerhalb des Phylums Aquificae gibt es nur eine Ordnung: Aquificales. Die Zellen sind Gram-negativ, manche besitzen neben der äußeren Membran einen S-Layer.
  - – Typusgattung: *Aquifex* baut seine Membranlipide wie Archaeen mit Etherbindungen auf.
- ▬ **Thermotogae.** Die Gruppe verdankt ihren Namen der weiten, einer Toga ähnelnden Hülle, mit denen die Zellen umgeben sind. Die Organismen leben anaerob und setzen komplexe Kohlenhydrate zu Wasserstoffgas um.
  - – Beispielart: *Thermotoga maritima* hat für einen thermophilen Organismus mit 46,2 % einen überraschend geringen GC-Anteil in seinem Chromosom.
- ▬ **Chloroflexi.** Die Grünen Nichtschwefelbakterien sind Gram-negativ und bilden fädige Zellketten. Sie betreiben Photosynthese, wobei sie das Licht mit Chlorosomen genannten Strukturen sammeln. Als Elektronendonoren dienen Schwefelwasserstoff oder organische Substanzen.
  - – Beispielgattung: *Chloroflexus* fixiert Kohlenstoff über den seltenen Hydroxypropionatzyklus.
- ▬ **Deferribacteres.** Leben als begeißelte Stäbchen oder Vibrionen.
  - – Beispielart: *Deferribacter thermophilus* reduziert Eisen und Mangan.
- ▬ **Deinococcus-Thermus.** Obwohl die Zellen von einer zweiten Membran umgeben sind, erscheinen sie bei der Färbung Gram-positiv. Es gibt innerhalb des Phylums die Klasse Deinococci mit den beiden Ordnungen Deinococcales und Thermales.
  - – Deinocoocales sind nicht thermophil, aber gegen hohe Intensitäten ionisierender Strahlung resistent.
  - – Thermales umfassen thermophile Arten. Aus *Thermus aquaticus* stammt die Taq-Polymerase, die im Labor bei der Polymerasekettenreaktion (PCR) zur Vervielfältigung von DNA verwendet wird.

### Cyanobakterien

Das charakteristische Merkmal der Cyanobakterien ist ihre oxygene Photosynthese. Die Zellen beherbergen dafür in gefalteten Membransystemen zwei verschiedene Arten von Photosystemen, die über spezielle Chlorophylle verfügen.

Cyanobakterien gehen auf den gleichen Vorfahr zurück wie die Chloroplasten in Pflanzen und eukaryotischen Algen, die ebenfalls oxygene Photosynthese betreiben. Die rund 200 bekannten Arten von Cyanobakterien sind Gram-negativ.

■ **Phyla**

▬ **Chroococcales.** Zellen, die einzeln im Wasser schweben oder innerhalb einer Matrix Kolonien ausbilden.
  – Beispielgattung: *Chroococcus* lebt im Sediment von Teichen.
▬ **Gloeobacterales.** Die einzige Gruppe von Cyanobakterien, die kein Thylakoid besitzen. Die Photosysteme befinden sich stattdessen in der Plasmamembran.
  – Beispielart: *Gloeobacter kilaueensis* lebt in Form eines feuchten Biofilms auf dem Vulkan Kilauea auf Hawaii.
▬ **Nostocales.** Die größte Gruppe der Cyanobakterien umfasst filamentöse Formen, die bei einigen Arten verzweigt sind und von der Basis zur Spitze schmaler werden können. Manche Arten bilden Heterocysten zur Stickstofffixierung aus.
  – Beispielgattung: *Nostoc* kann in Süßwasser, seltener in Salzwasser und auch an Land leben. Viele Arten gehen Symbiosen mit Pflanzen oder Pilzen ein, beispielsweise als Phytobiont in Flechten.
▬ **Oscillatoriales.** Fadenbildende Zellen, deren Ketten langsam schwingen („oszillieren") können.
  – Beispielgattung: *Spirulina* wird als Nahrungsergänzungsmittel gezüchtet und verkauft. Die Fäden sind wendelartig gedreht. Der natürliche Lebensraum sind stark alkalische Seen mit hohem Salzgehalt.
▬ **Pleurocapsales.** Die Zellen bilden kugelförmige Kolonien.
  – Beispielgattung: *Chroococcidiopsis* wird als geeigneter Organismus für die Terraforming genannte Umgestaltung unbelebter Planeten diskutiert. Die Zellen überstehen intensive Strahlung, Trockenheit, Hitze, osmotischen Stress und extreme pH-Werte. Sie kommen in vielen extremen Lebensräumen vor, sogar endolithisch im Inneren von Gesteinen.
▬ **Prochlorales.** Winzige Zellen, die Bestandteil des Picoplanktons sind. Die Gruppe unterscheidet sich von den anderen Cyanobakterien, da ihre Vertreter keine Phycobiline und eine besondere Form des Chorophylls (Divinylchlorophyll) besitzen.
  – Beispielgattung: *Prochlorococcus* hat Zellen von nur 0,5 μm bis 0,8 μm Durchmesser. *Prochlorococcus marinus* ist die weltweit zahlenmäßig häufigste Art mit Konzentrationen im Bereich von 100.000 Zellen pro Milliliter Ozeanwasser.

## Gram-positive Bakterien Firmicutes und Actinobacteria

Die Vertreter dieser Gruppe sind von einer mehrschichtigen Zellwand aus Peptidoglykan umgeben, die über Teichonsäure quervernetzt ist. Bei Färbungen verfängt sich der Farbstoff in dem Netz, sodass die Zellen Gram-positiv sind.

■ **Phyla**

▬ **Firmicutes.** Die DNA dieser Gruppe hat einen niedrigeren GC-Gehalt als die der Actinobacteria. Die Zellen sind stäbchen- oder kokkenförmig.

- Beispielklasse: **Bacilli** sind meist stäbchenförmige Bewohner des Bodens, wo sie vorwiegend aerob leben. Unter schlechten Bedingungen bilden manche Arten Endosporen aus. Zu den Bacilli gehören Arten, die in der Lebensmittelindustrie eingesetzt werden (beispielsweise die Milchsäurebakterien), sowie Krankheitserreger (darunter Staphylokokken und Listerien).
- Beispielklasse: **Clostridia** sind eine vielseitige Gruppe von anaeroben bis aerotoleranten Endosporenbildnern, die vor allem im Boden und im Verdauungstrakt von Tieren leben. Die Sporen sind extrem hitzetolerant, was bei pathogenen Arten wie *Clostridium botulinum* (Botulismus) und *Clostridium tetani* (Tetanus) zu Problemen beim Sterilisieren von Behältern und Instrumenten führen kann.
- Beispielklasse: **Mollicutes** besitzen keine Zellwand und sind daher untypischerweise für ihr Phylum Gram-negativ. Zu ihnen gehören die einfachsten bekannten Lebewesen, die unbedingt auf ihre Wirtszelle angewiesen sind. Manche Arten leben sogar im Inneren der Wirtszelle. Häufig sind Kulturen anderer Zellen mit ihnen verunreinigt. Zu den pathogenen Arten gehören *Mycoplasma hominis* (Harnwegsinfektionen) und *Mycoplasma pneumoniae* (Lungenentzündung).
- **Actinobacteria**. Eine der artenreichsten Bakteriengruppen. Die DNA ihrer Vertreter ist bis auf wenige Ausnahmen GC-reich mit über 55 % Guanin und Cytosin. Die Zellen sind stäbchenförmig, viele Arten können Endosporen bilden.
  - Beispielordnung: **Actinomycetales** wurden früher als Actinomycetes oder Strahlenpilze bezeichnet. Viele Arten bilden mycelähnliche Geflechte von Filamenten aus gestreckten und verzweigten Zellen. Zu der Gruppe gehören unter anderem Streptomyceten, die als Produzenten von Antibiotika große medizinische Bedeutung haben. Es gibt aber auch Pathogene wie *Mycobacterium tuberculosis* (Tuberkulose), *Mycobacterium leprae* (Lepra) und *Corynebacterium diphtheriae* (Diphtherie).
  - Beispielordnung: **Bifidobacteriales** umfassen viele nichtpathogene Bewohner des Darms, des Blinddarms und der Vagina. Ihre besondere Form der Gärung erzeugt kein Gas.

## Gram-negative Bakterien Proteobacteria und Nitrospirae

Die Gram-negativen Bakterien sind außer von einer eher dünnen Peptidoglykanschicht zusätzlich von einer äußeren Membran umgeben. Nach außen präsentiert diese Membran Lipopolysaccharide, die medizinisch auch als Endotoxine bezeichnet werden.

- **Phyla**
- **Proteobacteria**. Eine der größten und vielfältigsten Gruppen, sowohl morphologisch als auch stoffwechselphysiologisch.
  - Beispielklasse: **Alphaproteobacteria** sind sehr unterschiedlich. Vertreter der Ordnung Caulobacterales durchlaufen einen Lebenszyklus, in dem eine Form mit einem Stiel am Substrat haftet. Arten der Ordnung Rhizobiales sind häufig an ein enges Zusammenleben mit Pflanzen oder Tieren angepasst. So leben Rhizobien als Wurzelknöllchenbakterien in den Wurzeln von Legu-

minosen, *Agrobacterium tumefaciens* verursacht mittels horizontalem Gentransfer bei Pflanzen Tumore. *Bartonella quintana* ruft als Humanpathogen das Fünf-Tage-Fieber hervor. Die Ordnungen Rhodobacterales und Rhodospirillales leben meist photoheterotroph. Zur Ordnung der Rickettsiales gehören intrazelluläre Parasiten, darunter der Vorläufer des Mitochondriums.
  – Beispielklasse: **Betaproteobacteria** weisen ebenfalls sehr diverse Arten auf. In die Ordnungen Burkholderiales und Neisseriales gehören einige Humanpathogene wie *Burkholderia pseudomallei* (Melioidose), *Neisseria gonorrhoeae* (Gonorrhoe) und *Neisseria meningitidis* (Meningitis). Vertreter der Ordnungen Hydrogenophilales und Nitrosomonadales sind lithotroph und oxidieren Eisen und Schwefel beziehungsweise Ammonium.
  – Beispielklasse: **Gammaproteobacteria** umfassen einige der bekanntesten Bakterienarten und zahlreiche pathogene Arten. In der Ordnung der Enterobacteriales sind Bewohner des menschlichen Darms zu finden, darunter *Escherichia coli*, Salmonellen und der Pesterreger *Yersinia pestis*. Arten der Legionellales rufen die Legionärskrankheit hervor. Zellen der Ordnung Pseudomonadales erregen Lungenentzündungen, und *Vibrio cholerae* aus der Ordnung der Vibrionales ist die Ursache von Cholera. Vertreter der marinen Ordnung Oceanospirillales sind dagegen in der Lage, Erdöl abzubauen, Arten von Thiotrichales leben von Schwefel und aromatischen Verbindungen aus Erdöl.
  – Beispielklasse: **Deltaproteobacteria** sind eine Gruppe, deren Ordnungen Desulfobacterales und Desulfuromonadales eine zentrale Rolle im globalen Schwefelkreislauf spielen, indem sie Sulfat und elementaren Schwefel reduzieren. Der gebildete Schwefelwasserstoff sorgt für den Fäulnisgeruch von Sümpfen, Mooren und Sedimenten. Zellen der Ordnung Bdellovibrionales machen Jagd auf andere Bakterien, Vertreter der gleitenden Bakterien von Myxococcales jagen sogar in Gemeinschaft. Bei Nahrungsmangel bilden diese Myxobakterien multizelluläre Fruchtkörper aus, in denen sich einige Zellen zu Sporen umwandeln.
  – Beispielklasse: **Epsilonproteobacteria** sind eine kleine Klasse, in welche allerdings die Familien Campylobacteraceae mit *Campylobacter jejuni* als Verursacher von Lebensmittelvergiftungen und Helicobacteraceae mit dem Auslöser der Gastritis, *Helicobacter pylori*, fallen.
– **Nitrospirae.** Ein kleines Phylum mit nur einer Klasse (Nitrospira), in der es nur eine Ordnung (Nitrospirales) mit einer Familie (Nitrospiraceae) gibt. Die ersten Bakterien dieses Phylums wurden 1985 entdeckt. Die Zellen sind spiralig gewunden, leben in Wasser und Boden und oxidieren Nitrit zu Nitrat. Die Gattungen heißen *Thermodesulfovibrio*, *Leptospirillum* und *Nitrospira*.

## Grüne Schwefelbakterien

Die Grünen Schwefelbakterien bilden eine einheitliche Gruppe, die innerhalb der Bakterien auch von ihren nächsten Verwandten, den Bacteroiden, so weit entfernt ist, dass sie ihr eigenes **Phylum Chlorobi** erhalten hat.

Die Zellen betreiben eine **anoxygene Photosynthese**, bei welcher reduzierte Schwefelverbindungen wie Schwefelwasserstoff und Thiosulfat oder elementarer Schwefel als Elektronendonoren dienen. Kohlenstoff fixieren sie über den reversen

Citratzyklus. Während die katalytisch aktiven Komponenten der Photosynthese in der Plasmamembran lokalisiert sind, befinden sich die Antennenpigmente in aufgelagerten, Chlorosomen genannten Membranstrukturen.

## Bacteriodetes

Die Gram-negativen Zellen sind meistens stäbchenförmig. Einige Arten sind opportunistische Krankheitserreger für Menschen oder Tiere – sie gehören zur **normalen Bakterienflora** und sind harmlos, bis das Abwehrsystem des Wirts geschwächt ist. Beispielsweise verhindert *Bacteroides fragilis* die Besiedlung mit Pathogenen, indem es den Lebensraum zuerst besetzt. Kommt es dennoch in eigentlich sterilen Bereichen des Körpers wie des Abdomens zu einer Infektion mit anderen Pathogenen, infiziert auch *Bacteroides fragilis* den Infektionsherd.

*Bacteroides thetaiotamicron* ist die **dominante Art im Darm**. Sie lebt in enger Symbiose mit den Darmzellen des Wirts und manipuliert sogar deren Genexpression in Abhängigkeit von der Zusammensetzung der angelieferten Nahrung. Arten der Gattung *Bacteroides* sind anaerob.

## Spirochäten (Spirochaetae)

Die Gram-negativen Bakterien sind spiralig gewunden und im Verhältnis zu ihrer Länge von bis zu 20 µm sehr dünn. Ihre Zellen sind flexibel und werden von Flagellen angetrieben, die nicht nach außen weisen, sondern als **Endoflagellen** innerhalb des Periplasmas liegen. Dies ermöglicht den Spirochäten eine korkenzieherartige Schraubbewegung, mit der sie auch in hochviskosen Medien wie Schleimen und Gewebe vorankommen.

Spirochäten leben in Böden, Gewässern oder innerhalb von Wirten. Einige sind obligat anaerob, andere fakultativ anaerob. Zu den **pathogenen Arten** zählt *Treponema pallidum*, der Verursacher der Syphilis. Außerdem gehören die durch Zecken übertragenen Borrelien als Erreger der Borreliose in dieses Phylum.

## Untypische Bakterien

Einige Bakterien unterscheiden sich deutlich von der typischen Standardzelle.

- **Phyla**
- **Chlamydiae.** Chlamydien sind sehr kleine Gram-negative Bakterien, die als intrazelluläre Parasiten auf ihren Wirt angewiesen sind. Sie durchlaufen einen Entwicklungszyklus mit einer vegetativen Form (Retikularkörperchen) und einer Infektionsform (Elementarkörperchen). Beim Menschen befallen sie die Schleimhäute der Atemwege, des Genitalbereichs und der Augen. Manche Erkrankungen können von Tieren auf den Menschen übergehen (Zoonosen), wie beispielsweise die Psittakose (Papageienkrankheit), die von *Chlamydophila psittaci* verursacht wird.
- **Planctobacteria** (Planctomycetes). Die Zellen der Planctomyceten zeichnen sich durch eine starke Kompartimentierung aus. So umgeben einige Arten ihre DNA mit einer Membran, die in manchen Fällen sogar wie die Kernmembran der Eukaryoten doppelt ist. Die Zellwand besteht nicht aus Peptidoglykan, stattdessen umgeben sich die Zellen mit einem S-Layer aus Proteinen. Plancto-

myceten sind weit verbreitet, viele leben in Gewässern, manche wurden im Verdauungstrakt von Insekten nachgewiesen.
— **Verrucomicrobia.** Ein relativ neu eingerichtetes Phylum, dessen Vertreter noch kaum untersucht sind. Manche haben ein sternförmiges Aussehen, andere nur einzelne cytoplasmatische Ausstülpungen. Das Phylum ist vermutlich in vielen Lebensräumen verbreitet, Nachweise gibt es für Böden, Gewässer und menschlichen Stuhl.

## 7.3    Systematik der Archaeen (Archaea)

Archaeen unterscheiden sich von Bakterien und Eukaryoten durch eine Reihe **besonderer Merkmale**:
— **Membranlipide.** Nur die Lipide der Archaeen sind aus Isopreneinheiten aufgebaut, die über Etherbindungen anstelle von Esterbindungen mit dem Rückgrat des Moleküls verbunden sind. Häufig sind die Lipide durch Quervernetzungen und Ringe zusätzlich stabilisiert (▶ Abschn. 2.3).
— **Zellhülle.** Archaeen besitzen keine Zellwand aus Peptidoglykan, sondern nutzen S-Layer aus Proteinen oder Pseudomurein (▶ Abschn. 2.3) oder verzichten vollständig auf eine Zellwand.
— **Stoffwechselwege.** Einige metabolische Fähigkeiten sind nur bei Archaeen anzutreffen, beispielsweise die Synthese von Methan (Methanogenese).
— **Lebensräume.** Viele Archaeen sind als Extremophile auf extreme physikochemische Bedingungen spezialisiert (▶ Abschn. 3.1). So wachsen einige nur bei hohen Temperaturen (thermophil), andere bei besonders niedrigen Teperaturen (psychrophil), hohem Druck (barophil), hohem Salzgehalt (halophil) oder extremen pH-Werten (acidophil oder alkaliphil).
— **Keine Pathogene.** Es sind derzeit keine Krankheiten bekannt, die von Archaeen ausgelöst werden, obschon einige Arten als Symbionten im Darmtrakt von Tieren und Menschen leben.

Obwohl die Archaeen Prokaryoten sind, bilden sie eine **eigenständige Domäne** und sind nicht näher mit den Bacteria verwandt als mit den Eukarya. In manchen Beziehungen sind sie den Eukarya sogar ähnlicher, beispielsweise bei der Transkription und Translation (▶ Abschn. 5.12). Auch weisen die Gene der tRNAs bei Archaeen Introns auf, und die DNA ist um Proteine gewickelt, die homolog zu den Histonen der Eukaryoten sind.

### 7.3.1    Die Phyla der Archaeen

#### Crenarchaeota

Die Crenarchaeota zeigen **sehr diverse Lebensumstände**. Viele Arten sind extrem thermophil oder psychrophil, aber es gibt auch mesophile Vertreter. Der Metabolismus reicht von anaeroben Schwefelreduzierern und aeroben Schwefeloxidierern über Heterotrophe bis hin zu Organismen, die Ammonium oxidieren. Die Plasmamembran enthält das Diglycerintetraetherlipid Crechnarchaeol, das die Membran vollständig durchspannt und einen Monolayer bilden kann. Die Zelle ist von einem flexiblen S-Layer umgeben.

- **Klassen**
- **Thermoprotei.** Viele Arten dieser Gruppe sind thermophil, aber es gibt auch mesophile Arten.
  - Beispielordnung: Desulfurococcales umfassen hyperthermophile Arten, die bei mindestens 50 °C, meist ab 70 °C bis zu 110 °C (Gattung *Pyrodictium*) wachsen, teilweise bei sauren pH-Werten zwischen pH 5 und pH 7, *Sulfolobus solfataricus* bei pH 2 bis pH 4. Ihre Energie gewinnen die meisten Vertreter durch anaerobe Schwefelreduktion. Den Zellen fehlt eine Zellwand, sie sind aber von einem S-Layer umgeben. Bei *Ignicoccus islandicus* umschließt dieser einen weiten periplasmatischen Raum, in dem zahlreiche Membranvesikel vorliegen, deren Funktion bislang unbekannt ist. Arten von *Pyrodictium*, die in der Tiefsee an Schwarzen Rauchern leben, verbinden ihre periplasmatischen Räume über ein Netzwerk aus Cannulae genannten Verbindungen.
  - Beispielordnung: **Sulfolobales** oxidieren Schwefel zur Energiegewinnung. Die Organismen sind thermophil und acidophil. Durch die Produktion von Schwefelsäure aus elementarem Schwefel fällt der pH-Wert ab und macht den Lebensraum für andere Arten unbewohnbar. Zusätzlich produzieren *Sulfolobus*-Arten Toxine gegen potenzielle Konkurrenten. Die DNA einiger Arten weist wie bei Eukaryoten mehrere Replikationsursprünge auf. *Sulfolobus*-Zellen werden von Archaeviren befallen.
- **Noch nicht kultivierte Gruppen.** Mit fluoreszierenden DNA-Sonden wurden zahlreiche Crenarchaeota in diversen Lebensräumen nachgewiesen, beispielsweise in Böden und im Meereis vor der Antarktis. In Meerestiefen unterhalb von 1000 m stellen sie vermutlich die größte Gruppe von Mikroorganismen. Die Art *Cenarchaeum symbiosum* lebt als Symbiont in dem Schwamm *Axinella mexicana*.

## Thaumarchaeota

Dieses Phylum wurde erst 2008 aus den Crenarchaeota ausgegliedert. Seine Vertreter sind **chemolithoautotrophe Ammoniakoxidierer,** die vermutlich eine wichtige Rolle im globalen Stickstoffkreislauf spielen. Eine Besonderheit ist die Anwesenheit einer Typ-1-Topoisomerase, wie sie sonst nur in Eukaryoten zu finden ist.

Neben den anerkannten Klassen Nitrososphaeria, Cenarchaeales und Nitrosphaerales sind noch weitere Klassen im Gespräch. Die Zahl der bekannten Arten liegt aber bei allen noch sehr niedrig.

## Euryarchaeota

Die Euryarchaeota sind **sehr verschieden** und eigentlich nur über die 16S-rRNA-Sequenz als zusammengehörige Gruppe zu erkennen. Viele Gruppen bewohnen extreme Lebensräume, darunter extrem salzhaltige Habitate. Dominant sind die Methanogenen, die gleich vier Klassen für sich beanspruchen.

**7**

■ **Klassen**

▬ **Methanogene Klassen**. Unter striktem Luftabschluss bilden die Zellen Methan zur Energiegewinnung (▶ Abschn. 4.6). Als Substrat dienen dafür unterschiedliche Ausgangsstoffe. Arten, die Kohlendioxid verwenden, sind autotroph, andere Substanzen erfordern eine heterotrophe Lebensweise. Das produzierte Methan wird häufig von Bakterien genutzt, wodurch seine Konzentration gering bleibt (Syntrophie). In Bezug auf den Zellbau sind die Methanogenen auch innerhalb der Klassen und Ordnungen sehr unterschiedlich.
  – Methanobacteriales.
  – Methanomicrobiales.
  – Methanococcales.
  – Methanopyrales.

▬ **Haloarchaea**. Halophile Archaeen, die Energie mithilfe einer lichtgetriebenen Protonenpumpe (Bakteriorhodopsin) oder Chloridpumpe (Halorhodopsin) gewinnen. Viele Arten schützen sich mit dem roten Bakterioruberin vor dem Sonnenlicht. Die Haloarchaea wachsen am besten in nahezu gesättigten Salzlösungen. Den osmotischen Stress überwinden sie mit hohen Kaliumchloridkonzentrationen im Cytoplasma. Als Anpassung ist der GC-Gehalt der DNA mit häufig über 60 % sehr hoch, und die Proteine tragen viele negative Ladungen an der Außenseite. Die Zellwand besteht meistens aus Glykoproteinen. Einige Arten brauchen neutrale pH-Werte, andere sind alkaliphil. Zellen von *Haloquadratum walsbyi* sind als einzige Mikroorganismen quadratisch. Ihre Schwimmhöhe im Wasser regulieren viele Haloarchaea über proteinumhüllte Gasvesikel.

▬ **Archaeoglobi**. Hyperthermophile Archaeen, die Sulfat mit molekularem Wasserstoff und organischen Elektronendonoren reduzieren. Zellen von *Archaeoglobus fulgidis* katalysieren mit den Enzymen der Methanogenese die umgekehrte Reaktion: die Oxidation der Methylgruppe in Acetat zu Kohlendioxid (reverse Methanogenese).

▬ **Thermococci**. Anaerobe Archaeen, die hyperthermophil und barophil sind. Die Zellen oxidieren molekularen Wasserstoff und organische Substanzen mit Schwefel, der dabei reduziert wird. Sie kommen an vulkanischen Schloten in der Tiefsee vor. Gattungen: *Thermococcus* und *Pyrococcus*. Aus ihnen werden hitzestabile Vent-Polymerasen für die DNA-Vervielfältigung durch die Polymerasekettenreaktion (PCR) gewonnen. Einige Thermococci besitzen wolframhaltige Enzyme.

▬ **Thermoplasmata**. Extrem acidophile Archaeen, die Sulfide zu Schwefelsäure oxidieren. Einige Arten wie *Thermoplasma acidophilum* besitzen weder eine Zellwand noch einen S-Layer. Vertreter der Gattung *Ferroplasma* oxidieren in Erzminen Sulfide mit $Fe^{3+}$-Ionen zu Sulfaten und $Fe^{2+}$-Ionen.

## Noch nicht etablierte Phyla

▬ **Korarchaeota**. Hyperthermophile Arten, die an heißen Quellen leben. Die Gruppen erhalten vorerst nur vorläufige Namen wie *Korarchaeum cryptofilum*, das im Yellowstone-Nationalpark zusammen mit anderen Arten lebt und lange, dünne Filamente bildet.

— **Nanoarchaeota.** Hyperthermophile Archaeen, die in Symbiose oder parasitär auf anderen Archaeen der Art *Ignicoccus hospitalis* leben. Bislang ist nur die Art *Nanoarchaeum equitans* bekannt, deren Zellen lediglich 400 nm groß sind. Ihr Genom ist mit 490 kb extrem klein, sodass die Zellen von ihrem Wirt abhängig sind.

Die Systematik der Archaeen befindet sich in einem ständigen Fluss. Vor allem werden über ihre Gensequenzen ständig neue Arten entdeckt, die nicht in das bestehende System passen und die Einrichtung neuer Gruppen erfordern.

## 7.4 Systematik der eukaryotischen Mikroorganismen (Eukarya)

Eukaryotische Organismen haben spezifische **gemeinsame Eigenschaften**, die sie von Bakterien und Archaeen unterscheiden:
— **Zellkompartimente** (▶ Abschn. 2.4). Eukaryotische Zellen besitzen einen membranumhüllten Zellkern und ein umfassendes System weiterer Kompartimente und Organellen.
— **Ribosomen.** Die 80S-Ribosomen von Eukaryoten sind größer und komplexer ausgebaut als die prokaryotischen 70S-Ribosomen.
— **Größe.** In der Regel sind eukaryotische Zellen deutlich größer als prokaryotische. Es gibt aber auf beiden Seiten Ausnahmen.
— **Zellwand.** Bei Eukaryoten, die eine Zellwand besitzen, ist diese im Wesentlichen aus Polysacchariden wie Cellulose oder Chitin aufgebaut.
— **Zellteilung.** Die Teilung der Zelle erfolgt im Rahmen einer komplexen Mitose.
— **Cytoskelett.** Das Cytoplasma ist von einem ausgedehnten Netz von Proteinfäden durchzogen, die als Cytoskelett Zellbestandteile fixieren, Substanzen transportieren und der Zellmembran sowie der Zelle insgesamt Stabilität verleihen.
— **DNA.** Eukaryotische Zellen besitzen mehrere Chromosomen mit linearer DNA.
— **Genexpression.** Die Gene sind nicht zu Operons zusammengefasst und enthalten Introns. Es gibt auf der DNA weite nichtcodierende Sequenzen. Die Transkription im Kern läuft getrennt von der Translation im Cytoplasma oder am endoplasmatischen Reticulum ab. Die mRNA trägt eine Cap-Struktur und einen Poly-A-Schwanz.

### 7.4.1 Merkmale einiger Hauptgruppen der Eukarya

■ **Formtaxa**
Einige Gruppenbezeichnungen haben sich fest eingebürgert und werden noch verwendet, obwohl die darin enthaltenen Untergruppen und Arten nicht oder nur entfernt miteinander verwandt sind:
— Zu den **Protisten** zählt man alle Eukaryoten aus einer oder wenigen Zellen.
— Als **Protozoen** oder Urtierchen bezeichnet man heterotroph lebende eukaryotische Einzeller.

- **Algen** sind wasserlebende Eukaryoten, die Photosynthese betreiben.
- **Amöben** sind Einzeller ohne feste Form, die Scheinfüßchen ausbilden.
- **Flagellaten** sind Einzeller mit Geißeln.

■ **Supergruppe Opisthokonta**

Die reproduktiven Zellen wie beispielsweise das Spermium tragen eine einzelne Geißel. Bei einigen Untergruppen ist diese im Laufe der Evolution verloren gegangen. Die vielzelligen Tiere und die echten Pilze gehören in diese Supergruppe.

■ **Phyla (Auswahl)**
- **Metazoa**. Mehrzellige Tiere mit differenzierten und spezialisierten Zellen. Die Spermien sind begeißelt und entstehen wie die Eizellen durch eine spezielle Gametogenese. Die Zygote teilt sich nach einem bestimmten Schema durch Furchung.
- **Choanoflagellata**. Die Kragengeißeltierchen sind kleine Protisten von nur etwa 10 μm Länge. Um die Geißel ist ringförmig ein „Kragen" aus Mikrovilli angeordnet. Die Organismen kommen in Süßwasser wie auch im Meer vor, wo sie sich von Bakterien ernähren.
- **Microsporidia**. Einzeller, die parasitisch innerhalb tierischer Zellen leben. Die Infektion erfolgt über Sporen, deren Sporoplasma über einen hohlen Polfaden in das Cytoplasma des Wirts gelangt. Die Microsporidia besitzen keine eigenen Mitochondrien. Vertreter der Gattung *Septata* befallen häufig Menschen mit Immunschwäche.
- **Fungi**. Heterotrophe Ein- und Vielzeller, deren Zellwand aus Chitin besteht. Bekannt sind etwa 100.000 Arten, nach Schätzungen gibt es mindestens zehnmal mehr Spezies.
  - Beispielgruppe: **Ascomycota**. Die Zellen der Schlauchpilze enthalten jeweils nur einen Zellkern. Es gibt einzellige Formen und Arten, die Hyphen bilden, welche sich verzweigen und zu einem Mycel verdichten können. Die Einzelzellen sind darin durch Septen genannte Querwände voneinander getrennt. Die Meiosporen entstehen innerhalb schlauchförmiger Sporangien. Zu den Ascomycota zählen Pathogene für Tiere und Menschen (z. B. *Aspergillus flavus, Candida albicans, Blastomyces dermatidis*), Erreger von Pflanzenkrankheiten (z. B. *Ophiostoma ulmi* (Ulmensterben), *Cochliobolus heterostrophus* (Befall von Mais), *Uncinula necator* (echter Mehltau)), sowie Produzenten von Antibiotika und Therapeutika (z. B. *Penicillium notatum* (Penizillin), *Tolypocladium niveum* (Cyclosporin)) und Organismen, die in der Lebensmittelproduktion eingesetzt werden (z. B. *Saccharomyces cerevisiae* (Hefeteig, Bier und Wein), Arten von *Penicillium* (Käse), *Aspergillus oryzae* (Sojasauce), Morcheln und Trüffel).
  - Beispielgruppe: **Basidiomycota**. Die Ständerpilze formen Fruchtkörper mit Basidien aus, in denen ihre Meiosporen entstehen. Die Sporen werden nach außen abgeschnürt. Zu den Basidiomycota gehören Speisepilze (z. B. Steinpilz, Champignon, Pfifferling), Giftpilze (z. B. Wulstlinge), Mykorrhizapilze, die in Symbiose mit Pflanzen leben, Pflanzenpathogene und einige Erreger opportunistischer Infektionen beim Menschen (z. B. *Cryptococcus neoformans*).

– Beispielgruppe: **Chytridiomycota**. Die Töpfchenpilze sind meist einzellig mit mehreren Zellkernen. Ihre noch nicht freigesetzten Gameten (Zoosporen) tragen eine Geißel. Chytridien leben parasitisch oder als Saprobionten von totem Zellmaterial. Einige Arten, die im Pansen von Wiederkäuern leben, helfen bei der Verdauung von Cellulose. *Batrachochytrium dendrobatidis* hat unter Amphibien ein Massensterben verursacht.
– Beispielgruppe: **Neocallimastigaceae**. Der Zellkörper besteht aus mehreren Zellen, die jeweils einen oder mehrere Zellkerne besitzen. Anstelle von Mitochondrien verfügen die Zellen über Hydrogenosomen, die sich vermutlich aus Mitochondrien entwickelt haben, aber kein eigenes Genom mehr besitzen. Im Gegensatz zu Mitochondrien können in Hydrogenosomen auch Gärungen ablaufen. Dadurch können die Pilze im Pansen und Dickdarm von Pflanzenfressern leben.
– Beispielgruppe: **Zygomycota**. Die Jochpilze stellen nach neueren Erkenntnissen keine Verwandtschaftsgruppe dar. Die Zellen ihrer Hyphen sind nicht durch Zellwände oder Septen voneinander getrennt. Bei der geschlechtlichen Fortpflanzung wachsen aus den Hyphen spezialisierten Strukturen (Gametangien) aufeinander zu, die miteinander verschmelzen und eine vom restlichen Pilzkörper getrennte Zygospore bilden. Zu den Jochpilzen gehört der jagende Pilz *Zoophagus tentaclum*. Mit schlingenartigen Hyphen fängt er Fadenwürmer ein und wandert in diese ein.
– Beispielgruppe: **Flechten (Lichenes)**. Eine symbiontische Gemeinschaft zwischen einem Mykobiont genannten Pilz und einem als Photobiont bezeichnetem photosynthetischen Organismus. Beim Mykobionten handelt es sich fast immer um einen Ascomyceten. Der Photobiont gehört meistens zu den Grünalgen (beispielsweise *Trebouxia* oder *Coccomyxa*), manchmal zu den Cyanobakterien wie *Nostoc*. Der Mykobiont bietet dem Photobionten eine geregelte Umgebung mit kontrollierter Feuchtigkeit, während der Photobiont seinen Partner mit Nährstoffen aus der Photosynthese versorgt.

■ **Supergruppe Archaeplastida**
Die Organismen dieser Gruppe betreiben Photosynthese mit Chloroplasten, die aus einer primären Endosymbiose hervorgingen. Der Vorläufer der Chloroplasten war also ein Urahn der Cyanobakterien. Einige Vertreter haben im Laufe ihrer Entwicklung die Chloroplasten wieder verloren. Die Zellwand besteht meistens aus Cellulose.

■ **Phyla**
— **Chloroplastida oder Viridiplantae**. Wichtigste Vertreter dieser Gruppe sind die Pflanzen und die Grünalgen. Die Zellen besitzen meistens Chloroplasten mit den Chlorophyllen a und b.
– Beispielgruppe: **Chlorophyta**. Die Gruppe wird auf Deutsch manchmal als Grünalgen bezeichnet, obwohl auch einige Charophyta zu den Grünalgen gehören. Die Chlorophyta umfassen einzellige Algen mit Geißeln wie *Chlamydomonas*, mikroskopische Algenkolonien wie *Volvox*, vielzellige Fadenalgen wie *Spirogyra* bis hin zu Algen mit differenzierten Zellen, die ver-

schiedene Gewebe ausbilden. Die Organismen leben meist in Süßgewässern oberflächennah als Plankton oder in Bodennähe. Einige Arten besiedeln auch die Küstenbereiche des Meeres oder feuchte Standorte an Land.

- Beispielgruppe: **Charophyta**. Die Organismen haben eine vegetative Phase, in welcher sie nicht beweglich sind. Von den Chlorophyta unterscheiden sie sich unter anderem durch einige Enzyme wie die Glykolat-Oxidase in Peroxisomen und die Superoxid-Dismutase. Die größte Gruppe bilden die Pflanzen (Plantae) mit den Moosen und Gefäßpflanzen, weiterhin gehören Armleuchteralgen (Charales), Jochalgen (Zygnematales) und Zieralgen (Desmidiales) und die Grünalgen der Gattung *Klebsormidium* hierher.

    **Rhodophyceae (Rhodophyta)**. Rotalgen erhalten ihre Farbe von den Phycobiliproteinen, die zur Photosynthese dienen. Das Pigment absorbiert in der „Grünlücke" der Pflanzen und Grünalgen, weshalb Rotalgen auch in tieferen Wasserschichten ausreichend Lichtenergie aufnehmen können. Die meisten Vertreter sind mehrzellig und bilden keine echten Gewebe aus. Rotalgen durchlaufen einen Fortpflanzungszyklus mit drei verschiedenen Generationsformen. Eine besondere Rotalge ist *Galdieria sulphuraria*, die in vulkanischen Schwefelquellen und sogar im Gestein lebt. Dort ernährt sie sich heterotroph von organischen Verbindungen aus der Umgebung. Manche Rotalgen werden gegessen (beispielsweise *Porphyra* als „Nori", Lappentang *Palmaria palmata*, Knorpeltang *Chondrus crispus* (Irisch Moos)) oder zu Agar verarbeitet.

- **Glaucophyta**. Die kleine Gruppe einzelliger Algen besitzt Cyanellen genannte Plastiden, die noch von einer dünnen Schicht Peptidoglykan umgeben sind.

**■ Supergruppe Amoebozoa**

Die Supergruppe umfasst eine Vielzahl von Einzellern, die keine feste Gestalt haben. Manche bewegen sich mit lappenförmigen Pseudopodien (Scheinfüßchen) fort. Die Cristae genannten Einstülpungen der Mitochondrien sind meist schlauchförmig. Viele Arten weisen Zelleinschlüsse auf.

**■ Wichtige Vertreter**

Die im Folgenden aufgeführten Amöben und Schleimpilze stellen keine Verwandtschaftsgruppe dar, sondern besondere Organisationsformen. Die meisten Arten mit diesen Lebensweisen gehören aber zu den Amoebozoa.

- **Amöben**. Die meisten Amöben sind durchsichtig. Im inneren Bereich der Zelle befindet sich das Endoplasma, das vom weiter außen liegenden Ektoplasma umgeben ist. Manche Arten besitzen eine Schale (Thekamöben), die meisten Zellen sind aber nackt. Mithilfe des Cytoskeletts werden Plasmaströmungen erzeugt, durch die sich Pseudopodien ausstrecken. Mit den Scheinfüßchen werden auch Bakterien und andere Einzeller umschlossen und phagocytiert. Amöben kommen in allen Lebensräumen vor, besonders in feuchten Habitaten. Manche Arten sind pathogen, beispielsweise *Entamoeba histolytica* (Amöbenruhr), *Naegleria fowleri* (Primäre Amöben-Meningoenzephalitis, PAME) und Arten von *Acanthamoeba*, die bei Kontaktlinsenträgern Keratitis verursachen.

- **Schleimpilze**. Schleimpilze durchlaufen einen Lebenszyklus mit sehr unterschiedlichen Erscheinungsformen. Unter guten Bedingungen leben sie einzeln als amöboide Zellen. Bei Nahrungsmangel bilden sie Fruchtkörper, in denen Sporen entstehen. Der Fruchtkörper kann entweder als Sporokarp aus einem einzelnen vielkernigen Plasmodium bestehen wie bei *Physarum polycephalum* oder als Sporokarp durch die Vereinigung vieler Zellen zu einem Pseudoplasmodium erwachsen wie bei *Dictyostelium discoideum*.

■ **Rhizaria**
Diese Einzeller verfügen über feine Pseudopodien, die fadenförmig (Filopodien) oder verzweigt (Reticulopodien) sein können oder als Axopodien ein Axonem aus Mikrotubuli enthalten.

■ **Wichtige Gruppen**
━ **Foraminifera.** Die einzelligen Foraminiferen können mehrere Jahre alt werden. Fast alle Arten bewohnen ein Gehäuse aus mehreren Kammern, durch dessen Poren sich Reticulopodien strecken. Die Gehäuse können fossilieren und sich über geologische Zeiträume erhalten.
━ **Radiolaria.** Die einzelligen Strahlentierchen besitzen ein Endoskelett aus Siliciumdioxid mit nach außen gerichteten Stacheln. Bei manchen Arten sind mehrere Kapseln ineinander geschachtelt. Mit ihren Axopodien halten sich die Zellen im Wasser in der Schwebe und nehmen Nährstoffe auf.
━ **Cercozoa.** Die Zellen haben zwei Geißeln oder sind amöboid, häufig mit Filopoden. Die meisten Arten leben heterotroph. Die Gruppe der Chlorarachniophyta betreibt hingegen Photosynthese, da ein Urahn eine Grünalge aufgenommen hat und mit ihr eine Endosymbiose eingegangen ist. Weil die Grünalge ihre Chloroplasten bereits einer Endosymbiose mit einem Cyanobakterienvorläufer verdankt, handelt es sich um eine sekundäre Endosymbiose, und die Chloroplasten sind von einer vierfachen Membran umgeben.

■ **Alveolata**
Die Arten dieser Gruppe sind Einzeller mit flachen Vakuolen (Alveolen) im Cytoplasma. Manche Arten haben ihre Alveolen im Verlaufe der Evolution wieder verloren.

■ **Phyla (Auswahl)**
━ **Apicomplexa.** Die parasitären Einzeller gleiten ohne Geißeln, Flagellen, Cilien oder Pseudopodien. Sie beherbergen eine Apicoplast genannte Organelle, die von vier Membranen umgeben und vermutlich durch eine sekundäre Endosymbiose mit einer Rotalge entstanden ist. Die Zellen besitzen spezielle Strukturen zum Eindringen in die Wirtszelle. Sie durchlaufen einen Generationswechsel, in dem sich geschlechtlich und ungeschlechtlich fortpflanzende Zellformen abwechseln. Zu den humanpathogenen Arten zählen *Plasmodium falciparum* (Malaria) und *Toxoplasma gondii* (Toxoplasmose).
━ **Ciliophora.** Die Wimpertierchen verfügen über zahlreiche Cilien, mit denen sie sich fortbewegen und Nahrung zustrudeln. Sie reagieren auf Umweltreize mit Taxien. Die Zelle beinhaltet einen großen Makronucleus, der die somatischen Funktionen steuert, und einen Mikronucleus, der für die Keimbahn zuständig

ist. Die ungeschlechtliche Fortpflanzung erfolgt über Längsteilung, für die geschlechtliche Fortpflanzung bilden die Zellen im Rahmen einer Konjugation eine Plasmabrücke aus, über die DNA ausgetauscht wird, welche aus dem Mikronucleus hervorgegangen ist. Zu den Wimpertierchen gehören das Pantoffeltierchen (*Paramecium*), das Trompetentierchen (*Stentor*) und das Glockentierchen (*Vorticella*).

– **Dinoflagellata.** Die Zellen der Panzergeißler folgen einem generellen Aufbau, wonach am eiförmigen bis runden Körper zwei lange Geißeln sitzen. Eine der Geißeln ist nach hinten orientiert, die andere zur Seite. Eine als Gürtel oder Cingulum bezeichnete Querfurche teilt die Zelle in zwei Hälften. Bei vielen Dinoflagellaten sind die Alveolen mit Cellulose angefüllt und bilden feste Platten, die eine Theca genannte Hülle formen. Manche Arten reagieren auf mechanische Reize mit Biolumineszenz und rufen damit das Meeresleuchten hervor. Es gibt heterotrophe und autotrophe Dinoflagellaten. Einige Typen synthetisieren Toxine, die über die Nahrungskette in Muscheln und Fische gelangen und beim Menschen zu Vergiftungen führen können. *Karenia brevis* bildet bei Massenvermehrung „Rote Tiden" und vergiftet alle Tiere, die das toxinhaltige Wasser aufnehmen.

■ **Stramenopiles**

Die Mitglieder dieser Gruppe besitzen eine lange und eine kurze Geißel (heterokonte Begeißelung). Die meisten Arten betreiben Photosynthese mit Chloroplasten aus einer sekundären Endosymbiose, vermutlich mit einem Vorläufer der Rotalgen. Der Großteil der Stramenopilen ist einzellig, aber auch einige Mehrzeller wie die Braunalgen gehören dazu.

■ **Wichtige Gruppen**

– **Bacillariophyta.** Die Kieselalgen oder Diatomeen sind von einer festen Hülle aus Siliciumdioxid umgeben (Frustel). Nach der Geometrie der Frustel wird unterschieden zwischen zentrischen Kieselalgen (Centrales) mit dreieckigen bis runden Schalen und pennaten Kieselalgen (Pennales) mit länglichen, teilweise gebogenen Schalen. Die Zellen sind unbegeißelt und besitzen braun gefärbte Chloroplasten.

– **Phaeophyceae.** Die vielzelligen Braunalgen sind unterschiedlich aufgebaut, von einfachen, verzweigten Zellfäden bis hin zu mehrere Meter großen, vielschichtigen Organismen mit verschiedenen Geweben und Organen.

– **Chrysophyceae.** Die Goldbraunen Algen oder Goldalgen sind blasse Mikroalgen, die nur bei wenigen Arten einen makroskopischen Thallus bilden.

– **Peronosporomycetes.** Die Eipilze oder Oomyceten gehören nicht zu den Pilzen, obwohl sie diesen im Aufbau ähneln. So bilden sie ein Mycel aus zahlreichen Hyphen. Die Zellwände sind jedoch aus Glucanen und Cellulose statt Chitin aufgebaut. Geraten Oomyceten in Lebensräume mit nicht angepassten Arten, können sie diese nahezu ausrotten. So geschehen mit der Krebspest *Aphanomyces astaci*, die den Europäischen Flusskrebs befallen hat, und in den Jahren 1845 und 1846, als die Knollenfäule *Phytophthora infestans* die irische Kartoffelernte vernichtete.

■ **Euglenozoa**

Diese Einzeller sind begeißelt und besitzen einen Cytostom genannten Zellmund mit einer tiefen Mundgrube, in welcher die Zellen Nahrungspartikel durch Phagocytose aufnehmen.

**Wichtige Gruppen**

▬ **Euglenida**. Zu dieser Klasse gehören die „Augentierchen" der Gattung *Euglena*, die sich massenhaft vermehren und sogenannte Algenblüten verursachen können. Anstelle einer Zellwand werden die Zellen durch eine Pellicula genannte proteinhaltige Schicht unter der Zellmembran verstärkt.

▬ **Kinetoplastea**. Diese Klasse beinhaltet viele Parasiten, darunter den Erreger der Schlafkrankheit (*Trypanosoma brucei*), der Chagas-Krankheit (*Trypanosoma cruzi*) und der Leishmaniose (Gattung *Leishmania*). Die Zellen besitzen ein einzelnes großes Mitochondrium.

■ **Fornicata**

Die Zellen haben ihre Mitochondrien während der Entwicklungsgeschichte verloren. Die Vertreter leben daher heterotroph anaerob oder mikroaerophil.

■ **Wichtige Gruppen**

▬ **Diplomonadida**. Die Zellen haben zwei Zellkerne. Die Arten leben in Süßwasser und im Darm von Säugetieren. Dort können sie blutige Durchfälle auslösen. In den Zellen von *Giardia intestinalis* kommen als Mitosomen bezeichnete verkümmerte Formen von Mitochondrien vor. Mitosomen sind nicht zur oxidativen Phosphorylierung fähig und enthalten keine DNA. Vermutlich sind sie an der Synthese von Eisen-Schwefel-Clustern beteiligt.

▬ **Parabasalia**. Die Zellen sind wegen der fehlenden Mitochondrien auf einen Wirt angewiesen, in dem sie anaerobe Nischen belegen. Ihre Energie gewinnen sie mithilfe von Hydrogenosomen. Manche Arten der Gattung *Trichomonas* sind in der menschlichen Mundhöhle zu finden, *Trichomonas vaginalis* löst die Geschlechtskrankheit Trichomoniasis aus. Im Darm von Termiten sind Vertreter von Parabasalia als Symbionten zu finden, die den Celluloseanteil in der Nahrung abbauen.

# Die Ökologie der Mikroorganismen

## Inhaltsverzeichnis

© Der/die Herausgeber bzw. der/die Autor(en), exklusiv lizenziert an Springer-Verlag GmbH, DE, ein Teil von Springer Nature 2024
O. Fritsche, *Mikrobiologie*, Kompaktwissen Biologie, https://doi.org/10.1007/978-3-662-70471-4_8

> **Worum geht es?**
> Wie alle Organismen sind auch Mikroorganismen eingebettet in ihre Lebensräume.
> Sie müssen sich an deren Gegebenheiten anpassen und verändern durch ihr Wirken
> ihre Umwelt. Aufgrund ihrer großen Zahl und der Fülle ihrer zu weiten Teilen ein-
> maligen Stoffwechselprozesse haben sie trotz ihrer geringen Größe enormen Einfluss
> auf die globalen Kreisläufe vieler Elemente sowie die Gesundheit von Pflanzen, Tie-
> ren und Menschen.

## 8.1 Umweltfaktoren aus Sicht der Zelle

Auf Organismen wirken in ihrem Lebensraum **verschiedene Faktoren** ein:
- Physikochemische Faktoren umfassen **Parameter der unbelebten Natur.**
- Biologische Faktoren sind **Einflüsse durch andere Organismen.**

**8**

In der Natur sind die Lebensbedingungen für Organismen nur selten optimal. Die
Dynamik des Wachstums einer Bakterienkultur unter optimalen Bedingungen ist
in ▶ Abschn. 3.5 beschrieben.

### 8.1.1 Physikochemische Faktoren

Zu den physikalischen und chemischen Einflüssen zählen vor allem Temperatur,
Salzgehalt, Osmolarität, pH-Wert, Sauerstoffgehalt und Druck im jeweiligen
Lebensraum. Die Bedeutung dieser Parameter wird in ▶ Kap. 3 in ▶ Abschn. 3.1,
3.2 und 3.3 behandelt.

### 8.1.2 Biologische Faktoren

Mikroorganismen stehen mit Vertretern ihrer eigenen Art (**intraspezifisch**) und mit
Organismen anderer Spezies (**interspezifisch**) in Beziehung. Dabei können zwischen den Individuen große Entfernungen liegen, beispielsweise zwischen sauer-
stoffproduzierenden Cyanobakterien und atmenden Bakterien oder Tieren.

#### Formen interspezifischer Wechselwirkungen
Die Arten der Wechselwirkung zwischen räumlich eng verbundenen Individuen
werden **nach dem Nutzen für die Partner unterschieden**:
- **Räuber-Beute-Beziehung.** Eine Art (der Räuber) befriedigt ihren Bedarf an
  Kohlenstoff und Energie, indem sie sich Individuen der anderen Art (die Beute)
  einverleibt und verdaut. Beispielsweise ernährt sich das Pantoffeltierchen *Para-*
  *mecium* von Bakterien.
- **Antibiose.** Eine Art schützt sich vor einer anderen Art, indem sie diese durch
  Stoffwechselprodukte wie Toxine abtötet. Beispielsweise verhindern Pilze der
  Gattung *Penicillium* durch Antibiotika das Wachstum von Bakterien.

▬ **Parasitismus**. Ein kleiner Parasit erfüllt seine Ansprüche auf Kosten eines wesentlich größeren Wirts, der keinerlei Vorteil von der Beziehung hat. In der Regel wird der Wirtsorganismus aber nicht getötet. Es gibt jedoch Ausnahmen, die häufig ein Anzeichen für eine mangelnde Anpassung des Parasiten an eine vergleichsweise neue Wirtsspezies sind.

Die Parasiten eines Wirts lassen sich nach verschiedenen Kriterien einteilen, etwa nach dem Aufenthaltsort:
– **Ektoparasiten** leben auf der Oberfläche des Wirtsorganismus.
– **Endoparasiten** leben innerhalb des Wirtsorganismus. Hier ist noch zu unterscheiden zwischen extrazellulären Endoparasiten, die bei vielzelligen Wirten in dessen Körper, aber nicht in dessen Zellen eindringen (z. B. der Erreger der Lyme-Borreliose *Borrelia burgdorferi*), und intrazelluläre Endoparasiten, die innerhalb der Wirtszellen leben (z. B. die Malariaerreger der Gattung *Plasmodium*).

Parasiten erfüllen stets die Anforderungen an eigenständige Lebewesen und besitzen einen eigenen Stoffwechsel. Viren, Prionen und andere Moleküle, die sich auf Kosten eines Wirts vermehren, werden nicht als Parasiten angesehen.
▬ **Probiose oder Kommensalismus**. Die Wechselbeziehung bringt für die Individuen der einen Art Vorteile, für die andere Art bleibt sie neutral. Die mikrobielle Normalflora des Menschen besteht zu einem Teil aus Bakterien, die davon profitieren, als Kommensalen die Häute und Schleimhäute ihres Wirts zu besiedeln, ohne ihm zu schaden.
▬ **Symbiose oder Mutualismus**. Beide Arten haben einen Vorteil voneinander. Es werden mehrere Formen unterschieden.
– Nach dem Grad der Abhängigkeit:
  – Eine **Protokooperation** ist die lockerste Form der Symbiose. Beide Arten können auch unabhängig voneinander leben. Beispielsweise profitieren methanbildende Archaeen (▶ Abschn. 4.6.2) von dem molekularen Wasserstoff, den manche Bakterien freisetzen. Die Bakterien können ihrerseits mehr Energie gewinnen, wenn der von ihnen selbst produzierte Wasserstoff durch die Archaeen aus dem Medium entfernt wird. Diese Art des Zusammenlebens über die Weiterverwendung eines Stoffwechselprodukts wird als **Syntrophie** bezeichnet.
  – Beim **Mutualismus** stellt das gemeinschaftliche Wirken die Regel dar, ist aber noch nicht Voraussetzung für das Überleben. Für die Photobionten einer Flechte ist die Gemeinschaft mit dem Mykobionten von Vorteil, die Cyanobakterien oder Grünalgen können allerdings auch alleine leben. Die Mykobionten sind dagegen ohne Partner nur unter Laborbedingungen imstande zu überleben.
  – Bei der **Eusymbiose** oder obligatorischen Symbiose sind die Partner zwingend aufeinander angewiesen. An heißen Tiefseequellen wie Schwarzen Rauchern leben sulfidoxidierende Gammaproteobakterien als Endosymbionten in den Zellen von Röhrenwürmern der Art *Riftia pachyptila*. Der Wurm versorgt die Bakterien mit sulfidreichem Wasser und wird im Gegenzug von den Bakterien mit so viel Energie versorgt, dass die Tiere weder eine Mundöffnung noch einen Darm besitzen.

- Nach der räumlichen Beziehung:
  - Bei einer **Ektosymbiose** bleiben die Partner getrennt voneinander und selbstständige Organismen.
  - Bei einer **Endosymbiose** nimmt ein Partner den anderen in sich auf. In diese Kategorie fallen viele Darmbakterien des Menschen, die bei der Verdauung helfen, sowie die Knöllchenbakterien der Hülsenfrüchtler.

Achtung! Im englischsprachigen Raum wird unter Symbiose jede enge Beziehung zwischen Individuen verschiedener Arten verstanden, also beispielsweise auch Kommensalismus und Parasitismus. Eine Symbiose im Sinne der Definition im deutschsprachigen Raum wird als Mutalismus bezeichnet.

## Biofilme als Lebensgemeinschaften

**Eine enge Form einer Lebensgemeinschaft** liegt in Biofilmen vor. Sie entstehen an Grenzflächen, wenn Mikroorganismen sogenannte extrazelluläre polymere Substanzen (EPS) ausscheiden, die als gelartige Matrix Wasser binden und damit eine schleimige Konsistenz erreichen.

**Hauptbestandteil der EPS** sind Polysaccharide, Proteine, Lipide und modifizierte Lipide. Hinzu kommen extrazelluläre DNA, Nährstoffe, Gasbläschen und anorganische Verbindungen.

Die **Bewohner von Biofilmen** entstammen meist mehreren Gruppen der Mikroorganismen. Zu ihnen gehören Bakterien, Algen, Pilze, Amöben und Flagellaten. Eigentlich bewegliche Bakterien verlieren im Biofilm oft ihre Flagellen. Da der Sauerstoffgehalt in verschiedenen Bereichen variieren kann, können sowohl aerobe als auch anaerobe Arten in enger Nachbarschaft vorkommen.

Das Leben in einem Biofilm bietet zahlreiche **Vorteile**:
- Schutz vor Austrocknung.
- Schutz vor antimikrobiellen Substanzen wie Antibiotika.
- Schutz vor UV-Strahlung.
- Eine kontrollierte Umgebung mit relativ konstanten Werten für pH, Sauerstoffgehalt und Nährstoffzufuhr.
- Stabile Beziehungen zu anderen Zellarten erlauben synergistische Wechselwirkungen, beispielsweise durch Syntrophie.
- Austausch von Erbinformation durch horizontalen Gentransfer.

**Biofilme sind weit verbreitet.** Sie kommen unter anderem in Böden, Gewässern und auf Schleimhäuten von Tieren und Menschen vor.

## 8.2 Lebensräume für Mikroorganismen

Mikroorganismen sind **Teil eines Ökosystems**, das die Gesamtheit aller vorkommenden Arten von Lebewesen und der unbelebten Komponenten des Lebensraums (auch als Habitat oder Biotop bezeichnet) umfasst.

Nicht alle Parameter eines Ökosystems sind für jede Art von Bedeutung. Die **relevanten biotischen und abiotischen Umweltfaktoren einer bestimmten Spezies** werden zusammen als deren **ökologische Nische** bezeichnet.

Dank ihres vielfältigen Metabolismus belegen Mikroorganismen ökologische Nischen, die kein anderer Organismentyp einnehmen kann. Daraus folgern die **Schlüsselpostulate der mikrobiellen Ökologie**, die der US-amerikanische Mikrobiologie Cornelis Bernardus van Niel aufgestellt hat:

- **Umfassende katabolische Potenz.** Alle Moleküle, die in der Natur vorkommen, können von einem Mikroorganismus des jeweiligen Lebensraums als Quelle für Kohlenstoff oder Energie genutzt werden. Diese Aussage bezieht auch vom Menschen künstlich produzierte Substanzen ein, sofern es eine energieliefernde Abbaureaktion gibt.
- **Umfassende Verbreitung.** Jedes Habitat, in dem grundsätzlich Leben existieren kann, wird von Mikroorganismen besiedelt.

## 8.2.1 Leben in Gewässern

Gewässer bedecken über zwei Drittel der Erdoberfläche und bieten sehr **unterschiedliche Lebensräume**. Neben der Unterteilung in Salz- und Süßgewässer bieten sie Habitate mit diversen Sauerstoffgehalten und Temperaturen. Grenzbereiche, wo das Wasser auf Gestein, Sand oder Schlamm stößt, bieten andere Lebensbedingungen als der reine Wasserkörper. An alle Bedingungen haben sich Mikroorganismen angepasst, sodass sie überall in allen Gewässern zu finden sind.

### Marine Habitate

Die **Salzkonzentration im Meerwasser** liegt im Mittel bei einem Massenanteil von 3,5 %. Die Schwankungsbreite ist bei Meeren mit geringem Wasseraustausch und besonders bei Binnenmeeren allerdings recht groß. So hat die Ostsee einen Salzgehalt zwischen 0,2 % und 2 %, das Tote Meer von 28 %. Den Großteil der Ionen stellen $Na^+$ und $Cl^-$, hinzu kommen nennenswerte Mengen von $SO_4^{2-}$, $Mg^{2+}$, $Ca^{2+}$ und $K^+$. Weitere Ionen wie Jodid und Bromid sind in Spuren enthalten.

Der **Wasserkörper** lässt sich in verschiedene Schichten mit unterschiedlichen Typen von Bewohnern unterteilen:

- **Vertikale Schichten** nach der Tiefe:
  - **Neuston.** Die Schicht direkt an der Grenzfläche von Luft und Wasser ist zwischen wenigen Mikrometern und einigen Zentimetern dick. Sie ist starker UV-Strahlung ausgesetzt, Temperatur und Salzgehalt schwanken stark, und die Schicht wird durch den Seegang ständig bewegt. Trotzdem kommen hier viele Mikroorganismen vor, die teilweise die Oberflächenspannung nutzen, um sich in der Schicht zu halten.
  - **Euphotische oder photische Zone.** Der Bereich mit ausreichend Licht für die Photosynthese reicht etwa 100 m bis 200 m tief. In flachen Gewässern (z. B. oberhalb von Kontinentalschelfen wie in der Nordsee) verkürzen aufgewühlter Sand und Organismen die Zone auf 1 m. Phototrophe Mikroben bilden hier die Basis eines komplexen Nahrungsnetzes.
  - **Aphotische Zone.** Die Schicht ohne Einstrahlung von Sonnenlicht ist in den Ozeanen am mächtigsten und reicht bis zu mehreren Kilometern in die Tiefe. Die Besiedlung mit Mikroorganismen ist dünn, die Arten zählen zu den Heterotrophen und Lithotrophen.

- **Benthal.** Die Zone im Bereich des Bodens inklusive des Sediments ist Heimat der unter dem Namen Benthos zusammengefassten Lebewesen. Besonders in der Tiefsee sind hier vor allem Destruenten beheimatet.
- Der **Temperaturverlauf** von der Oberfläche zum Boden ist nicht gleichmäßig, sondern weist Sprünge auf, wo zwei Wasserschichten aufeinandertreffen, die sich nicht mischen. Neben der Temperatur ändert sich an solchen Thermoklinen auch die Dichte des Wassers abrupt. Absinkende organische Schwebstoffe reichern sich an den Grenzen an, sodass hier verstärkt heterotrophe Mikroorganismen vorkommen.
- **Horizontale Schichten** nach der Entfernung vom Land:
  - **Litoral.** Die Küstenregion ist sehr nährstoff- und artenreich. Bei Küsten mit erkennbaren Gezeiten fällt das Eulitoral bei Ebbe trocken, während das Sublitoral oder der Schelf ständig von Wasser bedeckt bleibt. Diese Zone reicht so weit hinaus, bis das Meer etwa 200 m Tiefe erreicht und die aphotische Tiefenzone beginnt.
  - **Pelagial.** Die Hochsee oder das offene Meer erstreckt sich über die küstenfernen Regionen. Die Nährstoffkonzentration ist meist niedrig, was als oligotroph bezeichnet wird.

Ein entscheidender Faktor für die Besiedlung der Schichten und die Artenzusammensetzung ist der **Sauerstoffgehalt im Wasser.** Der Sauerstoff entsteht durch die oxygene Photosynthese der Algen und Cyanobakterien im Neuston und in der euphotischen Zone, von wo er durch Diffusion und Mischung in tiefere Lagen gelangt. Er wird verbraucht von aeroben heterotrophen Mikroorganismen und Tieren. Daraus resultiert eine weitere Schichtung:

- In der **trophogenen Zone** (Nährschicht) wird ein Überschuss an Sauerstoff und Biomasse produziert.
- In der **tropholytischen Zone** (Zehrschicht) ist der Verbrauch an Sauerstoff und Biomasse größer als die Produktion.

Der Verbrauch an Sauerstoff wird durch den **biochemischen Sauerstoffbedarf** (BSB) quantitativ beschrieben und ist wegen des Mangels an Nährstoffen, die oxidativ abgebaut werden können, meistens niedrig.

Zwei **Gruppen von Meeresorganismen** lassen sich leicht unterscheiden:

- **Plankton** umfasst Arten, die von den Strömungen des Wassers getragen werden. Alle Mikroorganismen gehören zum Plankton. Das Plankton wird in weitere Kategorien eingeteilt:
  - Nach der Größe:
    - **Femtoplankton** ist kleiner als 0,2 µm und besteht fast ausschließlich aus Viren, vor allem Bakteriophagen.
    - **Pikoplankton** misst weniger als 2 µm. Bis auf wenige Ausnahmen wie die eukaryotischen Einzeller aus der Gruppe der Picozoa (z. B. *Picomonas judraskeda*) gehören nur Prokaryoten zum Pikoplankton.
    - **Nanoplankton** erreicht bis zu 40 µm. Eukaryotische Einzeller und fädige Cyanobakterien stellen den Großteil.
    - **Mikroplankton** erreicht bis zu 200 µm und besteht aus großen Ciliaten und Algen.

- – Nach der Lebensweise:
  - – **Virioplankton** umfasst Viren, die marine Bakterien, Algen und Protozoen befallen.
  - – Zum **Bakterioplankton** gehören die heterotrophen Bakterien und Archaeen.
  - – Das **Phytoplankton** stellen die phototrophen Algen, Dinoflagellaten und Cyanobakterien.
  - – Zum **Zooplankton** zählen nicht photosynthetische eukaryotische Mikroorganismen.
- ▬ **Nekton** ist die Bezeichnung für Organismen, die ihre Bewegungsrichtung selbst bestimmen können. In diese Gruppe fallen nur makroskopische Vertreter der Wirbeltiere, Gliederfüßer und Weichtiere.

Die **Identifizierung der marinen Mikroorganismen** erfolgt meist über die Sequenzierung von DNA aus Wasserproben. Die Sequenzen aller darin enthaltenen Organismen bilden das Metagenom. Durch Vergleich mit bekannten Sequenzen lässt sich auf die Zahl und die taxonomische Zugehörigkeit der Arten schließen. Global betrachtet sind in den Meeren am häufigsten Vertreter der Gram-negativen, phototrophen Gattung *Pelagibacter*, Cyanobakterien der Gattungen *Prochlorococcus* und *Synechococcus* sowie Gram-negative Bakterien der Gattungen *Burkholderia* und *Shewanella*. Der weitaus größte Teil der Arten ließ sich bislang nicht kultivieren.

Der **Meeresgrund** bietet verschiedene Lebensräume:

- ▬ Den größten Anteil am **Benthal der Tiefsee** haben nährstoffarme Flächen mit hohem Druck und kaltem Wasser. Dementsprechend sind die dort wachsenden Mikroorganismen barophil und psychrophil und zeigen niedrige Wachstumsraten.
- ▬ An **hydrothermalen Quellen oder Schloten** tritt mineralreiches, heißes Wasser aus dem Untergrund. Die Organismen dort sind thermophil und hyperthermophil. Archaeen und lithotrophe Bakterien bilden die Basis für das lokale Ökosystem. Sulfatreduzierer reduzieren mit molekularem Wasserstoff aus den Quellen Sulfate zu Schwefelwasserstoff, den Schwefeloxidierer wie *Thiomicrospira* oxidieren. Methanogene produzieren Methan, das von Methanotrophen oxidiert wird.
- ▬ An **kalten Quellen** tritt Erdöl an die Oberfläche, oder Methan ist durch einen Spalt im Boden oder in Form von Methanhydrat verfügbar. Die Organismen sind barophil und psychrophil, aber das Wasser bietet Spezialisten Nährstoffe. Methanotrophe oxidieren das Methan mit Sauerstoff oder Sulfat. Die Oxidation mit Sulfat verlangt eine Syntrophie methanoxidierender Archaeen und sulfatreduzierender Bakterien, die in Biofilmen eng beieinander leben. Hinzu kommen sulfidoxidierende Gammaproteobakterien, die sich etwas abseits der Quelle aufhalten.

An beiden Arten von Quellen gehen Mikroorganismen **Endosymbiosen mit Tieren** wie Würmern und Muscheln ein.

## Süßwasserhabitate

Seen weisen eine **horizontale Schichtung** auf:
- **Neuston.** Die obersten Millimeter bis Zentimeter direkt an der Oberfläche.
- **Epilimnion.** Die von der Sonne erwärmte und durchmischte Wasserschicht. Die Sauerstoffversorgung ist gut. Die vorherrschenden Gruppen von Mikroorganismen sind Cyanobakterien und Algen.
- **Metalimnion.** Die Sprungschicht ist durch ein starkes Temperaturgefälle, häufig mit einer oder mehreren Thermoklinen) gekennzeichnet. Bei flachen Seen ist dies die tiefste Wasserschicht.
- **Hypolimnion.** Die untere, 4 °C kalte und wenig bewegte Wasserschicht. In ihren tieferen Lagen dominieren Schwefelbakterien und Sulfatreduzierer. Der Gehalt an Schwefelwasserstoff kann entsprechend hoch liegen.
- **Benthal.** Der Bodenbereich. Bei Seen wird die Bodenregion mit einfallendem Sonnenlicht, beispielsweise in Ufernähe, als Litoral bezeichnet. Die dunklen Bereiche werden Profundal genannt.

Der **Nährstoffgehalt** wirkt sich auf die Tiefe der Schichten aus:
- **Oligotrophe Seen** sind nährstoffarm. In ihnen leben wenige Mikroorganismen. Das sauerstoffreiche Epilimnion erstreckt sich bis etwa 10 m Tiefe.
- **Eutrophe Seen** haben einen hohen Nährstoffgehalt. Dadurch vermehren sich Algen stark, bis hin zu Algenblüten. Von der Biomasse ernähren sich heterotrophe Bakterien, wodurch der biochemische Sauerstoffbedarf hoch ist und die Sauerstoffkonzentration schnell absinkt. Das Epilimnion reicht nur noch wenige Meter in die Tiefe. Fische ersticken, aber die Konzentration an anaeroben Mikroorganismen liegt hoch. Im Benthal wird das absinkende organische Material zu Schwefelwasserstoff und Methan reduziert.

Die **Ursache für Eutrophierung** ist meist die übermäßige Zufuhr von Nährstoffen, an denen es sonst mangelt:
- **Phosphate** gelangen aus Waschmitteln und Düngern ins Wasser.
- **Stickstoff** entstammt Abwässern und Düngern.
- **Organische Substanzen** werden mit Abwässern eingetragen.

### 8.2.2  Leben im Boden

Die **Schichtung des Erdbodens** wird als Bodenprofil bezeichnet, die Schichten als Bodenhorizonte:
- **Auflagehorizont oder O-Horizont.** Organisches Material wie Pflanzenreste, die von Pilzen und Bakterien wie Actinomyceten abgebaut werden. Der Ursprung des Detritus genannten Materials ist noch zu erkennen.
- **Mutterboden oder A-Horizont.** Der Anteil organischen Materials liegt unter 30 %, den überwiegenden Teil stellen Mineralien aus den tieferen Schichten. Die Versorgung mit Sauerstoff ist gut. Pilze und Bakterien bilden Kolonien, Filamente und Biofilme. Sie stehen in Kontakt zu den Wurzeln der Pflanzen.

Den unteren Rand des A-Horizonts bildet der Ae- oder Auswaschungshorizont. Regenwasser trägt lösliche Substanzen aus dieser Schicht in tiefere Lagen.
- **B-Horizont.** Der Anteil von Tonen und Mineralien ist höher als im A-Horizont. Von dort eingewaschene Substanzen können sich hier ansammeln. In Bereichen, die dauerhaft von Grundwasser durchsetzt sind, herrschen anoxische Bedingungen vor, in denen Lithotrophe und anaerobe heterotrophe Arten leben.
- **C-Horizont.** Kaum oder gar nicht verwittertes Ausgangsgestein. In mikroskopischen Hohlräumen leben endolithische Arten, die beispielsweise Wasserstoff, welcher durch die Spaltung von Wasser mit radioaktiver Strahlung entsteht, mit Schwefelverbindungen oxidieren.

Die Stärke der Horizonte, ihre Feingliederung und die Anwesenheit weiterer Schichten hängen von den **bodenbildenden Faktoren** wie Temperatur, Niederschlägen, Wind sowie chemischen und biologischen Abbauprozessen ab. Bei tropischen Böden befindet sich der C-Horizont beispielsweise in Tiefen von bis zu 100 m, während er in gemäßigten Zonen im Schnitt nach 1,3 m erreicht ist.

Das **Nahrungsnetz des Bodens** ist komplex und stark verzweigt:
- **Die Basis bilden vor allem Pflanzen.** Ihre Reste sowie Substanzen, die sie an den Wurzeln abgeben, versorgen die Konsumenten.
- Zu den **bakteriellen Verwertern** von Pflanzenmaterial gehören Streptomyceten und Actinomyceten.
- **Um die Pflanzenwurzeln entwickelt sich eine Rhizosphäre**, die reich an Mikroorganismen ist. Bakterien bringen Mineralien in eine verwertbare Form für Pflanzen und verhindern die Ansiedlung von Pathogenen.
- Die **Bakterien sind Nahrung** für Einzeller, Fadenwürmer und Pilze.
- **Mykorrhizen sind Symbiosen von Pflanzen und Pilzen**, die mit ihren Hyphen die Feinwurzeln umgeben. Die Pilze helfen bei der Erschließung von Wasser und Nährsalzen, die Pflanze liefert im Gegenzug Photosyntheseprodukte.
  - Bei einer **Ektomykorrhiza** belegen die Pilzhyphen die Rhizoplane genannte Oberfläche der jungen Wurzelenden, dringen aber nicht in die Wurzelzellen ein. Das Mycel ersetzt die fehlenden Wurzelhaare. Diese Form ist häufig bei Bäumen anzutreffen, die mit Ascomyceten oder Basidiomyceten vergesellschaftet sind.
  - Bei einer **Endomykorrhiza** dringen die Pilzhyphen in die Zellen der Wurzelrinde ein. Heidekraut und Orchideen gehen diese Form der Symbiose mit Ständerpilzen ein.
  - **Arbuskuläre Mykorrhiza** ist eine Sonderform der Endomykorrhiza, bei der die Hyphen in den Wurzelzellen sogenannte Arbuskeln ausbilden, die wie kleine Bäumchen aussehen. Die Pilze gehören dem Phylum Glomeromycota an, vermehren sich asexuell und bilden keine oberirdischen Teile aus.

### 8.2.3 Pflanzen als Lebensraum

Mikroorganismen siedeln sich an den Oberflächen von Pflanzenteilen an, dringen teilweise in die Pflanzen ein oder leben als Endophyten vollständig in ihnen.

## Endophyten

Zu den Endophyten gehören Bakterien und Pilze:

- **Endophytische Bakterien** sind meistens auf einen bestimmten Gewebetyp wie beispielsweise die Transportgefäße Phloem und Xylem spezialisiert. Bei einer Analyse der Ackerschmalwand (*Arabidopsis thaliana*) wurden 77 Bakterienarten aus den Gruppen der Actinobakterien, Firmicutes und Proteobakterien entdeckt.

  Die Besiedlung hat für die Pflanzen unterschiedliche Konsequenzen:
  - **Bereitstellung von Nährstoffen.** Beispielsweise fixieren Knöllchenbakterien als Symbionten von Leguminosen Stickstoff aus der Luft und wandeln ihn in Ammoniak bzw. Ammonium um, das die Pflanze verwerten kann.
  - **Erhöhung der Widerstandskraft.** Die harmlosen Endophyten verhindern die Ansiedlung pathogener Arten, entweder durch einfaches Besetzen der jeweiligen Nische oder durch Abwehrstoffe wie Enzyme, die beispielsweise von Bakterien der Gattung *Stenotrophomonas* produziert werden
  - **Produktion von Phytohormonen.** Viele Bakterienarten, darunter sogenannte Plant Growth Promoting Rhizobacteria (PGPR), synthetisieren wachstumsregulierende Moleküle wie Auxine und Cytokinine.
  - **Pathogenität.** Manche Arten wie das Proteobakterium *Agrobacterium tumefaciens* infizieren Pflanzen und leben als Schmarotzer in ihnen.

  Für den Menschen können bakterielle Endophyten problematisch werden, wenn es sich um **Humanpathogene** wie *Escherichia coli* O157:H7 oder *Salmonella enterica* handelt, die beispielsweise in Spinat wachsen und nicht einfach abgewaschen werden können.
- **Endophytische Pilze** sind besonders häufig in Gräsern zu finden. Das Mycel erstreckt sich in ihnen über den gesamten Pflanzenkörper. Manche Pilze wie *Neotyphodium* werden mit den Samen der Wirtspflanze verbreitet, andere wie *Epichloe* infizieren auch benachbarte Pflanzen.

  Die Folgen der Besiedlung sind für die Pflanze häufig von Nutzen:
  - **Fraßschutz.** Manche Pilze synthetisieren Alkaloide, die das Gras für Tiere ungenießbar machen. Beispielsweise schützen die Mutterkornalkaloide von *Neotyphodium coenophialum* das Präriegras *Festuca* vor weidenden Kühen, Insekten und Nematoden.
  - **Trockenresistenz.** Die Anwesenheit der Pilze lässt Pflanzen Trockenperioden besser überstehen.

## Stickstofffixierende Rhizobien

Von großer Bedeutung für die Landwirtschaft ist die Symbiose zwischen Leguminosen wie Erbsen, Bohnen und Soja mit Rhizobien, die zu den Alphaproteobakterien gehören. Am wichtigsten sind die Gattungen *Rhizobium*, *Bradyrhizobium* und *Sinorhizobium*.

Die **Besiedlung** erfolgt schrittweise:

1. **Anlocken.** Die Wurzeln der Wirtspflanze sondern Signalmoleküle wie Flavonoide ab. Die Bakterienzellen im Boden registrieren die Substanzen und wandern chemotaktisch auf die Wurzeln zu.

2. **Erkennung.** Spezielle Oberflächenproteine der Bakterien interagieren mit passenden Oberflächenstrukturen der Pflanzenepidermis wie Lectinen und stellen so den Kontakt her. Als weitere Reaktion auf die Flavonoide synthetisieren die Bakterienzellen Nod-Faktoren genannte Moleküle.

3. **Penetration.** Die Bakterienzelle dringt an der Spitze in das Wurzelhaar ein. Dieses krümmt sich um das Bakterium. Vom Rhizobium induziert produziert die Pflanze einen Infektionsschlauch, über den die Bakterien in das Innere der Epidermiszelle gelangen.

4. **Infektion der Wurzelrinde.** Während der Wanderung in die Wurzel vermehren sich die Bakterien und bilden eine als Infektionsfaden bezeichnete Reihe von Zellen. Sie erreichen schließlich die Rindenzellen und infizieren diese.

5. **Differenzierung.** Sowohl die Bakterien als auch die Pflanzenzellen differenzieren sich zur Arbeitsform:
   - Die Bakterien vermehren sich. Die meisten differenzieren sich zu Bacteroiden, die keine Zellwand und keine äußere Membran besitzen und sich nicht teilen können. Ihre Aufgabe ist die Fixierung des Stickstoffs.
   - Die Rindenzellen teilen sich und bilden als Wurzelknöllchen bezeichnete Verdickungen. In den Knöllchen sind die Bacteroide von einer Membran umgeben. Zusammen bilden sie das Symbiosom.

6. **Fertiger Arbeitszustand.** Die Bacteroide wandeln mit speziellen, sauerstoffempfindlichen Enzymen molekularen Luftstickstoff ($N_2$) in Ammoniak ($NH_3$) um (▶ Abschn. 4.8), das in wässrigen Lösungen zu Ammonium ($NH_4^+$) wird und von der Pflanze in Aminosäuren und anderes zelleigenes Material eingebaut werden kann. Die Pflanze bietet mit dem hämoglobinverwandten Molekül Leghämoglobin den notwendigen Schutz vor dem Sauerstoff und versorgt die Bakterien mit Nährstoffen wie Malat. Der Austausch erfolgt über Transporter in der Symbiosommembran.

## Pflanzenpathogene

Die **Erreger von Pflanzenkrankheiten** gehören unter anderem zu den Pilzen, Protisten, Bakterien oder Viren.

Beispiele für Pflanzenpathogene:
- **Anthracnose** wird durch Ascomyceten ausgelöst und ruft dunkle, vertrocknete Bereiche auf den befallenen Stellen hervor.
- Das **Ulmensterben** geht auf Schlauchpilze aus der Gattung *Ophiostoma* zurück, die die Blätter welken lassen. Die Ulme verschließt in einer Abwehrreaktion ihre Gefäße und unterbindet dadurch selbst die Versorgung ihrer Teile mit Wasser.
- Manche Pilze bilden in den befallenen Zellen spezielle Strukturen zur Aufnahme von Nährstoffen wie Saccharose. Diese **Haustorien** befinden sich zwar innerhalb der Zellwand, durchstoßen aber nicht die Zellmembran.
- *Agrobacterium tumefaciens* induziert bei Pflanzen die Bildung von Wurzelhalsgallen. Es integriert dazu eigene DNA in das pflanzliche Genom. Aus diesem Grund wird es in der Gentechnik als Vektor für das gezielte Einschleusen von Genen in Pflanzen genutzt.

- Das **Tabakmosaikvirus** befällt neben Tabak auch andere Pflanzen wie Paprika und Tomaten.
- Die flammenähnliche Färbung von **Tulpen** geht auf eine virale Infektion der Blüten zurück.

### 8.2.4 Tiere als Lebensraum

Mikroorganismen leben auf und in vielen Tieren. Im Folgenden sind einige Beispiele aufgeführt.

#### Zooxanthellen

**Algen, die als Endosymbionten in Wirtstieren leben**, werden als **Zooxanthellen** bezeichnet. Die meisten Zooxanthellen sind Dinoflagellaten der Gattung *Symbiodinium*, es gibt aber auch endosymbiontische Diatomeen, Chrysomonaden und Cryptomonaden. Die Wirte umfassen Korallen, Seeanemonen, Muscheln und einige Arten von Quallen.

Die **Vorteile der Symbiose** liegen für den Wirt in den Photosyntheseprodukten, die er von der Alge erhält. Die Zooxanthellen erhalten als Gegenleistung Schutz vor Fressfeinden.

Verlieren Korallen ihre Symbionten durch Stress wie eine zu starke Erhöhung der Wassertemperatur, erscheinen sie weiß und sterben ab, was als **Korallenbleiche** bekannt ist.

#### Verdauungsgemeinschaften

Wegen ihrer metabolischen Vielseitigkeit können Mikroorganismen viele Substanzen wie beispielsweise Cellulose aufbrechen, die Tiere alleine nicht abbauen könnten. Wirbeltiere beherbergen deshalb in ihren Verdauungstrakten komplexe Gemeinschaften von Bakterien, Archaeen, eukaryotischen Einzellern und Pilzen.

Die **Positionierung der Mikroorganismen im Verdauungstrakt** unterscheidet zwei Gruppen von Verdauungsgemeinschaften:

- Bei **Vorderdarmfermentierern** zersetzen zuerst die Mikroben die Nahrung, bevor sie in den eigentlichen Magen und den Dünndarm gelangt, wo das Tier hauptsächlich Nährstoffe aufnimmt. In diese Gruppe fallen beispielsweise Wiederkäuer und einige Beuteltiere wie Kängurus.
- Bei **Hinterdarmfermentierern** durchläuft das Material zuerst Magen und Dünndarm, sodass vor allem komplexe Substanzen zu den Mikroorganismen gelangen, die im Blinddarm (Caecum) und im Dickdarm (Colon) angesiedelt sind.
  - Zu den **Blinddarmfermentierern** zählen beispielsweise Kaninchen und Hasen sowie einige Vögel und Reptilien.
  - Zu den **Dickdarmfermentierern** gehören unter anderem Menschen und Pferde.

Im **Pansen der Wiederkäuer** macht die Pansenflora und -fauna von anaeroben Mikroben etwa ein Fünftel des Volumens aus. Über 200 Arten wurden nachgewiesen.

— Vertreter der zu den Pilzen gehörenden Chytridiomyceten schließen komplexe Fasern auf.

— Bakterien aus Gattungen wie *Ruminococcus* und *Fibrobacter* spalten Cellulose zu Glucose.

— Während des weiteren Glucoseabbaus (▶ Abschn. 4.5) fällt Wasserstoffgas an, das von methanogenen Archaeen mit Kohlendioxid zu Methan umgesetzt wird.

— Über verschiedene Gärungen von Ruminokokken, Milchsäurebakterien, Clostridien und anderen Bakterien entstehen als Produkte kurzkettige Fettsäuren wie Acetat, Propionat und Butyrat.

— Aminosäurefermentierer wie *Megasphaera* und *Peptostreptococcus* desaminieren Aminosäuren, wobei Ammoniak und verzweigte Fettsäuren entstehen.

— Eukaryotische Einzeller aus den Gruppen der Ciliaten und Flagellaten bauen leicht verdauliche Kohlenhydrate ab und machen Toxine und Schwermetalle unschädlich, indem sie diese zersetzen oder binden.

Die Tiere nehmen die kurzen Fettsäuren auf und verdauen zusätzlich jene Mikroorganismen, die aus dem Pansen in den Dünndarm gelangen.

Den **Abbau von Holz im Darm von Termiten** übernehmen eukaryotische Mikroorganismen wie *Nymphotricha agilis* und *Mixotricha paradoxa* zusammen mit verschiedenen Bakterien. Bakterielle Endosymbionten in den Ciliaten verdauen die Cellulose, während *Desulfovibrio* auf der Zelloberfläche Sulfat reduziert. Es entstehen Acetat, das die Termiten nutzen, sowie Wasserstoffgas.

## 8.2.5  Der Mensch als Lebensraum

Der menschliche Körper ist normalerweise von zahlreichen Mikroorganismen besiedelt, die nicht pathogen sind und seine **physiologische Mikroflora** oder **Normalflora** darstellen. Die Gesamtheit aller Mikroorganismen wird Mikrobiom oder Mikrobiota genannt. Insgesamt ist die Anzahl der Mikrobenzellen nur leicht höher als die Zahl der Humanzellen (der Faktor zehn, der häufig angegeben wird, beruht auf fehlerhaften Schätzungen).

**Innere Organe ohne Verbindung nach außen** wie Blut, Gehirn, Leber und Niere sind unter normalen Umständen steril.

**Organe mit einer Verbindung nach außen** werden von kommensalen Organismen sowie Symbionten besiedelt. Aus historischen Gründen werden beim Menschen auch die Symbionten als Kommensalen bezeichnet.

— **Haut.** Etwa $10^{12}$ Mikroben leben auf der Haut. Die Besiedlung ist erschwert durch den niedrigen pH-Wert von 4 bis 6, Trockenheit, hohen Salzgehalt und peptidoglykanabbauende Enzyme. Die meisten Bakterien auf der Haut sind Gram-positiv. *Propionibacterium acnes* baut Triglyceride aus den Talgdrüsen ab zu freien Fettsäuren, was eine Entzündung der Drüsen und Akne hervorruft.

   Beispielorganismen: Vertreter der Gattungen *Staphylococcus*, *Propionibacterium*, *Bacteroides*, *Clostridium*, *Mycobacterium*, *Candida*, etc.

- **Augen**. Lysozym in der Tränenflüssigkeit verhindert weitgehend die Besiedlung. Manche Arten können sich temporär halten.
  Beispielorganismen: Vertreter der Gattungen *Staphylococcus*, *Haemophilus*, *Streptococcus*, etc.
- **Mund- und Nasenhöhle**. Mit einer Glykokalyx aus Polysacchariden haften Mikroben des Zahnbelags an den Zähnen. Die Säuren aus ihren Gärungen greifen den Zahnschmelz an. Anaerobe Nischen gibt es zwischen Zahn und Zahnfleisch und in den Krypten der Rachenmandeln.
  Beispielorganismen: Vertreter der Gattungen *Staphylococcus*, *Haemophilus*, *Streptococcus*, *Veilonella*, *Prevotella*, *Fusobacterium*, *Candida*, *Moraxella*, *Neisseria*, *Actinomyces*, *Eikenella*, etc.
- **Atemwege**. Normalerweise sind die Atemwege frei von Mikroorganismen. Eindringende Zellen werden durch die mucociliäre Clearance aus Schleim und Cilien in Richtung Rachen und Magen entfernt.
  Beispielorganismen: Vertreter der Gattungen *Staphylococcus*, *Haemophilus*, *Streptococcus* etc.
- **Magen**. Wichtigste Abwehrmaßnahme des Magens sind der niedrige pH-Wert von 1 (leerer Magen) bis 4 (voller Magen) und die Verdauungsenzyme. Die Bakterien halten sich bevorzugt im Bereich der weniger sauren (pH 5 bis 6) Magenschleimhaut auf.
  Beispielorganismen: Vertreter der Gattungen *Staphylococcus*, *Lactobacillus*, *Helicobacter* etc.
- **Darm**. Die einzelnen Abschnitte des Darms bieten unterschiedliche Lebensbedingungen. Der pH-Wert im vorderen Darmbereich ist leicht alkalisch (etwa pH 8). Die meisten dauerhaft siedelnden Bakterien sind Gram-positiv. Mithilfe des Enzyms Gallensäure-Hydrolase neutralisieren sie die Gallensäure in ihrer Nähe. Ileum und Colon sind annähernd pH-neutral und enthalten weniger Gallensäure. Das Milieu ist anaerob, geringe eindiffundierende Mengen Sauerstoff werden sofort von fakultativ anaeroben Bakterien aufgebraucht.
  Hauptnahrungsquelle für die Mikroben sind Kohlenhydrate, die aus dem Nahrungsbrei stammen oder von den Epithelzellen als Bestandteil des Schleims sezerniert werden. Schätzungsweise 15 % der Energie, die unser Körper tatsächlich aufnimmt, stammen aus dem bakteriellen Abbau von pflanzlicher Nahrung, die wir sonst nicht verdauen könnten.
  Beispielorganismen: Vertreter der Gattungen *Lactobacillus*, *Bacteroides*, *Clostridium*, *Enterococcus*, Enterobakterien, *Mycobacterium*, *Fusobacterium*, *Staphylococcus*, *Proteus*, *Klebsiella*, *Pseudomonas*, *Actinomyces*, *Acinetobacter* etc.
- **Harnröhre**. Bei Gesunden sind nur im distalen Harnröhrenbereich Mikroben zu finden, die von außen hineingelangt sind.
  Beispielorganismen: Vertreter der Gattungen *Staphylococcus*, *Bacteroides*, *Mycobacterium*, *Fusobacterium*, diphtheroide Bakterien etc.
- **Vagina**. Der niedrige pH-Wert von etwa 4,5 hemmt die Besiedlung mit Mikroorganismen. Die Zusammenstellung der dennoch vorhandenen Bakterien und

Pilze variiert mit dem Menstruationszyklus und den damit einhergehenden Veränderungen im Milieu.

Beispielorganismen: Vertreter der Gattungen *Lactobacillus*, *Bacteroides*, *Gardnerella*, *Clostridium*, *Candida*, diphtheroide Bakterien etc.

Die Zusammensetzung der einzelnen Mikrobiome ist dynamisch und verändert sich ständig.

Die **Aufnahme der Mikroorganismen** erfolgt auf verschiedenen Wegen:
- **Während der Geburt aus dem Geburtskanal**. Auf diese Weise werden beispielsweise die Haut und der Mund besiedelt.
- **Vom Mund der Mutter und aus der Nahrung** stammen die Mikroben des Munds und des Darms.
- **Aus der Umgebung** gelangen Organismen in den Urogenitaltrakt.

Manche Arten wie etwa *Streptococcus pneumoniae* gehören zur Normalflora, können aber auch **Krankheiten** auslösen. Pathogene sind ausführlicher in Kap. 9 behandelt. Auch nicht pathogene Arten können gefährlich werden, wenn sie in die falsche Umgebung geraten, beispielsweise *Escherichia coli*, das bei einer Operation in die Bauchhöhle getragen wird. Opportunistische Pathogene sind für gewöhnlich harmlos, nehmen aber überhand, wenn das Immunsystem geschwächt ist.

Für den Menschen bieten viele Symbionten verschiedene **Vorteile**:
- **Verdauungshilfe**, beispielsweise durch Abbau von Cellulose.
- **Schutz vor Pathogenen**, beispielsweise durch Besetzen der Nischen und Ansäuerung des Mediums, wie etwa durch Milchsäurebakterien im Vaginalbereich.
- **Modulation des Immunsystems**, indem beispielsweise die Ausschüttung von Cytokinen induziert oder durch Immunmoduline wie Katalase aus Bakterien gehemmt wird.

**Ist die Normalflora des Darms gestört**, versucht man, sie mit verschiedenen Nahrungsergänzungsmitteln oder Medikamenten wieder ins Gleichgewicht zu bringen:
- **Probiotika** enthalten lebensfähige Mikroorganismen, meistens Milchsäurebakterien, in medizinischen Präparaten auch Escherichia coli, Bifidobakterien, Enterokokken und Hefen.
- **Präbiotika** sind für den Menschen unverdauliche Substanzen, die das Wachstum der normalen Darmbakterien anregen sollen. Viele Präbiotika sind Kohlenhydrate wie Inulin und Raffinose.
- **Synbiotika** sind Mischungen von Probiotika und auf die speziellen Mikroorganismen abgestimmten Präbiotika. Beispielsweise werden Bifidobakterien häufig zusammen mit Inulin verabreicht.

**Nach dem Tod des Menschen** verändert sich die Zusammensetzung des Mikrobioms, das dann als **Thanatomikrobiom** (altgriechisch „thanatos" = „Tod") bezeichnet wird. Gemeinschaften von Mikroorganismen auf und in den Oberflächen der Kadaver werden epinekrotische Gemeinschaften genannt.

Die Organismen stammen:
- aus dem Mikrobiom des lebenden Menschen oder
- sind erst nach seinem Tod auf oder in den Körper gelangt, möglicherweise über aasfressende Insekten.

Im Rahmen der **forensischen Mikrobiologie** wird die Zusammensetzung des Thanatomikrobioms durch massive parallele Sequenzierung der DNA auf und in den Leichen sowie im umgebenden Substrat bestimmt. Daraus lassen sich Rückschlüsse ziehen auf:
- den Todeszeitpunkt,
- die Todesursache,
- die Orte, an denen der Leichnam gewesen ist.

## 8.3 Stoffkreisläufe

Ein wichtiger Aspekt der Ökologie ist der **Weg, den Elemente nehmen**, wenn sie von Lebewesen in immer neue Verbindungen eingebaut und überführt werden. Hierbei ergeben sich Kreisläufe, die durchaus verzweigt sein können.

Zwei **grundlegende Richtungen** lassen sich unterscheiden:
- Bei der **Assimilation** nimmt ein Organismus einen Stoff auf und wandelt ihn in eigenes Material um. Die Quelle der Substanz kann organisches Material sein, gerade Mikroorganismen sind aber häufig auch in der Lage, anorganische Quellen zu erschließen, indem sie beispielsweise Kohlendioxid der Luft fixieren oder Luftstickstoff binden. In ▶ Kap. 4 wurden die zugehörigen Stoffwechselprozesse im Rahmen des Anabolismus (▶ Abschn. 4.8) beschrieben. In der Regel verbrauchen sie Energie.
- Zur **Dissimilation** gehören abbauende Prozesse, bei denen organische Verbindungen unter Freisetzung von Energie zersetzt werden, mitunter bis hin zu anorganischen Substanzen. Es handelt sich um Stoffwechselwege des Katabolismus (▶ Abschn. 4.5).

Die einzelnen **Stationen im Kreislauf** können verschiedene Funktionen haben:
- Eine **Quelle** ist ein Ort oder Prozess, der eine Substanz zur Verfügung stellt. Beispielsweise kann Methan aus unterirdischen Lagern entweichen oder von Methanogenen produziert werden.
- Ein **Reservoir** ist ein Speicher, in dem eine Substanz in so großen Mengen vorkommt oder vorkommen kann, dass der Speicher als Quelle wie auch als Senke fungieren kann. Beispielsweise ist in den Ozeanen Kohlendioxid gespeichert und kann von dort an die Atmosphäre abgegeben werden. Die Meere können aber auch weiteres Kohlendioxid aus der Luft aufnehmen.
- Eine **Senke** ist ein Ort oder Prozess, der eine Substanz aufnimmt. Menschen verbrauchen beim Atmen Sauerstoff und stellen damit eine Senke für das Gas dar.

Eine Art, die Kohlenstoff aus anorganischen Quellen in organische Verbindungen überführt, wird als **Primärproduzent** bezeichnet. Primärproduzenten bilden die Grundlage des gesamten Lebens in einem Ökosystem, da sie die anderen Arten mit Energie und organischen Substanzen versorgen.

## 8.3.1 Nahrungsnetz

Unter **Biomasse** versteht man die Masse der Lebewesen oder einer bestimmten Population innerhalb eines Ökosystems. Sie wird in Kilogramm oder Tonnen angegeben.

Die Verteilung der Biomasse verschiebt sich ständig, und ihr Wert verändert sich, da die Organismen anorganisches Material assimilieren, organische Verbindungen dissimilieren und sich gegenseitig einverleiben. Die **Ströme der Biomasse ergeben ein Nahrungsnetz**.

Die Organismen eines Nahrungsnetzes können in **verschiedene Trophieebenen** eingeordnet werden:
- **Produzenten assimilieren Substanzen und Energie**, die als Basis für das gesamte Nahrungsnetz dienen. Zu ihnen zählen photosynthetische Organismen wie Cyanobakterien, Algen und Pflanzen, aber auch chemoautotrophe oder chemosynthetische Bakterien und Archaeen wie Schwefelbakterien und Methanogene.
- **Konsumenten verbrauchen die Biomasse und die chemisch gebundene Energie anderer Organismen**. Sie lassen sich vereinfachend in Untergruppen einteilen:
  – Konsumenten 1. Ordnung oder Primärkonsumenten ernähren sich von Primärproduzenten. Bei makroskopischen Organismen werden sie auch als Pflanzenfresser bezeichnet.
  – Konsumenten 2. Ordnung oder Sekundärkonsumenten ernähren sich von Primärkonsumenten. Im Tierreich sind dies die Fleischfresser.
  – Konsumenten 3. Ordnung oder Tertiärkonsumenten ernähren sich von Sekundärkonsumenten.
- **Destruenten zersetzen organisches Material zu anorganischen Verbindungen**. Eine Untergruppe sind die Saprobionten, die sich von toten Organismen ernähren. Einen Großteil der Destruenten stellen Mikroorganismen wie Bakterien und Pilze. Durch ihre Aktivität erzeugen Destruenten wieder das Ausgangsmaterial für die Produzenten.

Erschwert wird die Zuordnung dadurch, dass **viele Mikroorganismen mixotroph** sind, also je nach Situation heterotroph von organischer Substanz oder autotroph aus Kohlendioxid ihren Kohlenstoff beziehen und ihre Energie chemotroph oder phototroph gewinnen.

**Konsumenten agieren mit einer geringen Effizienz.** Nur rund 10 % des aufgenommenen Kohlenstoffs wandeln sie in körpereigenes Material um, die übrigen 90 % oxidieren sie zur Energiegewinnung.

**Schadstoffe**, die im medizinischen Bereich auch als Noxen bezeichnet werden, bleiben dagegen häufig in den Organismen zurück und **reichern sich im Laufe der**

**Zeit an.** Die Prädatoren der jeweils nächsten Trophieebene nehmen dadurch Beute mit höher konzentrierten Schadstoffen auf, sodass die Konzentration von Giften wie Herbiziden, Schwermetallen wie Quecksilber und Medikamenten wie Antibiotika innerhalb der Nahrungskette ansteigt.

### 8.3.2 Kohlenstoffkreislauf

Als **Kohlenstoffreservoir** dient das Kohlendioxid in der Atmosphäre und den Meeren, wo es in einem Gleichgewicht mit Bicarbonat ($HCO_3^-$) steht.

Als **Kohlenstoffquellen** fungieren neben den Reservoiren Gesteine, fossile Brennstoffe und Vulkane.

Im **biogenen Kohlenstoffkreislauf** wandelt sich die Oxidationsstufe des Kohlenstoffs von +4 in Kohlendioxid ($CO_2$) über Zwischenstufen wie 0 in Biomasse ($CH_2O$) bis zu −4 in Methan ($CH_4$). Die wichtigsten Prozesse sind dabei:
- Mittels Reduktionen wird **Kohlendioxid zu Biomasse** umgesetzt (▶ Abschn. 4.6):
  - Reduktion durch **Photosynthese.** Kohlendioxid wird durch Pflanzen, Algen und Cyanobakterien unter Freisetzung von Sauerstoff aus Wasser fixiert.
  - Reduktion durch **Chemoautotrophie.** Einige Bakterien und Archaeen wie Schwefelbakterien reduzieren Kohlendioxid lithotroph, indem sie als Elektronendonoren beispielsweise Wasserstoff, Schwefelwasserstoff oder Eisen verwenden.
- Bei Methanogenen führt die Reduktion vom **Kohlendioxid bis zum Methan.**
- Methanotrophe Bakterien oxidieren **Methan zu Biomasse.**
- Oxidationen überführen **Biomasse wieder zu Kohlendioxid** (▶ Abschn. 4.5):
  - Unter aeroben Bedingungen wandelt die **Atmung** von aeroben heterotrophen Organismen Biomasse zu Kohlendioxid um.
  - Unter anaeroben Bedingungen werden organische Moleküle durch **Gärungen** in kleinere Moleküle wie Alkohole und Säuren zerlegt. Ein Teil des Kohlenstoffs wird dabei als Kohlendioxid freigesetzt.

### 8.3.3 Wasserkreislauf

Die **Reservoire für den Wasserkreislauf** sind Gewässer, aus denen Wasser durch Verdunstung in die Atmosphäre übergeht und als Niederschlag auf andere Gebiete herabfällt. Primäre Quelle sind die Ozeane, Binnengewässer wie Flüsse und Seen werden über die Niederschläge von ihnen gespeist.

#### Der Sauerstoffbedarf im Wasser

Den **Sauerstoffbedarf durch atmende Organismen** gibt der **biochemische Sauerstoffbedarf (BSB)** an. Bei hohen Konzentrationen an Nährstoffen im Wasser, vermehren sich die enthaltenen Mikroorganismen stark, und der BSB steigt an. Durch die Konkurrenz bleibt nicht ausreichend Sauerstoff für die Wirbeltiere übrig, und es kommt zu einem Fischsterben.

**Hypoxie** liegt vor, wenn die Sauerstoffkonzentration auf 30 % oder weniger gesunken ist, bei einem Normalwert von 80 % Sättigung. Bei 0 % Sauerstoffsättigung spricht man von **Anoxie**.

Es gibt verschiedene **Gründe für Hypoxie**:

— **Natürliche Gründe**:
  - **Mangelnde Durchmischung** an flachen Flussmündungen. Süßwasser, das sich über das Salzwasser schiebt, schließt dies von der Sauerstoffversorgung ab.
  - **Geringer Wasseraustausch** bei fast geschlossenen Wasserkörpern. Beispielsweise haben die Strömungen aus dem Mittelmeer in das Schwarze Meer kaum Einfluss auf den Sauerstoffgehalt im Schwarzen Meer.
— **Anthropogene Gründe**:
  - **Eutrophierung**. Durch Abwässer und aus der Landwirtschaft werden zu viele Nährstoffe für Algen und Pflanzen eingetragen, wodurch es zu Massenvermehrung kommt. Die abgestorbenen Individuen werden von heterotrophen Bakterien unter Sauerstoffverbrauch abgebaut.
  - **Ölverschmutzung**. Vor allem im Bereich undichter Bohrinseln und nach Unfällen, bei denen Öl austritt, vermehren sich ölabbauende Bakterien und Archaeen massenhaft und verbrauchen beim Abbau der organischen Verbindungen im Öl den Sauerstoff im Wasser.

Durch Hypoxie können in Meeren und großen Seen **Totzonen** entstehen, in denen der Sauerstoffgehalt über längere Zeit zu niedrig für tierische Bewohner liegt. Es gibt mehrere Hundert Totzonen auf der Welt. Zu ihnen gehören Bereiche im Mississippidelta im Golf von Mexiko, im Schwarzen Meer, in der nördlichen Adria, in der Ägäis und in der Ostsee.

## Aufbereitung von Abwässern

Die Aufbereitung von Abwässern in Kläranlagen verfolgt zwei **Ziele**:
— Verringerung des biochemischen Sauerstoffbedarfs durch Verminderung der Nährstoffe.
— Reduzierung der Belastung mit Pathogenen.

Zur Reinigung arbeiten Kläranlagen mit einem **dreistufigen Verfahren**:
1. **Mechanische Vorreinigung**. Mit Rechen und Sieben werden grobe Verschmutzungen aus dem Abwasser entfernt. Kleinere, dichte Partikel sinken in einem Sandfang zu Boden. Im Vorklärbecken setzen sich ungelöste Stoffe ab oder werden an die Oberfläche getragen. Als Primärschlamm werden sie eingedickt und in den Faulturm verbracht.
2. **Biologische Behandlung**. Die biologischen Stufen orientieren sich an den Abbauprozessen in freier Natur.
   - **Aerober Abbau** nach dem Belebtschlammverfahren. In Belebungsbecken wird das Abwasser mit Bakterienflocken (Belebtschlamm) versetzt und belüftet. Typische Organismen stammen aus den Gattungen *Zoogloea*, *Flavobacterium*, *Pseudomonas* und *Nocardia*. Durch den aeroben Abbau werden die organischen Substanzen zu Kohlendioxid und Biomasse und die Stick-

stoffverbindungen zu Nitraten umgewandelt. Im Nachklärbecken wird anschließend der Belebtschlamm vom Abwasser getrennt. Ein Teil wird wieder in das Belebungsbecken gegeben, der andere eingedickt für den Faulturm.

– **Anaerober Abbau** im Faulturm. Die zugewachsene Biomasse wird als Klärschlamm von anaeroben Bakterien und Archaeen zu Faulschlamm und Faulgas umgesetzt. Der Faulschlamm wird als organischer Dünger verwendet oder verbrannt. Das Faulgas besteht zu einem Drittel aus Kohlendioxid und zwei Dritteln aus Methan. Es wird abgefackelt oder zum Betreiben von Gasmotoren und Blockheizkraftwerken genutzt.

3. **Chemische Verfahren.** Durch chemische Reaktionen werden Phosphate gefällt, der pH-Wert reguliert und nicht abbaubare organische Verbindungen durch Ozon oder UV-Licht aufgebrochen. Pathogene werden durch Ozon oder Chlor abgetötet.

### 8.3.4  Stickstoffkreislauf

Das bedeutendste **Stickstoffreservoir** ist die Erdatmosphäre, in welcher etwa $10^{18}$ kg $N_2$ gespeichert sind.

Es sind aber ausschließlich einige Prokaryoten in der Lage, diesen molekularen Stickstoff aufzubrechen und in eine Form zu überführen, die für andere Arten nutzbar ist. Deshalb ist Stickstoff häufig ein **limitierender Faktor** für das Wachstum und die Vermehrung von Organismen.

Die **wichtigsten Formen des Stickstoffs** unterscheiden sich in ihren Oxidationsstufen:

- Im **molekularen Stickstoff** ($N_2$) liegt das Element in der Oxidationsstufe 0 vor.
- In den **reduzierten anorganischen Verbindungen** Ammoniak ($NH_3$) und Ammonium ($NH_4^+$) beträgt die Oxidationsstufe $-3$.
- Als **Bestandteil der Biomasse** liegt Stickstoff meistens reduziert mit der Oxidationsstufe $-3$ als Aminogruppe (-$NH_2$), in einer Kette oder in einem Ring vor. $RNH_2$ steht hier stellvertretend für alle organischen Stickstoffverbindungen.
- In den **oxidierten Formen** Nitrit ($NO_2^-$) und Nitrat ($NO_3^-$) ist die Oxidationsstufe $+3$ bzw. $+5$.

Die **Umwandlungen** zwischen den verschieden oxidierten Varianten erfolgt über mehrere biochemische Prozesse:

- **Stickstofffixierung** ($N_2 \rightarrow NH_3$ oder $NH_4^+$). Die Aufspaltung des molekularen Stickstoffs liefert den Hauptanteil des Stickstoffs für den biologischen Stickstoffkreislauf. Die Reaktion wird durch das Enzym Nitrogenase katalysiert (▶ Abschn. 4.8.4). Das entstehende Ammoniak oder Ammonium wird von anderen Organismen aufgenommen und assimiliert.

Zu den stickstofffixierenden Prokaryoten gehören wenige einzeln lebende Bakterien wie obligat anaerobe Clostridien, fakultativ anaerobe Klebsiellen und obligat aerobe Pseudomonaden sowie spezialisierte Zellen in fädigen Cyanobakterien und Bakterien, die mit Pflanzen in Symbiose leben (▶ Abschn. 8.2.3).

- **Prozesse zur Energiegewinnung:**
  - **Nitrifikation** (aerobe Oxidation: $NH_3$ oder $NH_4^+ \rightarrow NO_2^-$ oder $NO_3^-$). Die Oxidation von Ammoniak oder Ammonium liefert als chemolithotropher Prozess Energie (▶ Abschn. 4.6.3). Sie erfolgt in zwei Schritten, die von unterschiedlichen Arten durchgeführt werden:
    - Nitrosobakterien wie Vertreter von *Nitrosomonas* oxidieren Ammonium oder Ammoniak zu Nitrit.
    - Nitrobakterien wie Vertreter von *Nitrobacter* und *Nitrospira* oxidieren das Nitrit weiter zu Nitrat.

    Nitrat wird ebenfalls von anderen Organismen aufgenommen und assimiliert.
  - **Denitrifikation** (anaerobe Reduktion: $NO_3^-$ oder $NO_2^- \rightarrow N_2$ oder $N_2O$). Bei Abwesenheit von Sauerstoff können Denitrifizierer in einer anaeroben Stickstoffatmung organische Substanzen mit Nitrat oder Nitrit als Elektronenakzeptor abbauen (▶ Abschn. 4.6.2). Es entsteht molekularer Stickstoff, der entweicht.

    Zu den Denitrifizierern zählen Vertreter von *Pseudomonas* und *Flavobacterium*.

    Ist zu viel Nitrat vorhanden, entweicht zunehmend die Zwischenstufe Distickstoffoxid oder Lachgas ($N_2O$), das ein potentes Treibhausgas ist.
  - **Dissimilatorische Nitratreduktion zu Ammoniak** (anaerobe Reduktion: $NO_3^- \rightarrow NH_3$ oder $NH_4^+$). Habitate wie Kläranlagen und der Pansen von Wiederkäuern sind anaerob und bieten molekularen Wasserstoff als Stoffwechselabfallprodukt mancher Mikroben. Chemolithotrophe können mit dem Wasserstoff das Nitrat bis zur Stufe des Ammoniaks oder Ammoniums reduzieren und daraus Energie gewinnen. Die Wiederkäuer nehmen das produzierte Ammoniak/Ammonium für ihre eigenen Synthesen auf (▶ Abschn. 8.2.4).
  - **Anammox** (anaerobe Oxidation und Reduktion: $NH_3$ oder $NH_4^+ + NO_2^- \rightarrow N_2$). Bei der *an*aeroben *Am*moniumoxidation verbinden sich ein reduziertes und ein oxidiertes Stickstoffatom zu molekularem Stickstoff.

    Die Reaktion kommt in anaeroben Habitaten in Ozeanen, Seen, Böden und Sedimenten sowie in Kläranlagen vor und wird von verschiedenen Bakterien wie *Brocadia*, *Kuenenia* und *Scalindua* sowie Archaeen durchgeführt.
- **Umsatz von Biomasse:**
  - **Stickstoffassimilation** (Oxidation oder Reduktion: $NH_3$, $NH_4^+$ oder $NO_3^- \rightarrow RNH_2$). Alle Organismen bauen Stickstoff in ihre Aminosäuren (▶ Abschn. 4.8.5), Nucleinsäuren (▶ Abschn. 4.8.6) und andere Zellbestandteile ein.
  - **Ammonifikation** (Reduktion: $RNH_2 \rightarrow NH_3$ oder $NH_4^+$). Totes organisches Material wird von Destruenten abgebaut, dabei wird Ammoniak oder Ammonium freigesetzt.

### 8.3.5 Schwefelkreislauf

Als **Schwefelquelle** treten vor allem vulkanische Gase in Erscheinung. **Reservoire** sind der Boden, Ozeane und Süßwassergewässer sowie mehr noch Organismen.

Die wichtigsten **Formen des Schwefels** unterscheiden sich in ihren Oxidationsstufen:

- In **elementarer Form** (S) liegt die Oxidationsstufe bei 0.
- Als **anorganische reduzierte Form** hat Schwefel in Schwefelwasserstoff ($H_2S$) oder als Sulfid ($S^{2-}$) die Oxidationsstufe $-2$.
- Als **Bestandteil der Biomasse** ist Schwefel in der Regel reduziert mit der Oxidationsstufe $-2$. Er liegt meistens als Sulfhydrylgruppe (-SH) oder als Bestandteil eines heterozyklischen Ringsystems (-S-) vor. Hier steht RSH stellvertretend für alle biochemischen Verbindungen.
- Als **oxidierte Form** dominieren Sulfat ($SO_4^{2-}$) mit der Oxidationsstufe $+6$ und in geringerem Maße Schwefeldioxid ($SO_2$) mit der Oxidationsstufe $+4$.

Die **Umwandlungen** zwischen den verschieden oxidierten Varianten erfolgt über mehrere biochemische Prozesse:

- **Prozesse zur Energiegewinnung**:
  - **Photolyse** (anaerobe Oxidation: $H_2S \rightarrow S$ oder $SO_4^{2-}$). In Gewässern nutzen Grüne Schwefelbakterien aufsteigenden Schwefelwasserstoff als Elektronendonor für eine anoxygene Photosynthese (▶ Abschn. 4.6.4), bei der als Nebenprodukt elementarer Schwefel anfällt. Purpurbakterien oxidieren bis zum Sulfat.
  - **Sulfidoxidation** (aerobe Oxidation: $H_2S \rightarrow S$). Sulfidoxidierer wie *Beggiatoa* und *Thiovulum* oxidieren Schwefelwasserstoff mit Luftsauerstoff zu elementarem Schwefel (▶ Abschn. 4.6.4).
  - **Sulfurikation** (aerobe Oxidation: $H_2S \rightarrow SO_4^{2-}$). Einige sulfidoxidierende Bakterien wie *Thiobacillus* und *Acidithiobacillus* sowie manche Archaeen oxidieren den Schwefelwasserstoff bis zum Sulfat (▶ Abschn. 4.6.3).
  - **Sulfurikation** (aerobe Oxidation: $S \rightarrow SO_4^{2-}$). Die gleichen Gruppen wie bei der Oxidation des Schwefelwasserstoffs zu Sulfat können auch elementaren Schwefel als Ausgangssubstrat verwenden.
  - **Desulfurikation** (anaerobe Sulfatreduktion: $SO_4^{2-} \rightarrow H_2S$). Fehlt Sauerstoff, können Vertreter von *Desulfovibrio* und *Desulfobacter* in einer anaeroben Atmung Elektronen auf Sulfat übertragen (▶ Abschn. 4.6.2).
  - **Schwefelreduktion** (anaerobe Reduktion: $S \rightarrow H_2S$). Steht molekularer Wasserstoff zur Verfügung, kann er von einigen Bakterien wie *Desulfuromonas* und einigen Archaeen mit elementarem Schwefel als Elektronenakzeptor oxidiert werden.
- **Umsatz von Biomasse**:
  - **Sulfatassimilation** ($SO_4^{2-} \rightarrow RSH$). Sulfat ist eine der wichtigsten Quellen für Schwefel in den Aminosäuren Cystein und Methionin sowie in anderen Molekülen wie beispielsweise Biotin.

- **Schwefelassimilation** (S → RSH). Manche Bakterien können elementaren Schwefel als Quelle nutzen.
- **Desulfurylation** (anaerobe Reduktion: RSH → $H_2S$). Der Schwefel in toter Biomasse wird unter anaeroben Bedingungen beispielsweise von Bakterien der Gattungen *Escherichia* und *Proteus* zu Schwefelwasserstoff umgesetzt.
- **Andere Prozesse:**
  - **Bildung von Metallsulfiden** ($H_2S$ → MeS↓). In Verbindung mit Ionen von Eisen oder Schwermetallen fällt unlösliches Metallsulfid (MeS) aus. Für die meisten Organismen ist der Schwefel in dieser Form nicht erreichbar.
  - **Lösung von Metallsulfiden** (aerob: MeS → $S^{2-}$ → $SO_4^{2-}$). Eisenoxidierer und Sulfidoxidierer wie *Acidithiobacillus ferrooxidans* bringen den Schwefel durch Oxidation wieder in den biotischen Schwefelkreislauf zurück.

### 8.3.6 Phosphorkreislauf

Phosphor ist ein Makronährstoff (▶ Abschn. 3.3.1), der in Organismen als Phosphat vorliegt. Seine Konzentration ist in natürlichen Lebensräumen so gering, dass Phosphat häufig der **limitierende Faktor** für das Wachstum ist.

Als **Quellen** fungieren in landwirtschaftlich genutzten Habitaten Dünger, deren Phosphat aus der Behandlung von Gesteinen (Apatit) mit Schwefelsäure stammt. **Senken** bilden sich durch die Ausfällung von Metallphosphaten. Das einzige nennenswerte **Reservoir** von biologisch verfügbaren Phosphaten stellen die Organismen selbst dar.

Der **biotische Phosphorkreislauf** folgt somit weitgehend dem Nahrungsnetz des jeweiligen Lebensraums.

### 8.3.7 Eisenkreislauf

Eisen ist ein Mikronährstoff (▶ Abschn. 3.3.2), der vor allem in Coenzymen benötigt wird. Für marine Algen ist es häufig der **limitierende Faktor**, sodass die Algen mixotroph leben und Bakterien aufnehmen, um ihren Bedarf zu decken.

In natürlichen Lebensräumen liegt Eisen meistens als Ion in einer von **zwei Oxidationsstufen** vor:

- Die **Ferri-Form** ($Fe^{3+}$) hat die Oxidationsstufe +3. Sie kann nur von Bakterien aufgenommen werden, die über Siderophoren genannte Proteine zur Aufnahme von Eisen verfügen.
- Die **Ferro-Form** ($Fe^{2+}$) weist die Oxidationsstufe +2 auf. In dieser Form kann das Eisen von Bakterien und Pflanzen leicht aufgenommen werden.
- Auf **elementares Eisen** (Fe) treffen Mikroorganismen nur in künstlichen Habitaten wie Leitungsrohren.

Die unterschiedlichen Formen des Eisens werden durch verschiedene **Prozesse** ineinander überführt:

━ **Oxidation**: Fe2+ → Fe3+.

    **Chemolithotrophe Eisenoxidation** (▶ Abschn. 4.6.3). Die Oxidation von Eisen liefert wenig Energie, weshalb die Bakterien einen hohen Umsatz haben, beispielsweise *Acidithiobacillus ferrooxidans* und *Thiobacillus ferrooxidans*.

    – **Anaerobe Korrosion**. Eisenschwefelbakterien wie *Desulfovibrio* und *Desulfurococcus* oxidieren metallisches Eisen mit Sulfaten zu Eisensulfid, das weggespült wird.

━ **Reduktion**: Fe3+ → Fe2+.

    – **Anaerobe Eisenatmung** (▶ Abschn. 4.6.2). Bakterien wie *Geobacter*, *Geospirillum* und *Geovibrio* sowie einige Archaeen übertragen die Elektronen aus dem Katabolismus auf Eisen(III)-Ionen als terminalen Akzeptor.

**8**

# Medizinische Mikrobiologie

## Inhaltsverzeichnis

© Der/die Herausgeber bzw. der/die Autor(en), exklusiv lizenziert an Springer-Verlag GmbH, DE, ein Teil von Springer Nature 2024
O. Fritsche, *Mikrobiologie*, Kompaktwissen Biologie, https://doi.org/10.1007/978-3-662-70471-4_9

> **Worum geht es?**
> Mikroorganismen, die Organismen einer größeren Art schädigen, werden als Krankheitserreger bezeichnet. Die medizinische Mikrobiologie beschäftigt sich mit den biologischen Grundlagen der Krankheiten, deren Verlauf und Maßnahmen zur Vermeidung und Heilung.

## 9.1  Typen von Krankheitserregern

Es werden verschiedene **Typen von Krankheitserregern** unterschieden:
- Nach der taxonomischen Zugehörigkeit des Erregers:
  - **Pathogene.** Als Pathogene werden krankheitserregende Pilze, Bakterien und Viren bezeichnet.
  - **Parasiten.** Protozoen und Würmer, die Krankheiten verursachen, werden Parasiten genannt.
- Nach dem **Lebensbereich des Erregers**:
  - **Ektoparasiten** leben auf der Oberfläche des Wirts. Beispiel: Das Mycel des Fußpilzerregers *Trichophyton rubrum* ist auf der Haut und den Nägeln zu finden.
  - **Endoparasiten** leben im Körperinneren ihres Wirts. Beispiel: Der Elefantiasis verursachende Fadenwurm *Wuchereria bancrofti* ist im Lymphsystem und Blut seiner Wirte zu Hause.
- Nach der **Eigenständigkeit**:
  - **Primäre Pathogene** verursachen bei gesunden Wirten und ohne Hilfe weiterer Erreger eine Krankheit. Beispiel: *Shigella flexneri* ruft bakterielle Dysenterie (Bakterienruhr) hervor, wenn es in den Darm gelangt.
  - **Opportunistische Pathogene** sind auf eine bereits vorhandene Primärerkrankung und eine dadurch verursachte Schwächung des Immunsystems des Wirts angewiesen. Beispiel: Der Parasit *Toxoplasma gondii* verursacht bei immungeschwächten HIV-Patienten Toxoplasmose.
- Nach der **Unvermeidbarkeit**:
  - **Obligat pathogene Erreger** lösen in der Regel immer eine Krankheit aus. Beispiel: Das Bakterium *Clostridium tetani* verursacht stets Tetanus, wenn es in eine Wunde gelangt und dort unter Sauerstoffabschluss wächst.
  - **Fakultativ pathogene Erreger** verursachen nur unter bestimmten Bedingungen eine Erkrankung.

## 9.2  Infektionen

Für eine **Infektion** reicht es aus, dass der betreffende Krankheitserreger seinen Wirt besiedelt, sich dort festgesetzt und mit der Vermehrung begonnen hat. Es brauchen keine Krankheitssymptome zu erkennen sein.

Es werden verschiedene Begriffe unterschieden:
- **Kolonisation** ist die harmlose Besiedlung des Wirts mit seiner Normalflora (▶ Abschn. 8.2.5).
- **Invasion** ist das Eindringen der Erreger in den Wirtskörper.
- **Pathogenität** ist die Fähigkeit eines Organismus, bei seinem Wirt eine Krankheit auslösen zu können, ihn also zu schädigen.
- **Kontagiosität** ist ein Maß für die Fähigkeit eines Erregers, über einen bestimmten Infektionsweg auf einen anderen Wirtsorganismus übertragen zu werden. Dabei kommt es nicht darauf an, ob auf die Übertragung tatsächlich eine Infektion folgt.
- **Infektiosität** bezeichnet die Fähigkeit des Erregers, seinen Wirt bei Kontakt tatsächlich zu infizieren, also seine Abwehr zu überwinden. Einem Erreger mit geringer Infektiosität wie dem Verursacher der Lepra, *Mycobacterium leprae*, wird in der Regel erst nach langem Kontakt die Infektion eines neuen Wirts gelingen. Ein Erreger mit hoher Infektiosität wie das Ebolavirus infiziert bereits mit wenigen und kurzen Kontakten.
- **Virulenz** beschreibt die Schwere einer Krankheit und die Stärke der Pathogenität. Die Infektion mit einem hoch virulenten Erreger wie dem Ebolavirus führt mit großer Wahrscheinlichkeit zum Tode, ein wenig virulenter Erreger wie die meisten Erkältungsviren schädigt den Wirt nur wenig.

Mit den verschiedenen **Messgrößen für Pathogenität** sind quantitative Vergleiche möglich:
- Die **Infektionsdosis** ID gibt an, wie vielen Individuen des Erregers ein Wirt ausgesetzt war. Hierzu gibt es mehrere spezielle Angaben:
  - Die **minimale Infektionsdosis** MID nennt die Mindestzahl der Pathogene, um eine Infektion zu erreichen.
  - Der **$ID_{50}$-Wert** beschreibt die Pathogenanzahl, um die Hälfte der Wirte zu infizieren. In der Praxis wird dieser Wert in Versuchen mit Tieren (beispielsweise $MMID_{50}$ bei Mäusen) oder Zellkulturen ($TCID_{50}$ oder $TCD_{50}$) ermittelt.
- Die **letale Dosis** LD gibt die Tödlichkeit an. Der $LD_{50}$-Wert nennt die Erregermenge, bei welcher die Hälfte der Versuchstiere stirbt.

## 9.2.1  Arten von Infektionen

Infektionen werden nach verschiedenen Kriterien unterteilt:
- Nach der **Reihenfolge** mehrerer Infektionen.
  - Als **Primärinfektion** oder **Erstinfektion** bezeichnet man die Infektion mit dem ersten von mehreren verschiedenen Erregern.
  - Die **Sekundärinfektion** oder **Zweitinfektion** wird durch einen weiteren, artverschiedenen Erreger ausgelöst. Folgt die Zweitinfektion zeitlich so kurz nach der Erstinfektion, dass das Immunsystem noch nicht auf diese reagieren konnte, handelt es sich um eine Superinfektion. In solchen Fällen ist meistens der primäre Erreger ein Virus und der sekundäre Erreger ein Bakterium.

- Nach dem **Verlauf**.
  - **Transiente Infektionen** verlaufen nach dem *Hit-and-run*-Mechanismus. Der Erreger vermehrt sich in einer einzelnen Phase sehr stark. Die Infektion verläuft schwer und manchmal sogar tödlich. Der überlebende Wirt entwickelt aber eine Immunität und kann nicht ein weiteres Mal vom gleichen Erregertyp infiziert werden. Beispiele: Pocken, Tollwut, Ebola, Masern, Röteln.
  - **Persistente** oder **persistierende Infektionen** folgen dem *Infect-and-persist*-Mechanismus. Sie verlaufen weniger schwer und zeigen keine stark ausgeprägten Phasen. Das Immunsystem kann keine effektiven Abwehrmaßnahmen entwickeln, sodass die Infektion länger andauernd ist. Beispiele: HIV, Herpes, Infektionen mit Mykobakterien.
- Nach der **Quelle**.
  - Eine **endogene Infektion** wird von der Normalflora ausgelöst. Meistens handelt es sich um eine opportunistische Infektion bei Patienten mit geschwächtem Immunsystem.
  - Eine **exogene Infektion** wird von einem Erreger verursacht, der von außen stammt. Die typischen Infektionswege sind:
    - Tröpfcheninfektion,
    - Schmier- oder Kontaktinfektion,
    - Infektion über Körperflüssigkeiten,
    - Infektion über blutsaugende Insekten als Vektoren,
  - **Nosokomiale Infektionen** finden in medizinischen Einrichtungen wie Arztpraxen oder Krankenhäusern statt. Die dort vorhandenen Erreger sind häufig gegen eine Vielzahl von Therapeutika resistent.
  - **Zoonosen** werden vom Tier auf den Menschen oder umgekehrt übertragen. Das Hantavirus nimmt der Mensch beispielsweise mit Staubpartikeln auf, die vom Kot infizierter Nagetiere aufgewirbelt werden.
- Nach der **Direktheit** der Übertragung.
  - Bei einer **direkten Infektion** geht der Erreger von einem Wirt auf einen artgleichen anderen Wirt über. Es gibt keinen Zwischenwirt und keine Phase in einem anderen Umfeld.
  - Bei einer **indirekten Infektion** wechselt der Erreger zwischendurch den Wirt oder das Umfeld. Beispielsweise verbringen malariaauslösende Plasmodien einen Teil ihres Lebenszyklus in *Anopheles*-Stechmücken als Zwischenwirt. Das Bakterium *Vibrio cholerae* lebt in Wasser, Salmonellen auf Nahrungsmitteln.
- Nach der **Generationszugehörigkeit**.
  - Bei einer **horizontalen Infektion** steckt sich ein Wirt der gleichen Generation an.
  - Eine **vertikale Infektion** verläuft vom Wirt zu seinen Nachkommen. Dies geschieht beispielsweise vor der Geburt über die Placenta (pränatale Infektion), während des Geburtsvorgangs (perinatale Infektion) oder nach der Geburt, etwa durch die Haut oder Milch der Mutter (postnatale Infektion).

**9**

- Nach der **Verbreitung**.
  - Eine **Epidemie** ist zeitlich und örtlich begrenzt. Beispiel: Cholerainfektionen nach Erdbebenkatastrophen, bei denen die Versorgung mit sauberem Wasser unterbunden wurde.
  - Eine **Endemie** ist örtlich, aber nicht zeitlich begrenzt. Beispiel: Infektionen mit FSME treten in Deutschland nur im Süden auf.
  - Eine **Pandemie** ist zeitlich, aber nicht örtlich begrenzt, sondern über Länder und Kontinente hinweg verbreitet. Beispiel: Die mittelalterlichen Pestwellen sowie die jährlichen Influenzapandemien.

## 9.2.2 Infektionsverlauf

Der **Weg eines Erregers von einem Wirtsindividuum zu einem anderen** wird als Infektionszyklus bezeichnet. Er kann bei direkter Infektion sehr kurz sein oder bei indirekten Infektionen komplex und verzweigt.
- **Reservoire** sind artfremde Organismen, die den Erreger tragen. Beispielsweise nutzt das Pestbakterium *Yersinia pestis* Flöhe, Ratten, Mäuse sowie Katzen und Hunde als nichtmenschliche Wirte und Reservoire.
- Überträger der Krankheitserreger werden **Vektoren** genannt. Bei der Pest infizierten beispielsweise Flöhe beim Blutsaugen die Menschen.
- Unbelebte Objekte, die einen Erreger transportieren, werden als **Fomite** bezeichnet.

Über seine spezifische **Eintrittspforte** gelangt der Erreger in seinen Wirt.
- Der Mund eröffnet als **orale Eintrittspforte** den Zugang zum Magen-Darm-Trakt. Bei einer fäkal-oralen Infektion gelangt der Erreger beispielsweise mit verunreinigtem Trinkwasser in den Körper.
- Gehen die Erreger im Darm in das Blut über, wird dies als **enterale Infektion** bezeichnet.
- **Parenterale Infektionen** umgehen den Magen-Darm-Trakt. Die Erreger gelangen über die Haut (perkutan), die Schleimhäute (permukös), die Atemwege (aerogen), den Harntrakt, die Geschlechtsorgane oder kleine Verwundungen in das Blut.

Der Verlauf einer Krankheit lässt sich meist in mehrere **Phasen** untergliedern:
- Als **Inkubationszeit** wird der Zeitraum zwischen der Infektion und dem Auftreten der ersten Symptome bezeichnet. Er kann wenige Stunden bis hin zu Jahrzehnten ausmachen.
- Während der akuten Phase treten die mehr oder weniger spezifischen Symptome auf.
- Bei manchen Erkrankungen ist eine **Latenzphase** zu beobachten, während der die Symptome verschwinden. Das Herpesvirus zieht sich in diesem Zeitraum beispielsweise in die peripheren Nerven zurück und geht in einen Ruhezustand.
- **Rezidiv** ist das erneute Auftreten von Krankheitssymptomen nach einer Latenzphase.

### 9.2.3 Schutz vor Infektionen

In Krankenhäusern werden Krankheitserreger am häufigsten über **die Hände des Personals** übertragen und rufen nosokomiale Infektionen hervor.
Zur **Vermeidung von Infektionen** dienen Sterilisation und Desinfektion. Bei beiden Maßnahmen wird die Zahl der infektiösen Erreger reduziert.

- Bei der **Sterilisation** werden die Erreger in allen Formen, besonders auch ihre Sporen und Endosporen, abgetötet oder zerstört. Die koloniebildenden Einheiten müssen mindestens um den Faktor $10^{-6}$ reduziert werden (nur einer von ursprünglich 1 Mio. Organismen ist noch vermehrungsfähig). Die Methoden sind drastisch, sodass Sterilisation nur bei Gegenständen möglich ist.
- Die **Desinfektion** hat das Ziel, die Erregerzahl so weit zu vermindern oder diese unschädlich zu machen, dass keine Infektion stattfinden kann. Die Reduktion muss den Faktor $10^{-5}$ erreichen. Die Desinfektion ist weniger aggressiv und kann sowohl bei Gegenständen als auch an den Händen durchgeführt werden.

## Desinfektion

Die Desinfektion erfolgt in der Regel mit chemischen **Desinfektionsmitteln**. Dabei handelt es sich um verschiedene Verbindungen wie beispielsweise Oxidationsmittel, Alkohole, Detergenzien, Halogene oder Chlorhexidin. Sie töten Bakterien und ihre Endosporen sowie Pilze und Viren ab (bakterizid, sporozid, fungizid und viruzid) oder verhindern deren Wachstum (bakteriostatisch, fungistatisch und virustatisch). Die Auswahl erfolgt nach der jeweiligen Anwendung.

Für die **Desinfektion von Haut** gelten in Krankenhäusern spezielle Vorschriften:

- Für die **hygienische Händedesinfektion** werden die Hände 30 s lang mit einem Desinfektionsmittel auf alkoholischer Basis behandelt. Dadurch werden transiente Mikroorganismen abgetötet, Endosporen werden aber nicht beeinträchtigt.
- Die **chirurgische Händedesinfektion** vor einer Operation umfasst neben den Händen auch die Unterarme einschließlich der Ellenbogen. Nach dem ausführlichen Waschen werden die Fingernägel mit einer sterilen Nagelbürste gereinigt. Für 3 min bis 5 min werden die Unterarme und Hände mit alkoholischem Desinfektionsmittel behandelt. Die Prozedur entfernt neben den transienten auch die residenten Mikroorganismen der Normalflora.
- Die **Desinfektion von Hautarealen** für Injektionen oder Operationen wird mit alkoholischen Mitteln durchgeführt.
- Für die **Desinfektion von Schleimhäuten** gibt es spezielle Desinfektionsmittel.

## Sterilisation

Für die Sterilisation sind physikalische und chemische Verfahren verfügbar:
- **Physikalische Methoden**:
  - **Autoklavieren (Heißdampfsterilisation)**. Das Gut wird für einen Zeitraum von etwa 20 min in einem Druckbehälter (Autoklav) bei Überdruck von beispielsweise 2 bar auf 121 °C oder mehr erhitzt.

- **Heißluftsterilisation.** Behälter aus Glas, Metall oder Porzellan werden bei 180 °C für 30 min erhitzt. Bei niedrigeren Temperaturen muss die Behandlung entsprechend länger durchgeführt werden.
- **Fraktionierte Sterilisation oder Tyndallisation.** Zum sicheren Abtöten von Endosporen wird das Gut mehrmals abwechselnd erhitzt und für einen Tag bei Raumtemperatur gelagert. In der Ruhephase sollen die Endosporen auskeimen und für die nächste Hitzebehandlung empfänglich werden.
- **Abflammen.** Der zu sterilisierende Gegenstand wie die Öffnung einer Flasche mit sterilem Inhalt wird kurz durch eine offene Flamme gezogen.
- **Ausglühen.** Impfösen für mikrobielle Arbeiten werden bis zur Rotglut erhitzt.
- **Strahlensterilisation.** Durch intensive elektromagnetische Strahlung (UV-Licht, Röntgenstrahlung oder Gammastrahlung), radioaktive Strahlung oder Elektronenbeschuss werden die Erreger zerstört. Die Methode wird häufig zur Sterilisation von Einwegartikeln angewandt.
- **Sterilfiltration.** Hitzeempfindliche Flüssigkeiten wie Seren, Vitaminlösungen und Proteinlösungen werden durch Filter mit Porendurchmessern von 0,22 µm oder weniger von Mikroorganismen befreit.
- **Chemische Methoden:**
  - **Nassaseptische Verfahren.** Chemische Substanzen wie Wasserstoffperoxid oder Peressigsäure wirken auf das zu sterilisierende Gut ein und werden anschließend mit sterilem Wasser abgespült. Auf diese Weise werden beispielsweise Getränkeflaschen sterilisiert.
  - **Trockenaseptische Sterilisation oder Gassterilisation.** Die sterilisierende Substanz wird als Gas zugeführt. Geeignet sind beispielsweise Wasserstoffperoxid, Formaldehyd, Ozon oder Ethylenoxid.
- **Physikochemische Methoden:**
  - **Plasmasterilisation.** UV-Licht erzeugt aus einer dampfförmigen Substanz wie Wasserstoffperoxid oder Peressigsäure ein Plasma. Die entstehenden Radikale und Ionen greifen die Mikroorganismen chemisch an, während das UV-Licht physikalisch wirkt.

## 9.3 Bakterielle Krankheitserreger

Nur ein geringer Teil der Bakterien, die mit dem Menschen vergesellschaftet leben, sind Pathogene. Sie besitzen dafür bestimmte Eigenschaften auf genetischer und molekularer Ebene.

### 9.3.1 Genetik der Pathogenität

Die Gene für die krankmachenden Virulenzfaktoren sind häufig als Cluster konzentriert, die **Pathogenitätsinseln** genannt werden. Sie können zu verschiedenen Teilen des Genoms gehören:

— Meistens befinden sie sich **auf dem bakteriellen Chromosom**.
— Häufig liegen sie **auf Plasmiden** wie die Gene für einige Toxine bei pathogenen Stämmen von *Escherichia coli*.
— Mitunter sind sie **Teil eines Phagengenoms** wie die Gene für das Diphtherietoxin von *Corynebacterium diphtheriae*.

Manche Pathogenitätsinseln werden leicht **auf apothogene Stämme übertragen**:
— Die Gene für die Virulenzfaktoren werden an den Enden häufig von *inverted repeats* flankiert, mit denen der Cluster einfach aus dem Chromosom entfernt und eingebaut werden kann (▶ Abschn. 5.4).
— Solche Pathogenitätsinsel mit *inverted repeats* können durch **horizontalen Gentransfer** (▶ Abschn. 5.9) auf andere Stämme übertragen werden und dadurch apathogene Stämme pathogen machen.
— Der **GC-Gehalt** von Pathogenitätsinseln, die von fremden Stämmen oder Arten stammen, weicht häufig vom durchschnittlichen GC-Gehalt des restlichen Genoms ab und weist damit auf den Erwerb der Virulenz durch horizontalen Gentransfer hin.

■ **Beispiele für Pathogenitätsinseln**
— SPI-1 und SPI-2 werden auch als *Salmonella*-Pathogenitätsinseln bezeichnet und tragen die Virulenzgene für Magen-Darm-Entzündungen bei Infektionen mit *Salmonella enterica*.
— VPI, die *Vibrio*-Pathogenitätsinsel, beherbergt das Gen für die Toxinproduktion des Choleraerregers *Vibrio cholerae*.
— PAI III (Pathogenitätsinsel III) in *Escherichia coli* ist für Harnwegsinfektionen verantwortlich.

## 9.3.2 Virulenzfaktoren

Um ihren Wirt zu infizieren, seinem Immunsystem zu entgehen und ihn zu schädigen, benötigen Erreger bestimmte **Virulenzfaktoren**:
— **Adhäsine** sind Moleküle, mit denen sich die Bakterien an ihre Zielzelle heften.
— **Invasine** ermöglichen das Eindringen in die Zielzelle.
— **Impedine** schützen vor der Immunabwehr.
— **Aggressine** schädigen den Wirt und ermöglichen die Ausbreitung des Erregers.
— **Moduline** wirken im Sinne des Erregers auf die Entzündungsprozesse.

### Adhäsine

Unter der **Sammelbezeichnung Adhäsine** werden alle Strukturen zusammengefasst, mit denen sich Bakterien an ihre Zielzellen heften, sodass sie nicht den Kontakt verlieren oder von Transportmechanismen des Wirts entfernt werden können.

Die Adhäsine interagieren dabei mit spezifischen Oberflächenstrukturen oder Rezeptoren der Zielzelle. Sie vermitteln dadurch die Organotropismus genannte **Affinität der Erreger für bestimmte Organe oder Gewebe**.

Zu den Adhäsinen gehören:
- **Bei Viren** Capsid- und Hüllproteine (▶ Abschn. 2.5).
- **Bei Bakterien:**
  - **Pili** oder **Fimbrien** genannte Proteinfasern (▶ Abschn. 2.2.10).
  - **Spezielle Anheftungsproteine** oder **Nicht-Pilus-Adhäsine** wie das fibronektinbindende Protein, mit dem *Staphylococcus aureus* an das Glykoprotein Fibronektin in der extrazellulären Matrix bindet, oder das Protein Pertactin in der äußeren Zellmembran von *Bordetella pertussis*, mit dem sich das Bakterium an die Schleimhaut der Bronchien heftet.

    Häufig interagieren Pili und andere Anheftungsproteine miteinander. Die fädigen Pili stellen den Kontakt her und bringen das Bakterium näher an die Zielzelle, sodass diese von den kürzeren Anheftungsproteinen erreicht werden kann.

### Invasine

Bakterien haben verschiedene **Möglichkeiten, in ein Gewebe oder Zellen einzudringen**:
- **Über Verletzungen.** Der Tetanuserreger *Clostridium tetani* gelangt über Wunden in die Haut.
- **Durch induzierte Endocytose.** Manche Erreger wie das Tuberkulosebakterium *Mycobacterium tuberculosis* veranlassen Makrophagen, sie durch Phagocytose aufzunehmen, werden in den Zellen aber nicht abgetötet.
- **Mit zersetzenden Enzymen.** Die Bakterien sezernieren Enzyme, die schützende oder stabilisierende Strukturen des Wirts auflösen.

  Beispiele:
  - *Staphylococcus aureus* gibt eine Hyaluronidase ab, die das umliegende Bindegewebe zerstört.
  - *Streptococcus pyogenes* löst mit der Peptidase Plasmin die Fibrinpolymere in Blutgerinnseln auf.

### Impedine

Die Abwehrmaßnahmen des Immunsystems unterlaufen Erreger mit mehreren Mechanismen:
- **Mechanismen gegen die unspezifische Immunabwehr**:
  - **Verhindern von Phagocytose.** Fresszellen nehmen normalerweise fremde Zellen auf und verdauen sie. Bakterielle Pathogene unterbinden dies über verschiedene Wege:
    - **Kapseln.** Eine Schicht aus Polysacchariden und Proteinen umgibt Bakterien wie beispielsweise Pneumokokken.
    - **Koagulase.** Pathogene Staphylokokken geben Koagulase ab, die im Zusammenspiel mit Prothrombin im Blutplasma aus Fibrinogen einen wirtseigenen Fibrinschutzfilm um das Bakterium legt.
    - **Clumping-Faktor A.** Das Protein Clumping-Faktor A befindet sich in der Zellwand von *Staphylococcus aureus* und stellt als Adhäsin den Kontakt zu Fibrinogenmolekülen her. Zusätzlich lässt es das Blutplasma verklumpen, sodass es die Bakterienzelle umhüllt.

- **Protein A.** Protein A in der Zellwand von *Staphylococcus aureus* bindet Antikörper am „falschen" Ende und umgibt sich mit ihnen, sodass die Bakterienzelle nicht mehr von Fresszellen erkannt wird.
  - **Toxine.** Die Fresszellen werden mit Toxinen abgewehrt. Beispielsweise zerstört *Staphylococcus aureus* mit dem Protein Leukozidin Granulocyten und Makrophagen. Das von Streptokokken gebildete Streptolysin O durchlöchert cholesterinhaltige Plasmamembranen, wie Eukaryoten, aber nicht Bakterien sie haben.
- **Komplementresistenz oder Serumresistenz.** Die Komponenten des Komplementsystems aktivieren einander in einer Reaktionskaskade und greifen schließlich die Membran des Pathogens an. Manche Bakterien können den Ablauf dieser Aktivierungskaskade verhindern.
  - **M-Proteine.** Streptokokken der Gruppe A tragen an ihrer Zellwandoberfläche M-Proteine, die den Serumfaktor H binden und damit die Aktivierung der Komplementkaskade stören.
  - **Modifiziertes Lipopolysaccharid.** Durch Veränderungen im Aufbau des Lipopolysaccharids, das den nach außen gewandten Teil der äußeren Membran Gram-negativer Bakterien bildet (▶ Abschn. 2.6), wirkt die Oberfläche der Bakterien nicht mehr als Aktivierungssignal für das Komplementsystem.
- **Mechanismen gegen die spezifische Immunabwehr:**
  - **Variation der Antigene.** Manche Bakterien wie *Neisseria gonorrhoeae* verändern die Sequenz ihrer Oberflächenproteine, sodass vorhandene Antikörper nicht mehr binden können.
  - **Proteasen gegen IgA.** Pathogene in den Schleimhäuten wie *Haemophilus influenzae* zerschneiden die dort vorherrschenden Antikörper vom Typ Immunglobulin A (IgA).

## Aggressine

Der Schaden für den Wirtsorganismus entsteht vor allem durch die Toxine der Bakterien. Es wird zwischen zwei großen Gruppen unterschieden:

- **Enterotoxine.** In diese Gruppe gehört als einziger Vertreter das Lipid A aus dem Lipopolysaccharid Gram-negativer Bakterien. Zu Lebzeiten des Bakteriums ist es Bestandteil der äußeren Membran (▶ Abschn. 2.6). Nach dem Tod wird es freigesetzt und verursacht eine übermäßige Reaktion des Immunsystems, die zu einem septischen Schock und Multiorganversagen führen kann.
- **Exotoxine.** Diese Gruppe umfasst verschiedene Substanzen, die von den Bakterien sezerniert werden, um an Nährstoffe aus den Wirtszellen zu gelangen.

Exotoxine wirken über verschiedene **Mechanismen:**

- **Perforierung der Zellmembran.** Porenbildende Toxine lassen die Zelle auslaufen. Sie werden beispielsweise von uropathogenen Stämmen von *Escherichia coli*, *Salmonella enterica* und *Shigella flexneri* genutzt.
- **Inhibition der Proteinsynthese.** Die Toxine hemmen die Komponenten der eukaryotischen Translation wie etwa das 80S-Ribosom. Beispielsweise stoppt das

Diphtherietoxin von *Corynebacterium diphtheriae* die Proteinsynthese, indem es den Elongationsfaktor EF-2 hemmt.

- **Inhibition der Signalübermittlung.** Second-Messenger-Signalwege von eukaryotischen Zellen bestehen aus einem spezifischen Rezeptor in der Plasmamembran und einem sekundären Botenstoff, der das Signal im Cytoplasma weitervermittelt. Exotoxine wie das Choleratoxin greifen in den Prozess ein, sodass es beispielsweise im aktiven Zustand festgesetzt wird. Die dadurch erhöhte Konzentration des sekundären Botenstoffs cAMP bringt den Ionen- und Wasserhaushalt durcheinander.
- **Superantigene.** Herkömmliche Antigene werden von den Immunzellen prozessiert, sodass sie in die Bindungsstellen der MHC-Moleküle der antigenpräsentierenden Zelle (etwa ein Makrophage) und in die Bindungsstelle der TCR-Moleküle von T-Lymphocyten passen. Die Bindung durch beide Zelltypen löst die adaptive Immunantwort aus. Superantigene wie das Toxin des toxischen Schocksyndroms von *Staphylococcus* umgehen die Erkennung und Prozessierung. Sie verbinden die Rezeptoren außerhalb der Bindestellen wie eine Brücke. Durch die unspezifische Kopplung werden sehr viel mehr T-Zellen aktiviert, und es werden gewaltige Mengen Cytokine ausgeschüttet, die eine heftige ungezielte Immunreaktion auslösen.
- **Spaltung von Molekülen.** Proteasen wie das Tetanustoxin von *Clostridium tetani* spalten Proteine, Lipasen wie das Alpha-Toxin von *Clostridium perfringens* zerstören die Membranbausteine der Zielzellen.

Bei den meisten Exotoxinen handelt es sich um Proteine. Viele von ihnen bestehen aus zwei verschiedenen Komponenten und werden als **AB-Toxine** bezeichnet. Der B-Teil bindet an einen spezifischen Rezeptor der Zielzelle und löst die Aufnahme des Toxins durch Endocytose aus. Säuert die Zelle das entstehende Endosom an, wird der A-Teil des Toxins ausgeschleust und aktiv.

## Sekretionsmechanismen von Exotoxinen

Proteine wie beispielsweise Exotoxine werden mit verschiedenen Systemen aus den Bakterienzellen ausgeschleust:

- **Typ-I-Sekretion.** Die Proteine werden über einen dreiteiligen Transporter in einem Schritt durch die Plasmamembran und die äußere Membran befördert.
  Beispiel: Hämolysin von *Escherichia coli*.
- **Typ-II-Sekretion** (*Klebsiella*-Pullulanase-Sekretionssystem). Die Proteine werden mit dem Sec-System (▶ Abschn. 2.2.4) in das Periplasma verbracht und falten sich dort. Anschließend werden sie vom Typ-II-Sekretionssystem mit einem molekularen Kolben durch eine Pore in der äußeren Membran ausgestoßen. Das Typ-II-System ist homolog zu Typ-IV-Pili (▶ Abschn. 2.2.10).
  Beispiele: Choleratoxin von *Vibrio cholerae*, Exotoxin A von *Pseudomonas aeruginosa*.
- **Typ-III-Sekretion.** Die Toxine werden bei Kontakt mit der Zielzelle direkt mit einer flagellenähnlichen Nadel durch alle drei Membranen aus dem bakteriellen Cytoplasma in das Cytoplasma der Zielzelle injiziert.
  Beispiele: Yop-Proteine von *Yersinia*, Sip-Proteine von *Salmonella enterica*.

- **Typ-IV-Sekretion.** Ein Komplex aus mehreren Proteinen, die beide bakterielle Membranen durchspannen, schleust die Proteine nach außen. Prototyp ist das Vir-System von *Agrobacterium tumefaciens*.
  Beispiel: Pertussistoxin von *Bordetella pertussis*.
- **Typ-V-Sekretion.** Das Sec-System übernimmt den Transport in das Periplasma. Eine Domäne am C-Terminus des Proteins integriert sich in die äußere Membran und bildet eine Pore, durch die sie das Protein nach außen schleust (Autotransporter). Die membranintegrale Komponente wird abgespalten.
  Beispiel: IgA-Proteasen von *Neisseria* und *Haemophilus influenzae*.

### 9.3.3   Intrazelluläre Pathogene

Für Pathogene hat es mehrere **Vorteile, sich in das Zellinnere der Wirtszellen zu begeben**:
- Schutz vor dem Immunsystem,
- vollständiger oder Teilschutz vor Antibiotika und anderen Therapeutika,
- Zugriff auf die Nährstoffe und den biochemischen sowie genetischen Apparat der Wirtszelle,
- Transport bei Zellen, die sich im Körper bewegen, beispielsweise Blutzellen (lymphohämatogene Ausbreitung).

Er werden zwei **Typen von intrazellulären Pathogenen** unterschieden:
- **Fakultativ intrazelluläre Pathogene** können sowohl innerhalb der Wirtszelle als auch außerhalb leben und sich vermehren. Beispiel: *Mycobacterium tuberculosis*.
- **Obligat intrazelluläre Pathogene** sind vollständig auf das Leben in der Wirtszelle abgestimmt und können außerhalb von ihr nicht überleben. Beispiele: Chlamydien, Rickettsien, *Mycobacterium leprae*.

#### Eindringen in die Wirtszelle

Die pathogene Zelle gelangt durch **Phagocytose** (eine Form der Endocytose) in die Wirtszelle. Dabei umfängt die Wirtszelle das Bakterium mit seiner Plasmamembran und schnürt ein als Endosom (oder auch Phagosom) bezeichnetes Bläschen in sein Cytoplasma ab.
Intrazelluläre Pathogene können die **Phagocytose forcieren**:
- **Zippermechanimus.** Zelladhäsionsmoleküle genannte integrale Membranproteine der Pathogene nehmen Kontakt zu Rezeptoren der Wirtszelle auf und lösen so die Phagocytose aus.
- **Triggermechanismus.** Das Bakterium schüttet Effektormoleküle aus, die seine Wirtszelle veranlassen, Membranausstülpungen zu bilden und die Phagocytose einzuleiten.

Die Fusion des Endosoms mit einem enzymbeladenen Lysosom würde zur Verdauung der Pathogene führen. Es gibt drei **Möglichkeiten, den Abbau zu verhindern**:

- **Verlassen des Endosoms.** Mit Toxinen wie Hämolysinen gelingt es beispielsweise *Shigella dysenteria* und *Listeria monocytogenes*, das Vesikel zu verlassen.
- **Verhindern der Fusion von Endosom und Lysosom.** *Legionella pneumophila* gibt durch die Membran des Endosoms Proteine in das Cytoplasma der Wirtszelle ab, mit denen es deren Signalwege für die Fusion der Vesikel stört.
- **Widerstandsfähigkeit gegen den Abbau.** *Coxiella burnetti* wächst unter den sauren Bedingungen im fusionierten Phagolysosom besser als bei neutralen pH-Werten.

## Lebenszyklen von Rickettsien und Chlamydien

- **Eindringen in die Wirtszelle.** Von Rickettsien ist nicht genau bekannt, wie sie in die Wirtszelle gelangen.

  Chlamydien liegen außerhalb der Wirtszelle als stoffwechselinaktive Elementarkörperchen vor. Diese heften sich an Epithelzellen des Wirts, von denen sie in einer Endocytose aufgenommen werden. Im Endosom wandeln sich die Elementarkörperchen in die stoffwechselaktive Form des Retikularkörperchens um. Das Endosom mit den Chlamydien verschmilzt nicht mit einem Lysosom, sodass die Retikularkörperchen nicht abgebaut werden.
- **Vermehrung.** Rickettsien leben im Cytoplasma ihrer Wirtszelle und vermehren sich wie frei lebende Bakterien durch Querteilung (▶ Abschn. 3.4).

  Chlamydien verbleiben in der Wirtszelle als Retikularkörperchen (auch als Initialkörperchen oder Einschlusskörperchen bezeichnet) im Endosom. Sie vermehren sich durch Zellteilung mit Generationszeiten von 2 h bis 3 h. Sobald sich hinreichend viele Zellen gebildet haben, wandeln sie sich zu Elementarkörperchen.
- **Verbreitung.** Rickettsien verlassen ihre Wirtszelle durch Exocytose, oder indem sie ihre Wirtszelle lysieren.

  Chlamydien lysieren ihre Wirtszelle oder lassen die Endosomen, in denen sie sich befinden, mit der Plasmamembran verschmelzen, wobei die Elementarkörperchen freigesetzt werden.

## 9.3.4    Beispiele bakterieller Infektionen

### Bakterielle Vaginose

Die bakterielle Vaginose geht auf eine **Störung des Gleichgewichts in der Bakterienflora** der Vagina zurück:
- In der **Normalflora** überwiegen als Döderlein-Bakterien bezeichnete Milchsäurebakterien, die als apathogene Kommensalen leben und die stärkere Vermehrung anderer Arten unterdrücken. Fakultativ pathogene Bakterien liegen daher nur in geringen Mengen vor.
- Bei einer bakteriellen Vaginose treten die meist anaeroben pathogenen Arten in einer sogenannten **Mischflora** deutlich hervor. Zu ihnen gehören als Leitkeim *Gardnerella vaginalis* sowie verschiedene Arten von *Bacteroides* und *Mobiluncus*, dazu Mykoplasmen.

Die **Symptome** einer bakteriellen Vaginose können unterschiedlich stark ausgeprägt sein:
- Entzündung der Vagina (Kolpitis oder Vaginitis),
- faulig-fischig riechender Scheidenausfluss.

**Unter dem Mikroskop** sind schon bei geringer Vergrößerung im Abstrich vaginale Epithelzellen als Schlüsselzellen mit einem dichten Bakterienrasen zu erkennen.

## Staphylococcus aureus

Das Gram-positive kugelförmige Bakterium *Staphylococcus aureus* lebt als **Saprobiont und Kommensale** in vielen Lebensräumen, darunter auch bei vielen Menschen auf der Haut und in den oberen Atemwegen. Da es potenziell pathogen ist, wird es auch als Kolonisationskeim bezeichnet.

Bei geschwächtem Immunsystem verursacht es verschiedene **Krankheiten**, darunter Lungenentzündung, Sepsis, Endokarditis und toxisches Schocksyndrom. Die Erkrankungen gehen auf verschiedene Exotoxine zurück:
- **Superantigene**:
  - **Enterotoxine** bewirken nach kurzer Zeit eine Lebensmittelvergiftung.
  - Das **Toxic-Shock-Syndrom-Toxin-1** (TSST-1) verursacht das Toxic-Shock-Syndrom, indem es CD4-T-Zellen aktiviert und die unkontrollierte Freisetzung von Cytokinen bewirkt.
- **Porenbildner**: *Staphylococcus*-Zellen können den Prophagen Φ-PVL beherbergen, der das Gen für das Protein Panton-Valentine-Leukocidin trägt. Das Exotoxin fügt Poren in die Zellmembranen von Immunzellen ein.
- **Proteasen**: Die Toxine Exfoliatin A und B spalten ein Cadherinprotein, das den Kontakt zwischen benachbarten Zellen an Desmosomen sicherstellt. Dadurch verlieren die Stachelzellschicht (Stratum spinosum) und die Körnerschicht (Stratum granulosum) der Epidermis den Zusammenhalt, wodurch es zu Blasenbildung in der Haut kommt.

*Staphylococcus aureus* verfügt über mehrere **Mechanismen zur Immunevasion**:
- Das **Protein A** in der Zellwand bindet Antikörper an deren schweren Kette, was aus Sicht des Immunsystems die „falsche" Seite ist. Dadurch wird die Markierung des Erregers (die Opsonierung) sabotiert, und phagocytierende Zellen nehmen die Bakterien nicht auf.
- Über einen Zippermechanismus kann *Staphylococcus aureus* in die Zelle gelangen und als **intrazellulärer Parasit** dem Immunsystem ausweichen.
- Extrazellulär kann das Bakterium über den Clumping-Faktor A genannten Fibrinogenrezeptor auf seiner Oberfläche und mit einer Koagulase Fibrinmoleküle in seiner Nähe zu einem schützenden **Fibrinwall** denaturieren lassen, den Antikörper nicht durchdringen können.
- Mit dem **Toxin** Leukocidin zerstört es Granulocaten und Makrophagen.

Besondere klinische Bedeutung hat *Staphylococcus aureus* wegen seiner Fähigkeit, **Resistenzen gegen Antibiotika** zu entwickeln und Multiresistenzen aufzubauen (▶ Abschn. 9.6.2).

## Tuberkulose

Der häufigste **Erreger** für Tuberkulose ist das Bakterium *Mycobacterium tuberculosis*. Es besiedelt bei Menschen meistens die Lunge. Die Teilung erfolgt sehr langsam mit Generationszeiten von 15 h bis 20 h.

Die **Übertragung** erfolgt vor allem über Tröpfcheninfektion beim Aushusten, das die Erreger als Aerosol verteilt. Es sind aber auch andere Übertragungswege nachgewiesen, darunter gastral über Lebensmittel wie Milch und rohes Fleisch, parenteral über kontaminierte medizinische Instrumente, sexuell und durch Schmierinfektion an Wunden.

Die **Virulenz** ist meist nicht sehr hoch. Nur rund 10 % der Infizierten erkranken an Tuberkulose, wobei neben den Lebensumständen auch eine Reihe genetischer Faktoren des jeweiligen Menschen von Bedeutung sind.

*Mycobacterium tuberculosis* nutzt mehrere **Methoden zur Immunevasion**:
- **Maskierende Zellwandlipide**. In der Zellwand befinden sich außergewöhnlich viele Lipide, die andere Moleküle verdecken, welche sonst als Antigene vom Immunsystem erkannt werden.
- **Intrazelluläre Pathogenese**. Fresszellen wie Makrophagen nehmen die Bakterienzellen durch Phagocytose auf, doch die Phagosomen reifen nicht, da ein Glykolipid in der Zellwand zusammen mit einer Phosphatase die Signalkette des Phagosoms unterbricht. Zusätzlich entgiftet es mit Enzymen toxische Sauerstoffverbindungen.

Als **Reaktion des Immunsystems auf die Immunevasion** schließen Abwehrzellen die befallenen Zellen in ein tuberkuloses Granulom ein. Als Folge kann sich der Erreger nicht weiter ausbreiten.

Die **Antwort des Bakteriums auf die Isolation** ist eine Reduktion des Stoffwechsels. Die Mykobakterien gehen in ein Dormanzstadium über, in dem keine Teilung mehr stattfindet. Die Dormanz ist reversibel, sodass der Erreger unter günstigen Bedingungen wieder aktiv werden und eine Tuberkulose durch Reinfektion hervorrufen kann.

## EHEC

Neben den harmlosen Varianten des Gram-negativen Bakteriums *Escherichia coli* gibt es auch einige pathologische Stämme. So lösen **enterohämorrhagische *Escherichia coli*** (EHEC) beim Menschen blutige Durchfälle aus.

EHEC leben natürlicherweise im Darm von Wiederkäuern. Beim Verzehr von Rohmilch oder unzureichend gegartem Fleisch sowie über verunreinigtes Trinkwasser gehen die Bakterien auf den Menschen über. Auch direkte **Ansteckungen** von Tier zu Mensch und zwischen Menschen sind möglich.

EHEC-Stämme sind durch bestimmte **Virulenzfaktoren** für den Menschen pathogen:
- In der Plasmamembran befindet sich das **Sensorprotein** QseC, mit dem das Bakterium die Nähe von Wirtszellen registriert, indem es die Hormone Adrenalin und Noradrenalin bindet. Über das Regulatorprotein QseB im Cytoplasma des Bakteriums werden dann die Virulenzgene aktiviert, darunter das Shiga-Toxin.

- **Adhäsin**: Die Bakterienzellen sorgen nicht nur für ihr eigenes Adhäsin Intimin, sondern auch für den passenden Rezeptor auf der Oberfläche der Zielzelle. Dafür übertragen sie mit dem Sekretionssystem der LEE-Pathogenitätsinsel (*locus of enterocyte effacement*) ihr Rezeptorprotein Tir (*translocated intimin receptor*) in die Zielzelle, die es in ihre Plasmamembran einbaut.
- **Impedine**: Mindestens vier Systeme schützen die Bakterien vor dem sauren Milieu des Magens.
- **Invasine**: Die LEE-Pathogenitätsinsel codiert für ein **Sekretionssystem vom Typ III** (▸ Abschn. 9.3.2), das Proteine in die Zielzelle injiziert.
- **Aggressine**:
  - Über einen Phagen haben die Zellen die Gene für zwei neurotoxische und nekrotische **Vero-Toxine** erhalten, die auch als Shiga-like-toxin bezeichnet werden, da sie dem Toxin Shiga-2 aus dem Bakterium *Shigella dysenteriae* ähneln. Das Vero-Toxin stört die Proteinsynthese von Eukaryoten, was zum Tod der Zielzelle führt.
  - Auf einem Plasmid liegt das Gen für das Toxin **Hämolysin**, das Erythrocyten zerstört.
  - Mehrere **Proteine der LEE-Pathogenitätsinsel** werden in die Zielzelle injiziert. Das Protein EspB greift dort beispielsweise in die Signalwege ein.
  - **Weitere Virulenzfaktoren** wie Cyclomoduline (*cytolethal distending toxin*, CDT), Serinproteasen (EspP), Lymphotoxine werden auf anderen Pathogenitätsinseln, Phagen und Plasmiden codiert.

Zusammen zerstören die Toxine die Zellen des Darmepithels und der Blutgefäße. Bei schweren Infektionen sind besonders die Gefäße in den Nieren und im Gehirn betroffen. Die Bakterien selbst verbleiben dabei im Darm, nur das Vero-Toxin breitet sich mit dem Blutkreislauf aus. Es handelt sich somit um eine **Intoxikation**.

Die **Symptome** einer EHEC-Infektion treten nicht bei allen Patienten auf. Nach einigen Tagen Inkubationszeit können aber verschiedene Krankheiten ausbrechen:
- Gastroenteritis („Magen-Darm-Grippe"),
- enterohämorrhagische Colitis: wässrig-blutiger Durchfall mit Bauchkrämpfen und eventuell Fieber,
- hämolytisch-urämisches Syndrom: Schädigung und eventuell Versagen der Nieren.

Infektionen mit EHEC dürfen **nicht mit Antibiotika therapiert** werden, da die Bakterien mit einer Stressantwort reagieren, bei der verstärkt Vero-Toxin produziert und bei der Lyse der Bakterienzellen freigesetzt wird.

## Magengeschwür

Eine der Ursachen für **Magengeschwüre und Zwölffingerdarmgeschwüre** ist die Besiedlung mit dem Gram-negativen, mikroaerophilen Bakterium *Helicobacter pylori*. Schätzungen zufolge trägt etwa die Hälfte der Bevölkerung das Bakterium in sich, wobei nur rund jeder Zehnte ein Geschwür entwickelt.

*Helicobacter pylori* wird vor allem **innerhalb von Familien weitergegeben**, wobei der genaue Übertragungsweg noch unbekannt ist. Die Stämme unterscheiden sich regional. Die genetischen Unterschiede zwischen einzelnen Stämmen sind so groß, dass sie als Grundlage für die Erforschung von Wanderungsbewegungen der letzten 60.000 Jahre dienen können.

Das Hauptreservoir für *Helicobacter pylori* ist der Magen. Vor der **Magensäure** schützt sich das Bakterium, indem es sich in die Magenschleimhaut zurückzieht und lokal den pH-Wert absenkt durch Spaltung von Harnstoff in Kohlendioxid und Ammoniak, das zu Ammonium reagiert.

Die Entstehung von Geschwüren geht auf **entzündungsfördernde Aktivitäten des Bakteriums** zurück:

- Das Bakterium setzt **Enzyme** frei, die die Immunabwehr schwächen und die Schleimhaut schädigen.
- Stämme vom Typ I sezerniert unter anderem zusätzlich das vakuolisierende Cytotoxin VacA, das in den Zellen des Epithels **säuregefüllte Vakuolen** induziert, welche beim Platzen die Zelle absterben lassen.
- Stämme vom Typ I verfügen über die **cytotoxinassoziierte Genpathogenitätsinsel** (*cag*-Pathogenitätsinsel) mit Genen für Virulenzfaktoren wie einem Mechanismus, der Peptidoglykan ins Innere der Schleimhautzellen injiziert, die entzündungsfördernde Reaktionskaskaden auslösen.

Die **Therapie mit Antibiotika** scheitert manchmal an einer Reinfektion mit Bakterienzellen aus einem Reserveneservoir im Plaque der Mundhöhle von Parodontitispatienten.

## Botulismus und Tetanus

Einige Vertreter der anaeroben Endosporenbildner aus der Gattung *Clostridium* sind **aufgrund ihrer Toxine pathogen**:

- *Clostridium botulinum* ruft die Lebensmittelvergiftung **Botulismus** hervor.
- *Clostridium tetani* ist der Erreger von **Tetanus** oder Wundstarrkrampf.

Zu **Botulismus** kommt es, wenn bei der Herstellung von Lebensmitteln, vor allem bei Konservendosen und Wurstwaren, das Bakterium *Clostridium botulinum* nicht hinreichend abgetötet wird und sich vermehren kann. Es produziert dann ein Protein, das als **Botulinumtoxin** die Signalübertragung von Nervenzellen auf die Muskeln blockiert. Dazu verhindert es die Ausschüttung des Transmitters Acetylcholin. Der betroffene Muskel kontrahiert nicht mehr, es treten als Symptome Schwierigkeiten beim Sehen, Sprechen und Schlucken auf. Später folgen Erbrechen und Krämpfe im Bauchbereich, schließlich sind das Herz und die Atemmuskulatur gelähmt, sodass der Tod eintritt.

Die **Behandlung von Botulismus** erfolgt über Antiserum. Inaktiviert werden aber nur Toxinmoleküle, die noch frei im Blutkreislauf vorliegen. Bereits bestehende Lähmungen gehen sehr langsam über mehrere Wochen zurück.

**Tetanus** kann sich entwickeln, wenn Endosporen von *Clostridium tetani* in Wunden gelangen und sich die Bakterien unter Sauerstoffabschluss entwickeln können. Sie sezernieren zwei **Arten von Tetanustoxinen**:

- **Tetanospasmin** ist das eigentliche Tetanustoxin. Das Protein bindet an eine spezielle Form von Lipiden (Ganglioside) von Nervenzellen und blockiert die hemmenden Effekte der Motoneuronen, mit denen die Muskulatur angesteuert wird. Dazu hemmt es die inhibitorischen Synapsen und verhindert die Ausschüttung der inhibitorischen Neurotransmitter Glycin und GABA ($\gamma$-Aminobuttersäure). Es kommt zu Muskelkrämpfen.
- **Tetanolysin** bindet an Cholesterin in der Plasmamembran und durchlöchert diese mit Poren. Es hat damit eine hämolytische und herzschädigende Wirkung.

Es gibt keine kausale **Therapie gegen Tetanus**. Auch nach überstandener Infektion besitzt der Körper keine hinreichende Immunität. Zur Prävention existieren ein Impfstoff und Antikörper für eine Simultanimpfung (▶ Abschn. 9.6.1). Um die Entwicklung der Bakterien zu unterdrücken, sollten auch kleine oder oberflächliche Wunden gereinigt werden, abgestorbenes Gewebe wird chirurgisch entfernt.

## Cholera

Das Gram-negative, kommaförmige **Bakterium _Vibrio cholerae_** wird meist mit verunreinigtem Wasser und Nahrung aufgenommen. Seine Pathogenität hängt davon ab, ob die Zellen selbst mit zwei speziellen Phagen infiziert sind.

Die Zellen verfügen über zwei zirkuläre **Chromosomen**. Das größere Chromosom beinhaltet die meisten Gene für das normale Leben. Auf dem kleineren Chromosom befindet sich ein Integron Island genanntes Integron, in das leicht Gene von Plasmiden aufgenommen werden können.

Für die Virulenz sind **zwei Phagen** verantwortlich:

- **VPIΦ**. Der Phage trägt die Pathogenitätsinsel _VPI_ (_Vibrio cholerae pathogenicity island_) in das Bakterium. Auf ihr befindet sich das Gen _tcpA_ für den TCP-Faktor (_toxin coregulated pili_), der die Produktion von Typ-IV-Pili veranlasst. Die Pili wirken als Adhäsine, mit denen sich das Bakterium an die Epithelzellen heftet. Außerdem sind sie die Rezeptoren für die Infektion mit dem zweiten Phagen.
- **CTXΦ**. Der Choleratoxinphage integriert sich als temperenter Phage in das Bakterienchromosom und durchlebt als Prophage einen lysogenen Zyklus (▶ Abschn. 3.7.2). Er trägt die _ctxAB_-Gene für das Choleratoxin, das bei jeder Zellteilung produziert und ausgeschüttet wird.

Das **Choleratoxin** ist ein Exotoxin, das als Enterotoxin schwere Durchfallerkrankung auslöst. Das Toxin dringt in die Epithelzellen des Darms ein und verändert dort ein zelleigenes G-Protein so, dass es dauerhaft aktiv bleibt und den sekundären Messenger cAMP produziert. Der cAMP-Überschuss stößt mehrere Prozesse an, die den Verlust von Ionen und Flüssigkeit bewirken:

- Zusätzliche **Chloridkanäle** werden synthetisiert, wodurch die Zellen Cl$^-$ verlieren.
- **Natriumkanäle und -transporter** werden gehemmt, was einen Verlust an Na$^+$ bewirkt.

- **Wasser** folgt den Ionen, weshalb die Zelle dehydriert.
- Die **Tight Junctions** genannten Zellverbindungen zwischen den Epithelzellen werden durchlässiger, sodass der Effekt nicht auf eine Zelle beschränkt bleibt.

## Keuchhusten

Der **Erreger** *Bordetella pertussis* ist ein kleines, Gram-negatives Stäbchen, das die Epithelzellen der Atemwege besiedelt.

Das Bakterium wird **durch Tröpfcheninfektion übertragen** und ist so virulent, dass es auch bei ursprünglich gesunden Menschen eine Erkrankung hervorruft.

Die **Virulenzfaktoren** fallen in zwei Gruppen:
- **Adhäsine.** Die Bakterienzellen haften sich über mehrere Adhärenzfaktoren an das Epithel, darunter das Pertussitoxin, das zugleich als Exotoxin wirkt.
- **Toxine**: *Bordetella pertussis* verfügt über mehrere Toxine.
  - Das **Pertussitoxin** besteht aus sechs Untereinheiten, von denen eine (Monomer A) den Wirt auf mehrere Weisen schädigt:
    - Es stört die Signalweitergabe in der Wirtszelle.
    - Es erhöht die Empfindlichkeit des Wirtsorganismus für Histamine.
    - Es veranlasst eine verstärkte Produktion von Leukocyten.
    - Es steigert die Ausschüttung von Insulin.
  - Das Exotoxin **invasive Adenylatcyclase** erhöht in der Wirtszelle die Konzentration an zyklischem AMP und stört damit die intrazelluläre Signalkette.
  - Das Endotoxin **tracheales Cytotoxin** hemmt die Bewegung der Cilien der Wirtszelle.

## 9.4 Eukaryotische Krankheitserreger

### 9.4.1 Pilze

**Pilze** sind obligat heterotrophe Organismen und damit auf den Abbau von organischem Material angewiesen. Da sie zu den Eukaryoten gehören, sind ihre Zellen (▶ Abschn. 2.4.8) ähnlich wie menschliche Zellen (▶ Abschn. 2.4) aufgebaut.

Drei **Gruppen von pathogenen Pilzen** sind klinisch besonders wichtig:
- **Dermatophyten.** Arten von drei Gattungen der Ascomyceten lösen Dermatophytosen genannte Infektionen der Haut aus. Dermatophyten ernähren sich von Kohlenhydraten und dem Protein Keratin, das sie mithilfe des Enzyms Keratinase spalten.
- **Hefen.** Die einzelligen Hefepilze besiedeln neben der Haut auch Schleimhäute und den Verdauungstrakt. Unter ungünstigen Umständen infizieren Hefen aber auch innere Organe und rufen systemische Mykosen hervor.
- **Schimmelpilze.** Schimmelpilze gelangen vor allem durch ihre Sporen in die Atemwege bis in die Lunge. Auch Schimmelpilze können systemische Mykosen verursachen.

Nach Art der Besiedlung unterscheidet man zwei Formen von Mykosen:
- **Endogene Mykosen** werden von Pilzen verursacht, die den Menschen bereits vor der Erkrankung besiedelt haben.
- **Exogene Mykosen** gehen auf Pilze zurück, die zuvor den Körper nicht besiedelt haben.

Pilzinfektionen werden mit **Antimykotika** behandelt (▶ Abschn. 9.6.3).

## Dermatomykosen

Dermatomykosen sind **Pilzerkrankungen der Haut**. Nach der Tiefe der betroffenen Hautschicht werden zwei Gruppen unterschieden:
- **Dermatophytosen** oder Tineaen (Singular: Tinea) sind in der Hornschicht lokalisiert und treten zusätzlich an Haaren und Nägeln auf. Sie werden von Dermatophyten verursacht. Die Erreger sind meist gut an ihren Hauptwirt angepasst, bei dem die Infektion mit schwachen Symptomen, aber langwierig verläuft. Bei manchen Trägern verläuft die Infektion völlig asymptomatisch, bei anderen gibt es symptomlose Phasen.
  Beispiel: *Epidermophyton floccosum* als Erreger von Fußpilz.
- **Dermatomykosen der tieferen Hautschichten** werden von Hefen und Schimmelpilzen sowie von Dermatophyten der Gattung *Trichophyton* hervorgerufen.

Der **Ausbruch von Dermatomykosen** hängt von verschiedenen Faktoren ab:
- **Primäre Mykosen** werden von obligat pathogenen Arten wie *Histoplasma capsulatum* hervorgerufen, die immer auch gesundes Gewebe angreifen.
- **Sekundäre Mykosen** entstehen, wenn die Abwehrkräfte lokal geschädigt sind, etwa durch Verletzungen oder Durchblutungsstörungen. Dann werden opportunistische Erreger pathogen.
- **Äußere Faktoren** wie mangelnde oder übertriebene Hygiene, starke Schweißabsonderung, Feuchtigkeit und Wärme begünstigen das Pilzwachstum.

## Infektionen mit Hefen

Der wichtigste humanpathogene Hefepilz ist ***Candida albicans***, der etwa 80 % aller Menschen besiedelt. Er kommt in erster Linie auf den Schleimhäuten von Mund und Rachen, im Verdauungstrakt und im Genitalbereich vor, aber auch im Raum zwischen den Fingern und Zehen. Dort ernährt er sich als Saprophyt von toten Zellresten.

*Candida* ist **fakultativ pathogen** und löst in der Regel keine Beschwerden aus. Ist das Immunsystem durch eine andere Erkrankung wie Diabetes, Krebs oder AIDS geschwächt, kann sich eine Mykose entwickeln.

**Erkrankungen aufgrund einer *Candida*-Infektion** werden als Candidosen bezeichnet:
- **Soor.** Beschränken sich die Symptome auf die Haut und Schleimhaut, spricht man von Soor. Die befallene Stelle ist gerötet und juckt, auf Schleimhäuten zeigt sich ein weißlicher Belag.

- **Organcandidose.** Bei einer geschwächten Abwehr kann der Pilz innere Organe wie Herz, Leber, Lunge, Milz, Magen und Darm sowie das zentrale Nervensystem befallen.
- **Systemische Candidose.** Ist das Immunsystem stark geschwächt, kann sich der Pilz im ganzen Körper verbreiten. Die Todesrate liegt bei rund 70 %.

## Aspergillosen

Ascomyceten der Gattung *Aspergillus*, vor allem *Aspergillus fumigatus*, rufen Infektionen von Haut, Nasennebenhöhlen, Ohren und Lunge hervor, die als **Aspergillosen** zusammengefasst werden. In seltenen Fällen sind weitere Organe betroffen.

Die **Infektion** erfolgt meist durch Sporen, die bis in die Alveolen der Lunge gelangen. Es entwickelt sich eine bronchiopulmonale Aspergillose, bei der das Epithel bewachsen ist. Die Hyphen des Pilzes können in der Nasennebenhöhle oder in der Lunge dicht gepackte, feste Aspergillome bilden, die wie Steine erscheinen. Bei Patienten mit gestörtem Immunsystem oder Vorerkrankungen wie Asthma, Diabetes, Mukoviszidose oder AIDS besteht die Gefahr von schwereren Formen der Aspergillose, die systemisch werden kann.

## Systemische oder invasive Mykosen

Gelangen pathogene Pilze in das Blut, breiten sie sich mit dem Kreislauf im Körper aus und **infizieren innere Organe**. Derartige systemische oder invasive Mykosen sind häufig lebensbedrohlich. Sie treten fast nur auf, wenn das Immunsystem bereits geschwächt ist, beispielsweise nach Transplantationen oder bei Krebs. Die Erreger sind somit opportunistisch.

Die **häufigsten Erreger systemischer Mykosen** sind Arten von *Candida* und *Aspergillus*.

## Mykotoxine

Schimmelpilze bilden Mykotoxine, die für Wirbeltiere und Menschen bereits **in geringen Mengen giftig** sind. Die hervorgerufenen Erkrankungen werden als Mykotoxikosen bezeichnet. Meistens geraten die Toxine mit der Nahrung in den Körper.

Es gibt rund 200 **Arten von Mykotoxinen**. Zu ihnen gehören:
- **Aflatoxine.** Die Toxine der Gattung *Aspergillus* kommen in trockenen Lebensmitteln und Gewürzen vor. Sie sind extrem karzinogen und wirken in Dosen ab 1 mg/kg Körpergewicht letal. In Leberzellen werden die Moleküle zu Epoxiden oxidiert, die in den Zellkern wandern und dort mit der DNA reagieren können, was zu Mutationen und Tumoren führt.
- **Fusariumtoxine.** Es gibt mehrere unterschiedliche Gruppen von Toxinen, die unter anderem von Schimmelpilzen der Gattung *Fusarium* gebildet werden, darunter:
  - **Fumonisine.** Die Moleküle ähneln einer Vorstufe der Ceramide, deren Synthese sie hemmen. Da Ceramide an der Regulation der Apoptose und der Zelldifferenzierung beteiligt sind, verursachen Fumonisine Krebs und embryonale Fehlbildungen.
  - **Trichothecene.** Die Sesquiterpene werden mit Getreide als Nahrung oder über die Luft aufgenommen. Sie haben eine immunsuppressive Wirkung, führen zu Erbrechen und Durchfall und rufen Depressionen sowie Hautreaktionen hervor.

Die **Toxine von Großpilzen** zählen nicht zu den Mykotoxinen, sondern werden zu den Pilzgiften zusammengefasst. Hierzu gehört auch das Alkaloid Ergotamin aus dem Mutterkorn, das zur Migränetherapie eingesetzt wird, sowie das Amanitin aus dem Grünen Knollenblätterpilz, das die Transkription blockiert und zum Tod durch Leberversagen führt.

Die **Wirkung von Mykotoxinen** ist vielfältig:

- Schädigung von inneren Organen wie Leber und Niere,
- Schädigung von Haut und Schleimhäuten,
- Unterdrückung des Immunsystems,
- Schädigung des Zentralnervensystems,
- mutagene Schädigung von Embryonen und Föten,
- Auslösen allergischer Reaktionen,
- Auslösen von Krebs.

Viele der Toxine sind sehr widerstandsfähig gegen Hitze und Säuren. Manche Mykotoxine gehören zu den **Antibiotika**.

### 9.4.2 Protisten

Als **Protisten** werden alle mikroskopischen Eukaryoten bezeichnet. Es handelt sich also um kein echtes Taxon, das Verwandtschaftsbeziehungen anzeigt. Zu ihnen zählen auch die **Protozoen**, die eine heterotrophe Lebensweise gemeinsam haben, aber zu unterschiedlichen Verwandtschaftsgruppen gehören.

Etwa 40 Arten von **Protisten sind pathogen** und rufen sogenannte Protozoeninfektionen oder Protozoonosen hervor.

Die **Infektionswege** sind vielfältig:

- Über die Nahrung. Beispiel: *Toxoplasma gondii.*
- Durch Tröpfcheninfektion. Beispiel: Arten von *Trichomonas.*
- Durch Insektenstiche. Beispiel: *Plasmodien.*
- Durch Geschlechtsverkehr. Beispiel: *Trichomonas vaginalis.*

Die **Diagnose** kann häufig mikroskopisch mit einem gefärbten Ausstrich gestellt werden. In manchen Fällen wie bei *Toxoplasma gondii* ist ein Nachweis mit spezifischen Antikörpern erforderlich.

Manche Protisten durchlaufen **Vermehrungszyklen** mit verschiedenen Phasen:

- **Trophozoiten oder Trophonten** sind ein vegetatives Stadium, in dem die Protisten Stoffwechsel betreiben und mit ihrer Umgebung chemische Verbindungen austauschen, sich aber nicht vermehren.
- **Schizonten oder Meronten** sind ein mehrkerniges Stadium.
- **Schizogonie oder Merogonie** ist eine Art der asexuellen Vermehrung. Ein Schizont oder Meront teilt sich durch Mitosen in einkernige Zellen, die Merozoiten.
- **Merozoiten** sind bewegliche Zellen, die Wirtszellen infizieren können.
- **Gamonten** sind diploide Urkeimzellen, aus denen durch Meiose die Gameten hervorgehen.
- **Gametocyten** sind unreife Gameten.

- **Gameten** sind die haploiden Keimzellen.
- **Zygoten** entstehen bei der Verschmelzung zweier haploider Gameten. Sie sind diploid.
- **Ookineten** sind eine beweglich Variante von Zygoten.
- **Oocysten** sind eine stationäre Zygotenform.
- **Sporozoiten** sind das haploide infektiöse Stadium.

## Infektionen mit *Trichomonas vaginalis*

Die **Zellen** von *Trichomonas vaginalis* besitzen keine Mitochondrien, sondern Hydrogenosomen. Die Vermehrung erfolgt durch Längsteilung, statt durch Querteilung.

Die **Übertragung** läuft direkt von Wirt zu Wirt über die Schleimhäute bei Sexualkontakt ab.

*Trichomonas vaginalis* ist der Erreger der häufigen **Geschlechtskrankheit Trichomoniasis**. Bei Männern verläuft die Krankheit meistens ohne Symptome. Bei Frauen besiedeln die Zellen vor allem die Vagina und die Harnröhre. Sie heften sich an das Epithel der Vagina, entziehen diesem Nährstoffe und sezernieren Toxine. Diese Proteine schädigen die Epithelzellen und die Normalflora der Vagina. Im Epithel bilden sich Narbenpunkte, über die das HI-Virus leichter eindringen kann.

## Infektionen mit Plasmodien (Malaria)

Plasmodien sind zellwandlose Einzeller, die in ihrem **Lebenszyklus** zwischen *Anopheles*-Mücken und Menschen wechseln:

- **Im Menschen**:
  1. Beim Stich injiziert die Mücke Sporozoiten (die Infektionsform) genannte Plasmodienzellen in das Blut des Menschen.
  2. In der Leber dringen die Sporozoiten in die Leberzellen ein und entwickeln sich in ihnen zu Schizonten (die Vermehrungsform).
  3. Die Schizonten vermehren sich ungeschlechtlich. Durch Mitosen teilen sich die Zellkerne. Zerfallen die mehrkernigen Mutterzellen, entstehen einkernige Merozoiten (die Ausbreitungsform), die in das Blut übergehen.
  4. Die Merozoiten infizieren die roten Blutkörperchen und vermehren sich in ihnen asexuell als Schizonten (erythrocytäre Schizogonie). Die Dauer einer Teilung ist bei den einzelnen Plasmodienarten unterschiedlich. Bei *Plasmodium ovale* und *Plasmodium vivax* (beide Erreger von Malaria tertiana) beträgt sie 48 h, bei *Plasmodium malariae* (Erreger von Malaria quartana) 72 h, bei *Plasmodium falciparum* (Erreger von Malaria tropica) ist die Vermehrung nicht synchron. Beim Platzen der Blutzellen werden die neuen Merozoiten freigesetzt.
  5. Im sogenannten Erythrocytenkreislauf werden ständig neue Merozoiten freigesetzt, die weitere Erythrocyten infizieren und sich vermehren.
  6. Einige Merozoiten reifen schließlich zu Gametocyten (die Geschlechtsform). Die männlichen Zellen werden als Mikrogametocyten bezeichnet, die weiblichen als Makrogametocyten.

— **In der Mücke**:
   7. Durch einen neuen Stich gelangen die Gametocyten in eine Mücke.
   8. Die aufgenommenen Gametocyten wandern in den Darm der Mücke und entwickeln sich dort zu Gameten (Geschlechtszellen).
   9. Die Gameten verschmelzen zu einer Zygote (befruchtete diploide Zelle).
   10. Die Zygote wandelt sich in einen beweglichen Ookineten und begibt sich in das Gewebe des Mückendarms.
   11. Der Ookinet wird zur Oocyste, in der neue Sporozoiten entstehen.
   12. Nach ihrer Freisetzung wandern die Sporozoiten in die Speicheldrüsen der Mücke. Bei einem erneuten Stich können sie übertragen werden.

Die **Symptome der Malaria** gehen auf die Prozesse während des Lebenszyklus zurück:

— Die **Fieberschübe der Malaria** beim Platzen der roten Blutkörperchen werden von Toxinen verursacht, die mit den Merozoiten ins Blut abgegeben werden: Phospholipide und das Abbauprodukt des Hämoglobins Hämozoin. Die Toxine bewirken die Freisetzung von Cytokinen.

— Durch die **Lyse der Erythrocyten** sinkt die Zahl der funktionstüchtigen roten Blutkörperchen.

— Die Cytokine hemmen die Bildung neuer Erythrocyten im Knochenmark, sodass sich eine **Anämie** entwickelt.

— Der **Blutzuckerspiegel** sinkt ab (Hypoglykämie).

Der Erreger von Malaria tropica, *Plasmodium falciparum*, sezerniert außerdem ein Protein, über das sich rote Blutkörperchen am Endothel der Blutgefäße anheften. Die dadurch verursachten Verengungen führen im Gewebe zu einem Mangel an Sauerstoff und Nährstoffen. Als Folge treten **neurologische Komplikationen** wie Bewusstseinsstörungen auf.

## Infektionen mit *Leishmania*

Die verschiedenen Arten der Gattung *Leishmania* leben als **obligat intrazelluläre Pathogene** abwechselnd in Insekten wie Sandmücken und in Wirbeltieren, darunter der Mensch.

Sie durchlaufen einen **Lebenszyklus**, bei dem die Makrophagen des menschlichen Immunsystems als Wirt dienen. Die Zellen vermehren sich in ihnen und lysieren bei der Freisetzung die Makrophagen.

Bei Menschen treten drei **Formen der Leishmaniose** auf:

— Bei der **inneren oder viszeralen Leismaniose** sind die inneren Organe von *Leishmania donovani* infiziert.

— Die **Hautleishmaniose oder kutane Leishmaniose** bleibt in der Regel auf ein kleines Areal der Haut begrenzt. Als Symptome tritt eine sogenannte Orientbeule auf, ein nicht schmerzendes Geschwür. Erreger sind verschiedene Unterarten von *Leishmania tropica* und *Leishmania aethiopica*.

— **Schleimhautleishmaiose oder mukokutane Leishmaniose** greift auch auf die Schleimhäute über und wird von *Leishmania brasiliensis* verursacht.

## Makroskopische Hämatoparasiten

Hämatoparasiten ernähren sich vom Blut ihrer Wirte:

- **Fuchsbandwurm.** *Echinococcus multilocularis* ist ein kleiner Bandwurm von 3 mm Länge und 1 mm Durchmesser. Er saugt sich mit Saugnäpfen und Haken, die an seinem Kopf sitzen, an der Darmwand fest. Der Fuchsbandwurm durchläuft einen Lebenszyklus mit einem Zwischenwirt wie der Ratte und einem Endwirt wie dem Fuchs. Im Endwirt produzieren die erwachsenen Bandwürmer bis zu 200 Eier pro Tag, die ausgeschieden und vom Nebenwirt aufgenommen werden. Im Darm des Nebenwirts schlüpft die Larve und gelangt durch die Darmwand in die Blutbahn. Sie wandert in die inneren Organe, wo sich eine Hyatide genannte Larvenstruktur mit Ausläufern bildet, die sich über Knospung vermehrt und ausbreitet. Frisst der Endwirt einen infizierten Zwischenwirt, gelangen die Hyatiden in seinen Darm, wo sie sich im Dünndarm festhaken und über ihre Epidermis Nährstoffe aus dem Nahrungsbrei aufnehmen.
  Der Mensch ist für den Fuchsbandwurm ein Fehlwirt. Die Parasiten befallen Leber, Lunge und Gehirn, wo die Finnen genannten Larven eine alveolare Echinokokkose hervorrufen. Das Gewebe wird von einem larvenhaltigen Röhrennetzwerk zerstört. Die Krankheitssymptome treten allerdings erst nach mehreren Jahren auf.
- **Läuse.** Der Mensch fungiert als Wirt für die Kopflaus, *Pediculus humanus capitis*, die Kleiderlaus, *Pediculus humanus humanus* und die Filzlaus, *Phtirus pubis*. Die Läuse saugen mit einem Stechrüssel Blut. Während Filzläuse keine Krankheiten übertragen, können Kleiderläuse und Kopfläuse über ihren Kot oder nach dem Zerdrücken über ihre Körpersäfte den Menschen mit verschiedenen pathogenen Bakterien infizieren, beispielsweise *Rickettsia prowazekii* (Erreger des Fleckfiebers), *Borrellia recurrentis* (Erreger des Rückfallfiebers), *Francisella tularensis* (Erreger der Tularämie) und *Bartonella quintana* (Erreger des Wolhynischen Fiebers).
- **Stechmücken.** Beim Stich injiziert die Mücke neben gerinnungshemmenden Stoffen auch eventuelle Krankheitserreger in die Blutbahn und nimmt neue auf. Damit ein Erreger aus dem Mückendarm in die Speicheldrüsen des Insekts gelangen, muss er an die jeweilige Mückenart angepasst haben. Darum sind viele Pathogene auf eine bestimmte Mückenspezies als Überträger spezialisiert.
  Mücken sind Vektoren für zahlreiche humanpathogene Viren, Bakterien und Protisten. Zu den Krankheiten, die von Mücken übertragen werden, gehören Gelbfieber, Denguefieber, Tularämie und Malaria.

## 9.5 Virale Krankheitserreger

### 9.5.1 Verlauf viraler Infektionen

### Der virale Replikationszyklus

Die Infektion der Wirtszelle und die anschließende Vermehrung des Virus verlaufen in mehreren **Phasen**:

1. **Adsorption.** Mit speziellen Oberflächenmolekülen erkennt das Virus spezifische Rezeptoren auf der Oberfläche seiner Wirtszelle und heftet sich an diese.
2. **Penetration.** Das Virus dringt ganz oder nur mit dem Capsid, in dem sein Erbgut verpackt ist, durch die Plasmamembran in die Wirtszelle ein. Am häufigsten erfolgt die Penetration nach zwei Mechanismen:
   – **Fusion.** Die Virenhülle verschmilzt mit der Plasmamembran der Wirtszelle, wobei das Capsid mit dem Genom in das Cytoplasma gelangt.
   – **Endocytose.** Die Plasmamembran der Wirtszelle stülpt sich mit dem Virus ein und schnürt sich als Endosom genanntes Vesikel in das Cytoplasma ab. Das Virus muss anschließend dem Endosom entkommen, was häufig durch Verschmelzen der Virushülle mit der Endosomenmembran geschieht. Dadurch wird das Capsid mit dem Genom in das Cytoplasma freigesetzt.
3. **Uncoating.** Die virale Erbsubstanz wird aus dem Capsid entlassen.
4. **Replikation.** Das virale Genom übernimmt die Kontrolle über die Wirtszelle. Nach den Vorgaben seiner Gene werden neue Virenproteine synthetisiert und das Erbmaterial repliziert. Bei manchen Viren werden zunächst als Vorläufer Polyproteine produziert, die dann von viralen Proteasen an den richtigen Stellen zu den einzelnen Proteinen zurechtgeschnitten werden. Während dieser Eklipse genannten Periode ist das Virus mikroskopisch nicht nachweisbar.
5. **Assemblierung.** Die Proteine fügen sich spontan zum Capsid zusammen, in welches das replizierte Genom verpackt wird. Behüllte Viren erhalten ihre Membran bereits jetzt oder erst beim Verlassen der Wirtszelle, indem sie ein Stück von deren Plasmamembran mitnehmen.
6. **Freisetzung.** Die Viruspartikel verlassen die Zelle durch Lyse, Knospung oder Exocytose.
7. **Reifung.** Manche Viren wie das HI-Virus werden in unreifer Form freigesetzt. Die Reifung erfolgt durch virale Proteasen, die Vorläuferproteine im Capsid spalten. Erst dadurch wird das Virus infektiös.

Nicht immer werden nach einer Virusinfektion auch tatsächlich neue Viren synthetisiert:
- Eine **produktive Virusinfektion** bringt neue Viruspartikel hervor und verursacht je nach Krankheit Beschwerden.
- Bei einer **abortiven Virusinfektion** ist die Vermehrung des Virus blockiert.

## Verlaufsformen viraler Infektionen

Die Infektion kann verschiedene **Verlaufsformen** annehmen:
- Eine **akute Infektion** geht auf eine schnelle produktive Infektion zurück, bei der sich die Viren stark vermehren und die Wirtszellen schädigen. Es zeigen sich starke Symptome.
- Während einer **chronischen Infektion** läuft die Vermehrung des Virus langsam ab. Daher vergeht bis zum Auftreten von Symptomen relativ viel Zeit.
- **Inapparente oder stumme Infektionen** verlaufen asymptomatisch. Es findet aber eine Immunisierung statt, die als stille Feiung bezeichnet wird. Stumme Infektionen werden weiter unterteilt:

- Bei **subklinischen Infektionen** verhindert das Immunsystem den Ausbruch der Krankheit. Durch die entstehende Immunität wird das Virus schließlich eliminiert.
- Bei **persistierenden Infektionen** produziert das Virus nur wenige neue Partikel, kann aber nicht vom Immunsystem verdrängt werden. Durch Stress oder Schwächung des Immunsystems können zeitweise Symptome auftreten. Es gibt verschiedene Unterformen:
    - Bei einer **tolerierten Infektion** vermehrt sich das Virus, aber die neuen Partikel werden ausgeschieden. Der Erreger ist meistens in der Gebärmutter (intrauterin) lokalisiert.
    - Bei einer **latenten Infektion** kann das Immunsystem die Virenmenge gering halten, aber das Virus nicht ganz eliminieren.
    - Bei einer **okkulten oder maskierten Infektion** lässt sich der Erreger nicht nachweisen.

## 9.5.2　Die Interaktion von Virus und Wirtszelle

### Kontrolle durch das Virus

Infiziert ein Virus eine Zelle, übernimmt es die **Kontrolle über die biologischen Prozesse der Wirtszelle.** Je nach Art des Virus gehören dazu verschiedene Maßnahmen:

- **Übernahme der Regelung von Zellprozessen.** Signalwege innerhalb der Zelle werden unterbrochen, um Abwehrmaßnahmen zu verhindern. Beispielsweise verhindern Pockenviren das Auslösen des Apoptose genannten Selbstzerstörungsmechanismus der Zelle. Papillomaviren können die Apoptose dagegen auslösen.
- **Neue Zielsetzung des Metabolismus.** Der Stoffwechsel der Wirtszelle dient fortan der Produktion neuer Viruspartikel.
- **Blockade des Zellgenoms.** Die Gene für Proteine, die nicht zur Synthese neuer Viren notwendig sind, werden nicht mehr abgelesen und exprimiert.
- **Synthese neuer Viruspartikel.** Virale und zelleigene Enzyme synthetisieren neue Viruspartikel.

### Mikroskopisch sichtbare Veränderungen

**Veränderungen in der Morphologie infizierter Zellen oder Gewebe** werden als cytopathische Effekte (CPE) bezeichnet. Die Veränderungen sind teilweise bei entsprechender Färbung unter dem Mikroskop zu erkennen und typisch für die jeweilige cytopathogene Virusart. Sie können daher zur Bestimmung herangezogen werden. Manche Viren bewirken mehrere Effekte:

- **Zelllyse.** Zerstörung der Zelle durch entweichende Viruspartikel.
- **Zellfusion.** Verschmelzung der Wirtszelle mit nicht infizierten Nachbarzellen zu Syncytien genannten mehrkernigen Riesenzellen.
  Beispiele: Masernvirus, Herpes-simplex-Virus, Parainfluenzavirus.

- **Einkernige Reisenzellen.** Starke Vergrößerung der befallenen Zelle. Beispiel: *Cytomegalovirus.*
- **Kernpyknose.** Schrumpfung des Zellkerns und Verdichtung des darin enthaltenen Erbmaterials. Beispiel: Poliovirus.
- **Intranucleäre Einschlüsse.** Abgesetzte Bereiche im Nucleus aus viraler DNA und Proteinen. Intranucleäre Einschlüsse werden nur von DNA-Viren gebildet. Beispiele: Adenoviren, Masernvirus.
- **Intraplasmatische Einschlüsse.** Abgesetzte Bereiche im Cytoplasma aus viraler Nucleinsäure und Proteinen. Intraplasmatische Einschlüsse werden nur von RNA-Viren gebildet sowie von zwei Gruppen DNA-Viren: Pockenviren und Iridoviren.Beispiele: Tollwutvirus, Pockenvirus.
- **Viroplasma.** Der Produktionsort viraler Bestandteile im Cytoplasma oder im Zellkern lässt sich häufig im Elektronenmikroskop ausmachen, manchmal auch nach Färbung im Lichtmikroskop. Das Viroplasma (auch Virusfabrik oder *virus assembly site* genannt) besteht meist aus modifizierten Teilen des endoplasmatischen Retikulums oder des Golgi-Apparats, in denen neue Viruspartikel synthetisiert oder assembliert werden.

## Schädigung der Wirtszelle

Der Schaden für den Wirtsorganismus kann bei der Infektion mit Viren auf verschiedenen Wegen entstehen:
- **Zerstörung der Zellen.** Die befallenen Zellen werden beispielsweise bei der Freisetzung neuer Viruspartikel lysiert und können dadurch nicht mehr ihre Funktion im Organismus ausüben. Auf diese Weise schwächt das HI-Virus das Immunsystem so weit, dass es nachfolgende Sekundärinfektionen nicht mehr abwehren kann.
- **Immunpathogenese.** Nicht das Virus selbst, sondern die Abwehrreaktion des Immunsystems schädigt den Organismus. So zerstört nicht das Hepatitis-B-Virus die Leberzellen, sondern die Immunreaktion.
- **Maligne Transformation.** Onkogene Viren veranlassen den Wandel zu Tumorzellen. Beispielsweise verursachen einige Typen des Humanen Papillomvirus Gebärmutterhalskrebs.
- **Transplacentare Infektion.** Viren können über die Placenta in den Embryo oder Fetus eindringen und zu Fehlbildungen oder Aborten führen.

## Koevolution von Virus und Wirt

Virus und Wirt passen sich in einer Koevolution einander an, wodurch die Infektion weniger schwer verläuft:
- **Anpassung des Wirts.** Mit veränderten Rezeptoren, spezifischen Inhibitoren, RNA-Interferenz und anderen Maßnahmen auf zellulärer Ebene sowie einer verbesserten Immunantwort mindert der Wirtsorganismus immer besser die Virulenz der Viren.

— **Anpassung der Viren.** Erschließen Viren einen neuen Wirt, sind sie häufig besonders virulent. Beispielsweise verläuft eine unbehandelte Infektion mit dem recht neuen HI-Virus für Menschen tödlich, während das länger vorhandene SI-Virus seinen natürlichen Affenwirt nicht tötet. Eine zu große Virulenz bewirkt aber mitunter das (lokale) Aussterben der Wirtspopulation, bevor die Viren weitergegeben wurden, sodass die Infektionskette beendet wird. Ein weniger virulenter Verlauf oder gar eine persistente Infektion erhöhen die Chancen auf Weiterverbreitung.

### 9.5.3 Die Bekämpfung pathogener Viren

#### Desinfektion

**Auf kontaminierten Flächen und Gegenständen sowie Händen** werden Viren durch Maßnahmen zur Desinfektion und Sterilisation (▶ Abschn. 9.2.3) bekämpft. Physikalische Methoden der Desinfektion wie Erhitzen sind meist zuverlässiger als chemische Verfahren. Unbehüllte Viren lassen sich häufig nicht mit handelsüblichen Desinfektionsmitteln inaktivieren. Wirksam sind dagegen für gewöhnlich 2 %ige Natronlauge, Kalkmilch, Formaldehyd und Persäuren.

Die **Tenazität** eines Virus beschreibt seine Fähigkeit, auch außerhalb seines Wirts und unter ungünstigen Umständen funktionsfähig zu bleiben.

#### Probleme bei der immunologischen Bekämpfung

Die **Mutationsrate von Viren** ist in der Regel sehr hoch, wodurch ständig neue Formen auftreten. Das Immunsystem und auch Impfstoffe müssen daher bei einigen Viren wie beispielsweise dem Influenzavirus laufend angepasst werden.

**Quasispezies** sind Varianten des gleichen Virus, die gleichzeitig innerhalb eines Wirts vorkommen. Sie entstehen bei der Synthese neuer Viren durch mutationsbedingte Abweichungen von der ursprünglichen Mastersequenz. Vor allem RNA-Viren (z. B. das HI-Virus) und Viren, die in ihrem Zyklus eine RNA-Zwischenstufe aufweisen (z. B. das Hepatitis-B-Virus), sind betroffen, da die RNA-Polymerase Fehler nicht korrigiert. Durch die Variabilität der Quasispezies erreichen Therapeutika und Abwehrmechanismen des Immunsystems nicht immer alle Viren, was als Therapieresistenz bzw. Immunevasion bezeichnet wird.

#### Inaktivierung von Viren

Durch die Inaktivierung eines Virus wird ihm die **Fähigkeit genommen, Zellen zu infizieren und sich zu vermehren**. Eigenschaften, die notwendig sind, um einen Impfstoff zu entwickeln, sollten erhalten bleiben.

Im Idealfall wird durch die Maßnahme zur Inaktivierung die Erbsubstanz des Virus zerstört, aber seine Oberflächenmoleküle, die als Antigene wirken, bleiben erhalten. Dies lässt sich näherungsweise durch Bestrahlung mit UV-Licht oder spezielle chemische Inaktivierungsmittel wie Ethylenimine erreichen.

### 9.5.4 Beispiele viraler Infektionen

## Erkältungen und Schnupfen

Die auslösenden **Rhinoviren** sind unbehüllt (▶ Abschn. 2.5.3), ikosaedrich (▶ Abschn. 2.5.4) und mit bis zu 30 nm Durchmesser klein. Ihr Genom besteht aus einzelsträngiger (+)-RNA (▶ Abschn. 5.14.1).

Bislang sind bereits über 100 **Serotypen** von Rhinoviren bekannt. Sie unterscheiden sich in Details ihrer Oberflächenstrukturen, die als verschiedene Antigene fungieren und deshalb zur Erkennung jeweils einen eigenen Antikörper erfordern. Meistens handelt es sich um Variationen des Capsidproteins VP1. Die Variabilität ist hoch, sodass Capsidproteine verschiedener Stämme teilweise nicht einmal zur Hälfte identisch sind. Daraus resultiert eine starke Immunevasion.

Rhinoviren vermehren sich optimal bei Temperaturen um 33 °C, wie sie besonders bei nasskaltem Wetter im Bereich der Nasenschleimhaut vorherrschen. Sie erkennen als Rezeptor das Wirtsprotein ICAM-1. Die **infizierten Zellen** setzen Bradykinin und Histamin frei, was die Blutgefäße der Umgebung durchlässiger für Flüssigkeit macht.

Die **Tenazität** von Rhinoviren ist hoch, sie sind widerstandsfähig gegen Alkohole und Tenside, können aber durch Händewaschen weitgehend entfernt werden.

## Grippe

Erreger der „echten" Grippe, Virusgrippe oder Influenza sind Viren der Gattungen **Influenzavirus** A oder Influenzavirus B, selten Influenzavirus C. Die Viren messen 80 nm bis 120 nm im Durchmesser und sind mit einer Membran umhüllt, die das Ribonucleoprotein umgibt. In die Membran sind einige Proteine eingebettet, darunter Hämagglutinin und Neuraminidase, gegen die das Immunsystem Antikörper ausbildet.

Das Ribonucleoprotein besteht aus den Strukturproteinen M1 und NP, den Proteinen PA, PB1 und PB2 für die Replikation und dem Genom. Das **Genom** umfasst acht Moleküle meist einzelsträngiger (−)RNA, die jeweils als Segmente bezeichnet werden.

Bei der **Infektion** lagert sich das Virus mit dem Hämagglutinin an Sialinsäuren der Oberflächenproteine der Zielzellen. Beim Menschen sind dies die Zellen des Flimmerepithels in den oberen Atemwegen. Die Neuraminidase verhindert das Verkleben mit dem Schleim. Die Wirtszelle nimmt das Virus per Endocytose auf. Eine Protease zerschneidet im Endosom das Hämagglutinin und aktiviert es dadurch. Eine Fusionsdomäne des Hämagglutinins bewirkt, dass die virale Membran mit der Endosomenmembran fusioniert und das Ribonucleoprotein ins Cytoplasma entlassen wird. Eine Signalsequenz markiert es für den Transport in den Zellkern.

Die **Replikation** erfolgt mit viralen Polymerasen und Ribonucleotiden der Wirtszelle im Zellkern. Ein virales Protein befördert die neu synthetisierte RNA in das Cytoplasma, wo Wirtsribosomen die Proteine produzieren.

Die **Assemblierung** der Proteine und RNA-Moleküle erfolgt automatisch, und etwa 20.000 frische Viren verlassen durch Lyse die Zelle.

Die **serologischen Typen** von Influenzavirus A werden mit den Angaben der Hämagglutinin-Serotypen H1 bis H16 und der Neuraminidase-Serotypen N1 bis N9 gekennzeichnet wie beispielsweise das Vogelgrippevirus H5N1. Am häufigsten sind die Serotypen H1, H2, H3, H5 und seltener H7 und H9 sowie N1, N2 und seltener N7.

Die **außergewöhnliche Variabilität des Genoms** von Influenzaviren geht auf zwei Prozesse zurück:

- **Antigendrift.** Fehlerhaft eingebaute Nucleotide (Punktmutationen, ► Abschn. 5.3.1) werden bei der Replikation nicht ausgetauscht, da die RNA-Polymerase keine Korrekturfunktion aufweist. Zudem ist die Mutationsrate sehr hoch.
- **Antigenshift oder genetische Reassortierung.** Befallen zwei verschiedene Stämme von Influenzaviren gleichzeitig eine Zelle (Doppelinfektion), werden die RNA-Segmente vermischt und in neuen Kombinationen in die Virenhüllen verpackt. Dies geschieht meist in Schweinen oder Hühnern, der neue Virustyp springt dann auf den Menschen über.

Beide Mechanismen zusammen ergeben eine hohe Immunevasion, da sich die Struktur der Oberflächenproteine als Antigene verändert und das Immunsystem den Eindringling nicht mehr erkennt. Das veränderte Virus macht einen neuen Impfstoff erforderlich, und nach einem Antigenshift droht bei besonders infektiösen Varianten eine Pandemie.

Das wichtige Influenzavirus A befällt als **Wirtsorganismus** neben dem Menschen auch einige Tierarten wie Schweine, Pferde, Hunde, Katzen und Vögel. Wasservögel bilden auch das primäre Reservoir der Viren.

Die **Tenazität** der Influenzaviren ist unterschiedlich ausgeprägt. Bei Hitze und Trockenheit überstehen sie nur wenige Stunden, in Ausscheidungen und Fleisch mehrere Tage, bei Kälte einige Wochen und in Dauerfrost viele Jahre. Gegen Alkohol und Detergentien sind die Viren empfindlich, sodass meistens Desinfektionsmaßnahmen erfolgreich sind.

## Covid-19

Die Abkürzung Covid-19 steht für Coronavirus Disease 2019. Sie wird durch das Virus **SARS-CoV-2** (*Severe Acute Respiratory Syndrome Coronavirus Type 2*) verursacht. Die membranumhüllten Viren messen zwischen 60 und 140 nm und tragen ein Genom von etwas mehr als 29,8 kb einzelsträngiger (+)RNA mit zehn bis elf offenen Leserastern, die für Proteine codieren (könnten).

Für die **Infektion** wird SARS-CoV-2 hauptsächlich durch Tröpfchen und Aerosole übertragen. Die Bindung an die Wirtszelle erfolgt durch das Spike-Glykoprotein, dessen eine Domäne (S1) den Kontakt zum ACE2-Rezeptor an der Oberfläche der Zielzelle vermittelt, sodass die S2-Domäne die Fusion mit der Zellmembran auslösen kann. Nach Aufnahme in die Zelle und Verlassen des Capsids werden die viralen Proteine direkt an den Ribosomen des Wirts synthetisiert. Die Replikation der RNA übernimmt hingegen die virale RNA-Polymerase. Die Assemblierung erfolgt automatisch im endoplasmatischen Retikulum, vom dem die fertigen Viruspartikel durch Knospung abgeschnürt werden. Mit Golgi-Vesikeln wandern sie zur Zellmembran, wo sie durch Exocytose ausgeschleust werden.

Die verschiedenen **SARS-CoV-2-Varianten** unterscheiden sich vor allem in Mutationen des Spike-Proteins. Die Unterschiede reichen mitunter sogar für eine Coinfektion mit zwei Stämmen aus. Die Weltgesundheitsorganisation WHO bezeichnet die wichtigsten Varianten mit den Buchstaben des griechischen Alphabets, wobei es jeweils mehrere Untervarianten geben kann.

Der **Nachweis einer Infektion** mit SARS-CoV-2 erfolgt über verschiedene Tests:
- Ein **Antigen-Schnelltest** lässt sich auch von Laien mit einer Speichelprobe oder einem Nasenabstrich durchführen. Antikörper binden eventuell vorhandene virale Partikel und zeigen deren Anwesenheit durch eine Färbung an.
- Ein positives Ergebnis bei einem Schnelltest sollte durch einen sensitiveren **RT-PCR-Test** (*real-time* Reverse-Transkriptase-Polymerase-Kettenreaktion) überprüft werden.
- Ein **Antikörpertest** mit Hilfe einer Blutprobe weist bei positivem Befund auf eine bereits erfolgte Immunantwort hin. Diese kann auf eine akute Infektion zurückzuführen sein, wenn es sich bei den Antikörpern um früh auftretende Immunglobuline M (IgM) handelt, oder um eine zurückliegende Infektion bei Verwendung von Immunglobulin G (IgG) als Antikörper.

## 9  HIV und AIDS

Das **Humane Immundefizienzvirus** (*human immunodeficiency virus*, HIV) besitzt als Retrovirus zwei lineare (+)-RNA-Einzelstränge, die der Wirts-mRNA ähneln und mit einer reversen Transkriptase zu DNA umgesetzt werden, welche sich in das Wirtsgenom integriert (▶ Abschn. 5.14.7).

Die RNA ist von einem **Capsid** aus dem Protein p24 umgeben, das in Tests als Antigen nachgewiesen werden kann. Um das Capsid liegt eine **Lipidhülle**, die zum größten Teil von der Wirtszelle stammt und mehrere Wirtsproteine trägt, darunter HLA-Proteine. Hinzu kommt etwa ein Dutzend Komplexe von Glykoproteinen, die etwa 10 nm aus der Membran herausragen und als Spikes bezeichnet werden. Jeder Spike besteht aus zwei Untereinheiten:
- Verankerung in der Membran. Drei Exemplare des Glykoproteins gp41 durchspannen die Membran.
- Bindeproteine für Rezeptoren. Nichtkovalent an gp41 sind drei Moleküle des Glykoproteins gp120 gebunden, die den Kontakt des Virus zu den CD4-Rezeptoren der Zielzelle herstellen.

Die Capsidproteine haben bei der Freisetzung neuer Viruspartikel noch nicht ihre endgültige Gestalt. Sie werden durch eine virale Protease gespalten und erlangen erst durch diese **Reifung** ihre Infektiösität.

Die **molekularen Abläufe** bei der Infektion, der reversen Transkription, der Genexpression und Replikation sowie der Freisetzung neuer Viren sind in ▶ Abschn. 5.14.7 dargestellt.

Der **Verlauf einer HIV-Infektion** lässt sich in mehrere Phasen unterteilen:

1. **Inkubationszeit**. Zwischen der Infektion mit dem Virus und dem Auftreten erster Symptome vergehen zwei bis sechs Wochen.

2. **Akute Phase**. Die Zahl der Viren im Körper steigt vorübergehend steil an, wodurch die Menge der hauptsächlich befallenen T-Helferzellen mit CD4-Rezeptoren ($CD4^+$-Zellen) stark zurückgeht. Bei den meisten Patienten treten grippeähnliche Beschwerden auf wie Fieber, Müdigkeit, Übelkeit, Nachtschweiß, geschwollene Lymphknoten und Gelenkschmerzen. Über einen Test auf HIV-RNA lässt sich die Infektion in diesem Stadium nachweisen. Am Ende der akuten Phase sinkt die Zahl der freien Viren deutlich ab, und die $CD4^+$-Zellen erholen sich etwas.

3. **Latenzzeit**. Über mehrere Jahre hinweg bleiben stärkere Symptome aus. Das Virus vermehrt sich langsam im Körper des Patienten, schlummert aber in vielen Zellen als Provirus im Kerngenom des Wirts. Vor allem $CD4^+$-Zellen stellen ein großes Reservoir dar. Die Anzahl der $CD4^+$-Zellen nimmt allmählich immer weiter ab.

4. **AIDS-related Complex** (ARC). Nach meist neun bis elf Jahren (die Spanne reicht von wenigen Monaten bis zu mehreren Jahrzehnten) treten klinische Symptome auf, die aber noch nicht zu den AIDS-typischen Erkrankungen zählen. Dazu gehört beispielsweise Gürtelrose (Infektion mit *Herpes zoster*). Die Konzentration der $CD4^+$-Zellen ist auf weniger als 300 Zellen pro Mikroliter Blut gesunken (Normalwert: 500 $\mu l^{-1}$ bis 1500 $\mu l^{-1}$). Wegen der Schwächung des Immunsystems treten opportunistische Infektionen auf.

5. **AIDS** (*acqiured immunodeficiency syndrome*). Die Diagnose AIDS wird gestellt, wenn eine spezifische Kombination von Symptomen auftritt. Zu den AIDS-definierenden Erkrankungen zählen unter anderem Candidose (Befall mit *Candida*-Pilzen) der Atemwege, der Mundschleimhaut oder der Speiseröhre, *Pneumocystis*-Lungenentzündung, Tuberkulose und das Kaposi-Sarkom genannte Malignom. Die $CD4^+$-Zellzahl ist auf unter 200 $\mu l^{-1}$ gesunken.

Der **Nachweis einer HIV-Infektion** erfolgt über zwei Methoden:

- **Immunassay**. Nachgewiesen werden das virale Protein p24 oder Antikörper, die das Immunsystem gegen das Virus gebildet hat. Bei einem positiven Suchtest wird zur Vermeidung von Fehldiagnosen ein Bestätigungstest nach dem Prinzip des Western-Blots durchgeführt. Dabei wird Serum des Patienten mit viralen Proteinen auf einem Träger zusammengebracht. Im Falle einer Infektion binden die Antikörper im Serum die Proteine, was nach Aufbereitung als dunkler Strich zu erkennen ist. Der größte Nachteil des Verfahrens ist eine lange diagnostische Lücke. Nach vier Wochen liegt die Erkennungsquote nur bei rund 60 %, nach acht Wochen werden 90 % erreicht, erst nach zwölf Wochen sind es bis zu 99 %.

- **RT-PCR-Test**. Nachgewiesen wird die virale RNA. Dazu wird sie mit dem Enzym reverse Transkriptase in eine komplementäre DNA (*complementary DNA*, cDNA) umgewandelt. Die cDNA wird mit der Polymerasekettenreaktion (*polymerase chain reaction*, PCR) vervielfältigt und dann analysiert. Der Nachweis ist ab 15 Tage nach einer Infektion aussagekräftig.

## Hepatitis B

Hepatitis B wird durch eine Infektion mit dem **Hepatitis-B-Virus** hervorgerufen. Dessen Genom besteht aus einer zirkulär geschlossenen DNA, die zum großen Teil, aber nicht durchgehend doppelsträngig ist. Das Capsid ist ikosaedrisch aus dem Protein HBcAg (*Hepatitis B virus core antigen*) aufgebaut und von einer Membran umhüllt, in die das transmembrane Oberflächenprotein HBsAg (*HBV surface antigen*) eingebettet ist. Der Durchmesser des Virus ist mit 42 nm gering.

Das **Genom** trägt nur vier Gene: C (*core*), P (*polymerase*), S (*surface*) und X. Die Sequenzen überlagern sich dabei. Das P-Gen ist so groß, dass es an seinem Anfang mit der zweiten Hälfte des C-Gens überlappt, in der Mitte die gesamte Sequenz des S-Gens umfasst und am Ende in das X-Gen hineinragt. Aus dem S-Gen geht das Oberflächenprotein HBsAg in drei verschieden großen Varianten hervor: L (*large*, pre-S1), M (*middle*, pre-S2) und S (*small*).

Für die **Genexpression** wird der unvollständige DNA-Strang anhand des durchgehenden Strangs vervollständigt und die entstehende cccDNA (*covalently closed circular DNA*) dient als Matrix für die Transkription. Die viralen mRNAs tragen wie eukaryotische mRNAs eine Cap-Struktur und einen Poly-A-Schwanz. Für das Protein HBeAg (HB *extracellular antigen*) wird das Proteinprodukt des C-Gens proteolytisch verkürzt.

Der **Replikationszyklus** läuft innerhalb der Leberzellen (Hepatocyten) statt:
1. Über das HBsAg-Protein bindet das Virus an Rezeptoren der Zielzelle.
2. Per Endocytose nimmt die Zelle das Virus auf.
3. Durch die Fusion der Virushülle mit der Endosomenmembran gelangt das Capsid in das Cytoplasma der Zelle.
4. Das Capsid entlässt im Zellkern seine DNA.
5. Im Nucleus wird der DNA-Doppelstrang zur sogenannten cccDNA (*covalently closed circular DNA*) vervollständigt.
    Anhand der Gene auf der cccDNA werden die viralen mRNAs synthetisiert. Die längste mRNA trägt die Information für das replizierte Genom, das Capsidprotein und die virale DNA-Polymerase. Die virale DNA wird über die Zwischenstufe einer RNA vervielfältigt. Durch diesen Zwischenschritt steigt die Wahrscheinlichkeit von Mutationen, da die RNA-Polymerasen keine Korrekturfunktion haben.
6. Die mit DNA bepackten Capside verlassen die Zelle oder wandern erneut in den Kern.
7. Parallel zur Freisetzung der neuen Virionen aus der Zelle synthetisiert die virale Polymerase im Cytoplasma aus der langen mRNA mit ihrer Reverse-Transkriptase-Aktivität neues virales Genom.

Neben den infektiösen Viren sind im Blut auch filamentöse virale Proteine und verkleinerte sphärische Virosome aus HBsAg ohne Capsid und DNA nachzuweisen.

Der **klinische Verlauf** kann unterschiedlich ausfallen:
- **Akute Hepatitis B.** Ein Drittel der Patienten zeigt nach einer Inkubationszeit von einem bis sechs Monaten akute Symptome wie Gelbfärbung der Haut, dunklen Urin, Gliederschmerzen, Durchfall und Erbrechen. Die übrigen zwei Drittel bleiben asymptomatisch. Nach zwei bis sechs Wochen verschwinden die

Symptome, und im Serum sind Antikörper gegen HBsAg (anti-HBs) nachweisbar. Die Hepatitis gilt als klinisch ausgeheilt, und die Ansteckungsgefahr ist vorüber. Das Virus ist aber nicht aus allen Zellen verschwunden, sondern befindet sich in einem Ruhezustand.

— **Chronische Hepatitis B.** Bilden sich die Symptome länger als sechs Monate nicht zurück und sind über diesen Zeitraum virale Antigene im Blut nachweisbar, ist die Hepatitis B chronisch. Es kann sich eine Leberzirrhose entwickeln. Das Risiko eines Leberkarzinoms ist erhöht.

— **Reaktivierung.** In seltenen Fällen werden ruhende Viren nach einer klinischen Ausheilung wieder aktiv, wenn das Immunsystem beispielsweise nach einer Organtransplantation geschwächt ist.

Gegen Infektionen mit Hepatitis B existiert ein **Impfstoff** aus rekombinantem HBsAg-Protein.

Wegen des großen Anteils an Proteinen in der Hülle erfolgt die **Inaktivierung des Virus** mit Alkoholen und Tensiden nur langsam.

## Hepatitis C

Der Erreger der Hepatitis C ist das **Hepatitis-C-Virus**. Es hat einen Durchmesser von 45 nm und ist behüllt. Das Genom besteht aus einem (+)-RNA-Einzelstrang. Seine Variabilität ist mit bis zu 40 % Abweichung zwischen verschiedenen Isolaten sehr groß. Es werden sieben Genotypen mit 30 Subtypen unterschieden. Durch eine hohe Mutationsrate entstehen ständig Quasispezies, und das Virus ist sehr immunevasiv.

Über den **Aufbau des Viruspartikels** ist wenig bekannt.

Das **Genom** umfasst einen einzigen offenen Leserahmen, der in ein Polyprotein umgesetzt wird. Durch Spaltung während der Translation entstehen aus dem Polyprotein die Strukturproteine Core, E1 und E2 sowie die Nicht-Strukturproteine, zu denen die RNA-Polymerase zählt.

Die einzelnen Phasen des **Replikationszyklus** sind noch nicht vollständig aufgeklärt:

1. Die Aufnahme in die Zelle erfolgt nach Bindung an Rezeptoren über Endocytose.
2. Das Capsid mit der RNA entkommt dem Endosom durch Fusionierung der Virushülle mit der Endosomenmembran.
3. Das virale Genom wird an den Ribosomen des rauen endoplasmatischen Reticulums (ER) direkt abgelesen, sodass unmittelbar virale Proteine wie die RNA-Polymerase NS5B entstehen, die für die Replikation des Genoms benötigt werden.
4. Für die Replikation des viralen Genoms wird zu dem (+)-Strang ein komplementärer (−)-Strang erzeugt, möglicherweise nach einem Prinzip, das dem *rolling-circle*-Mechanismus (▶ Abschn. 5.2.2) ähnelt.
5. Liegt ausreichend virale RNA vor, werden die Proteine synthetisiert. Anstelle einer Cap-Struktur nutzt das Virus eine besondere Sekundärstruktur der RNA, die als IRES (interne ribosomale Eintrittsstelle) bezeichnet wird und die Bindung der RNA an die Ribosomen ohne die Hilfe von Initiationsfaktoren ermöglicht.

6. Die Hüllproteine E1 und E2 werden im endoplasmatischen Reticulum glykosyliert. Das Capsidprotein und die RNA werden verpackt in das Lumen des ER aufgenommen.
7. Über den Golgi-Apparat verlassen die frischen Virionen die Zelle.

Der **Nachweis der Infektion** erfolgt wie bei Hepatitis B über Immunassays und RT-PCR.

Der **klinische Verlauf** ist meist symptomlos. Nach der Inkubationszeit von 20 bis 60 Tagen können Müdigkeit, Gelenkschermzen und Spannungsgefühl im rechten Oberbauch, seltener Gelbsucht auftreten. Hepatitis C verläuft in 80 % aller Fälle chronisch. Ohne Behandlung kann sich im Verlaufe von mehreren Jahren eine Leberzirrhose entwickeln. Das Risiko für ein Leberzellkarzinom ist erhöht.

Es gibt **keinen Impfstoff** gegen Hepatitis C.

## Herpes simplex

Herpes wird von zwei **Erregern** ausgelöst: Humanes Herpesvirus 1 (HSV-1) und Humanes Herpesvirus 2 (HSV-2). Die beiden unterscheiden sich in wenigen Punkten:

- Aufgrund unterschiedlicher Proteine in der Virenhülle reagieren sie serologisch mit verschiedenen Antikörpern.
- Die Sequenzen der Gene für die Genexpression weichen teilweise voneinander ab.
- HSV-1 befällt vor allem Epithelhautzellen im Bereich von Mund und Rachen. In Deutschland sind etwa 90 % der Menschen infiziert. HSV-2 kommt vorwiegend im Bereich des Genitaltrakts vor.

Die **Herpes-simplex-Viren** sind relativ groß. Ihr ikosaedrisches Capsid hat einen Durchmesser von etwa 100 nm, die Virushülle von bis zu 180 nm.

Das **Genom** besteht aus linearer, doppelsträngiger DNA. Nach der Infektion wird es zu einer ringförmigen cccDNA geschlossen, die über beliebig lange Zeit im Zellkern verbleiben kann. Da die Erbsubstanz aus dsDNA besteht, sind Mutationen seltener als bei vielen anderen Viren.

Einige **Capsidproteine** durchlaufen nach der Freisetzung der Virenpartikel noch eine Reifung, indem die virale Protease VP24 sie an bestimmten Stellen schneidet.

Zwischen dem Capsid und der Virenhülle befinden sich **Tegumentproteine**, die an der Genexpression und am Übergang in das Latenzstadium beteiligt sind.

Die Infektion mit Herpes-simplex-Viren weist einige **Besonderheiten** auf:

- **Verhinderung der Apoptose.** Das Virus verhindert die Selbstzerstörung der Wirtszelle mithilfe von Mikro-RNA-Molekülen (miRNA). Dazu bindet die virale miRNA an die mRNA für zwei Wirtsproteine, die daraufhin abgebaut und nicht translatiert werden.
- **Latenzphase.** Das Virus integriert sich als Provirus in das Wirtsgenom und stellt seine Replikation für längere Zeiträume ein, bis es durch einen Auslöser wie etwa Stress erneut aktiv wird.
- **Verbreitung.** Neue Virenpartikel gelangen auf zwei verschiedenen Wegen in neue Wirtszellen:

- Durch Lyse der ersten Wirtszelle und Freisetzung der Virenpartikel. Es entstehen die bekannten Bläschen, in deren Flüssigkeit eine hohe Konzentration von Viren vorliegt (über $10^5\ \mu l^{-1}$).
- Durch Fusion der ersten Wirtszelle mit nicht infizierten Nachbarzellen.
- **Innerzellulärer Transport.** Penetriert ein Virus die Nervenendigung eines Neurons, wandert es in einem sogenannten retrograden axonalen Transport entlang der Mikrotubuli und Intermediärfilamente des Cytoskeletts zum Zellkörper.

**Herpes labialis** („Lippenherpes") ist eine Erkrankungsform von Herpes simplex. Sie tritt durch Reaktivierung von ruhenden Herpes-simplex-Viren auf, ausgelöst beispielsweise durch akuten psychischen Stress. Symptome sind Bläschen typischerweise in den Mundwinkeln und im Randbereich der Lippen.

## 9.6 Antimikrobielle Therapien

Es werden zwei **Strategien gegen Infektionskrankheiten** verfolgt:
- **Präventive Vorbereitung des Immunsystems** auf einen Erreger durch Impfung.
- **Therapeutisches Bekämpfen der Erreger** mit Chemotherapeutika, wenn die Infektion bereits erfolgt ist.

Die **Chemotherapeutika gegen Infektionskrankheiten oder Antiinfektiva** werden nach den Erregern gruppiert, gegen die sie wirksam sind:
- **Antibiotika** gegen bakterielle Infektionen,
- **Antimykotika** gegen Pilzinfektionen,
- **Antiprotozoika** gegen Infektionen mit Protozoen,
- **Virostatika** gegen virale Infektionen.

## 9.6.1 Impfungen

Bei einer **Impfung** oder **Vakzination** wird das Immunsystem für die Abwehr eines Erregers vorbereitet oder unterstützt.
Es gibt drei grundsätzlich verschiedene **Arten von Impfung**:
- **Passive Impfung.** Die passive Impfung wird vorgenommen, wenn der Patient mit dem Erreger einer schweren Infektionskrankheit in Kontakt war und sein Immunsystem nicht durch eine vorherige Erkrankung oder eine aktive Impfung vorbereitet ist. Der Patient erhält ein Immunserum mit spezifischen Antikörpern gegen den Erreger. Der Schutz setzt sofort ein, währt aber nur wenige Wochen.

Diese Art der Postexpositionsprophylaxe wird beispielsweise bei Gefahr von Tetanus oder Tollwut durchgeführt sowie bei medizinischem Personal, das sich versehentlich HI-Viren oder Hepatitisviren ausgesetzt hat, etwa bei einem Stich mit einer Injektionsnadel.

— **Aktive Impfung**. Bei der aktiven Impfung wird der Patient den Antigenen des Erregers ausgesetzt, sodass sein Immunsystem selbst Abwehrmechanismen entwickelt.

— **Genetische Impfstoffe**. Anstelle von Proteinen oder Proteinfragmenten des Erregers erhält der Patient eine DNA oder RNA mit der Information für ein immunrelevantes Erregerprotein. Die Zellen des Patienten nehmen den Impfstoff auf, synthetisieren das Protein und präsentieren Teile davon an ihrer Oberfläche.

## Aktive Impfung

Bei einer aktiven Impfung können die Antigene in verschiedener Form vorliegen:

— **Lebendimpfstoff**. Es werden attenuierte Erreger verabreicht, die sich noch vermehren können, aber so abgeschwächt sind, dass sie keine Erkrankung mehr auszulösen vermögen. Die Immunisierung hält lange an. Bei immungeschwächten Patienten oder werdenden Müttern ist in der Regel von einem Lebendimpfstoff abzuraten.

Lebendimpfungen sind beispielsweise üblich gegen Tuberkulose, Masern, Mumps, Röteln und Pocken.

— **Totimpfstoff**. Die Bestandteile des Impfstoffs sind nicht mehr in der Lage, sich zu vermehren oder eine Erkrankung auszulösen. Es gibt mehrere Varianten:

   — **Inaktivierte Impfstoffe**. Durch chemische oder physikalische Behandlung werden Bakterien oder Viren so verändert, dass sie nicht mehr infektiös sind.

   Beispiele: Impfstoffe gegen Cholera, Tollwut und Polio.

   — **Toxoidimpfstoff**. Das Toxin des Erregers wird so modifiziert, dass es nicht mehr gegen den Wirt wirksam ist, aber noch eine Immunreaktion auslöst, die auch gegen das natürliche Toxin wirksam ist. Es wird als Toxoid bezeichnet.

   Beispiele: Impfstoffe gegen Diphtherie und Tetanus.

   — **Spaltimpfstoff**. Die Virushülle wird mit Lösungsmitteln oder Tensiden in Bruchstücke zerlegt, die als Impfmaterial dienen.

   Beispiel: Impfstoffe gegen Influenza.

   — **Untereinheitenimpfstoff**. Gereinigte oder rekombinant hergestellte Proteine, die als Antigen wirksam sind, stellen den Impfstoff.

   Beispiele: Impfstoffe gegen Hepatitis B und Influenza.

   — **Konjugatimpfstoff**. Handelt es sich bei dem Antigen nicht um ein Protein, sondern beispielsweise um ein Polysaccharid, wird das Molekül mit einem Protein als Trägermolekül gekoppelt. Als Träger wird beispielsweise das modifizierte Diphtherietoxin oder Tetanustoxin verwendet. Die Immunantwort gegen das Nicht-Protein fällt dadurch stärker und anhaltender aus.

   Beispiele: Impfstoffe gegen Meningokokken und *Haemophilus influenzae*.

Totimpfstoffen werden manchmal **Adjuvanzien** genannte Begleitstoffe zugefügt, um eine stärkere Immunreaktion auszulösen. Zu den Adjuvanzien gehören unter anderem Aluminiumhydroxid, Emulsionen von Öl und Wasser, Lipide, das lipopolysaccharidähnliche Monophosphoryl-Lipid A (MPL) und Saponin aus der Rinde des Seifenrindenbaums.

- **Simultanimpfung.** Die Kombination einer passiven und einer aktiven Impfung gegen den gleichen Erreger zur selben Zeit wird als Simultanimpfung bezeichnet.

## Genetische Impfstoffe

Es werden drei Arten von genetischen Impfstoffen unterschieden:

- **DNA-Impfstoffe** tragen das Gen oder die Gene für ein oder mehrere Proteine des Krankheitserregers. Meist sind diese Gene in ein bakterielles Plasmid integriert. Nach Aufnahme in die Zelle werden sie in den Zellkern transportiert und dort in mRNA transkribiert, die ins das Cytosol wandert. Gemäß Anleitung der mRNA werden die Erregerproteine synthetisiert, die in Peptide zerlegt und an der Zelloberfläche dem Immunsystem präsentiert werden. Ein Beispiel für einen DNA-Impfstoff ist das Plasmid ZyCoV-D gegen das SARS-CoV-2-Virus.
- **RNA-Impfstoffe** bestehen bereits aus einer – ggf. modifizierten – mRNA, sodass der Transport in den Zellkern entfällt und die Antigen-Proteine gleich im Cytosol produziert werden können. Weil RNA empfindlicher als DNA ist, darf RNA-Impfstoff nicht bei Zimmertemperatur gelagert, sondern muss bei weniger als $-70\ °C$ aufbewahrt werden. Zu den RNA-Impfstoffen zählt beispielsweise die Nukleosid-modifizierte mRNA Tozinameran, die für ein verändertes Spike-Protein des Coronavirus SARS-CoV-2 codiert.

DNA- und RNA-Impfstoffe gelangen über einen Transfektionsmechanismus in die Zellen. Sie sind in Lipide eingebettet und werden über eine Endocytose aufgenommen.

- **Vektorimpfstoffe** nutzen virale Vektoren genannte Viren zum Transport codierender Sequenzen von Krankheitserregern in die Zielzelle. Verwendet werden häufig modifizierte Adenoviren oder das Vesikuläre-Stomatitis-Virus (VSV). Ein Vorteil viraler Vektoren liegt darin, dass sie bereits einen Mechanismus zum Eindringen in die Zelle mitbringen. Allerdings entwickelt das Immunsystem eine Antwort auf die Vektoren, sodass diese bei späteren Impfbehandlungen vorzeitig abgefangen werden. VSV-EBOV ist ein viraler Vektor, bei dem ein Gen des Ebolavirus in das vireneigene Genom integriert wurde.

## Nebenwirkungen

Bei den **Nebenwirkungen** einer Impfung werden zwei Kategorien unterschieden:

- **Impfreaktionen** sind zeitlich und örtlich begrenzte Effekte am Injektionsort.
- **Impfkomplikationen** sind unerwartete Ereignisse infolge der Impfung. Dazu zählen beispielsweise milde Symptome der Krankheit, gegen die geimpft wurde, und allergische Reaktionen bis zum Schock. Sie können nicht nur von dem eigentlichen Impfmaterial ausgelöst werden, sondern auch von Zusatzstoffen wie Adjuvanzien, Formaldehyd, Antibiotika oder Hühnerproteinen aus der Impfstoffproduktion.

## Impfschutz

Die **Mechanismen der Immunisierung** gründen auf den Prozessen der spezifischen Immunantwort:

- **Antigenpräsentation.** Professionelle antigenpräsentierende Zellen nehmen die Impfmaterialien durch Endocytose auf und zerlegen die Erregerproteine enzymatisch in kleinere Bruchstücke. Diese fusionieren sie mit den Proteinen ihres eigenen Haupthistokompatibilitätskomplexes (MHC). Die fusionierten Moleküle befördern sie an die Zelloberfläche, wo sie von anderen Zellen des Immunsystems wahrgenommen werden. Beispielsweise werden T-Lymphocyten durch den Kontakt aktiviert.

  Zu den professionellen antigenpräsentierenden Zellen zählen: Makrophagen und Monocyten, B-Lymphocyten sowie dendritische Zellen.

- **Immunologisches Gedächtnis.** Spezielle Gedächtniszellen speichern Eigenschaften des Erregers oder des Impfstoffs, sodass bei einer erneuten Infektion sofort spezifische Abwehrmaßnahmen eingeleitet werden können.
  - **B-Gedächtniszellen.** B-Lymphocyten mit den passenden Rezeptoren werden durch den Kontakt mit den Antigenen aktiv und vervielfältigen sich. Der größte Teil der Klone schüttet als Plasmazellen Antikörper aus. Einige entwickeln sich zu B-Gedächtniszellen.
  - **T-Gedächtniszellen.** Aktivierte T-Helferzellen klonen sich und differenzieren meist zu kurzlebigen Effektorzellen, die aktiv an der Immunantwort beteiligt sind. Ein kleiner Anteil entwickelt sich zu langlebigen Gedächtniszellen, die schneller aktiviert werden können als naive T-Zellen und nach kurzer Anlaufzeit Interferone und Interleukine sezernieren.

**Impfungen schützen auch Nicht-Geimpfte** durch den Effekt der **Herdenimmunität.** Danach findet ein Erreger innerhalb einer Population durch die Immunität der Geimpften so wenig neue Wirte, dass er sich nicht ausbreiten kann. Die Herdenimmunität greift nur bei Infektion, die von Mensch zu Mensch übertragen werden, aber nicht bei Erkrankungen, die sich anders verbreiten wie beispielsweise Tetanus (ausgelöst durch das Bodenbakterium *Clostridium tetani*) oder Cholera (meist ausgelöst durch Wasser, das mit *Vibrio cholerae* versetzt ist).

Eine **Mutter-Kind-Immunisierung**, Leihimmunität oder „Nestschutz" erfolgt, wenn das Kind während der Schwangerschaft über die Placenta oder nach der Geburt über die Muttermilch Antikörper von der Mutter aufnimmt.

Einige Impfungen verlieren ihre Wirksamkeit mit der Zeit und erfordern eine **Auffrischimpfung** oder Boosterimpfung. Beispiele: Impfungen gegen Tetanus und Diphtherie sollten bei Erwachsenen alle zehn Jahre erneuert werden.

### 9.6.2 Antibiotika

Antibiotika sind **kleine Moleküle mit antimikrobieller Wirkung**, die zur Behandlung von Infektionen – im engeren Sinne von bakteriellen Infektionen – genutzt werden. Sie gehören zu den Chemotherapeutika.

Antibiotika wirken als **selektive Toxine**, da sie bakterielle Strukturen und Prozesse angreifen, die bei Tieren und Menschen nicht vorkommen, oder eine höhere Affinität für die bakterielle Variante haben.

Die **Wirksamkeit** wird mit der **minimalen Hemmkonzentration** (MHK) quantitativ bestimmt. Das ist die geringste Konzentration, die das Wachstum des Zielbakteriums hemmen kann. Die Bestimmung erfolgt *in vitro* mit Verdünnungsreihen, über Teststreifen mit Konzentrationsgradienten oder durch Ausmessen der Hemmhöfe um Quellen bekannter Konzentrationen (Kirby-Bauer-Test).

Antibiotika werden auf unterschiedlichen Wegen **synthetisiert**:

- **Natürliche Antibiotika** sind das Produkt spezieller Stoffwechselprozesse von Pilzen, Bakterien, Algen, Pflanzen und sogar Menschen, die damit andere Mikroorganismen bekämpfen, um sich selbst einen Vorteil im Konkurrenzkampf um Ressourcen zu verschaffen.
- **Halbsynthetische oder teilsynthetische Antibiotika** sind chemische Modifikationen natürlicher Antibiotika. Durch die Veränderung ändert sich das biochemische Verhalten, beispielsweise können die Substanzen verträglicher werden oder gegen resistente Erreger wirksam sein.
- **Synthetische Antibiotika** entstehen durch industrielle chemische Verfahren. Es handelt sich in der Regel um relativ einfach aufgebaute Moleküle wie beispielsweise Chloramphenicol.
- **Gentechnisch** werden die Gene für die Synthese eines Antibiotikums in einen anderen Organismus eingebracht, der beispielsweise einfacher zu kultivieren ist als der Originalorganismus.

## Klassifizierung von Antibiotika

Die **Klassifizierung der Antibiotika** kann nach verschiedenen Kriterien erfolgen:
- Nach der **Wirkung auf die Erreger**:
  - **Bakteriostatische Antibiotika** hemmen das Wachstum und die Vermehrung von Bakterien, ohne diese abzutöten.
  - **Bakterizide Antibiotika** töten die Bakterien ab. Eine Untergruppe sind die bakteriolytischen Antibiotika, die Bakterienzellen zum Platzen bringen, indem sie beispielsweise die Ausbildung einer stabilen Zellwand verhindern.
- Nach dem **Wirkungsspektrum**:
  - **Schmalspektrumantibiotika** wirken nur gegen wenige Arten von Bakterien.
  - **Breitspektrumantibiotika oder Breitbandantibiotika** wirken gegen eine Vielzahl von Erregern.
- Nach der **chemischen Grundstruktur**:
  - **β-Lactam-Antibiotika.** Das gemeinsame Merkmal ist der Lactamring von drei Kohlenstoff- und einem Stickstoffatom (◨ Abb. 9.1). β-Lactam-Antibiotika greifen Penicillin-Bindeproteine (PBP) an, die während der Synthese des Peptidoglykans der Zellwand die Ausbildung quervernetzender Peptidbindungen katalysieren (▶ Abschn. 2.2.5). Auf wachsende oder sich teilende Bakterien wirken β-Lactam-Antibiotika daher bakterizid und bakteriolytisch, auf ruhende Bakterien haben sie keinen Einfluss.
    Beispiele: Penicilline, Cephalosporine, Monobactame, Carbapeneme.

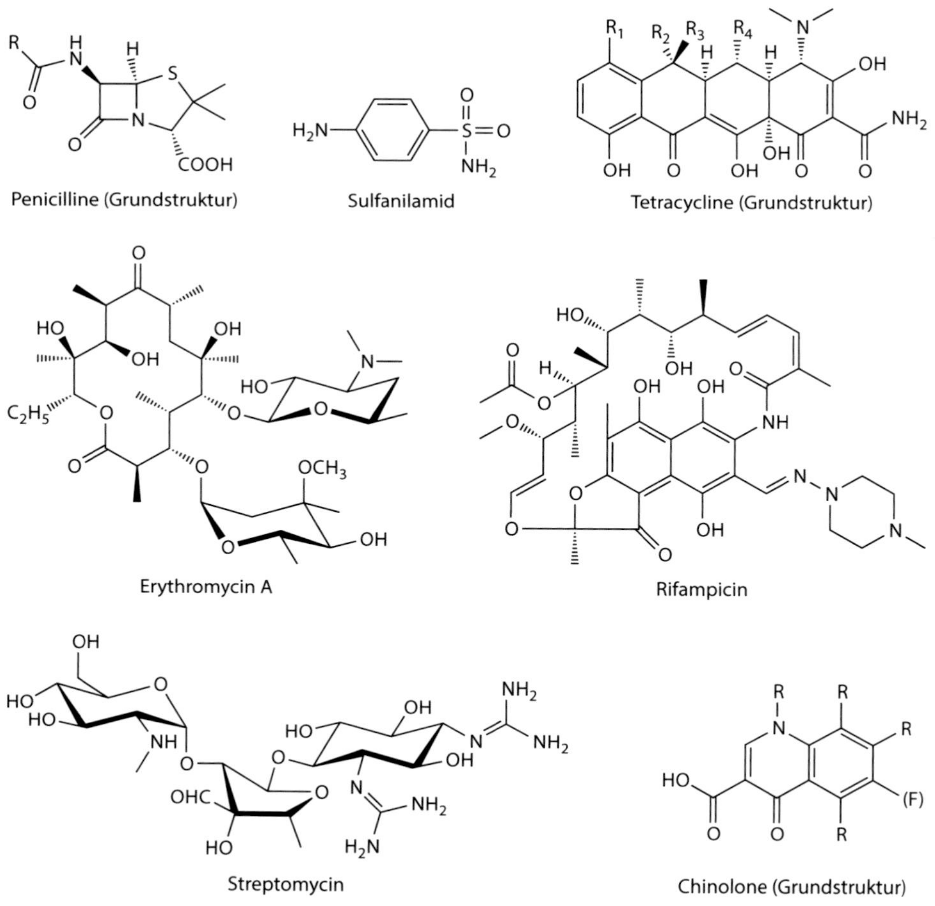

**9**

**Abb. 9.1**    Strukturen verschiedener Antibiotika

- **Glykopeptid-Antibiotika.** Glykopeptide sind mit Zuckern versehene Aminosäureketten. Sie hemmen das bakterielle Enzym Transglykosylase, das bei der Zellwandsynthese stabilisierende Quervernetzungen einfügt. Es entstehen Löcher in der Zellwand, die zum Platzen der Zelle führen. Glykolipid-Antibiotika wirken auf Gram-positive Bakterien bakterizid und bakteriolytisch, gegen Gram-negative Bakterien sind sie wirkungslos, da die großen Moleküle nicht durch die äußere Membran und an die darunterliegende Zellwand gelangen.
  Beispiele: Vancomycin und Teicoplanin.
- **Polyketid-Antibiotika.** Polyketide sind eine sehr heterogene Substanzgruppe, die über den Polyketidweg ausgehend von Acetyl-CoA und Malonyl-CoA synthetisiert werden. Zu den Polyketiden gehören auch Gruppen mit wichtigen Antibiotika:

–   **Tetracycline**. Das Grundgerüst der Tetracycline zeichnet sich durch vier verbundene Kohlenstoff-Sechsringe aus (◘ Abb. 9.1). Tetracycline lagern sich an die 30S-Untereinheit des bakteriellen Ribosoms und verhindern die Bindung der beladenen tRNA, sodass die Proteinsynthese gestoppt wird. Sie wirken damit bakteriostatisch.

    Beispiel: Oxytetracyclin.

–   **Makrolide**. Makrolide zeichnen sich durch einen großen Lactonring (ein Ring mit intramolekularer Estergruppe: -CO-O-) aus. Sie blockieren an der 50S-Untereinheit des bakteriellen Ribosoms die Translokation der Peptidyl-tRNA von der Akzeptorstelle zur Donorstelle. Die Proteinsynthese wird dadurch abgebrochen. Makrolide wirken bakteriostatisch, einige Varianten bakterizid.

    Beispiel: Erythromycin (◘ Abb. 9.1).

–   **Rifamycine**. Rifamycine basieren auf einem großen Lactamring (ein Ring mit einer Amidbindung zwischen einer Aminogruppe und einer Carbonylgruppe: -NH-CO-). Sie binden irreversibel an die DNA-abhängige RNA-Polymerase der Bakterien und hemmen dadurch die Transkription. Rifamycine wirken bakterizid gegen Gram-positive Bakterien, vor allem gegen Mykobakterien.

    Beispiel: Rifampicin (◘ Abb. 9.1).

–   **Aminoglykosid-Antibiotika**. Die Moleküle sind Kombinationen von Aminozuckern und Cyclohexanen. Aminoglykoside binden an die 30S-Untereinheit der bakteriellen Ribosomen und provozieren Ablesefehler der mRNA, wodurch es zur Synthese fehlerhafter Proteine kommt. Sie wirken bakterizid, bei fehlerhaft gebauten Zellwänden auch bakteriolytisch.

    Beispiele: Streptomycin (◘ Abb. 9.1), Gentamycine, Kanamycin.

–   **Polypeptid-Antibiotika**. Polypeptid-Antibiotika bestehen aus linearen, ringförmig geschlossenen oder verzweigten kurzen Ketten von Aminosäuren. Sie lagern sich in die Plasmamembran und stören deren Permeabilität, indem sie beispielsweise Kationenkanäle bilden (Gramicidin) oder den Transport von Bausteinen der Zellwand stören (Bacitracin). Je nach Aktivität wirken sie bakteriostatisch oder bakterizid.

    Beispiele: Polymyxine, Bacitracin, Tyrothricin.

–   **Chinolone**. Synthetische Antibiotika auf Basis eines stickstoffhaltigen doppelten Sechsrings mit einer Carbonylgruppe (-CO-) und einer Carbonsäuregruppe (-COOH) (◘ Abb. 9.1). Chinolone hemmen das Enzym Gyrase, das für die Entdrillung der DNA zuständig ist (Gyrasehemmer). Sie sind damit bakterizid.

    Beispiele: Oxolinsäure, Ofloxacin, Norfloxacin.

–   **Sulfonamide**. Sulfonamide sind synthetische Antibiotika auf Grundlage eines Benzolrings mit Aminogruppe und Sulfonsäureamidgruppe (-SO$_2$-NH-R). Sie blockieren die Synthese von Folsäure für die Nucleotidproduktion und verhindern so die Replikation der DNA und die Zellteilung. Sulfonamide wirken bakteriostatisch.

    Beispiele: Sulfamethoxazol, Sulfadoxin, Sulfasalazin, Sulfanilamid (◘ Abb. 9.1).

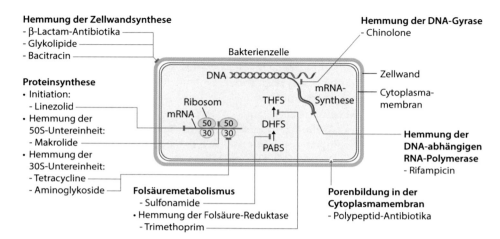

**Hemmung der Zellwandsynthese**
- β-Lactam-Antibiotika
- Glykolipide
- Bacitracin

**Proteinsynthese**
• Initiation:
  - Linezolid
• Hemmung der
  50S-Untereinheit:
  - Makrolide
• Hemmung der
  30S-Untereinheit:
  - Tetracycline
  - Aminoglykoside

Bakterienzelle

DNA

Ribosom

mRNA

50  50
30  30

THFS

DHFS

PABS

mRNA-Synthese

**Folsäuremetabolismus**
- Sulfonamide
• Hemmung der Folsäure-Reduktase
  - Trimethoprim

**Hemmung der DNA-Gyrase**
- Chinolone

Zellwand

Cytoplasma-membran

**Hemmung der
DNA-abhängigen
RNA-Polymerase**
- Rifampicin

**Porenbildung in der
Cytoplasmamembran**
- Polypeptid-Antibiotika

◻ **Abb. 9.2**   Angriffsziele von Antibiotika

— Nach dem **Angriffsziel** (◻ Abb. 9.2):
  – **Zellmembran**. Die Durchlässigkeit der Plasmamembran wird verändert. Beispielsweise wird sie durch Poren und Kanäle durchlässiger für Ionen, oder der Export von Zellwandbausteinen wird blockiert.
    Angreifende Antibiotika: Polypeptid-Antibiotika.
  – **Zellwandsynthese**. Der Aufbau einer Peptidoglykanschicht, die dem Zellinnendruck entgegenwirkt, wird gestört. Beispielsweise werden quervernetzende Enzyme gehemmt.
    Angreifende Antibiotika: β-Lactam-Antibiotika, Glykolipid-Antibiotika, Bacitracin.
  – **Proteinsynthese**. Die Kette vom Gen über Transkription zur mRNA und über Translation zum Protein wird unterbrochen oder gestört. Es entstehen keine oder fehlerhafte Proteine.
    Angreifende Antibiotika: Polyketid-Antibiotika, Aminoglykosid-Antibiotika.
  – **Replikation des Erbguts**. Die Verdopplung der bakteriellen DNA wird gestört, was die Zellteilung verhindert.
    Angreifende Antibiotika: Chinolone.
  – **Stoffwechselwege**. Die Synthese wichtiger Substanzen wie Folsäure, die Bakterien selbst herstellen, wird unterbunden.
    Angreifende Antibiotika: Sulfonamide.

## Die Therapie mit Antibiotika

Die Therapie mit Antibiotika kann verschiedene **Probleme** aufwerfen:
— **Organtoxische Nebenwirkungen** treten auf, wenn der Wirkstoff auch den menschlichen Organismus attackiert.
— **Allergische Reaktionen** reichen von lokalen Rötungen bis zum allergischen Schock.

- Die **Normalflora** des Darms wird beeinflusst.
- **Pilzinfektionen** können leichter auftreten.
- **Toxine aus lysierten Bakterien** können in großen Mengen in den Körper geraten und eine Jarisch-Herxheimer-Reaktion auslösen.

Die **grundsätzliche Vorgehensweise bei der Antibiotikatherapie** verläuft nach den Prinzipien der initialen kalkulierten und der spezifischen Antibiotikatherapie nach der Resistenzdiagnostik:
1. **Probenentnahme und Anlegen von Kulturen.** Neben der Bestimmung des genauen Erregerstamms muss dieser auch auf eventuelle Resistenzen überprüft werden.
2. **Empirische oder kalkulierte Initialtherapie.** Bei schweren Infektionen beginnt die Therapie vor dem Vorliegen der Laborergebnisse mit einem Breitbandantibiotikum. Dabei muss das sogenannte Initialregime berücksichtigt werden, zu dem die typische Konstellation von Erregern und Resistenzen in der jeweiligen Region und der Klinik gehören.
3. **Gezielte spezifische antibakterielle Therapie.** Sobald der Erreger und seine eventuellen Resistenzen bekannt sind, wird auf ein passendes Schmalspektrumantibiotikum gewechselt.

Die **Auswahl der Antibiotika** sollte nach den Zielen der Antibiotic Stewardship erfolgen:
- Das Antibiotikum sollte geeignet sein, um den Erreger zu eliminieren und die Infektion zu beenden.
- Die Nebenwirkungen sollten auf ein Minimum reduziert werden.
- Die Wahrscheinlichkeit für die Bildung von Resistenzen sollte möglichst niedrig gehalten werden.

## Resistenzen gegen Antibiotika

Bakterien können auf mehreren Wegen eine **Antibiotikaresistenz erwerben**:
- **Mutation.** Durch die Mutation eines Gens verliert dessen Proteinprodukt die Angriffspunkte für ein Antibiotikum oder es gewinnt eine neue Eigenschaft wie beispielsweise die Fähigkeit, ein Antibiotikum zu zerschneiden oder aus der Zelle zu pumpen.
- **Genaustausch.** Bakterienzellen können Resistenzgene auch über Artgrenzen hinweg durch horizontalen Gentransfer untereinander austauschen (▶ Abschn. 5.9.2).

Die **Entwicklung antibiotikaresistenter Bakterienstämme** wird durch den Einsatz von Antibiotika begünstigt, indem sie einen Selektionsdruck in Richtung resistenter Zellen bewirkt:
1. In der ursprünglichen Population verfügen nur wenige Bakterienzellen über eine Resistenz.
2. Durch den Einsatz eines Antibiotikums werden die nichtresistenten Zellen abgetötet.
3. Da die Konkurrenten ausgeschaltet sind, können die resistenten Zellen alle Ressourcen für sich nutzen und sich stark vermehren.

Der **falsche Einsatz von Antibiotika** kommt in mehreren Feldern vor:
- **Mangelnde Compliance der Patienten.** Nimmt der Patient eine zu geringe Dosis oder setzt er das Antibiotikum zu früh ab, überleben und vermehren sich widerstandsfähige Erreger, die bei einer vorschriftsmäßigen Therapie abgetötet worden wären.
- **Fehlende Indikation.** Antibiotika sind nicht wirksam gegen Viren, werden aber oft bei viralen Erkrankungen verschrieben. Dadurch werden zufällig resistente Zellen bevorzugt.
- **Falsche Antibiotika.** Der Einsatz von Breitbandantibiotika bei Erkrankungen, die mit einfachen Antibiotika therapierbar wären, erhöht die Wahrscheinlichkeit von Multiresistenzen.
- **Einsatz in der Massentierhaltung.** Antibiotika aus der Tierzucht ähneln den Antibiotika aus der Humanmedizin. Kleine Mengen im Fleisch bewirken einen Selektionsdruck zu resistenten Stämmen im Menschen.

Auch **Reinigungsmittel mit desinfizierenden Eigenschaften** wie Triclosan und quartäre Ammoniumverbindungen sowie kationische Tenside selektieren resistente Bakterienstämme.

Die Widerstandsfähigkeit wird durch verschiedene **Resistenzmechanismen** erreicht:
- **Modifikation des Zielproteins.** Durch eine Mutation im Gen des Proteins, das von dem Antibiotikum angegriffen wird, kann das Antibiotikum nicht mehr an das veränderte Protein binden.

   Beispiel: MRSA-Stämme von *Staphylococcus aureus* besitzen eine modifizierte Version des Enzyms Transpeptidase, das die Bausteine der bakteriellen Zellwand verbindet und nicht mehr von β-Lactam-Antibiotika gebunden und inaktiviert werden kann.
- **Abbau des Antibiotikums.** Die Bakterienzelle besitzt ein Enzym, mit dem sie das Antibiotikum spalten oder chemisch verändern kann. Das codierende Gen für das Enzym kann auf dem bakteriellen Chromosom oder auf einem Plasmid liegen.

   Beispiel: β-Lactamasen spalten durch Hydrolyse den β-Lactam-Ring von β-Lactam-Antibiotika. Sie kommen unter anderem in Staphylokokken, Klebsiellen und *Escherichia coli* vor.
- **Permeabilitätsbarriere.** Änderungen in der Zellwand oder der Plasmamembran verhindern die Aufnahme eines Antibiotikums.

   Beispiel: Benzylpenicillin kann nicht die äußere Membran von Gram-negativen Bakterien durchdringen.
- **Ausschleusen des Antibiotikums.** Spezielle Transportsysteme in der Plasmamembran der Bakterien pumpen unter Einsatz von Energie aus der Spaltung von ATP die Antibiotikamoleküle wieder aus der Zelle hinaus. Die Systeme werden auch als Effluxpumpen bezeichnet. Besonders effizient sind Multidrug-Effluxpumpen, die viele verschiedene Antibiotika aus unterschiedlichen Klassen aus der Zelle befördern.

   Beispiel: Tetracycline und Makrolide werden häufig von resistenten Stämmen aus den Zellen gepumpt.

## Multiresistenzen

**Multiresistente Erreger** (MRE-Keime) sind gegenüber mehreren, oft ganzen Klassen von Antibiotika oder Virostatika unempfindlich.

Beispiele für besonders **problematische multiresistente Stämme sind**:
- **Multiresistente Stämme von *Staphylococcus aureus*.** Diese Gruppe wird weiter unten genauer besprochen.
- **NDM-1-Stämme.** Bakterienstämme, die das Gen NDM-1 (New Delhi Metallo-β-Lactamase 1) besitzen, sollen gegen alle Antibiotika außer Colistin und Tigecyclin resistent sein. Das Gen wurde in den Gram-negativen Enterobakterien *Klebsiella pneumoniae* und *Escherichia coli* gefunden.
- **MRGN-Stämme.** Multiresistente Gram-negative Bakterien sind gegen ein bis vier Antibiotikaklassen resistent. Die Zahl wird häufig der Abkürzung vorangestellt. Beispielsweise bereiten 3-MRGN- und 4-MRGN-Stämme Probleme bei Lungenentzündungen und Harnwegsinfektionen. Zu den Arten mit resistenten Vertretern zählen unter anderem:
  - *Pseudomonas aeruginosa* als Erreger von Lungenentzündung, Harnwegserkrankungen, Meningitis und Enterokolitis.
  - Serotypen des enterohämorrhagischen *Escherichia coli* (EHEC) als Verursacher blutiger Durchfälle.
  - *Acinetobacter baumannii* als Erreger von Lungenentzündung und Sepsis.
  - Salmonellen als Verursacher von Durchfallerkrankungen.
- **MRGP-Stämme.** Zu den multiresistenten Gram-positiven Stämmen gehören beispielsweise:
  - *Clostridum difficile* als häufiger nosokomialer Erreger lebt normalerweise asymptomatisch im Darm und vermehrt sich, wenn die normale Darmflora durch Antibiotika dezimiert wird. Der Erreger löst dann die lebensbedrohliche Durchfallerkrankung antibiotikaassoziierte Kolitis oder Diarrhoe aus.
  - *Mycobacterium tuberculosis* verursacht multiresistente Tuberkulose. Die Behandlung erfolgt mit Kombinationspräparaten.
  - Vancomycinresistente Enterokokken sind die Quelle des Resistenzgens gegen Glykopeptid-Antibiotika in multiresistenten Stämmen von *Staphylococcus aureus*.

Stämme von *Staphylococcus aureus* können eine Resistenz gegen mehrere Antibiotikaklassen entwickeln:
- **MRSA.** Methicillinresistenter *Staphylococcus aureus* ist nicht nur gegen Methicillin resistent, sondern gegen alle β-Lactam-Antibiotika und in der Regel gegen weitere Klassen wie Chinolone, Tetracycline, Aminoglykoside, Sulfonamide, Makrolide und Erythromycin.
- **VISA.** Vancomycin-intermediär-sensible *Staphylococcus-aureus*-Stämme sind zusätzlich weniger empfindlich gegen Glykopeptid-Antibiotika wie Vancomycin.
- **VRSA.** Vancomycinresistente *Staphylococcus-aureus*-Stämme sind resistent gegen Glykopeptid-Antibiotika wie Vancomycin. Das resistenzvermittelnde *vanA*-Gen haben sie über horizontalen Gentransfer von resistenten Enterokokken erhalten.

Es lassen sich drei **Quellen für multiresistente Staphylokokken** ausmachen:
- **Krankenhäuser.** Wegen mangelnder Hygiene werden resistente Stämme in Kliniken weit verbreitet. In deutschen Krankenhäusern wurden 2012 bei einem Viertel aller Proben von Blut und Cerebrospinalflüssigkeit MRSA-Stämme entdeckt. Die Ansteckungsrate wird auf 50.000 Patienten pro Jahr geschätzt, die Zahl der Todesfälle auf einige Zehntausend. Schon einfache Maßnahmen wie Händewaschen (▶ Abschn. 9.2.3) könnten die Ausbreitung wirksam eindämmen.
- *Community acquired* **MRSA oder ambulant erworbener MRSA (CA-MRSA).** Außerhalb von Krankenhäusern sind Stämme verbreitet, die zwar gegen β-Lactam-Antibiotika resistent sind, nicht aber gegen weitere Klassen von Antibiotika.
- **MRSA aus Nutztierhaltung** (*livestock associated* MRSA, LA-MRSA). Bei Betrieben zur Masthaltung von Schlachttieren wie Schweinen, Kälbern und Geflügel sind multiresistente Stämme verbreitet, die zwischen Tier und Mensch übergehen können. Vor allem Betriebe, die routinemäßig Antibiotika einsetzen, sind mit MRSA kolonisiert. Während der Schlachtung können die Bakterien in das Fleisch gelangen. Auch in Rohmilch sind sie nachzuweisen.

Für die **Behandlung multiresistenter Stämme** gibt es mehrere Strategien:
- **Kombinationstherapie.** Der Patient erhält mehrere Antibiotika mit verschiedenen Angriffspunkten oder Wirkmechanismen gleichzeitig. Oder es wird zusätzlich zum Antibiotikum ein Wirkstoff verabreicht, der den Resistenzmechanismus ausschaltet. Beispielsweise inaktivieren β-Lactamase-Hemmstoffe das Enzym, das β-Lactam-Antibiotika wie Penicilline und Cephalosporine unwirksam macht.
- **Reserveantibiotika.** MRSA-Stämme werden mit Reserveantibiotika behandelt wie Vancomycin, Linezolid (hemmt die 50S-Untereinheit des bakteriellen Ribosoms), Daptomycin (bildet in der Plasmamembran Gram-positiver Bakterien Poren) oder Tigecyclin (hemmt die Proteinsynthese und lässt sich nicht aus der Zielzelle heraustransportieren).
- **Isolation.** In Krankenhäusern sollten Patienten mit MRSA isoliert untergebracht und Hygienemaßnahmen strikt eingehalten werden.

### 9.6.3 Antimykotika

Man unterscheidet zwei Substanzgruppen, die gegen Pilze wirksam sind:
- **Antimykotika** werden als Therapeutika gegen Pilzerkrankungen eingesetzt.
- **Fungizide** werden außerhalb des Körpers gegen Pilze benutzt, beispielsweise als Desinfektionsmittel.

Da Pilze zu den Eukaryoten zählen, ist die **selektive Wirkung** schwer zu erreichen. Die Antimykotika zielen auf weitgehend pilzspezifische Strukturen und Prozesse.

Die **Klassifizierung der Antimykotika** erfolgt nach verschiedenen Kriterien:
- Nach der **Wirkung auf den Pilz**:
  - **Fungistatische** Substanzen hemmen die Vermehrung des Pilzes.
  - **Fungizide** Substanzen töten den Pilz ab.
- Nach dem **Wirkungsspektrum**:
  - **Schmalspurantimykotika** wirken gegen wenige Pilzarten.
  - **Breitbandantimykotika** wirken gegen viele unterschiedliche Pilzarten.
- Nach dem **Wirkungsort** im menschlichen Körper:
  - **Lokale oder topische Medikamente** wirken räumlich begrenzt.
  - **Systemische Antimykotika** werden durch den Blutkreislauf im ganzen Körper verteilt.
- Nach dem **Angriffsziel und dem Wirkmechanismus**:
  - **Hemmstoffe der Ergosterinsynthese.** Ergosterin oder Ergosterol ist ein Bestandteil der Plasmamembran von Pilzen, der in Säugetieren nicht vorkommt. Er übernimmt dort die gleiche Funktion wie Cholesterin in tierischen Zellmembranen. Die Synthese wird von verschiedenen Antimykotika blockiert oder gehemmt. Die Anwendung kann lokal oder systemisch erfolgen. Es gibt fungistatische wie fungizide Hemmstoffe.
    Beispiele: Imidazol, Triazol, Posaconazol.
  - **Porenbildner in der Zellmembran.** Polyen-Antimykotika bilden Löcher in der Plasmamembran der Pilze. Sie können auch für Menschen toxisch wirken. Die Porenbildner lassen sich lokal oder systemisch einsetzen.
    Beispiele: Amphotericin, Nyastatin, Natamycin.
  - **Hemmstoffe der Zellwandsynthese.** Die Zellwand von Pilzen besteht aus Chitin, das in Menschen nicht vorkommt. Die Synthese des Chitins und seiner Bausteine ist daher als Angriffsziel geeignet. Die Substanzen können systemisch eingesetzt werden.
    Beispiele: Griseofulvin, Caspofungin.
  - **Hemmstoffe der DNA-Synthese.** Das Antimykotikum 5-Fluorcytosin ähnelt dem DNA-Baustein Cytosin. In Pilzzellen, nicht aber in Humanzellen wird es zu 5-Fluoruracil umgewandelt, das die Synthese von DNA hemmt und bei der Transkription zu Fehlern in der mRNA führt. 5-Fluorcystein wirkt fungistatisch und wird systemisch eingesetzt. Wegen der Gefahr von Resistenzen wird es oft in Kombination mit Amphotericin verabreicht.
  - **Enzymhemmung.** Die genauen Wirkmechanismen von Ciclopirox und Ciclopiroxolamin sind nicht bekannt. Die Substanzen hemmen anscheinend Enzyme wie die Katalase und Peroxidasen, die reaktive Sauerstoffverbindungen entgiften. Die Breitbandantimykotika werden lokal angewendet.

## 9.6.4 Antiprotozoika

Die **chemische Bekämpfung von Protozoen** ist schwierig, da sie als Eukaryoten die gleiche Physiologie wie die Wirtszellen haben. In manchen Fällen beschränkt sich die Behandlung darum auf eine Stärkung des Immunsystems.

Antiprotozoika gehören zu den unterschiedlichsten chemischen Substanzgruppen. Auch die Wirkmechanismen sind sehr verschieden.

Einige **Beispiele** für Antiprotozoika:

— **Artemisin** ist ein Sesquiterpen aus dem Einjährigen Beifuß, *Artemisia annua.* Es wird gegen den Erreger der Malaria tropica, *Plasmodium falciparum,* eingesetzt. Bei hohen Konzentrationen an Eisenionen, wie sie in den Plasmodien vorkommen, zerfällt eine Peroxidgruppe im Molekül, wobei freie Radikale entstehen. Wie genau diese Radikale wirken, ist nicht bekannt.

— **Chloroquin** ist mit dem Chinin verwandt und wird zur Therapie von Malaria tertiana und Malaria quartana eingesetzt. Es verhindert die Kristallisation des Hämabbauprodukts Hämozoin.

— **Metronidazol** gehört zu der Antibiotikagruppe der Nitroimidazole, ist aber auch gegen Protozoen wirksam. Der Sauerstoff in der Nitrogruppe ($-NO_2$) ist oxidierend. Hat er ein Elektron aufgenommen, bilden sich reaktive Verbindungen, die Strangbrüche in DNA-Fäden herbeiführen. Mit Metronidazol wird beispielsweise Trichomoniasis behandelt.

— **N-Methylglucamin-Antimonat** enthält das Element Antimon. Es wirkt gegen den Erreger der Leishmaniose, indem er vermutlich die Glykolyse und den Fettsäureabbau stört.

## 9.6.5  Virostatika

Virostatika **hemmen die Vermehrung von Viren**. Da Viren keine Lebewesen sind, gibt es keine Viruzide genannten virentötenden Substanzen.

Da Viren einen Großteil ihres Vermehrungszyklus in der Wirtszelle verbringen und deren Molekülapparate zur Replikation nutzen, sind **Angriffsziele für Virostatika** schwer zu finden:

— **Adhäsion und Penetration.**

**Entry-Inhibitoren** blockieren die Infektion der Zelle:

– **Attachment-Inhibitoren** unterbinden den Kontakt zu den Rezeptoren der Wirtszelle. Bei HIV sind dies beispielsweise monoklonale Antikörper gegen den CD4-Rezeptor auf der Wirtszelle (TNX-355) oder Substanzen, die spezifisch an das Oberflächenprotein gp120 des Virus binden (BMS-488043).

– **Corezeptorantagonisten** ermöglichen zwar die Bindung an die Wirtszelle, aber nicht an weitere Moleküle, die als Corezeptoren notwendig sind, um die weiteren Infektionsschritte einzuleiten. Beispielsweise blockiert Maraviroc den Rezeptor CCR5 auf Makrophagen, den eine Untergruppe von HI-Viren benötigt.

– **Fusionsinhibitoren** verhindern das Verschmelzen der Virushülle mit der Plasmamembran der Wirtszelle. Beispielsweise verhindert Enfuvirtid die Konformationsänderung des HIV-1-eigenen Proteins gp41, die beide Membranen normalerweise in Kontakt zueinander bringt.

■ **Replikation der viralen Proteine und des Genoms**. Virostatika dieser Gruppe hemmen verschiedene Enzyme:

– **DNA-Polymerase-Inhibitoren** verhindern die Vervielfältigung der viralen DNA, indem sie beispielsweise wie Idoxuridin gegen Herpesviren als Nucleosidanaloga in Konkurrenz zu den Bausteinen der DNA treten oder wie Foscarnet gegen Cytomegalieviren als Analogon zu Pyrophosphat eine Bindestelle der DNA-Polymerase blockieren.

– **DNA/RNA-Polymerase-Inhibitoren** hemmen mit Nucleosidanaloga wie Ribavirin gegen Hepatitis-C-Viren und andere Viren die Replikation von DNA- und RNA-Genomen der Viren.

– **RNA-Polymerase-Inhibitoren** stören die Vermehrung des Genoms von RNA-Viren mit Adenosinanaloga wie BCX4430 gegen das Hepatitis-C-Virus und das Ebolavirus oder durch spezifische Hemmstoffe der RNA-Polymerase wie JK-05 und Favipiravir, die beide gegen das Ebolavirus wirksam sind.

– **Inhibitoren der reversen Transkriptase** greifen das Enzym an, mit dem Retroviren ihre RNA in DNA umschreiben. Zu ihnen gehören Nucleosidanaloga (nucleosidische Reverse-Transkiptase-Inhibitoren, NRTI) wie Zidovudin oder Azidothymidin (AZT), das dem Thymidin ähnelt, aber auch nichtnucleosidische Reverse-Transkriptase-Inhibitoren (NNRTI) wie Nevirapin, die nahe an der Nucleosidbindestelle nichtkompetitiv an das Enzym binden.

– **Inosimonophosphat-Dehydrogenase-Hemmer** greifen in die Synthese der Guanosinnucleotide ein, die Bestandteil von RNA und DNA sind. Merimepodib hemmt das Enzym bei Infektionen mit Hepatitis-C-Viren.

– **Proteaseinhibitoren** werden vor allem gegen HIV-Infektionen eingesetzt. Die meisten sind peptidähnliche Substanzen (Peptidomimetika) wie Amprenavir, die sich in die Bindestelle für das Proteinsubstrat legen und so die Spaltung der viralen Vorläuferproteine in funktionsfähige Proteine stören. Zusätzlich gibt es nichtpeptidische Proteaseinhibitoren wie Tipranavir.

– **Integraseinhibitoren** greifen das Enzym Integrase von Retroviren an, mit dem die Viren ihr in DNA umgeschriebenes Genom in das Wirtsgenom einbauen. Der Prozess besteht aus vier Schritten, die jeweils Angriffspunkte für Hemmstoffe bieten:
  1. Die Bildung des Komplexes aus viraler DNA und Integrase könnte mit Pyranodipyrimidinen unterbunden werden.
  2. Die Vorbereitung der Enden der viralen DNA ließe sich mit Chinolonen oder Diketosäuren sabotieren.
  3. Die Anlagerung der viralen DNA an die Wirts-DNA und der Einbau der viralen DNA wird bereits durch Wirkstoffe wie Raltegravir gehemmt.
  4. Das Schließen der Lücken nach dem Einbau wäre mit Methylxanthinen zu unterbinden.

– **Antisense-Oligonucleotide** sind kurze Einzelstränge von RNA oder DNA, deren Sequenz komplementär zu viraler mRNA ist und deshalb an diese binden kann. Der doppelsträngige Abschnitt verhindert die Translation an den Ribosomen und damit die Produktion neuer viraler Proteine. Beispielsweise unterbindet Fomivirsen die Translation der Proteine IE2, IE86 und IE55 des Cytomegalievirus.

- **Assemblierung.** Der Zusammenbau neuer Virenpartikel wird beispielsweise durch Maturationsinhibitoren wie Bevirimat gehemmt, die an Vorläuferproteine binden und den Zugang der Protease blockieren, mit welcher die Präproteine gespalten werden müssten.
- **Freisetzung.** Neuraminidaseinhibitoren verhindern, dass sich Viren wie das Influenzavirus, die an der Plasmamembran der Wirtszelle assemblieren, von den spezifischen Rezeptoren lösen können. Dazu hemmen sie das virale Enzym Neuraminidase, das die Bindung normalerweise spaltet. Oseltamivir wirkt auf diese Weise gegen Virusgrippe.

Virostatika heben häufig erhebliche **Nebenwirkungen**.

9

# Mikrobielle Biotechnologie

## Inhaltsverzeichnis

© Der/die Herausgeber bzw. der/die Autor(en), exklusiv lizenziert an Springer-Verlag GmbH, DE, ein Teil von Springer Nature 2024
O. Fritsche, *Mikrobiologie*, Kompaktwissen Biologie, https://doi.org/10.1007/978-3-662-70471-4_10

**Worum geht es?**

Dank ihrer Stoffwechselvielfalt produzieren Mikroorganismen zahlreiche Substanzen, die für den Menschen nützlich sind, oder sie bauen Schadstoffe ab, die auf abiotische Weise nur schwer zu beseitigen wären. Neben ganzen Zellen werden auch einzelne Stoffwechselprodukte und Enzyme eingesetzt. Teilweise werden die Gene für die entsprechenden Synthesen zuvor künstlich in Zellen eingeschleust, die sich leichter kultivieren lassen. Die Biotechnologie ist vor allem im Bereich der Nahrungsmittelproduktion, der Herstellung von Pharmaka sowie der Sanierung von Böden und Gewässern von Bedeutung, aber auch als Lieferant von Vorstufen und Enzymen für die chemische Industrie und sogar in der Metallgewinnung.

## 10.1 Kultivierung technologisch nutzbarer Stämme

Für die industrielle Nutzung von Mikroorganismen ist es sinnvoll, einen Stamm zu finden und zu kultivieren, der mehrere Vorteile in sich vereint:
- Er zeigt die **gewünschte Eigenschaft**, indem er beispielsweise das gesuchte Produkt synthetisiert.
- Eventuell kann die **Ausbeute** optimiert werden.
- Er lässt sich isolieren und kann in **Reinkultur** wachsen.
- Er kann auch **in großen Mengen kultiviert** werden.
- Er ist **weder pathogen**, noch produziert er Toxine.
- Der Umgang mit dem Organismus ist **wirtschaftlich günstig**. Dies trifft beispielsweise zu, wenn er minderwertige Kohlenstoffquellen wie Melasse oder Molke akzeptiert.

Die gewünschte Eigenschaft muss nicht zwangsläufig zu den natürlichen Eigenschaften des Mikroorganismus gehören. Stattdessen kann es eine Eigenschaft sein, die **von einem anderen Organismus auf den Mikrobenstamm übertragen** wird, wodurch ein rekombinanter Stamm entsteht. Beispielsweise produziert das Bakterium *Escherichia coli* das Hormon Insulin nach der Anleitung der Humangene, die künstlich auf einem Plasmid in den Stamm eingeschleust wurden.

## 10.1.1 Die Auswahl der Stämme

Die meisten nutzbaren Mikroorganismen gehören zu den Bakterien oder Pilzen. In ihrer **Wildform** besitzen nur wenige Stämme die gesuchte Eigenschaft und diese produzieren meist nur kleine Mengen des gewünschten Produkts.

Die Suche und Entwicklung eines industriell nutzbaren Mikroorganismus verläuft deshalb in mehreren **Phasen**:

1. **Screening oder Bioprospektion.** In der ersten Phase fahnden Mikrobiologen breit nach Organismen mit interessanten Eigenschaften. Sie gehen dabei meist nach einem einheitlichen Grundschema vor:
   1. **Probenahmen** in Habitaten mit wenig erforschten Mikroorganismen.
   2. **Isolierung** und Herstellung einer Reinkultur.
   3. **Analyse des Genoms** und Identifizierung der Gene für interessante Eigenschaften.
2. **Stammoptimierung.** In der zweiten Phase wird ein geeigneter Stamm für die Gene mit den Eigenschaften ausgewählt. Dabei gibt es zwei unterschiedliche Wege:
   – Der **Originalorganismus** wird optimiert. Ist die natürliche Ausbeute zu gering, wird versucht, sie mit einer erhöhten Mutationsrate durch Induktion mit Strahlung oder Chemikalien und einer gezielten Selektion zu erhöhen. So wurde beispielsweise die Penicillinproduktion des Pilzes *Penicillium chrysogenum* um den Faktor 50.000 gesteigert.
   – Die Gene werden in einen bewährten **Industrie- oder Produktionsstamm** übertragen. Diese erfüllen bestimmte Kriterien:
      – GRAS (*generally recognized as safe*): grundsätzlich als sicher angesehene Stämme.
      – STIFF (*safe tradition in foor fermentation*): aufgrund ihres jahrhundertelangen Einsatzes als sicher eingestufte Stämme.
      Zu den häufig verwandten Produktionsstämmen gehören die Bakterien *Escherichia coli* und *Bacillus subtilis* sowie die Pilze *Candida utilis* und *Aspergillus niger*.
3. **Scale-up.** Die Anzucht des Stammes wird vom Labormaßstab mit Mengen im Bereich von Millilitern auf industrielle Größe von mehreren Tausend Litern pro Anlage gesteigert. Dabei muss die Versorgung mit Nährstoffen und Sauerstoff gewährleistet werden.

## 10.1.2 Anzucht im Fermenter

Die industrielle Kultivierung der Mikroorganismen und die Produktion der gewünschten Substanzen erfolgen in **Bioreaktoren** oder **Fermentern**. Diese Behälter sorgen für

- **konstante physikochemische Bedingungen** (▶ Abschn. 3.1) wie Temperatur, Sauerstoffgehalt und pH-Wert sowie
- eine **optimale Versorgung mit Nährstoffen** (▶ Abschn. 3.3).

Der Bioreaktor ist dafür mit verschiedenen **Systemen** ausgestattet:
- **Sensoren und Sonden** messen kontinuierlich die herrschenden Bedingungen im Fermenter.
- **Kühlwasser** im Mantel des Reaktors führt überschüssige Wärme ab.
- Über **Anschlussrohre** werden Nährstoffe sowie Säuren oder Basen für die pH-Regulation zugeführt.

- Bei aeroben Organismen wird Sauerstoff durch eine **Belüftungsanlage** am Boden des Behälters eingeleitet.
- Entstehende Gase können über ein **Abgasrohr** entweichen.
- Ein **Rührwerk** sorgt für die gleichmäßige Durchmischung und Verteilung.
- Eine **Vorrichtung zur Entnahme von Proben** ermöglicht die Kontrolle weiterer Parameter.

Der Bioreaktor kann in verschiedenen **Betriebsmodi** laufen:
- Im **Batch-Betrieb** wird der Reaktor zu Beginn befüllt und anschließend verschlossen. Es werden keine Stoffe zu- oder abgeführt. Für die Ernte wird das Wachstum abgebrochen.
- Im **kontinuierlichen Betrieb** werden Nährstoffe und andere Substanzen zugegeben und Abfallstoffe abgeführt. Die Ernte erfolgt durch Entnahme eines Teils des Fermenterinhalts, während der Rest weiter wächst.

Der **Produktionsprozess** wird in zwei Phasen unterteilt:
- Das **Upstream Processing** umfasst alle Schritte der Anzucht und Kultivierung der Organismen bis zur Ernte.
- Das **Downstream Processing** beinhaltet die Schritte zur Extraktion des gewünschten Produkts aus der Fermentationsbrühe und dessen Aufreinigung.

Beim Batch-Betrieb finden die Prozesse nacheinander statt, beim kontinuierlichen Betrieb können sie parallel ablaufen.

**10**

## 10.2    Nutzbare Produkte von Mikroorganismen

Mikroorganismen liefern auf verschiedenen Ebenen **nutzbare Produkte**:
- Die **Zellen selbst** können das Produkt sein, beispielsweise als Viehfutter oder Nahrungsergänzungsmittel.
- **Stoffwechselprodukte** der Zellen dienen als Ausgangsstoff für weitere chemische Prozesse oder verändern die Eigenschaften von Lebensmitteln.
- **Enzyme** der Zellen ermöglichen chemische Reaktionen, die auf anderen Wegen nicht oder schlechter realisierbar wären.

### 10.2.1    Zellen und Zellextrakte

Mikroorganismen, die Lebensmittel produzieren oder veredeln, werden häufig **beiläufig verzehrt**. Beispielsweise enthalten Biere Hefen und Joghurts Milchsäurebakterien.

**Bakterien** werden wegen ihres hohen Gehalts an Nucleinsäuren nur selten direkt konsumiert. Der menschliche Körper kann die Purine der Nucleinsäuren nur in geringen Mengen abbauen, da ihm das Enzym Uratoxidase oder Uricase fehlt, das den Abbau von Harnsäure zum wasserlöslichen Allantoin katalysiert. Ein Überschuss an Purinen führt zu Nierensteinen und Gicht.

## Einzellerproteine (*single cell proteins*, SCP)

Mikroorganismen, die in Bioreaktoren auf günstigen Substraten oder autotroph wachsen, werden als Einzellerprotein oder Einzellereiweiß als **Tierfutter oder Zusatzfutter** verwendet.

Zu den kultivierten **Mikroorganismen** zählen:

- **Hefen** wie *Saccharomyces cerevisiae* und *Pichia pastoris*,
- **Pilze** wie *Aspergillus oryzae* und *Fusarium venenatum*,
- **Bakterien** wie *Spirulina* und *Rhodobacter capsulatus*,
- **Algen** der Gattung *Chlorella*.

Präparate von *Spirulina* und *Chlorella* werden auch als **Nahrungsergänzungsmittel und Pharmazeutika für Menschen** vermarktet.

## Spirulina

Das spiralige, mehrzellige **Cyanobakterium** *Spirulina* ist eines der wenigen Bakterien, das als Nahrungsergänzungsmittel vermarktet wird. Die Zellen wachsen in Aquakulturen und werden mit Filtern oder Zentrifugen geerntet, getrocknet und zerrieben und schließlich als Pulver oder gepresste Tabletten verkauft.

*Spirulina* enthält eine Fülle wertvoller **Bestandteile**:

- alle essenziellen **Aminosäuren**,
- **Vitamine** der B-Reihe, Vitamin E und Carotin als Vorstufe von Vitamin A,
- **Vitamin B$_{12}$**, wobei nur ein Fünftel für den Menschen verwertbar ist, der Rest liegt als Pseudovitamin oder Vitamin B$_{12}$-Analoga vor,
- **Mineralien** wie Calcium, Eisen und Magnesium.

Die Mengen sind bei der üblichen Einnahme als Nahrungsergänzung allerdings so gering, dass der Nutzen für den Metabolismus vernachlässigbar ist.

*Spirulina*-Präparate haben möglicherweise **medizinische Wirkung**:

- Sie modulieren die Reaktionen des Immunsystems, indem sie beispielsweise die Freisetzung von Histamin reduzieren und so Allergien mildern.
- Gegen das Epstein-Barr-Virus sollen sie antiviral wirken.
- Weitere therapeutische Effekte wurden noch nicht ausreichend untersucht.

## Chlorella

**Süßwasseralgen** der Gattung *Chlorella* werden als Nahrungsergänzungsmittel und in der Kosmetik sowie in der Alternativmedizin eingesetzt. Die enthaltenen Mengen an Nährstoffen und Vitaminen sind jedoch zu gering, um sich nennenswert auf den Metabolismus auszuwirken. Medizinisch relevante Effekte sind bislang nicht nachgewiesen.

### 10.2.2 Stoffwechselprodukte

Die Prozesse, mit denen Mikroorganismen Stoffwechselprodukte herstellen und mit denen diese gewonnen werden, bezeichnet man allgemein als **Fermentation**. Im biotechnologischen Sinne braucht es sich dabei nicht um eine Gärung zu handeln.

Nach der Funktion für die Zelle lassen sich zwei **Klassen von Stoffwechsel-produkten** unterscheiden:

— **Primärmetaboliten** entstehen durch die Reaktionen des Primärstoffwechsels, der alle Reaktionen für den Erhalt und die Vermehrung des Organismus umfasst, also den Großteil des Baustoffwechsels und den Energiestoffwechsel, wie sie in ▶ Kap. 4 behandelt wurden. Er verläuft bei allen Zellen im Wesentlichen gleich und dominiert in der Wachstumsphase einer Kultur. Der Primärstoffwechsel wird auch Grundstoffwechsel oder Hauptstoffwechsel genannt.

Beispiel: Ethanol entsteht im Energiestoffwechsel der Zelle als Produkt der alkoholischen Gärung.

— **Sekundärmetaboliten** sind Produkte des Sekundärstoffwechsels. Zu ihm gehören Reaktionsketten, die für das Überleben nicht unbedingt erforderlich sind, sondern nur unter bestimmten Bedingungen einen Vorteil bieten. Häufig werden diese Stoffwechselprozesse erst am Ende der Wachstumsphase aktiv, wenn sich die Lebensbedingungen verändern.

Beispiel: Antibiotika sind nur bei Konflikten mit anderen Zellen notwendig.

In der Biotechnologie müssen die Bedingungen so gewählt werden, dass die Zelle das gewünschte Produkt in möglichst **großen Mengen** herstellt. Dies kann auf verschiedenen Wegen erfolgen:

— Für **große Mengen von Primärmetaboliten** werden verbrauchende Reaktionen blockiert:
  – durch entsprechende **Wachstumsbedingungen** (z. B. ein anaerobes Medium, um oxygene Reaktionswege zu verhindern),
  – durch **Hemmstoffe** für Enzyme konkurrierender Stoffwechselwege,
  – durch Einsatz von **Mutanten**, in denen der gewünschte Stoffwechselweg bevorzugt wird.

— Für **große Mengen von Sekundärmetaboliten** wird zunächst durch günstige Wachstumsbedingungen die Zellzahl stark erhöht. Anschließend werden die Bedingungen eingestellt, unter denen die Zellen das Zielprodukt synthetisieren.

Als **Überproduzierer** werden Stämme bezeichnet, die eine Substanz in größeren Mengen als unter natürlichen Bedingungen synthetisieren. Häufig ist es sinnvoll, die Gene für den Produktionsweg dafür in einen geeigneten Produktionsstamm zu transferieren.

### 10.2.3 Enzyme

Sogenannte technische Enzyme aus Mikroorganismen müssen einige **Bedingungen** erfüllen, damit sie für die industrielle Produktion interessant sind:

— **Ihr Einsatz muss einen Vorteil gegenüber chemischen Verfahren bieten.** Meistens katalysieren sie eine Reaktion, die mit konventioneller Chemie schlechter oder gar nicht abläuft. Beispielsweise bauen Enzyme in Waschmitteln Fette besser ab als rein chemische Oxidationsmittel.

- **Sie müssen außerhalb der Zelle funktionieren.** Beispielsweise fixiert die Nitrogenase Luftstickstoff unter moderaten Bedingungen (▶ Abschn. 4.8.4), während industrielle Verfahren hohe Temperaturen und hohen Druck erfordern. Weil das Enzym aber auf die besonderen Bedingungen in der Zelle angewiesen ist, kann es nicht für die industrielle Düngerproduktion genutzt werden.
- **Sie müssen in ausreichenden Mengen produziert werden.** Durch genetische Veränderungen in den Regulationssequenzen für das codierende Gen (▶ Abschn. 5.5.4) kann die Produktion oft gesteigert werden.
- **Sie müssen sich aus den Zellen gewinnen und isolieren lassen.** Beispielsweise sind lösliche Enzyme leichter zu extrahieren als membranintegrale Proteine. Am einfachsten sind Exoenzyme zu gewinnen, da sie von den Zellen in das Medium sezerniert werden.
- **Sie müssen ausreichend stabil sein.** Das geerntete Enzym wird in der Regel verarbeitet, sodass es gut gelagert und verabreicht werden kann, beispielsweise in Pulverform.

Bei der Wahl geeigneter Enzyme müssen häufig die **physikochemischen Bedingungen** (▶ Abschn. 3.1) beachtet werden, unter denen das jeweilige Enzym natürlicherweise arbeitet. Beispielsweise der Temperaturbereich:
- **Enzyme aus thermophilen Mikroorganismen** sind sehr hitzestabil und daher für viele industrielle Prozesse bei hohen Temperaturen besser geeignet als mesophile Enzyme.
- **Enzyme aus psychrophilen Mikroorganismen** entfalten ihre Aktivität schon bei niedrigen Temperaturen und eignen sich deshalb beispielsweise als enzymatische Zusätze von Waschmitteln, die auch mit nur leicht warmem Wasser gute Ergebnisse erzielen sollen.

**Enzyme von extremophilen Organismen** werden als **Extremozyme** bezeichnet. Da diese Organismen nur sehr schwer zu kultivieren sind, werden die Gene der Extremozyme meistens in mesophile Produktionsstämme transferiert. Zu den Extremozymen gehören beispielsweise die DNA-Polymerasen aus dem thermophilen Bakterium *Thermus aquaticus* und dem hyperthermophilen Archaeon *Pyrococcus furiosus*, die bei der Polymerasekettenreaktion (PCR) eingesetzt werden. Produziert werden die Polymerasen in rekombinanten Stämmen von *Escherichia coli*.

Die **Einsatzgebiete technischer Enzyme** reichen von der Forschung über die Produktion von Lebensmitteln, Medikamenten und Waschmitteln bis hin zu Prozessen in der Textilindustrie und der Papierherstellung:
- **Amylasen** werden zur Verarbeitung von Stärke eingesetzt.
- **Proteasen** werden bei der Herstellung von Brot und Käse sowie zur Entfernung von Proteinflecken in Waschmitteln verwendet.
- **Lipasen** spalten in Waschmitteln Fette.
- **Pektinasen** klären Fruchtsäfte.
- **Glucose-Oxidase** verhindert die Verfärbung von Lebensmitteln.

## 10.3  Nahrungsmittelproduktion

Der Einsatz von Mikroorganismen in der Lebensmittelproduktion verfolgt unterschiedliche **Ziele**:
- **Konservierung.** Ein kleiner Teil der Nährstoffe (z. B. ein Teil der Kohlenhydrate) wird zu Substanzen wie Milchsäure, Ammoniak oder Ethanol umgesetzt, die das Wachstum anderer Mikroorganismen hemmen. Das Nahrungsmittel ist dadurch vor dem Verderben durch biologische Prozesse geschützt.
  Beispiele: Sauerkraut und Joghurt (Schutz durch einen niedrigen pH-Wert dank Milchsäure), Dawadawa (alkalische Paste aus fermentierten Johannisbrotkernen), Wein und Bier (Schutz durch Ethanol).
- **Verbesserte Verdaulichkeit.** Makromoleküle werden gespalten und sind dadurch für den Menschen und seine Darmflora leichter abzubauen.
  Beispiel: Natto aus Sojabohnen, in denen *Bacillus natto* Lectine zu Peptiden und Aminosäuren abbaut.
- **Veredelung.** Die Mikroorganismen synthetisieren Aromastoffe und Nährstoffe, die zuvor nicht vorhanden waren.
  Beispiele: Mycele bei Schimmelkäsen, Geschmacksstoffe bei Kakao.

Die **Umwandlungen der Grundstoffe** durch Mikroorganismen lassen sich grob in mehrere Kategorien einteilen:
- **Saure Fermentation.** Durch die Stoffwechselprozesse der Mikroorganismen werden organische Säuren produziert, und der pH-Wert sinkt ab. Dies geschieht beispielsweise bei der homofermentativen und heterofermentativen Milchsäuregärung, der Propionsäuregärung und der gemischten Säuregärung (▶ Abschn. 4.5.6 und 4.5.7). Saure Fermentationen werden meistens von Bakterien durchgeführt, in einigen Fällen von Pilzen wie *Aspergillus* bei der Produktion von Miso und Sojasoße.
- **Alkalische Fermentation.** In Asien und Afrika werden die Proteine und Aminosäuren in einigen Lebensmittel wie Pidan („tausendjährige Eier") durch Arten von *Bacillus* unter Ammoniakbildung fermentiert. Der pH-Wert steigt dabei an.
- **Alkoholische Gärung.** Für Umwandlungen, bei denen durch alkoholische Gärung (▶ Abschn. 4.5.6) Ethanol, aber keine Säuren entstehen, werden vorwiegend *Saccharomyces*-Hefen eingesetzt.
- **Kohlendioxidproduzierende Gärung.** Die alkoholische Gärung ist auch die Grundlage für aufgehenden Brotteig. Das dabei entstehende Kohlendioxid bildet in der Masse kleine Blasen, die den Teig locker machen.

Nach ihrer Funktion unterscheidet man verschiedene **Typen von Kulturen**:
- **Starterkulturen** setzen die Umwandlungsprozesse in Gang. Es handelt sich um Reinkulturen eines Stamms oder Mischkulturen mit kontrollierter Zusammensetzung. Im häuslichen Bereich werden häufig Proben aus einer vorhergehenden Fermentation verwendet, etwa beim Sauerteig. Bei manchen Prozessen, wie beispielsweise bei der Herstellung von Sauerkraut, werden Mikroorganismen

verwendet, die natürlicherweise mit dem Ausgangsmaterial assoziiert sind (indigene Mikrobiota).
- **Schutzkulturen** verhindern den Befall des Lebensmittels mit schädlichen Mikroorganismen. Nach der Spezifität lassen sich zwei Subtypen bilden:
  - **Unspezifische Schutzkulturen** hemmen allgemein die Besiedlung mit anderen Mikroorganismen. Hierzu gehören beispielsweise die Schimmelpilze und Rotschmieren auf den Oberflächen einiger Käsesorten.
  - **Spezifische Schutzkulturen** wirken gezielt gegen bestimmte Mikroben oder Mikrobengruppen. So produzieren Milchsäurebakterien das Bakteriozin Nisin, das die Membranen von Listerien sowie Arten von *Bacillus* und *Clostridium* lysiert.
- **Indikatorkulturen** dienen dazu, einen Prozess oder dessen Ergebnis zu überprüfen. Beispielsweise lässt sich mit absichtlich zugeführten Zellen von *Geobacillus stearothermophilus* nachprüfen, ob eine Anlage hinreichend sterilisiert wurde, um auch thermophile Endosporenbildner sicher abzutöten.

## 10.3.1 Gentechnisch veränderte Mikroorganismen

Ein **gentechnisch veränderter Organismus** (GVO) entsteht, wenn künstlich ein oder mehrere artfremde Gene in einen Organismus eingebracht werden. GVO werden in allen Bereichen der Biotechnologie eingesetzt:
- In der **Lebensmittelproduktion** wird zwischen drei Kategorien unterschieden:
  - **Der GVO ist selbst das Lebensmittel.** In diese Klasse fallen makroskopische Organismen wie Tomaten, Sojabohnen und Mais.
  - **Im Lebensmittel sind lebende GVO enthalten.** Dies trifft beispielsweise auf Joghurt mit veränderten Milchsäurebakterien zu.
  - Das Lebensmittel enthält **inaktivierte GVO oder nur deren Produkte.** Meist ist dies bei verarbeiteten Lebensmitteln der Fall wie beispielsweise Ölen, Stärke oder Käse, der mit gentechnisch produziertem Chymosin hergestellt wurde.
- In der **Medizin** produzieren Mikroorganismen mithilfe menschlicher Gene pharmazeutische Wirkstoffe:
  - **Insulin und Blutgerinnungsfaktoren** aus gentechnisch veränderten Bakterien sind besser verträglich als ihre konventionell aus Tieren gewonnenen Pendants.
  - Hefezellen können **Impfstoffe** synthetisieren, beispielsweise gegen Hepatitis B.
- **Enzyme und komplexe Moleküle**, die auf rein chemischem Wege nicht zu synthetisieren wären, lassen sich mit Mikroorganismen leicht herstellen:
  - Bei der Produktion von Käse wird neben dem Lab aus Kälbermägen auch **Chymosin** aus gentechnisch veränderter Hefe oder *Aspergillus* verwendet.
  - Veränderte Zellen von *Escherichia coli* produzieren das Polymer **Polyhydroxybuttersäure**, das ähnliche Eigenschaften wie der Kunststoff Polypropylen aufweist.

Den **Umgang mit rekombinanten Mikroorganismen** regelt das Gentechnikgesetz. Für Lebensmittel gilt zusätzlich die Novel-Food-Verordnung.

## 10.3.2  Beispiele für mikrobiell produzierte Nahrungsmittel

### Bier

Die Ausgangssubstanz beim **Bierbrauen** ist Getreide, meistens Gerste, bei einigen Biersorten Weizen. Da die Zellen der Bierhefen die Stärke in den Körnern nicht vergären können, werden Stärke und Proteine während der vorgeschalteten Prozesse Mälzung und Maischen von den Enzymen der Keimlinge zu Zuckern, Peptiden und Aminosäuren hydrolysiert. Anschließend findet über einen Zeitraum von etwa einer Woche die alkoholische Gärung statt, bei der als Produkte Ethanol und Kohlendioxid entstehen. Es wird zwischen zwei Gärungstypen unterschieden:
- Die Zellen der **obergärigen Hefe** Saccharomyces cerevisiae sammeln sich an der Oberfläche des Suds. Sie brauchen eine Temperatur zwischen 15 °C und 20 °C.
- Die Zellen der **untergärigen Hefe** Saccharomyces uvarum sinken zu Boden. Die Temperatur muss zwischen 4 °C und 9 °C liegen.

### Wein

Die Produktion von **Weinen** geht von Früchten aus, bei Weinen im engeren Sinne von Trauben. Die Früchte enthalten bereits einen hohen Anteil vergärbarer Zucker, der durch Zugabe von Traubendicksaft oder weiterem Zucker noch erhöht werden darf.

Durch **Schwefelung** mit schwefliger Säure, Kaliumdisulfit oder Schwefeldioxid werden empfindliche Inhaltsstoffe vor Oxidation geschützt und unerwünschte Mikroorganismen am Wachstum gehindert. Für Weißwein werden die festen Bestandteile gleich zu Beginn als Trester entfernt, beim Rotwein gehen sie mit in die erste Gärung und werden danach erst entfernt.

Insgesamt finden bei der Weinproduktion **bis zu drei Gärprozesse** statt:
1. Die **primäre Gärung** kann mit den natürlich mit den Trauben assoziierten Hefen wie Kloeckera apiculata spontan einsetzen oder durch Reinzuchthefen wie Saccharomyces ellipsoides eingeleitet werden. Nach einer bis drei Wochen bei 15 °C bis 18 °C für Weißwein und 22 °C bis 25 °C für Rotwein hat der Most durch alkoholische Gärung einen Alkoholgehalt von bis zu 15 % erreicht, wodurch die Gärung zum Erliegen kommt. Zusätzlich sind zahlreiche Aromastoffe entstanden.
2. Als **sekundäre Gärung** kann sich die malolaktische Gärung anschließen. In ihrem Verlauf wird Malat (Äpfelsäure) zu Lactat (Milchsäure) umgesetzt. Bakterien wie Oenococcus oeni beenden den Prozess beim Lactat, Hefen verarbeiten es weiter zu Ethanol:

$$Malat \rightarrow Lactat + CO_2$$

$$Lactat + NAD^+ \rightarrow Ethanal + CO_2 + NADH + H^+$$

$$Ethanol + NADH + H^+ \rightarrow Ethanol + NAD^+$$

Die malolaktische Gärung nimmt dem Wein etwas Säure, was als biologischer Säureabbau bezeichnet wird.

3. Nach dem Abstich, bei dem die abgesunkene Hefe entfernt wird, reift der Jungwein einige Monate, während derer eine **Nachgärung** stattfindet. Die übrig gebliebene Feinhefe vergärt dabei die enthaltenen Proteine.

## Brot

Brotteig kann mit verschiedenen **Starterkulturen** erzeugt werden:
- Bäckerhefe enthält Reinkulturen von *Saccharomyces cerevisiae*. Sie wird zur Verarbeitung von Weizenmehl eingesetzt, bei dem das Gluten oder Klebereiweiß dem Teig ein Gerüst verleiht.
- Sauerteig enthält eine nicht standardisierte Mischung von Milchsäurebakterien wie *Lactobacillus plantarum* und *Lactobacillus brevis* sowie Hefen wie *Saccharomyces cerevisiae*. Roggenteige werden mit Sauerteig angesetzt.

Die Mikroorganismen führen unterschiedliche **Gärungen** durch:
- Hefen vollziehen eine **alkoholische Gärung**, bei der sich Bläschen von Kohlendioxid bilden, die den Teig auflockern. Der entstandene Alkohol verflüchtigt sich beim Backen.
- Milchsäurebakterien vollziehen **homofermentative und heterofermentative Milchsäuregärungen**, die verschiedene Säuren als Produkt haben, welchen das Brot seinen säuerlichen Geschmack und sein Aroma verdankt.

## Milchprodukte

**Joghurt** entsteht bei der Fermentation von Milch mit Milchsäurebakterien wie *Lactobacillus bulgaricus* und *Streptococcus thermophilus*. Die Bakterien vergären Milchzucker (Lactose) zu Milchsäure (Lactat). Die damit einhergehende Versäuerung bewirkt, dass das Milchprotein Casein, das zuvor in Form von Micellen gelöst vorlag, zu einem Netzwerk koaguliert, wodurch die Milch gerinnt und eindickt. Die übrigen Proteine und das Wasser (die Molke) verbleiben in den Zwischenräumen des Caseinnetzes.

**Käse** wird je nach Sorte auf unterschiedliche Weise produziert:
- **Sauermilchkäse** wird wie Joghurt durch Milchsäurebakterien dickgelegt. Anschließend wird die Molke genannte Flüssigkeit entfernt. Unter anderem gehören Hüttenkäse und Ricotta zu den Sauermilchkäsen.
- Beim **Labkäse** wird das Casein enzymatisch durch Pepsin und Chymosin ausgefällt. Das Enzymgemisch wird aus dem Labmagen von Kälbern gewonnen oder von gentechnisch veränderten Bakterien produziert. Die meisten Hartkäse und Schnittkäse zählen zu den Labkäsen, aber auch halbfeste Käse wie Münsterkäse und Roquefort.
- In **Molkeneiweißkäse**
- fallen die Molkenproteine Albumin und Globulin durch Erhitzen aus.

Nach dem Eindicken und Entwässern werden manche Käsesorten noch auf spezielle Weise behandelt:
- Durch **Einlegen oder Bestreichen mit Salzlake** erhalten Käsesorten wie Feta ihren salzigen Geschmack. Bei härterem Käse bildet sich eine Rinde.

- **Schimmelpilzkäse** werden mit Schimmelsporen geimpft. Das Mycel wächst an der Oberfläche wie beim Camembert oder nach der Impfung im Inneren wie bei Gorgonzola.
- Während der **Reifung** fallen beim Stoffwechsel der Bakterien Nebenprodukte an, die dem Käse sein Aroma verleihen. Beispielsweise setzt *Propionibacterium* beim Emmentaler Lactat oder Pyruvat zu Propionat um.

### Fermentation von Gemüse

Die **Verbesserung der Haltbarkeit von Gemüse** wird über zwei Mechanismen erreicht:
- Die **Milchsäuregärung** schützt durch die Ansäuerung und bei einer heterofermentativen Gärung durch Produkte wie Ethanol, die für viele andere Mikroorganismen schädlich sind. Bei Sauerkraut dominiert das Bakterium *Leuconostoc mesenteroides*.
- Die Zugabe von **Salz** oder Salzwasser begrenzt das Wachstum der erwünschten wie der unerwünschten Mikroben.

Neben Kohl werden auch andere Gemüse wie Gurken, Bohnen und kleine Maiskolben milchsauer vergoren.

### Sojaprodukte

Sojabohnen sind sehr proteinreich, enthalten aber auch **unerwünschte Inhaltsstoffe**:
- **Phytat oder Inositolhexaphosphat** bildet einen Komplex mit Eisen und verhindert dadurch dessen Aufnahme im Darm.
- **Lectine** können Verdauungsbeschwerden und Immunreaktionen auslösen.
- **Proteaseinhibitoren** hemmen Chymotrypsin und Trypsin und stören dadurch die Verdauung von Proteinen.

Während der Fermentation wird die Konzentration dieser Stoffe vermindert.

**Tempeh** entsteht aus Sojabohnen, die mit den Schimmelpilzen *Rhizopus oligosporus* und *Rhizopus oryzae* zwei Tage bei 30 °C vergoren werden.

Für die Würzpaste **Miso** werden Sojabohnen mit Reis, Gerste oder einem anderen Getreide mit dem Koji-Schimmelpilz (*Aspergillus oryzae*, einer Variante von *Aspergillus flavus*) vergoren.

Von **Sojasoßen** gibt es verschiedene Arten. Alle werden durch die Fermentation von Sojabohnen und Getreide in Anwesenheit von Salz mit *Aspergillus oryzae* gewonnen. Für industriell produzierte Sojasoßen wird heutzutage das Sojaprotein aus Sojamehl mit Salzsäure hydrolysiert und mit Hefen und Milchsäurebakterien fermentiert. Dieser Prozess dauert nur einige Tage, anstelle mehrerer Monate wie bei der traditionellen Herstellung.

### Kakao

Geerntete Kakaobohnen werden noch vor Ort in einem **dreistufigen Prozess** von indigenen Mikroorganismen fermentiert:

1. **Hefen** wie *Candida*, *Kloeckera* und *Saccharomyces* bauen anaerob das saure Fruchtfleisch ab. Das Pektin setzen sie zu Glucose und Fructose um, die zu Ethanol, Acetat und Kohlendioxid vergoren werden. Weil die Hefen dabei auch die Zitronensäure verbrauchen, die für den niedrigen pH-Wert von 3,6 verantwortlich ist, steigt der pH an. Die Gärungsprodukte unterdrücken die Keimung, zerstören die Zellmembranen und hydrolysieren Proteine, wobei Aromaten und andere typische Inhaltsstoffe von Schokolade entstehen.
2. **Milchsäurebakterien** wie Arten von *Lactobacillus* können ab einem pH-Wert von 4,2 anaerob wachsen. Sie produzieren Acetat, Lactat und Kohlendioxid.
3. Durch Belüftung entsteht ein aerobes Milieu, in dem **Essigsäurebakterien** wie *Acetobacter* das entstandene Ethanol und die organischen Säuren zu Kohlendioxid oxidieren. Der Sauerstoff lässt Phenole entstehen, die für das Aroma und die Farbe verantwortlich sind. Durch den aktiven aeroben Stoffwechsel steigt die Temperatur auf 50 °C an, wodurch die Gärung beendet wird.

## Organische Säuren

**Essig** ist das Produkt des aeroben Umbaus von Ethanol zu Essigsäure durch Essigsäurebakterien der Gattungen *Acetobacter* und *Gluconobacter*.

**Zitronensäure** wird in der Lebensmittelindustrie als Säuerungsmittel eingesetzt, im Haushalt zum Entkalken und in der Medizin als Hemmstoff der Blutgerinnung. Die industrielle Herstellung erfolgt fast ausschließlich durch den Schimmelpilz *Aspergillus niger*. Die Überproduktion wird mit Metallionen induziert, welche die Enzyme der weiterverarbeitenden Schritte des Stoffwechsels hemmen und die Zitronensäure komplexieren.

## Aminosäuren

**Glutamat** wird vielfach als Geschmacksverstärker eingesetzt. Es wird vom Bakterium *Corynebacterium glutamicum* synthetisiert und bei Biotinmangel sekretiert oder zur Ernte mit Detergenzien aus den Zellen extrahiert.

Für **Lysin** gibt es einen mutierten Stamm von *Corynebacterium glutamicum ssp. flavum*, bei dem die Endprodukthemmung des ersten Enzyms der Reaktionskette defekt ist, sodass die Aminosäure überproduziert wird.

Die Aminosäuren **Aspartat** und **Phenylalanin**, die Bestandteile des Süßstoffs Aspartam sind, werden überwiegend von *Escherichia coli* synthetisiert, teilweise von rekombinanten Stämmen.

Auch **Tryptophan** und **Threonin** werden vor allem von rekombinanten *Escherichia coli*-Stämmen produziert.

Essenzielle Aminosäuren werden häufig als Nahrungsergänzungsmittel verkauft.

## Vitamine

Bisher werden hauptsächlich **Vitamine der B-Gruppe** mikrobiologisch hergestellt und als Nahrungsergänzung oder als Medikament verwendet.

**Vitamin B$_{12}$** kann nur von Mikroorganismen synthetisiert werden. Industriell werden Stämme von *Propionibacterium* und *Pseudomonas denitrificans* eingesetzt.

Die Produktion von **Vitamin B$_2$** oder **Riboflavin** erfolgt mit dem Pilz *Ashbya gossypii*, aber auch mit rekombinierten Stämmen von *Bacillus subtilis*.

## 10.4  Pharmazeutische Produktion

Arzneimittel sind häufig Moleküle, die mit rein chemischen Verfahren gar nicht, in schlechter Qualität oder nur zu hohen Preisen synthetisiert werden können. Deshalb werden sie zunehmend biotechnologisch erzeugt.

**Konventionell produzierte Wirkstoffe** sind meistens niedermolekulare Substanzen:

- **Antibiotika** (▶ Abschn. 9.6.2) wirken gegen Bakterien, **Antimykotika** (▶ Abschn. 9.6.3) gegen Pilze. Sie werden von Bakterien und Pilzen gegen Konkurrenten und zum Schutz vor räuberischen Zellen synthetisiert. In der Medizin werden sie bei Infektionen gegen Pathogene eingesetzt.
- **Statine** oder HMG-Co-Reduktase-Inhibitoren dienen als Cholesterinsenker. Sie werden von Pilzen wie *Penicillium citrinum* produziert.
- Manche **Immunsuppressiva** stammen aus Mikroorganismen. Beispielsweise synthetisiert das Actinobakterium *Streptomyces hygroscopicus* das Makrolid Sirolimus (Rapamycin).

**Komplexere Moleküle** werden häufig von rekombinanten Mikroorganismen produziert, denen über Plasmide oder virale Vektoren die entsprechenden menschlichen Gene eingesetzt wurden:

- **Insulin** veranlasst Körperzellen dazu, Glucose aus dem Blut aufzunehmen. Das Protein wird von *Saccharomyces cerevisiae* und *Escherichia coli* synthetisiert. Bei einigen Varianten hat man die Aminosäuresequenz leicht verändert, um dem Insulin bessere Eigenschaften wie eine längere Haltbarkeit oder eine bessere Resorption zu verleihen.
- **Interferone** haben eine immunstimulierende Wirkung. Die Gene für die Glykoproteine wurden für die Produktion im großen Maßstab aus dem Menschen in Bakterien übertragen.
- **Enzyme** aus rekombinanten Mikroorganismen übernehmen die Aufgaben von ausgefallenen Enzymen bei Gendefekten. Beispielsweise katalysiert Uricase aus *Aspergillus flavus* die Umwandlung von Harnsäure zum wasserlöslichen Allantoin.
- **Wachstumshormone** steuern die Entwicklung und das Wachstum von Kindern. Ist das Wachstum verzögert, weil die Hypophyse nicht genug Somatropin (*growth hormone*, GH) ausschüttet, kann der Mangel durch rekombinant hergestelltes Protein kompensiert werden.
- **Blutgerinnungsfaktoren** wie Faktor VIII wurden früher aus Blutplasma gewonnen. In den 1980er-Jahren haben sich Patienten über verunreinigte Präparate mit HIV und Hepatitis infiziert. Das rekombinant produzierte Konzentrat Octocog-alfa unterscheidet sich kaum vom humanen Faktor VIII.
- **Rekombinante Impfstoffe** können über zwei Wege entwickelt werden:
  - Gene für einzelne Oberflächenproteine eines Virus werden in einem Mikroorganismus vervielfältigt und exprimiert. Die entstandenen Proteine werden als Antigene zur Immunisierung injiziert. Nach diesem Prinzip wird das Hepatitis-B-Vakzin hergestellt, das aus dem HBsAG-Protein des Virus besteht (▶ Abschn. 9.5.4).

– Gene eines pathogenen Virus, etwa des Tollwutvirus, werden in ein harmloses Virus wie das Vacciniavirus eingebracht. Die Impfung erfolgt mit dem rekombinanten Virus, das auf seiner Oberfläche auch die Proteine des Pathogens präsentiert.

**Gentechnisch veränderte Organismen** sind häufig Stämme von *Escherichia coli*, *Bacillus subtilis* sowie Milchsäurebakterien und Arten von *Streptomyces*. Außerdem Pilzarten der Gattungen *Aspergillus*, *Penicillium*, *Mucor*, *Rhizopus* und vor allem *Saccharomyces*.
Zur **Ernte** können kleine Moleküle, die der Mikroorganismus auch natürlicherweise sezerniert, aus dem Medium gewonnen werden. Große Moleküle wie Proteine lagern die Zellen häufig als intrazellulare Einschlusskörperchen im Cytoplasma ein, die erst bei der Lyse freigesetzt werden.

## 10.5 Umweltschutzaufgaben

Dank ihrer Stoffwechselvielfalt können Mikroorganismen zahlreiche Schadstoffe abbauen oder aus dem jeweiligen Medium entziehen und in Einschlusskörpern konzentrieren.

### 10.5.1 Abwasserreinigung

Die **Reinigung von Abwasser** in Kläranlagen (▶ Abschn. 8.3.3) verläuft über eine Kombination von aerobem und anaerobem Abbau:
- **Im aeroben Teil** werden die organischen Bestandteile des Abwassers durch die Mikroben oxidiert, und Stickstoff wird von nitrifizierenden Bakterien zu Nitrit und Nitrat umgesetzt.
- **Im anaeroben Teil** werden Nitrit und Nitrat von Denitrifikanten zu $N_2$ reduziert. Hydrolytische Bakterien spalten Polysaccharide, Lipide und Proteine in ihre Monomere, die von fermentierenden Bakterien zu Säuren, Alkoholen, Kohlendioxid und Wasserstoff vergoren werden. Methanogene setzen einen Teil der Produkte zu Methan um.

### 10.5.2 Verwertung von Biomüll

**Bioabfall** kann aerob oder anaerob verwertet werden:
- Das aerobe Kompostierungsverfahren findet durch Bakterien und Pilze statt. Die dabei entstehenden hohen Temperaturen von mehr als 60 °C verhindern das Wachstum von Pathogenen.
- Das anaerobe Gärverfahren verläuft wie die Abwasserreinigung im Faulturm.

### 10.5.3  **Bodensanierung**

Die **Sanierung von kontaminierten Böden** wird entweder direkt vor Ort (*In-situ*-Verfahren) oder in speziellen Reaktionsbereichen (*Ex-situ*-Verfahren) durchgeführt. Je nach Art der Verunreinigung müssen die Bedingungen so eingestellt werden, dass vorhandene Mikroorganismen oder spezielle Starterkulturen sich vermehren und die Schadstoffe abbauen können. Auf diese Weise verstoffwechseln die Mikroben beispielsweise Mineralöl, organische Lösungsmittel, Kohlenwasserstoffe sowie Verbindungen mit Chlor und Fluor.

### 10.5.4  **Pflanzenschutz**

Beim **Pflanzenschutz** mit mikrobiologischen Methoden werden Schädlinge möglichst spezifisch mit Viren, Toxinen oder ganzen Bakterien- und Pilzzellen angegriffen:
- **Baculoviren** befallen nur Larven bestimmter Mottenarten.
- **Bt-Toxine** werden als Präproteine von Bakterien der Art *Bacillus thuringiensis* produziert. Im Darm bestimmter Insekten wird das Präprotein zum toxischen Protein gespalten. Die verschiedenen Varianten der Bt-Toxine sind für unterschiedliche Schädlinge spezifisch.
- *Bacillus thuringiensis* wird auch als **ganze Bakterienzelle** eingesetzt.
- **Pilze** schützen gegen viele Arten von Parasiten. Beispielsweise entomopathogene Pilze wie *Beauveria brassica* gegen Blattläuse und Weiße Fliegen (Mottenschildläuse), *Purpureocillium lilacinus* gegen Nematoden, und Arten des Pilzes *Trichoderma* verhindern bei Wunden in Gehölzen den Befall mit Bakterien und Pilzen.

## 10.6  **Andere Einsatzgebiete mikrobieller Biotechnologie**

### 10.6.1  **Energieträger**

Mikroorganismen erzeugen aus Biomasse wie Getreide oder Zuckerrüben durch Gärungen **Ethanol**, **Methan** oder **Wasserstoff**, die als Treibstoff oder Energieträger für Kraftwerke und Maschinen genutzt werden können.

### 10.6.2  **Biokunststoffe**

**Polylactid** (PLA) oder Polymilchsäure geht aus Lactat aus der Milchsäuregärung hervor. Durch Polymerisierung entsteht ein durchsichtiger Thermoplast, der zu Folien, Bechern und Flaschen verarbeitet und in der Medizin als resorbierbares Material für Schrauben, Nägel und Implantate verwendet wird. Durch Zusatzstoffe lassen sich die Eigenschaften weitgehend steuern, beispielsweise kann PLA schnell biologisch abbaubar oder über Jahre haltbar sein. Die Produktion ist im Batch-Verfahren und im kontinuierlichen Verfahren möglich.

**Polyhydroxybuttersäure** (PHB) ist ein Polyester, dessen Monomere aus dem Abbau von Ausgangsstoffen wie Zucker oder Stärke über Buttersäuregärung (▶ Abschn. 4.5.6) entstehen. Er hat ähnliche Eigenschaften wie Polypropylen, das aus Mineralöl gewonnen wird. Um PHB zu extrahieren, müssen die Zellen lysiert werden.

### 10.6.3 Bioleaching

Bei der mikrobiellen **Erzlaugung** oder dem Bioleaching wandeln Bakterien oder Archaeen unlösliche Minerale zu löslichen Verbindungen um. Besonders häufig ist die Oxidation von Metallsulfiden zu Sulfatsalzen des Metalls.

Der Prozess läuft in drei **Teilschritten** ab. Als Beispiel sind die Reaktionen der Kupfergewinnung aus Chalkopyrit oder Kupferkies gezeigt:

1. **Abiotische Oxidation von Metallsulfiden.** Eisen(III)-Ionen ($Fe^{3+}$) oxidieren den Schwefel in Schwermetallsulfiden zu elementarem Schwefel oder Thiosulfat ($S_2O_3^{2-}$). Das Eisen selbst wird dabei zu Eisen(II)-Ionen reduziert, die Schwermetalle werden freigesetzt.

$$CuFeS_2 + 4\,Fe^{3+} \rightarrow Cu^{2+} + 5\,Fe^{2+} + 2\,S^0$$

Der Prozess käme aus zwei Gründen schnell zum Erliegen:
- Mangel an $Fe^{3+}$.
- Der gebildete Schwefel schirmt das Mineral ab.

2. **Mikrobielle Reoxidation des Eisens.** Bakterien wie *Acidithiobacillus ferrooxidans* und *Leptospirillum ferrooxidans* sowie Archaeen wie *Acidianus brierleyi* und *Sulfolobus acidocaldarius* regenerieren das Eisen(III) durch Oxidation mit Sauerstoff.

$$4\,Fe^{2+} + O_2 + 4\,H^+ \rightarrow 4\,Fe^{3+} + 2\,H_2O$$

Das Problem des Eisenmangels für die abiotische Oxidation wird dadurch gelöst.

3. **Mikrobielle Oxidation des Schwefels.** Bakterien wie *Acidithiobacillus ferrooxidans* und *Acidithiobacillus thiooxidans* sowie die Archaeen *Acidianus brierleyi* und *Sulfolobus acidocaldarius* oxidieren den Schwefel zu Sulfat.

$$2\,S^0 + 3\,O_2 + 2\,H_2O \rightarrow 2\,SO_4^{2-} + 4\,H^+$$

Dadurch wird verhindert, dass sich ein Schwefelmantel auf das Mineral legt.

Die **Bilanzreaktion des Beispiels** zeigt, dass aus einem schwer löslichen Sulfid lösliche Kupferionen entstehen:

$$CuFeS_2 + 4\,O_2 \rightarrow Cu^{2+} + Fe^{2+} + 2\,SO_4^{2-}$$

Durch Bioleaching werden **Kupfer, Gold, Kobalt, Nickel und Uran** aus erzwarmen Gesteinen gewonnen.

# Mikrobiologische Arbeitsmethoden

## Inhaltsverzeichnis

© Der/die Herausgeber bzw. der/die Autor(en), exklusiv lizenziert an Springer-Verlag GmbH, DE, ein Teil von Springer Nature 2024
O. Fritsche, *Mikrobiologie*, Kompaktwissen Biologie, https://doi.org/10.1007/978-3-662-70471-4_11

**Worum geht es?**
Da Mikroorganismen mit dem bloßen Auge nicht sichtbar sind, erfordert die Arbeit
mit ihnen besondere Hilfsmittel und Techniken.

## 11.1 Mikroskopie

Das **Auflösungsvermögen des menschlichen Auges** liegt bei etwa 150 µm. Die meisten Mikroorganismen sind deshalb mit dem bloßen Auge nicht zu erkennen, sondern nur mit Mikroskopen.

### 11.1.1 Lichtmikroskopie

In der Mikrobiologie sind **Durchlichtmikroskope** üblich, bei denen sich das Objekt zwischen der Lichtquelle und der Optik befindet, sodass das Licht durch das Objekt hindurch fällt.

Optische Linsen aus Glas, die zu einem Objektiv auf der Seite des Objekts und einem Okular auf der Seite des Auges zusammengefasst sind, lenken das Licht so um, dass sich ein vergrößertes Bild ergibt. Die **Vergrößerung** erreicht etwa den Faktor 1000.

Das **Auflösungsvermögen** eines Lichtmikroskops beträgt etwa die Hälfte der Wellenlänge des einfallenden Lichts, was ungefähr 0,25 µm entspricht. Bakterienzellen sind damit sichtbar, aber es lassen sich keine oder nur wenige innere Strukturen erkennen.

Am gebräuchlichsten sind folgende **Mikroskopieverfahren**:

- **Hellfeldmikroskopie** ist die „normale" Mikroskopie, bei der das Licht durch das Objekt fällt. Objekte ohne natürliche Pigmente sind besser nach einer Färbung (▶ Abschn. 11.3) zu erkennen.

- Bei der **Dunkelfeldmikroskopie** wird der zentrale Bereich des Lichts ausgeblendet. Durch das Objekt fallen nur Randstrahlen, die auf geradem Weg am Objektiv vorbeigehen würden. Die Strukturen des Objekts lenken aber durch Streuung und Beugung einen Teil des Lichts in das Objektiv hinein. Die Objekte erscheinen hell vor dunklem Hintergrund. Im Dunkelfeld werden auch farblose Strukturen mit gutem Kontrast sichtbar. Weil Teilchen, die kleiner als die Wellenlänge des Lichts sind, ebenfalls streuend wirken, werden außerdem Objekte abgebildet, die kleiner sind als die eigentliche Auflösungsgrenze des Mikroskops, beispielsweise die Flagellen von Bakterien.

- In **Phasenkontrastmikroskopen** wird das Licht mit einer Ringblende vor dem Objekt geteilt. Das Hintergrundlicht fällt ungehindert in das Objektiv. Das Objektlicht muss durch das Objekt. Dabei staucht dessen Material die Lichtwellen, sodass deren Phase beim Austreten verschoben ist. Wenn Hintergrundlicht und Objektlicht einander überlagern, löschen sie sich durch die Phasenverschiebung teilweise gegenseitig aus. Dadurch erscheinen ansonsten kontrastarme Strukturen dunkel.

— Für die **Fluoreszenzmikroskopie** muss das Objekt von Natur aus fluoreszierende Strukturen aufweisen, oder es werden spezielle Fluoreszenzfarbstoffe zugegeben. Mit kurzwelligem Licht werden die Farbstoffe angeregt und strahlen ein wenig langwelligeres Licht ab. Ein Sperrfilter vor dem Objektiv hält das Anregungslicht zurück und lässt nur das Fluoreszenzlicht durch. Wenn die Fluoreszenzfarbstoffe an spezifische Antikörper gebunden sind, lassen sich die entsprechenden Strukturen genau lokalisieren. Fluoreszenzmikroskope arbeiten mit Auflicht, das Anregungslicht fällt also von der Seite des Objektivs auf das Objekt.

— Bei der **konfokalen Mikroskopie** wird das Objekt mit einem fokussierten Lichtstrahl punkt- oder linienweise belichtet (gerastert). Durch eine Lochblende fällt nur Licht aus diesem Fokus (daher „konfokal") auf einen Detektor, an den ein Bildschirm für die Bilddarstellung angeschlossen ist. Das Licht fällt von oben auf das Objekt. Gemessen wird das reflektierte oder fluoreszierte Licht. In Laser-Scanning-Mikroskopen dient ein Laser als Lichtquelle. Die Auflösung konfokaler Mikroskope ist etwas besser als bei herkömmlichen Durchlichtmikroskopen, zudem liefern sie ein dreidimensionales Bild. Wegen der Rasterung gibt es aber zu keinem Zeitpunkt ein echtes Gesamtbild.

### 11.1.2 Elektronenmikroskopie

Elektronenmikroskope nutzten anstelle von Licht einen Elektronenstrahl. Da die Wellenlängen von Elektronen sehr kurz sind, erreichen Elektronenmikroskope **Vergrößerungen** bis zum Faktor 1.000.000 und eine **Auflösung** von 0,1 nm (entspricht 0,0001 μm). Damit lassen sich auch kleine Strukturen wie Membranen, Ribosomen, DNA-Stränge und einzelne Proteine sichtbar machen.

Für die Untersuchung im Elektronenmikroskop muss das Objekt in eine Vakuumkammer. Deshalb sind **nur Messungen an toten Objekten** möglich.

Es gibt zwei unterschiedliche **Arten von Elektronenmikroskopen**:

— Bei **Transmissionselektronenmikroskopen** (TEM) fällt der untersuchende Elektronenstrahl wie das Licht bei der optischen Durchlichtmikroskopie durch das Objekt hindurch. Dabei lenken die Strukturen einige Elektronen ab. Die Bilder zeigen das Innere der Objekte. Mikrobiologische Objekte werden meistens mit dieser Methode untersucht.

— Bei **Rasterelektronenmikroskopen** (REM) fällt der Elektronenstrahl von oben auf das Objekt, das zuvor mit Metallatomen bedampft wurde. Die Elektronenoptik fängt die zurückgestreuten Elektronen ein sowie Elektronen, die freigeschlagen wurden. Die Bilder zeigen die Oberfläche der Objekte.

Das Bild des Elektronenmikroskops entsteht auf einem Leuchtschirm, auf den der Elektronenstrahl fällt, oder er wird durch einen elektronischen Sensor aufgefangen. In beiden Fällen ergibt sich ein **Schwarz-Weiß-Bild**.

## Kryoelektronentomografie

Die Kryoelektronentomografie erstellt eine **hochauflösende dreidimensionale Ansicht eines Objekts**. Sie kann Zellbestandteile von wenigen Nanometern Größe in ihrer natürlichen Anordnung sichtbar machen.

Das Verfahren ist in **drei Schritte** unterteilt:

1. **Einfrieren.** Zur Vorbereitung wird die Probe mit flüssigem Stickstoff oder Helium schockgefroren. Dadurch bleiben die Strukturen der Zellen erhalten.
2. **TEM-Aufnahmen.** Das Objekt wird aus mehreren Winkeln und verschiedenen Fokusebenen elektronenmikroskopisch aufgenommen.
3. **Berechnung.** Am Computer entsteht ein dreidimensionales Modell des Objekts.

## 11.2 Zucht von Mikroorganismen

Weil Mikroorganismen zu klein sind, um sie direkt zu beobachten, und in der Regel in Gemeinschaften vieler verschiedener Gruppen leben, können sie nicht unmittelbar an ihrem Fundort bestimmt oder genutzt werden. Stattdessen werden Proben entnommen und unter kontrollierten Bedingungen im Labor angezogen.

### 11.2.1 Nährmedien

Die Mikroben erhalten die **notwendigen Nährstoffe** (▶ Abschn. 3.3) mit dem Nährmedium oder Kulturmedium, in dem sie wachsen.

## Zusammensetzung von Nährmedien

Grundsätzlich enthält ein Nährmedium mehrere **Komponenten**:

- **Wasser.** Der Gehalt richtet sich nach dem natürlichen Lebensraum des Organismus.
- Eine **Energiequelle.** Chemotrophen Organismen wird meist eine organische Verbindung verabreicht, die sie verdauen können, aber auch Schwefelverbindungen sind möglich. Phototrophe Organismen werden stattdessen mit Licht der passenden Qualität bestrahlt.
- Eine **Kohlenstoffquelle.** Für heterotrophe Organismen wird meistens ein Kohlenhydrat zugefügt, manchmal auch Proteinhydrolysate oder Fettsäuren. Autotrophe Organismen benötigen ausreichend Kohlendioxid.
- **Salze.** Makroelemente wie Stickstoff, Phosphor und Schwefel sowie Metalle und Spurenelemente werden als Salze in das Medium gemischt.
- **pH-Puffer.** Beliebt sind Mischungen von Phosphaten und organische Puffer wie HEPES oder TRIS. Jeder Puffer kann aber nur Schwankungen innerhalb eines bestimmten pH-Bereichs ausgleichen. Beispielsweise TRIS (Tris(hydroxymethyl)-aminomethan) im Bereich von pH 7,2 bis pH 9,0.

Hinzu kommen eventuell **zusätzliche Stoffe** wie Vitamine, Hormone, Indikatoren für bestimmte Stoffwechselvorgänge, Farbstoffe, Geliermittel und Antibiotika oder andere Hemmstoffe, die das Wachstum unerwünschter Organismen unterdrücken.

## Arten von Nährmedien

Nährmedien können nach mehreren Aspekten in **Kategorien** unterschieden werden:

— Nach der **Herkunft der enthaltenen Komponenten**:
  – **Komplexe Medien** oder **Komplettmedien** werden aus natürlichem Material hergestellt und enthalten eine Vielzahl von Stoffen, die nicht alle genau erfasst sind. In ihnen können sehr viele heterotrophe Mikroorganismen wachsen. Komplexe Medien sind Vollmedien.
    Beispiel für Grundlagen: Hefeextrakt, Blut, Fleischextrakt, Pepton (hydrolysiertes Protein).
  – **Synthetische Medien** werden aus gereinigten chemischen Substanzen gemischt. Ihre Zusammenstellung ist genau bekannt. Sie bilden die Grundlage für Minimalmedien und auch Selektivmedien.
    Beispielmischung: Glucose, Ammoniumchlorid, Magnesiumsulfat und Dikaliumhydrogenphosphat.

— Nach der **Vollständigkeit des Nährstoffangebots**:
  – **Vollmedien** enthalten alle Substanzen, die für das Wachstum notwendig sein könnten, sowie zusätzliche Stoffe, die der jeweilige Zielorganismus wahrscheinlich nicht braucht. In Vollmedien wachsen sehr viele Arten von Mikroorganismen.
    Beispiele: Vollmedien sind meist Komplettmedien wie Hefeextrakt-Pepton-Glucose (HPG) für Bakterien und Malzextrakt-Agar (MEA) für Schimmelpilze und Hefen.
  – **Minimalmedien** enthalten nur Nährstoffe, die für das Wachstum des Zielorganismus unbedingt notwendig sind. Dieser Organismus hat dadurch einen Vorteil gegenüber anderen Spezies. Minimalmedien sind maßgeschneiderte synthetische Medien.

— Nach der **Zielsetzung**:
  – **Selektivmedien** enthalten Zusatzstoffe, die das Wachstum unerwünschter Organismen unterdrücken. Beispielsweise wachsen in Medien, die Antibiotika enthalten, nur Mikroorganismen mit einer entsprechenden Resistenz.
  – **Differenzialmedien** enthalten Zusatzstoffe, mit denen zwischen verschiedenen Spezies unterschieden werden kann. Beispielsweise zeigen Indikatoren durch einen Farbumschlag an, ob eine Kolonie einen bestimmten Stoffwechselweg verfolgt oder nicht. Auf Blutagar verrät ein Klärungshof um eine Kolonie, dass der zugehörige Stamm die Fähigkeit zur Hämolyse besitzt.

— Nach dem **Aggregatzustand**:
  – **Flüssigmedien** werden häufig zur Anreicherung von Mikroorganismen genutzt.
  – **Festmedien** enthalten ein Geliermittel wie Agar. Sie dienen vor allem der Isolierung von Mikroorganismen und der Untersuchung ihrer Eigenschaften.

## 11.2.2  Kultivierung von Bakterien

Durch **Kultivierung** lässt sich das Spektrum der Artenvielfalt einschränken, und man kann gezielt Arten vermehren.

Die Kultivierung hat den **Vorteil**, dass die isolierten Arten vollständig (morphologisch, biochemisch und genetisch) charakterisiert werden können. Ihr **Nachteil** liegt darin, dass sich nur schätzungsweise 0,1 % aller Mikroorganismen im Labor kultivieren lassen.

Die verschiedenen Kultivierungstechniken lassen sich nach zwei Kriterien **kategorisieren**:

— Nach der **Reinheit der gezüchteten Population**:
   – In **Anreicherungskulturen** leben für gewöhnlich mehrere verschiedene Typen von Mikroorganismen als Mischkultur. Ihre Gemeinsamkeit liegt darin, unter den Kulturbedingungen gut wachsen zu können.
   – **Reinkulturen** erzeugen im Idealfall Klone einer einzigen Zelle.
— Nach der **Konsistenz des Kulturmediums**:
   – In **Flüssigkulturen** ist das Nährmedium flüssig.
   – Ein relativ **fester Nährboden** entsteht, wenn das Medium eine gelierende Substanz wie Agar enthält.

### Anreicherungskulturen

Die **chemische Zusammensetzung** einer Anreicherungskultur basiert häufig auf den Bedingungen des natürlichen Lebensraums, aus dem die Proben entnommen werden. Abweichungen sollen dafür sorgen, Gruppen mit bestimmten Eigenschaften in ihrem Wachstum zu unterstützen, während andere Gruppen gehemmt werden. Beispielsweise fördert die Abwesenheit von Sauerstoff anaerobe Mikroorganismen, das Fehlen einer organischen Kohlenstoffquelle bevorzugt autotrophe Bakterien.

Die Zugabe einer Probe in das Nährmedium wird als **Inokulation oder Animpfen** bezeichnet.

Nach dem Animpfen müssen neben den chemischen Bedingungen wie Nährstoffen und pH-Wert auch die **physikalischen Parameter** wie Temperatur, Druck, Luftfeuchtigkeit etc. passend zur gewünschten Bakteriengruppe gewählt werden.

Beispiel: Eine **Winogradsky-Säule** simuliert ein **Feuchtgebietsökosystem** und stellt Bakterien mehrere verschiedene ökologische Nischen zur Verfügung.

Sie ist **geschichtet aufgebaut**. Die Säule besteht aus einem Glaszylinder, der zur Hälfte mit Schlamm gefüllt wird. Dem Schlamm werden eine Kohlenstoffquelle wie zerrissenes Zeitungspapier, Calciumcarbonat als Puffer und Calciumsulfat als Schwefelquelle beigemischt. Über den fest gepressten Schlamm wird Wasser gefüllt und der Zylinder luftdicht verschlossen ins Licht gestellt.

Nach einigen Wochen bis Monaten haben sich in den Schichten der Säule **typische Gruppen von Mikroorganismen** etabliert:

— **Ganz oben** betreiben Cyanobakterien und Algen Photosynthese, wobei sie Sauerstoff freisetzen. Die Säule erscheint hier grün.

- **In der zweiten Ebene** setzen Schwefelpurpurbakterien Schwefelwasserstoff, der aus den unteren Schichten nach oben steigt, durch Photosynthese zu elementarem Schwefel um. Die Säule erscheint hier purpur.
- **Über dem Boden** wandeln sulfidtolerantere Grüne Schwefelbakterien ebenfalls per Photosynthese Sulfid zu Schwefel. Die Säule erscheint hier grüngelb.
- **Im Schlamm** ist das Medium anaerob. Die dort lebenden Bakterien vergären die organischen Stoffe zu verschiedenen organischen Säuren, Alkoholen, Wasserstoff und Schwefelwasserstoff, die nach oben diffundieren.

Winogradsky-Säulen können für viele Monate ein stabiles Ökosystem bieten und als Quelle für die Isolierung zahlreicher Bakterienarten dienen.

## Reinkulturen

Eine Reinkultur oder axenische Kultur enthält nur **Zellen eines einzelnen Stamms**. Ihr Ausgangspunkt ist im Idealfall eine einzelne isolierte Zelle, also ein Klon.

Es gibt verschiedene **Methoden zur Isolierung**, die als gemeinsame Grundlage einen Verdünnungsausstrich haben, mit dem Zellen auf einem festen Nährmedium verteilt werden (Ausplattieren):

- **Ausgehend von einer Kultur auf festem Nährmedium.** Mit der sterilen Impföse wird eine geringe Menge der gemischten Ausgangskultur aufgenommen und in einem Teil einer Petrischale auf dem Nährboden ausgestrichen. Anschließend wird die Impföse erneut in der Gasflamme sterilisiert und im rechten Winkel zu den ersten Strichen mehrmals über die Platte gezogen. Der Vorgang wird ein drittes Mal wiederholt.
- **Ausgehend von einer Flüssigkultur.** Es gibt zwei unterschiedliche Verfahren:
  - Von der Kultur wird eine Verdünnungsreihe erstellt und jeweils ein Tropfen in die Mitte einer Petrischale mit Nährboden gegeben. Mit dem Drigalski-Spatel, einem gebogenen Glasstab, wird die Flüssigkeit gleichmäßig verteilt.
  - Von der Ausgangskultur wird in eine Petrischale ein Tropfen gegeben und verteilt. Anschließend wird der gleiche Drigalski-Spatel ohne neues Material über eine zweite und eine dritte Agarplatte gezogen.

Nach der Inkubation erscheinen **Kolonien**, die aus einzelnen Zellen, bei manchen Bakterien wie Streptokokken und Staphylokokken aus wenigen Zellen hervorgegangen sind. Für eine Reinkultur wird steriles frisches Nährmedium mit den Zellen einer isolierten Kolonie angeimpft.

## Kultivierung anaerober Bakterien

Das **Anlegen von Kulturen** fakultativ anaerober und aerotoleranter Bakterien verläuft wie bei aeroben Arten. Bei strikt Anaeroben müssen die Arbeiten in einer Anaerobenkammer durchgeführt werden.

Für die Inkubation muss **Sauerstoff aus dem Medium entfernt** werden:
- **Chemische Reduktionsmittel** wie Thioglykolat, Cystein oder Dithionit binden Sauerstoff, indem sie oxidieren.
- **Enzymsysteme** wie die Oxyrase oxidieren ein Substrat und verbrauchen dabei den Sauerstoff im Medium.

- **Technische Katalysatoren** wie Palladium oxidieren Sauerstoff mit zugeführtem Wasserstoff zu Wasser.
- In einem **Anaerobentopf** wird die Luft durch ein Gemisch von Stickstoff und Kohlendioxid ersetzt.

## Dauerkulturen

Es gibt verschiedene **Verfahren**, um Mikroorganismen für einen längeren Zeitraum haltbar zu machen. Sie alle nutzen die konservierende Wirkung von Trockenheit oder Kälte:

- **Trocknung in einem Gel.** Bakterien und sporenbildende Pilze halten sich eingetrocknet in Gelatine einige Jahre.
- **Lyophilisation oder Gefriertrocknung.** Die Probe wird gefroren, anschließend wird das in ihr enthaltene Wasser in einem Vakuum durch Sublimation (direkter Übergang von fest zu gasförmig) entfernt. Luftdicht verpackt halten sich Bakterien und sporenbildende Pilze auch bei Raumtemperatur über Jahrzehnte. Hefen sind gefriergetrocknet mehrere Jahre lebensfähig.
- **Tiefgefrieren.** Je niedriger die Lagertemperatur ist, desto länger bleiben eingefrorene Zellen intakt. Wichtig ist, dass der Einfriervorgang so schnell abläuft, dass sich keine Eiskristalle bilden können. Verbreitet ist die Lagerung in flüssigem Stickstoff bei −196 °C oder in flüssiger Luft bei etwa −170 °C. Die Haltbarkeit steigt damit auf über 30 Jahre.

## 11.2.3 Bestimmung der Zellzahl

Für die **quantitative Bestimmung von Mikroorganismen** müssen zwei Angaben unterschieden werden:

- Die **Gesamtkeimzahl** gibt die Summe aller Zellen an, darunter auch solche, die sich nicht vermehren oder tot sind.
- Die **Lebendkeimzahl** berücksichtigt nur Zellen, die sich aktiv vermehren. Auch Zellen, die lebendig sind, sich aber dauerhaft oder vorübergehend nicht teilen, werden nicht berücksichtigt.

Zusätzlich lässt sich das **Wachstum von Mikroorganismen** (▶ Abschn. 3.5) durch Wiegen oder die zunehmende Trübung des Mediums verfolgen.

## Bestimmung der Gesamtkeimzahl

Die Gesamtkeimzahl wird durch **Auszählung der Zellen** in einem bestimmten Volumen ermittelt.

Es gibt mehrere **Zählverfahren**:

- **Mikroskopische Zählung in einer Zählkammer.** Als Zählkammer werden Objektträger bezeichnet, die so präpariert sind, dass sie oberhalb eines geätzten Rasters einen Spalt mit bekanntem Volumen bis zum Deckglas bieten. Die Probe wird in dieses Volumen gegeben, und innerhalb der Rasterfelder werden die Zellen gezählt.

— **Elektronische Zählgeräte.** Automatische Zählgeräte pressen die Probe durch eine winzige Öffnung und registrieren durchtretende Zellen:

- Sogenannte Coulter Counter bestimmen den **elektrischen Leitwert.** Tritt eine Zelle durch die Öffnung, ist der Leitwert erniedrigt. Die Methode funktioniert nur mit größeren eukaryotischen Zellen.

- Für den Einsatz von **fluoreszenzaktivierten Zellsortern** (*fluorescence activated cell sorter*, FACS) müssen die Zellen zuvor mit Fluoreszenzfarbstoffen markiert werden. Die Geräte vermessen dann die Fluoreszenz. Werden artspezifische Farbstoffe oder mit Antikörpern verbundene Marker verwendet, kann gleichzeitig zwischen verschiedenen Arten von Mikroben unterschieden werden. FACS sind auch für die Zählung von Bakterien geeignet.

— **Anreicherung mit Membranfiltern.** Proben mit geringen Zellzahlen können durch einen Filter gegeben werden, der das Medium passieren lässt, aber die Zellen zurückhält. Nach dem Trocknen des Filters und der Anfärbung der Zellen werden diese unter dem Mikroskop gezählt.

Das Ergebnis der Zählung wird unter Berücksichtigung einer eventuellen Verdünnung auf ein Standardvolumen wie 1 ml hochgerechnet.

## Bestimmung der Lebendkeimzahl

Zur Bestimmung der Lebendkeimzahl werden meistens Kolonien gezählt, die sich in einem festen Nährmedium bilden. Deshalb wird nicht die Zahl der lebenden Zellen angegeben, sondern der **koloniebildenden Einheiten** KbE (*colony forming units*, CFU).

Vor dem Ausplattieren wird meistens eine **Verdünnungsreihe** angelegt. Bei jedem Schritt wird eine Einheit Kultur mit neun Einheiten sterilem Medium verdünnt. Beispielsweise 1 ml Kultur mit 9 ml Medium.

Zwei **Methoden zum Anlegen der Kulturen** haben sich bewährt:

— Beim **Spatelplattenverfahren** werden mit dem Drigalski-Spatel geringe Mengen (z. B. 0,1 ml) von den geeigneten Verdünnungsstufen auf Agarplatten ausgestrichen.

— Beim **Plattengussverfahren** wird die Probe mit 45 °C warmem, flüssigen agarhaltigen Medium gemischt und in Petrischalen gegossen, wo es beim Abkühlen erstarrt. Die Kolonien wachsen innerhalb des Agars.

Die Platten werden inkubiert, die Kolonien gezählt, und aus den KbE wird **auf die Ausgangskonzentration zurückgerechnet.**

Da lebende, aber sich nicht teilende Zellen keine Kolonien bilden und nicht gezählt werden, liegt die **Zahl der koloniebildenden Einheiten niedriger als die Zahl lebender Zellen.**

Eine Methode, die tatsächliche Zahl lebender Zellen zu bestimmen, ist die **mikroskopische Zählung mit Farbstoffen.** Durch Zugabe von Farbstoffen oder Fluoreszenzfarbstoffen, die nur lebende Zellen markieren (Vitalfarbstoffe), kann die Lebendkeimzahl wie bei der Gesamtkeimzahl mit einer Zählkammer bestimmt werden. Als Farbstoff kann beispielsweise Propidiumiodid genutzt werden, das nicht durch die Membranen lebender Zellen gelangt und rot fluoresziert.

## Messung der Zellmasse

Bei größeren Kulturmengen kann die **Masse der Zellen** bestimmt werden, indem ein bekanntes Volumen durch einen bakteriendichten Filter gegeben wird.
- Das **Frischgewicht** ergibt sich aus der Differenz des Filtergewichts vor und nach der Filtration.
- Zur Bestimmung des **Trockengewichts** muss der Filter jeweils zuvor getrocknet werden.

Statt durch Filtration können die Zellen auch durch **Zentrifugation** gewonnen werden.

Anstelle der Zellmasse kann auch der **Proteingehalt** bestimmt werden.

## Bestimmung der optischen Dichte

Das **Wachstum einer Flüssigkultur** (▶ Abschn. 3.5) kann am besten optisch verfolgt werden. Dazu werden Proben in ein Photometer gegeben. Die Zellen streuen das einfallende Licht, pigmentierte Zellen absorbieren es zusätzlich. Die **optische Dichte** ist umso größer, je mehr Zellen in der Probe vorhanden sind und die Lichtintensität am Sensor im Vergleich zu einer Messung mit reinem Medium vermindern. Ist die Konzentration so hoch, dass sich die Zellen gegenseitig beschatten, muss die Probe vor der Messung verdünnt werden.

Um den Verlauf einer Wachstumskurve zu verfolgen, reichen die Werte der optischen Dichte aus. Soll die **Anzahl der Zellen** abgeschätzt werden, muss man die Werte mit einer Standardkurve vergleichen, bei welcher die optische Dichte gegen ausgezählte Zellzahlen kalibriert wurde.

## 11.2.4 Kultivierung von Eukaryoten

**Eukaryotische Mikroorganismen** werden wie Prokaryoten in flüssigen oder auf festen Nährmedien kultiviert.

**Zellen aus vielzelligen Eukaryoten mit differenzierten Zelltypen** verlangen häufig besondere Voraussetzungen wie beispielsweise zusätzliche Wachstumsfaktoren oder eine Wachstumsmatrix. Diese Bedingungen werden in speziellen Zellkulturen erfüllt.

## 11.2.5 Kultivierung von Viren

Viren können nur **in geeigneten Wirtszellen** kultiviert werden. Sie werden deshalb in Kulturen von Bakterienzellen oder in Zellkulturen eukaryotischer Zellen vermehrt.

Mit einem **Plaque-Assay** können Viren nachgewiesen werden, die ihre Wirtszelle schädigen:
1. **Ansetzen.** Die Viren werden verdünnt und mit Bakterien vermischt auf Agarnährböden ausplattiert.

2. **Inkubation**. Während der Inkubation vermehren sich die Zellen. An virenfreien Stellen bilden sie schließlich einen Bakterienrasen. In infizierten Zellen vermehren sich die Viren, lysieren diese und befallen die Nachbarzellen. Es bilden sich kreisrunde Bereiche ohne Bakterienzellen.
3. **Anfärben**. Mit einem Farbstoff wie Methylenblau, Kristallviolett oder Neutralrot werden die Bakterienzellen angefärbt. Die zellfreien Bereiche bleiben als Plaques genannte Flecken frei.

Aus der Zahl der Plaques kann die Zahl der **infektiösen Einheiten pro Milliliter**, IE/ml (*plaque forming units per milliliter*, PFU/ml) in der Ausgangssuspension der Viren berechnet werden.

Anhand der Plaques lassen sich verschiedene **Virentypen** unterscheiden:
- **Virulente Phagen**, die nur einen lytischen Zyklus aufweisen, bilden klare Plaques ohne lebende Zellen.
- **Temperente Phagen** bilden trübe Plaques, da sie neben dem lytischen Zyklus auch den lysogenen Zyklus einschlagen können, bei dem einige Zellen am Leben bleiben, welche durch den integrierten Prophagen vor weiteren Infektionen geschützt sind.

Der Plaque-Assay berücksichtigt keine nichtinfektiösen Virenpartikel und zählt Viren, die zufällig so dicht beieinander starten, dass sie eine gemeinsame Plaque bilden, nur einfach. **Das Ergebnis liegt daher immer unterhalb der tatsächlichen Virenzahl**.

**11**

## 11.3  Färbungen

Für eine Färbung werden Zellen oder Zellpräparate mit geeigneten Farbstoffen behandelt.

Färbungen verfolgen unterschiedliche **Ziele**:
- Zellen sind **sichtbarer** nach Einfachfärbungen.
  Beispiel: Methylenblaufärbung.
- Bei der **Unterscheidung verschiedener Arten von Mikroorganismen oder Zelltypen** helfen Differenzialfärbungen.
  Beispiel: Gram-Färbung.
- Bestimmte **Zellstrukturen** lassen sich mit spezifischen Farbstoffen sichtbar machen.
  Beispiel: Endosporenfärbung mit Malachitgrün (Schaeffer-Fulton-Färbung).
- **Stoffwechselwege** können mit Farbstoffen nachgewiesen werden, die auf bestimmte Produkte ansprechen oder von typischen Enzymen eines Stoffwechselwegs umgesetzt werden.
  Beispiel: Zellen von *Escherichia coli* hydrolysieren Tryptophan zu Indol, das mit einer weiteren Substanz einen roten Farbstoff bildet, während *Klebsiella* die dafür notwendige Tryptophanase fehlt.

Die meisten Färbungen folgen einem allgemeinen **Schema von Arbeitsschritten**:
1. **Fixierung.** Durch Hitze oder mit Methanol werden die Proteine an der Zelloberfläche denaturiert. Dabei treten innere Gruppen hervor, welche die Zellen fest an den Untergrund heften, meist an einen Objektträger.
2. **Färbung.** Der gewählte Farbstoff wird zugegeben und wirkt eine bestimmte Zeit ein, in welcher er sich an den Zielobjekten festsetzen kann.
3. **Auswaschen.** Überschüssiger, nicht gebundener Farbstoff wird mit einem geeigneten Lösungsmittel weggespült.
4. **Gegenfärbung.** Bei manchen Färbungen werden die Zellen oder Strukturen, die mit dem eigentlichen Farbstoff nicht markiert werden können, mit einem Gegenfarbstoff angefärbt.

### 11.3.1 Methylenblaufärbung

Der Farbstoff **Methylenblau** ist positiv geladen und lagert sich nach der Fixierung an die negativen Ladungen der Zellhülle von Bakterien an. Es werden **alle Arten von Bakterien** gefärbt, sodass diese unter dem Mikroskop leichter zu erkennen sind.

Mit Methylenblau lassen sich auch **DNA und RNA anfärben** und damit in Gelen und auf Membranen sichtbar machen.

### 11.3.2 Gram-Färbung

Die Färbung von Bakterien nach dem dänischen Mikrobiologen Hans Christian Gram hat mehrere **Anwendungszwecke**:
- Sie erlaubt die **Differenzierung zwischen zwei großen Gruppen von Bakterien**: Gram-positive und Gram-negative.
- Die Färbung ermöglicht den **Nachweis Gram-positiver Bakterien in humanem Gewebe**, da tierische Zellen nicht angefärbt werden.
- Die Unterscheidung zwischen Gram-positiven und Gram-negativen Zellen ist bei einer bakteriellen Infektion auch wichtig für die **Wahl wirksamer Antibiotika**.

Die Färbung erfolgt in drei **Schritten**:
1. **Färbung.** Alle Bakterienzellen werden mit Kristallviolett und Lugol'scher Lösung dunkelblau gefärbt. Der Farbkomplex löst sich nicht in Wasser.
2. **Differenzierung.** Mit 96 % Ethanol wird der Farbstoffkomplex ausgewaschen. Gram-negative Bakterien werden dabei entfärbt, Gram-positive Zellen halten einen Teil des Farbstoffs zurück und erscheinen weiterhin blau.
3. **Gegenfärbung.** Gram-negative Bakterien werden mit einer Lösung von Fuchsin oder Safranin rot bzw. orange angefärbt.

Der **Grund für das unterschiedliche Färbeverhalten** liegt im Aufbau der äußeren Zellhülle (▶ Abschn. 2.2.5). Gram-positive Bakterien besitzen eine dicke Zellwand aus Peptidoglykan, in welcher sich der Farbstoffkomplex verfängt. Gram-negative Zellen sind von einer äußeren Membran umgeben, die vom Ethanol aufgelöst wird. Die darunterliegende Peptidyglykanschicht ist dünn und vermag beim Auswaschen keine Farbstoffkomplexe zurückzuhalten.

Die Gram-Färbung ist **nicht für alle Arten von Bakterien geeignet**. Es gibt Gram-unbestimmte und Gram-variable Arten, beispielsweise Mykoplasmen und Mykobakterien.

### 11.3.3 Schaeffer-Fulton-Färbung

Zur **Färbung von Endosporen** wird Malachitgrün verwendet. Als Lösungsmittel zum Auswaschen dient Wasser, für die Gegenfärbung nimmt man Safranin. Endosporen erscheinen bläulich in rötlichen Zellen.

### 11.3.4 Negativfärbung oder Tuschefärbung

Unter dem Mikroskop nicht sichtbare Strukturen wie **Kapseln**, mit denen sich manche Bakterien umgeben (▶ Abschn. 2.2.8), lassen sich durch Suspensionen von Farbpartikeln hervorheben. Während das Medium von den Teilchen angefüllt ist, stechen die Kapseln als helle Bereiche hervor, da die Partikel nicht eindringen können.

### 11.3.5 MacConkey-Agar

In manchen **Nährmedien zur Selektion und Differenzierung** sind bereits Farbstoffe enthalten, beispielsweise im MacConkey-Agar.

Er enthält für die **Selektion** Gallensalze und Kristallviolett, wodurch das Wachstum Gram-positiver Bakterien gehemmt wird.

Die **Differenzierung** erfolgt mit Lactose und Neutralrot als pH-Indikator. Nur Bakterien, die Lactose als Kohlenstoffquelle nutzen können, wachsen damit in rot gefärbten Kolonien.

Mit MacConkey-Agar wird bei Durchfallerkrankungen unterschieden zwischen Lactosefermentierern wie *Escherichia coli* und Pathogenen, die Lactose nicht verdauen können, wie *Salmonella* und *Shigella*.

## 11.4 Untersuchung von Zellbestandteilen

### 11.4.1 Aufschluss von Zellen

Um die inneren Bestandteile von Zellen untersuchen zu können, müssen die **Zellhüllen zerstört** werden, was als Zellaufschluss bezeichnet wird.

Es gibt verschiedene **Methoden** zum Aufschluss:
- **Mechanisch.**
  - In der **French Press** werden die Zellen extrem hohem Druck ausgesetzt. Durch eine winzige Öffnung werden sie aus dem Behälter gepresst. Die Dekompression und die Scherkräfte an der Öffnung zerreißen die Zellen.
  - In **Kugelmühlen** (Bead Beater) zerreiben winzige Glasperlen die Zellen.
  - **Ultraschall** dehnt und streckt die Zellen in sehr kurzen Zeiträumen, bis sie zerreißen.
- **Mit Detergenzien.** Membranen lösen sich in Anwesenheit von Detergenzien auf, beispielsweise löst Ethylendiamintetraacetat (EDTA) die äußere Membran von Gram-negativen Bakterien und legt so die Zellwand für den enzymatischen Abbau frei. Das Detergens Triton X-100 greift danach die Plasmamembran an.
- **Enzymatisch.** Lysozym spaltet die Bindung zwischen den Bausteinen N-Acetylmuraminsäure und N-Acetylglucosamin, die das Grundgerüst des Peptidoglykans der Zellwand bilden. Es löst damit die bakterielle Zellwand auf.

    Das **Ergebnis des Aufschlusses** ist eine Lysat genannte Zellsuspension.

## 11.4.2 Zentrifugation

Zentrifugen trennen mit Fliehkräften die Bestandteile einer Suspension auf. Der Vorgang wird als **Fraktionierung** bezeichnet.

   Entscheidend für die Abfolge, mit welcher die Teilchen zum Boden des Behälters sinken, ist ihr **Sedimentationskoeffizient**. Er hängt von mehreren Eigenschaften ab:
- Von der **Masse des Teilchens.** Schwere Objekte sinken schneller.
- Von der **Form des Teilchens.** Kompakte Objekte sinken schneller.
- Von der **Wechselwirkung mit dem Medium.** Medien, die viskos wirken, bremsen Objekte stärker ab.

Die Einheit des Sedimentationskoeffizienten ist das Svedberg S, wobei gilt: $1\,S \triangleq 10^{-13}\,s$.

   Die **Sedimentationskoeffizienten** zweier Teilchen, die sich verbinden, **dürfen nicht einfach addiert werden**, sondern müssen experimentell für die Kombination neu bestimmt werden. Beispielsweise ergeben die 30S-Untereinheit und die 50S-Untereinheit des bakteriellen Ribosoms ein komplettes 70S-Ribosom.

   Zellbestandteile lassen sich mit **Ultrazentrifugen** auftrennen, die Beschleunigungen im Bereich von 100.000 g erreichen. Mit ihnen kann man beispielsweise Ribosomen, große Proteinkomplexe und Virionen aus einer Zellsuspension gewinnen.

   Für die **Dichtegradientenzentrifugation** wird eine Lösung von Saccharose oder Cäsiumchlorid so in die Zentrifugationsbehälter gefüllt, dass die Konzentration von oben nach unten ansteigt. Dementsprechend nimmt die Dichte zum Boden hin zu. Das Lysat wird auf die Oberfläche gegeben. Während der Zentrifugation sinken die Zellbestandteile bis in jenen Bereich, der ihrer eigenen Dichte entspricht. Es ergeben sich also Banden mit den verschiedenen Zellkomponenten.

### 11.4.3 Elektrophorese

Bei einer Elektrophorese erfolgt die **Trennung verschiedener Moleküle durch ein elektrisches Feld**. Die verschiedenen Teilchen wandern entsprechend ihrer eigenen elektrischen Ladung mit unterschiedlichen Geschwindigkeiten und Richtungen. Je größer die Nettoladung eines Moleküls ist, desto schneller bewegt es sich auf die Elektrode mit der entgegengesetzten Polarität zu.

Bei der **Gelelektrophorese** findet die Auftrennung in einem Gel als Trägermaterial statt. Häufig wird hierfür Polyacrylamid verwendet. In diesem Fall spricht man von einer PAGE (Polyacrylamid-Gelelektrophorese). Das Gel wirkt wie ein Molekularsieb, das kleinere Moleküle leichter passieren lässt.

Für die **isoelektrische Fokussierung** (IEF) wird ein pH-Gradient im Gel errichtet. Während der Wanderung eines Proteins im elektrischen Feld werden je nach lokalem pH-Wert die sauren und basischen Gruppen protoniert (der pH-Wert ist niedriger als der $pK_s$-Wert der Gruppe) oder deprotoniert (der pH-Wert ist höher als der $pK_s$-Wert). Die Protonierungen verändern die elektrische Nettoladung des Proteins. Am isoelektrischen Punkt (pI) trägt das Protein keine Nettoladung und wandert nicht mehr im elektrischen Feld. Alle Moleküle dieses Proteins sammeln sich im Bereich des pH-Werts, der dem pI entspricht, was als Fokussierung bezeichnet wird.

Bei einer **SDS-PAGE** wird die Probe vor der Elektrophorese mit Natriumdodecylsulfat (SDS) versetzt. Das Tensid denaturiert Proteine und lagert sich an die Moleküle an. Die negativen Ladungen der Sulfatgruppe im SDS gleichen eventuelle positive Ladungen des Proteins aus und verleihen dem gesamten Molekül eine negative Überschussladung, deren Größe von der Länge des Proteins abhängt. Eine SDS-PAGE trennt Proteine deshalb nach ihrer Größe, wobei kleine Exemplare schneller wandern als große.

Eine **zweidimensionale Gelelektrophorese** oder **2D-Gelelektrophorese** trennt ein Proteingemisch mit einer Kombination von IEF und SDS-PAGE auf:
1. Die isoelektrische Fokussierung trennt die Proteine nach ihren isoelektrischen Punkten.
2. Nach einer Behandlung mit SDS erfolgt eine SDS-PAGE, bei der das elektrische Feld senkrecht zum ersten Durchgang angelegt wird. In diesem Durchgang erfolgt eine zusätzliche Trennung nach der Länge der Aminosäureketten.

Mit einer 2D-Gelelektrophorese können etwa 500 Proteine von *Escherichia coli* isoliert werden.

### 11.5 Genetische Arbeitsmethoden

Bei vielen Untersuchungen und Experimenten mit Mikroorganismen wird deren DNA analysiert oder manipuliert.

### 11.5.1 **Schneiden von DNA**

**Restriktionsenzyme** oder **Restriktionsendonucleasen** erkennen bestimmte DNA-Sequenzen, binden an die DNA und schneiden sie an einer spezifischen Stelle (▶ Abschn. 5.11.1).

Beispiel: *Eco*R1 erkennt die Sequenz 5′…GAATTC…3′ und schneidet zwischen G und A

Durch den Schnitt entstehen zwei verschiedene **Arten von Enden**:

- **Glatte Enden** (*blunt ends*) sind das Ergebnis, wenn das Enzym die beiden gegenläufigen DNA-Stränge an derselben Stelle schneidet.
  Beispiel: *Hae*III schneidet die Sequenz 5′…GGCC…3′ zwischen G und C.
- **Klebrige Enden** (*sticky ends*, auch als überhängende oder kohäsive Enden bezeichnet) resultieren aus gegeneinander versetzten Schnitten an den beiden DNA-Strängen. Nach dem Schnitt ist einer der Stränge um ein paar Basen länger als der komplementäre Strang.
  Beispiel: *Bam*HI schneidet die Sequenz 5′…GGATCC…3′ zwischen den beiden G. Es entstehen klebrige Enden mit den überhängenden Basen 5′-GATCC…3′.

Klebrige Enden lassen sich leicht **mit anderen DNA-Stücken verbinden**. Sie können sich an komplementäre Sequenzen anlagern und mit diesen ligiert werden. Beispielsweise kann ein DNA-Abschnitt in ein Plasmid eingesetzt werden, wenn die Ziel-DNA und das Plasmid mit dem gleichen Restriktionsenzym geschnitten werden.

**Restriktionskarten** sind Karten von Chromosomen oder Plasmiden, auf denen die Schneidestellen verschiedener Restriktionsenzyme verzeichnet sind. Mit ihrer Hilfe lässt sich vorhersagen, welche Bruchstücke sich ergeben, wenn die DNA mit einem bestimmten Restriktionsenzym geschnitten wird.

**Eingesetzt** werden Restriktionsenzyme beispielsweise, um…

- Gene in Vektoren wie Plasmide einzubauen,
- mehrere Gene zu kombinieren oder mit bestimmten Regulationssequenzen und Promotoren auszustatten,
- kurze DNA-Stücke für die Sequenzierung zu gewinnen.

### 11.5.2 **Polymerasekettenreaktion**

Mit der Polymerasekettenreaktion (*polymerase chain reaction*, PCR) werden **DNA-Stücke vervielfältigt**.

Das **Verfahren** läuft automatisch in sogenannten Thermocyclern in drei Schritten ab, die sich mehrere Male wiederholen:

1. **Denaturierung**. Durch Erhitzen auf über 90 °C werden die beiden Stränge der DNA voneinander getrennt.

2. **Primerhybridisierung** (*annealing*). Es werden Primerpaare zugegeben, die komplementär zum Anfangs- und Endpunkt der gewünschten Sequenz sind. Die Temperatur wird auf 55 °C bis 65 °C gesenkt, sodass die Primer sich an die DNA-Stränge anlagern können.

3. **Elongation.** Eine hitzestabile DNA-Polymerase ergänzt bei rund 70 °C ausgehend vom Primer den DNA-Strang mit komplementären Nucleotiden.

Mit jedem Durchgang wird die **Zahl der DNA-Stränge verdoppelt.**

**Voraussetzung** für eine PCR ist, dass die Anfangs- und Endsequenzen des Zielabschnitts bekannt sind, um entsprechende Primer synthetisieren zu können.

**Eingesetzt** wird die Polymerasekettenreaktion, um geringe Mengen DNA für Untersuchungen und Experimente zu vervielfältigen. Beispielsweise für Genomanalysen auf Erbkrankheiten, Vaterschaftstests, Untersuchung alter DNA aus Fossilien, Aufnahme des genetischen Fingerabdrucks und zur Klonierung von Genen.

Es gibt verschiedene **Variationen und Weiterentwicklungen der PCR:**

- Bei der **Echtzeit-PCR** oder **quantitativen PCR** (qPCR) zeigt ein Fluoreszenzfarbstoff den Abschluss jedes Zyklus an, sodass sich berechnen lässt, um welchen Faktor die DNA bislang vervielfältigt wurde.
- Bei der **RT-PCR** (reverse Transkription und PCR) wird RNA zuerst mit dem Enzym reverse Transkriptase in DNA umgewandelt und dann vervielfältigt.
- Die **Multiplex-PCR** arbeitet mit mehreren Primerpaaren oder mehreren Genen gleichzeitig. Sie wird häufig eingesetzt, wenn ein Gen über mehrere Exons verfügt, die vervielfältigt werden sollen.
- **Immunoquantitative Echtzeit-PCR** weist Antigene mit einem Antikörper nach, der an eine doppelsträngige DNA gekoppelt ist. Befindet sich das Antigen in der Probe und bindet der Antikörper, wird als Nachweis die DNA-Sequenz vervielfältigt.

### 11.5.3 DNA-Sequenzierung

Es gibt verschiedene **Verfahren zur Sequenzanalyse von DNA.** Beispielsweise:

- **Didesoxymethode nach Sanger** (Kettenabbruchsynthese):
  1. Die DNA wird durch Erwärmen in Einzelstränge geteilt.
  2. Mit einem bekannten Primer als Startpunkt synthetisiert eine DNA-Polymerase den komplementären Strang. Dabei baut sie normale Nucleotide ein sowie Didesoxynucleotide (ddN), die mit Fluoreszenzfarbstoffen markiert sind. Jeder Typ von Didesoxynucleotid (ddA, ddC, ddG und ddT) trägt eine andere Markierung. Durch das Anheften eines Didesoxynucleotids an einen wachsenden DNA-Strang wird dessen Synthese abgebrochen.
  3. Die DNA-Stränge werden über eine Gelelektrophorese nach ihren Längen aufgetrennt. Anhand der unterschiedlichen Markierungen der nur teilweise synthetisierten Stränge lässt sich die Reihenfolge der Nucleotide auf der Ausgangs-DNA als Abfolge fluoreszierender Banden im Gel ablesen.

- **Pyrosequenzierung.** Der komplementäre Strang zur Ausgangs-DNA wird in Schritten von jeweils einem einzelnen Nucleotid ergänzt. Dabei werden die vier Typen von Desoxynucleosidtriphosphaten (dATP, dCTP, dGTP und dTTP) nacheinander angeboten und das passende Nucleotid von einer DNA-Polymerase eingebaut. Beim Einbau wird Pyrophosphat ($PP_i$) abgespalten, das in der Reaktion mit dem Enzym Luciferase einen Lichtblitz auslöst, den ein Detektor auffängt. Die Korrelation von angebotenem Baustein und Lichtblitz verrät das passende Nucleotid. Die Sequenz folgt aus der Reihenfolge der Nucleotide.
- **Halbleitersequenzierung.** Die Desoxynucleosidtriphosphate werden einzeln nacheinander angeboten. Wird das passende Nucleotid eingebaut, wird gleichzeitig ein Proton freigesetzt, das ein ionensensitiver Feldeffekttransistor registriert.
- **Nanoporensequenzierung.** Einzelsträngige DNA wird durch eine Nanopore in einer künstlichen Membran gezogen. Wegen der elektrischen Ladungen der Nucleotide verändert sich bei jedem Durchtritt einer Base auf spezifische Weise das elektrische Potenzial der Membran. Ein Computer ermittelt aus den Potenzialänderungen die Sequenz der DNA. Mit dieser Methode kann man die DNA und RNA einzelner Zellen sequenzieren.

Daneben gibt es noch zahlreiche andere Verfahren zur DNA-Sequenzierung.

### 11.5.4 DNA-Bibliotheken

**DNA-Bibliotheken** werden auch als **Genbanken** oder Genbibliotheken bezeichnet.
Es handelt sich um **Sammlungen der Genome jeweils einer Art** in einer vermehrungsfähigen Form.
DNA-Bibliotheken werden in mehreren **Arbeitsschritten aufgebaut**:
1. Das Genom wird mit Restriktionsenzymen **in Stücke zerschnitten**.
2. Die Fragmente werden **in Vektoren wie Plasmide oder virale Genome** eingesetzt.
3. Die Vektoren werden in **einzellige Trägerorganismen** wie *Escherichia coli* oder in Phagen eingeschleust.
4. Die Trägerorganismen werden kultiviert und mit ihnen die DNA-Fragmente **vervielfältigt**.

Um **Zugriff auf ein Gen** zu bekommen, muss die entsprechende Trägerzelle kultiviert und lysiert und der Vektor isoliert werden.

### 11.5.5 Metagenomik

Unter einem **Metagenom** versteht man die **Gesamtheit aller Gene eines Lebensraums**.
Metagenome haben den **Vorteil**, dass sie alle Arten von Lebewesen und Viren erfassen. Dagegen lässt sich nur schätzungsweise ein Hundertstel der Mikroorganismen eines Lebensraums kultivieren.

Metagenome werden **in mehreren Schritten erschlossen**:
1. Die vorhandene DNA eines Lebensraums wird **möglichst vollständig gesammelt** und von anderen Molekülen isoliert.
2. Mit den DNA-Molekülen wird eine **DNA-Bibliothek** aufgebaut.
3. Die DNA-Fragmente der Bibliothek werden **analysiert**.

Die **Nutzung einer metagenomischen Bibliothek** kann verschiedene Ziele haben:
- **Suche nach bestimmten Funktionen.** Die Trägerorganismen besitzen durch die zusätzliche DNA der Bibliothek neue Eigenschaften und können auf diese getestet werden. Beispielsweise können sich Zellen mit den Genen für neue Antibiotika in Mischkulturen besonders gut gegen Konkurrenten durchsetzen.
- **Artenliste eines Lebensraums.** Durch Sequenzierung der DNA-Fragmente und Vergleich mit den Sequenzen in Datenbanken kann eine Liste der vorkommenden Arten aufgestellt werden. In der Regel lassen sich dabei sehr viele Sequenzen nicht zuordnen und stammen vermutlich von unbekannten Arten. Auf diese Weise sollen beispielsweise die Darmflora und Mundflora des Menschen analysiert werden.
- **Entdecken neuer Proteine.** Sequenzen mit unbekannten offenen Leserahmen codieren eventuell für unbekannte Proteine mit noch nicht untersuchten Funktionen.
- **Entdecken neuer Zusammenhänge.** Die räumliche Nähe von Genen auf den Fragmenten gibt Hinweise auf gemeinsame Funktionen.

## 11.5.6 Methoden zur Kontrolle von Experimenten

Die Anwesenheit eines Gens oder seine Aktivität lassen sich häufig nur mit speziellen Methoden nachweisen.

### Antibiotikaresistenzgene

**Vektoren, mit denen fremde Gene in einen Empfängerorganismus geschleust werden sollen**, tragen oft als Marker ein zusätzliches Gen, das ihnen eine Resistenz gegen ein Antibiotikum verleiht. Werden die Zellen auf einem Nährboden mit dem Antibiotikum ausplattiert, bilden nur Zellen mit dem Vektor Kolonien. Zellen, die den Vektor nicht aufgenommen haben und damit das eigentliche Zielgen nicht in sich tragen, können auf dem Nährboden nicht wachsen.

### Aktivitätskontrolle mit Reportergenen

**Gene, deren Aktivität unauffällig ist**, können mit einem sogenannten Reportergen gekoppelt oder fusioniert werden.

Als **Reportergene** haben sich zwei Varianten besonders bewährt:
- **Gene für Enzyme.** Die Enzyme produzieren oder zerstören einen Farbstoff.
  Beispiel: Das *lacZ*-Gen codiert für das Enzym β-Galactosidase, das farbloses *o*-Nitrophenylgalactosid (ONPG) zum gelben Farbstoff *o*-Nitrophenol und Galactose hydrolysiert.

— **Gene für fluoreszierende Proteine.** Beliebt ist das grün fluoreszierende Protein (*green fluorescent protein*, GFP), aber es gibt auch Proteine, die in anderen Farben fluoreszieren.

Es gibt **zwei Arten von Genkopplung.** Bei beiden wird das Reportergen so hinter oder in das Zielgen eingefügt, dass die Transkription für beide Gene über den Promotor des Zielgens erfolgt und nur eine gemeinsame mRNA entsteht.
— **Operonfusion** oder **Transkriptionsfusion.** Das Reportergen hat eine eigene Ribosomenbindungsstelle mitgebracht. Bei der Translation produzieren die Ribosomen daher voneinander getrennte Zielproteine und Reporterproteine.
— **Proteinfusion** oder **Translationsfusion.** Das Reportergen verfügt über keine eigene Ribosomenbindungsstelle. Deshalb muss es innerhalb des Zielgens eingefügt werden und dessen Leseraster korrekt fortführen. Die Ribosomen setzen dann an der Bindungsstelle des Zielgens an und produzieren ein fusioniertes Protein mit dem Zielprotein als vorderem Teil und dem Reporterprotein als hinterem Teil. Der fluoreszierende Teil des Fusionproteins zeigt unter dem Mikroskop an, wann das Zielprotein synthetisiert und wo es eingesetzt wird.

## Blot-Verfahren

Mit Blot-Verfahren lassen sich **in einem Gemisch wie beispielsweise einem Zellextrakt bestimmte Moleküle** von DNA, RNA oder Proteinen nachweisen.

Die **grundsätzliche Vorgehensweise** ist für alle drei Sorten von Molekülen gleich:
1. Das Gemisch wird durch eine **Gelelektrophorese** aufgetrennt.
2. Die aufgetrennten Moleküle werden **auf ein anderes Trägermaterial übertragen** (Blotting) und fixiert.
3. **Sondenmoleküle** binden spezifisch an das gesuchte Molekül.
4. Die Sonden sind mit **Markern** versehen und verraten so die Anwesenheit und die Lage des gesuchten Moleküls.

Die unterschiedlichen Molekülsorten werden mit **verschiedenen Blot-Verfahren** nachgewiesen:
— **DNA-Nachweis mit dem Southern-Blot** (benannt nach ihrem Erfinder Edwin Southern). Die DNA wird vorbereitend mit Restriktionsenzymen zerkleinert. Nach der Gelelektrophorese werden die Fragmente zu Einzelsträngen denaturiert und auf eine Membran (meist aus Nylon) geblottet. Mit UV-Licht werden sie auf der Membran fixiert. Als Sonde dienen kurze einzelsträngige DNA-Stücke, die mit radioaktivem Phosphor, einem Fluoreszenfarbstoff oder einem Biotin/Streptavidin-System zur Chemilumineszenz versehen sind. Die Sonden hybridisieren mit komplementärer DNA und zeigen so die Anwesenheit der gesuchten DNA und deren Lage an.
— **RNA-Nachweis mit Northern-Blot.** Das RNA-Gemisch wird nach der Auftrennung durch Gelelektrophorese auf eine Membran geblottet und wie beim Southern-Blot mit spezifischen einzelsträngigen DNA-Sonden auf die Zielsequenz getestet.

— **Proteinnachweis mit Western-Blot.** Die Auftrennung des Proteingemischs erfolgt durch eine isoelektrische Fokussierung, eine SDS-PAGE oder eine 2D-Gelelektrophorese. Zum Blotten werden die Banden in der Regel per Elektrotransfer mit einer elektrischen Spannung auf eine Membran (meist aus Polyvinylidendifluorid, PVDF) übertragen. Eine Fixierung ist nicht notwendig. Stattdessen werden die proteinfreien Bereiche der Membran mit Proteinen wie Rinderserumalbumin (*bovine serum albumin*, BSA) blockiert. Als Sonden werden spezifische primäre Antikörper eingesetzt, die an das gesuchte Protein binden. Den Marker tragen sogenannte Sekundärantikörper, die spezifisch für die Fc-Regionen von Antikörpern sind und an die primären Antikörper binden. Ein Enzym, das mit den Sekundärantikörpern gekoppelt ist, katalysiert eine Reaktion, die eine Färbung oder Lumineszenz hervorbringt.

## 11.6 Medizinische Testverfahren

### 11.6.1 Kirby-Bauer-Test auf Antibiotikasensitivität

Mit dem Kirby-Bauer-Test oder Agar-Diffusionstest wird die **Empfindlichkeit eines Bakterienstamms gegen mehrere Antibiotika** gleichzeitig durchgeführt:
1. Eine Agarplatte wird gleichmäßig mit dem Teststamm bestrichen.
2. Mit einer speziellen Verteilhilfe werden runde Stückchen Filterpapier, die mit verschiedenen Antibiotika getränkt sind, auf der Platte verteilt.
3. Die Platte wird über Nacht inkubiert. In dieser Zeit wachsen die Bakterien, und die Antibiotika breiten sich durch Diffusion im Agar aus.
4. Am nächsten Morgen werden die Hemmhöfe um die Papierscheibchen vermessen.

**Je größer ein Hemmhof ist**, desto wirksamer ist das Antibiotikum gegen den Bakterienstamm. Durch Vergleich mit Hemmhöfen, die unter standardisierten Bedingungen gewonnen wurden, kann man auf die minimale Hemmkonzentration (MHK) und den potenziellen klinischen Nutzen schließen.

### 11.6.2 Ames-Test auf Mutagenität

Die **mutagene Wirkung einer chemischen Verbindung** wird an Bakterien mit einem vorhandenen Gendefekt überprüft.

Die **Teststämme sind Mangelmutanten**, die aufgrund eines Gendefekts eine essenzielle Substanz nicht selbst synthetisieren, sondern aus dem Medium aufnehmen müssen, für diese Substanz also auxotroph sind. Meist werden ein tryptophanauxotropher Stamm von *Escherichia coli* oder ein histidinauxotropher Stamm von *Salmonella typhimurium* verwendet.
1. Die Bakterien werden auf einem Minimalmedium, dem ihre jeweilige essenzielle Substanz fehlt, ausplattiert.

2. Die chemische Testverbindung wird auf einer Filterpapierscheibe auf die Platte gegeben.
3. Die Platte wird über Nacht inkubiert. Durch Diffusion erreicht die Testverbindung die Zellen.
4. Nach der Inkubation wird die Platte auf Kolonien überprüft.

Wegen ihrer Auxotrophie können die Zellen nicht auf den Platten wachsen. **Ist die chemische Verbindung aber mutagen**, kann es in einzelnen Zellen zu Reversionsmutationen kommen, die den Gendefekt und damit die Abhängigkeit von der essenziellen Substanz aufheben. Dies ist an gewachsenen Bakterienkolonien zu erkennen.

### 11.6.3 Methoden zur Identifizierung von Krankheitserregern

Für die Bestimmung von Krankheitserregern wurden **baumartige Algorithmen von Einzeltests** entwickelt. Jeder Test fragt eine bestimmte Eigenschaft der Mikroben ab und ergibt ein positives oder negatives Resultat. Von dem Ausgang hängt ab, welcher Test als Nächstes durchgeführt wird. Am Ende der Reihe steht der gesuchte Erreger.

#### Wachstumstests

Mit **Selektivmedien und Differenzialmedien** lässt sich häufig grob bestimmen, zu welcher Gruppe ein Erreger gehört.
Beispiele:
- **Schokoladenagar** enthält lysierte Erythrocyten. Auf ihm wachsen viele Arten von Bakterien, aber keine Spezies von *Neisseria*.
- **Hektoen-Agar** enthält Gallensalze, die das Wachstum Gram-positiver Bakterien hemmen. pH-Indikatoren zeigen an, wenn beim Lactoseabbau durch *Escherichia coli* Säuren entstehen oder Arten von *Salmonella* bei der Verdauung von Aminosäuren Amine produzieren.
- **MacConkey-Agar** unterscheidet zwischen Lactosefermentierern und Stämmen, die Lactose nicht verdauen können (▶ Abschn. 11.3.5).

#### Biochemische Tests

In der Praxis werden für die biochemische Identifizierung meist **mehrere Tests parallel** durchgeführt, beispielsweise in vorbereiteten Api-Streifen (*analytical profile index*) oder mit automatischen Systemen.
Bei den Einzeltests handelt es sich um biochemische Reaktionen, die mit einer **Farbreaktion** gekoppelt sind.
Beispielsweise zur **Unterscheidung Gram-negativer Stäbchen** (❏ Abb. 11.1):
- ONPG: Hydrolyse von *o*-Nitrophenylgalactopyranosid durch das Enzym β-Galactosidase
- $H_2S$: Synthese von Schwefelwasserstoff

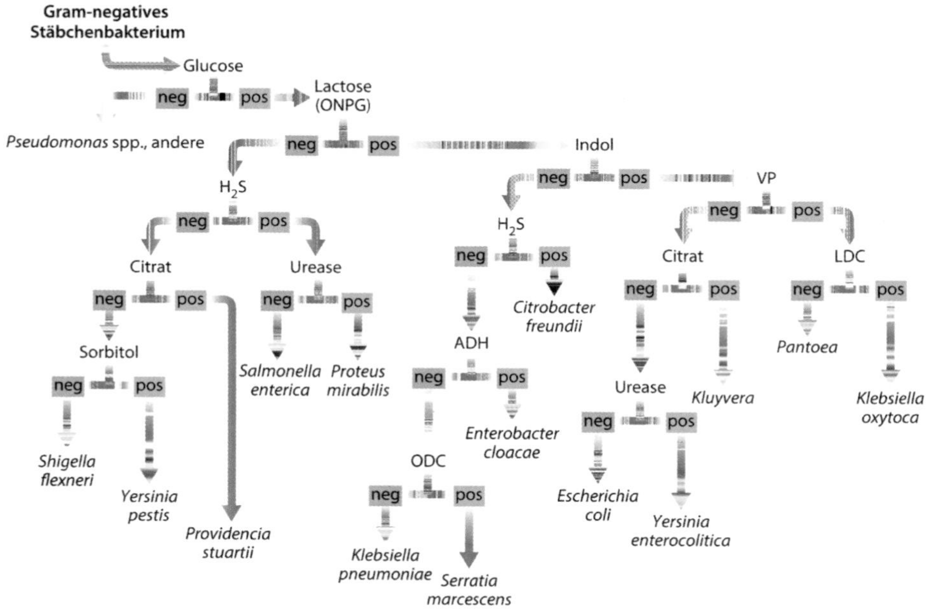

**Gram-negatives Stäbchenbakterium**

Glucose

neg | pos → Lactose (ONPG)

*Pseudomonas* spp., andere    neg | pos    Indol

H$_2$S    neg | pos    VP

neg | pos    H$_2$S    neg | pos    Citrat    LDC

Citrat    Urease    neg | pos

neg | pos    neg | pos    *Citrobacter freundii*    neg | pos    neg | pos

Sorbitol    ADH    *Pantoea*

neg | pos    *Salmonella* *Proteus*    neg | pos    Urease    *Kluyvera*    *Klebsiella oxytoca*

*enterica mirabilis*    neg | pos

*Shigella flexneri*    *Enterobacter cloacae*    *Escherichia coli*

*Yersinia pestis*    ODC    *Yersinia enterocolitica*

*Providencia stuartii*    neg | pos

*Klebsiella pneumoniae* *Serratia marcescens*

■ **Abb. 11.1**    Schema eines Algorithmus zur biochemischen Identifizierung Gram-negativer Stäb-chen (© Slonczewski, Foster: Mikrobiologie

**11**

— Indol: Umsatz von Tryptophan zu Indol
— VP: Voges-Proskauer-Test zur Synthese von Aceton oder Butandiol
— Citrat: Citrat als Kohlenstoffquelle
— Urease: Umsatz von Harnstoff
— LDC: Spaltung von Lysin mit dem Enzym Lysin-Decarboxylase
— Sorbitol: Vergärung von Sorbit
— ADH: Abbau von Arginin mit dem Enzym Arginin-Dihydrolase
— ODC: Spaltung von Ornithin mit dem Enzym Ornithin-Decarboxylase

## Genetischer Fingerabdruck

Genetische Analysen sind **schneller und häufig spezifischer als biochemische Tests**. Allerdings muss dafür schon bekannt sein, um welches Pathogen es sich handeln könnte.
1. Die DNA des Erregers wird isoliert und mit PCR vervielfältigt.
2. Restriktionsenzyme zerschneiden die DNA an den jeweiligen Schnittstellen.
3. Die Fragmente werden mit einer Gelelektrophorese aufgetrennt.
4. Eine DNA-Sonde, die komplementär zu einer typischen Sequenz für den poten-ziellen Erreger ist, wird zu den Fragmenten auf dem Gel gegeben.

**Wenn es sich tatsächlich um den mutmaßlichen Erreger handelt**, bindet die DNA-Sonde an dessen DNA. Die Banden, an welchen sie haftet, verraten häufig noch den genauen Stamm, da sich die Lage der Restriktionsschnittstellen oft zwischen den Stämmen unterscheidet.

## ELISA-Test

Das Enzyme Linked Immunosorbent Assay (ELISA) weist mit Antikörpern **andere Antikörper oder Antigene** nach.

**Voraussetzung** für einen ELISA-Test ist, dass ein Antikörper gegen ein Antigen des mutmaßlichen Erregers verfügbar ist.

Das **Grundprinzip** des Tests ist bei allen Varianten gleich: Ein spezifischer Antikörper bindet an das Antigen des Erregers in einer Probe und bewirkt mit einem angehängten Enzym eine Farbreaktion.

Typische **Reporterenzyme** sind Meerrettichperoxidase und alkalische Phosphatase.

Die **Kombination von Antikörper und Reporterenzym** (oder einem anderen Indikatormolekül) wird als Antikörperkonjugat bezeichnet.

Es gibt verschiedene **Arten von ELISA-Assays** (◘ Abb. 11.2):
- **Direkter Assay** oder **Antikörper-ELISA**. Das Antigen wird an die Oberfläche einer Mikrotiterplatte gebunden, in welcher der Test abläuft. Der zugegebene Antikörper ist direkt mit dem farbgebenden Enzym verbunden.
- **Indirekter Assay**. Das Antigen ist an der Oberfläche der Mikrotiterplatte gebunden. Ein spezifischer Antikörper (Primärantikörper) bindet an das Antigen. Ein zweiter Antikörper (Sekundärantikörper), der spezifisch für die Fc-Region von Antikörpern ist, bindet an den Primärantikörper. Der Sekundärantikörper trägt das farbgebende Enzym.

Die indirekte Methode wird beispielsweise beim Western-Blot angewandt (▶ Abschn. 11.5.6). Sie hat den Vorteil, dass ein einziger Typ von Sekundärantikörperkonjugat für alle Tests einsetzbar ist. Die Spezifität liegt ganz beim Primärantikörper, der aus Tieren gewonnen werden kann.

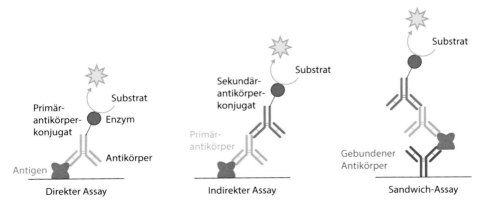

◘ **Abb. 11.2** Die Varianten des ELISA-Tests

— **Sandwich-Assay** oder **Antigen-Capture-ELISA**. Bei dieser Methode kann das Antigen gelöst in der Probe vorliegen. Es wird von einem fixierten spezifischen Antikörper (Capture-Antikörper) gebunden. Ein zweiter spezifischer Antikörper, der das gleiche Antigen an einem anderen Epitop erkennt, bindet ebenfalls. Er stellt seine Fc-Region für das Antikörperkonjugat zur Verfügung.

## 11.7 Biologische Sicherheitsstufen

**Für die Arbeit mit pathogenen Mikroorganismen** gelten je nach Gefährlichkeit unterschiedlich strenge Sicherheitsmaßnahmen.

Es werden **vier Sicherheitsstufen** unterschieden:
— **Stufe 1** (S1) gilt für Organismen, die keine Krankheiten auslösen, wie *Escherichia coli* K-12, *Bacillus subtilis* und *Saccharomyces*.

  Es sind lediglich die Regeln sterilen Arbeitens einzuhalten.
— **Stufe 2** (S2) gilt für Organismen mit mäßigem Infektionsrisiko wie Arten von *Chlamydia*, *Clostridium*, *Helicobacter*, *Staphylococcus*, Hepatitisviren und Dengueviren.

  Der Zugang zum Labor muss auf befugte Personen beschränkt sein. Die Arbeit findet an Sicherheitswerkbänken statt. Schutzimpfungen sind empfohlen.
— **Stufe 3** (S3) gilt für die Arbeit mit Organismen, die über die Atemwege infizieren, wie *Bacillus anthracis*, *Mycobacterium tuberculosis*, SARS, HIV und Tollwut.

  Zusätzlich zu den Maßnahmen der 2. Stufe muss der Raum eine filternde Lüftungsanlage, eine Notstromversorgung und einen eigenen Autoklaven besitzen. Er kann nur über eine Schleuse betreten werden. Anfallender Müll und Abwässer werden sterilisiert. Bei der Arbeit ist eine Schutzausrüstung zu tragen.
— **Stufe 4** (S4) gilt für gefährliche Erreger mit hohem Infektionsrisiko wie Ebolavirus, Hantavirus, Lassavirus und Marburgvirus.

  Zusätzlich zu den Bestimmungen der 3. Stufe muss im Labor ein Unterdruck herrschen, und die Sicherheitswerkbänke müssen gasdicht verschlossen sein. Gearbeitet wird mit fest installierten Schutzhandschuhen. Material gelangt über eine Schleuse hinein. Alternativ sind Überdruckanzüge mit Belüftung aus einer externen Quelle erlaubt.

## Literatur

Slonczewski JL, Foster JW (2012) Mikrobiologie: Eine Wissenschaft mit Zukunft. Springer, Heidelberg

# Serviceteil

O. Fritsche, *Mikrobiologie*, Kompaktwissen Biologie, https://doi.org/10.1007/978-3-662-70471-4

# Stichwortverzeichnis

## A

Resistenz 216, 329
Resolvase 178
Restriktion 214
Restriktionsendonuclease 214, 371
Restriktionsenzym 214, 371
Restriktionskarte 371
Restriktionsmodifikationssystem 214
Retikularkörperchens 249, 297
Retikulopodium 257
Retikulum, endoplasmatisches 39, 222
Retinal 140
Retrovirus 47, 225, 316
reverse Methanogenese 252
Reverse Transkriptase 219, 226, 316, 372
Reversion 174
Reversionsmutation 377
Revertant 175
Rezeptor 75, 292
Rezidiv 289
Rezipientenzelle 206
Rhinovirus 314
Rhizaria 257
Rhizobiales 247
Rhizobium 37, 151, 270
Rhizoplane 269
*Rhizopus oligosporus* 348
*Rhizopus oryzae* 348
Rhizosphäre 269
*Rhodobacter capsulatus* 341
*Rhodobacter sphaeroides* 31
Rhodobacterales 248
Rhodophyceae 256
Rhodospirillaceae 89
Rhodospirillales 248
*Rhodospirillum rubrum* 61
Riboflavin 95, 349
Ribonuclease 200
Ribonucleinsäure (RNA) 164, 229
Ribonucleoprotein 314
Ribonucleotidreduktase 149
Ribose 89, 155, 164
Ribose-5-phosphat 149, 154
Ribosenucleotidtriphosphat (rNTP) 181
Ribosom 183, 189, 194, 196, 220
Ribosomale RNA (rRNA) 183, 197
Ribosomenbindungsstelle 197
Ribosomenrecyclingfaktor 199
Riboswitch 200
Ribozym 197, 229
Ribulose-1,5-bisphosphat 144
Ribulose-1,5-bisphosphatcarboxylase/oxyge-
nase 32, 144
Ribulose-5-phosphat 105, 145, 149
Ribulose-5-phosphat-Kinase 145

Ricketsiales 248
Rickettsien 297
Rifamycin 193, 327
*Riftia pachyptila* 263
(+)-RNA 222, 225
(-)-RNA 222
RNA-Polymerase 169, 179, 180, 189, 193, 223, 244, 313
RNA-Primer 169, 170
RNAse H 170
(+)-RNA-Virus 222
RNA-Welt 229
Röhrenwurm 263
*rolling-circle* 208, 211, 223, 224
Rolling-circle-Prinzip 172
Röntgenstrahlung 175
Rotalge 256
Rote Tide 258
Rotschmiere 345
Rotwein 346
RT-PCR-Test 317, 372
Rubisco 32, 144
*Ruminococcus* 273
Ruminokokke 273
Rusticyanin 132

## S

*Saccharomyces* spp. 349
– *S. cerevisiae* 45, 46, 206, 254, 341, 346, 347
– *S. ellipsoides* 346
– *S. uvarum* 346
S-Adenosylmethionin 174
Safe Tradition in Foor Fermentation (STIFF) 339
Safranin 367
*Salmonella enterica* 191, 270
*Salmonella typhimurium* 175
Salmonella-Pathogenitätsinsel 292
Salmonellen 205, 248
Salz 54
Salzgehalt 54
Sandwich-Assay 380
Saprobiont 277
Sarcine 13
Sauerkraut 344, 348
Sauermilchkäse 347
Sauerstoff 5, 58, 62, 130, 131, 266
Sauerstoffstress-Antwort 59
Sauerteig 347
Säuregärung, gemischte 114
Scale up 339
*Scalindua* 281
Schaeffer-Fulton-Färbung 368

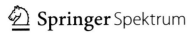

Kompaktwissen Biologie
Olaf Fritsche *Hrsg.*

LEHRBUCH

Olaf G. Schmidt

# Genetik und Molekular-biologie

*2. Auflage*

Springer Spektrum

Jetzt bestellen:
link.springer.com/978-3-662-66946-4

Printed in the United States
by Baker & Taylor Publisher Services